Matthias Kohring

Die Funktion des Wissenschaftsjournalismus

Studien zur Kommunikationswissenschaft

Band 22

Matthias Kohring

Die Funktion des Wissenschaftsjournalismus

Ein systemtheoretischer Entwurf

Springer Fachmedien Wiesbaden GmbH

Die Deutsche Bibliothek – CIP-Einheitsaufnahme

Kohring, Matthias:
Die Funktion des Wissenschaftsjournalismus: ein systemtheoretischer Entwurf.
(Studien zur Kommunikationswissenschaft; Bd. 22)
ISBN 978-3-531-12938-9 ISBN 978-3-322-86877-0 (eBook)
DOI 10.1007/978-3-322-86877-0
NE: GT

Ursprünglich erschienen bei Westdeutscher Verlag GmbH, Opladen 1997

Umschlaggestaltung: Christine Huth, Wiesbaden

Gedruckt auf säurefreiem Papier

ISBN 978-3-531-12938-9

Für Wieland

Inhalt

Vorbemerkung

Die Idee zu dieser Studie entstand aus meiner mehrjährigen Mitarbeit im DFG-Projekt *Risikokommunikation über Gentechnologie* (vgl. Ruhrmann/Görke/Kohring 1992). Zunächst plante ich eine Untersuchung zur journalistischen Berichterstattung über Risiken und Chancen der wissenschaftlich-technischen Entwicklung. Schon bald stellte sich heraus, daß die Forschung über Risikoberichterstattung nicht nur eng mit der Forschung über Wissenschaftsberichterstattung verknüpft, sondern sogar Mitte der siebziger Jahre aus ihr hervorgegangen ist. Die Anfänge der Wissenschaftsjournalismus-Forschung reichen dagegen bis in die ersten Jahrzehnte dieses Jahrhunderts zurück. Um so gravierender ist es, daß dennoch keine zusammenhängende Theorie des Wissenschaftsjournalismus existiert. Es gibt nicht einmal eine zusammenfassende Darstellung der bisherigen Forschung, die für eine derartige Theorie herangezogen werden könnte.

Die vorliegende Studie schließt diese Lücke. Erstmalig wird eine umfassende Darstellung der deutschsprachigen und angloamerikanischen Wissenschaftsjournalismus-Forschung vorgelegt. Als roter Faden dient die Frage nach der *gesellschaftlichen Funktion* journalistischer Berichterstattung über Wissenschaft, Technik und Medizin. Für die ausführliche Diskussion der deutschsprachigen Forschung wurden (bis auf die DDR) alle relevanten Arbeiten berücksichtigt. Das Literaturverzeichnis repräsentiert eine größere Auswahl der rezipierten Titel.

Bilanz dieser kritischen Bestandsaufnahme: Die Forschung verpflichtet Wissenschaftsjournalismus einseitig auf das Postulat einer wissenszentrierten Aufklärung der Gesellschaft. Dieses normative Programm ist aber sowohl in theoretischer als auch in methodischer Hinsicht ungeeignet, um die Funktion der journalistischen Beobachtung von Wissenschaft beschreiben und erklären zu können. Eine theoretische Neuorientierung der Wissenschaftsjournalismus-Forschung wird daher für dringend notwendig gehalten.

Die Frage nach der Funktion journalistischer Beobachtung knüpft an neuere Versuche an, eine systemtheoretisch orientierte Beschreibung des Journalismus vorzulegen. Gerade im Hinblick auf die Wissenschaftsjournalismus-Forschung erweist sich die Fruchtbarkeit einer solchen Konzeption. Sie ermöglicht es, die Funktion der journalistischen Beobachtung von Wissenschaft aus einer *gesamtgesellschaftlichen* Funktionsbeschreibung des Journalismus abzuleiten. Diese Vorgehensweise erscheint weitaus plausibler als der Versuch, für jedes journalistische Berichterstattungsfeld eine eigenständige Theorie aufzustellen. Journalismustheorie läuft so Gefahr, in ein Nebeneinander nicht vergleichbarer Einzeltheorien zu zersplittern. Die vorliegende Arbeit ist daher auch als ein Beitrag zu einer übergreifenden Journalismustheorie zu lesen.

Auf der Basis bisheriger systemtheoretischer Entwürfe wird ein neues Journalismus-Modell skizziert. Journalismus wird als organisiertes Leistungssystem des gesellschaftlichen Funktionssystems Öffentlichkeit identifiziert, dessen Funktion in der Beobachtung gesellschaftlicher Interdependenzverhältnisse besteht. Auf der Grundlage dieses Entwurfes können bisherige Annahmen zur Funktion des Wissenschaftsjournalismus als unzutreffend zurückgewiesen werden. Zum Abschluß der Arbeit werden grundsätzliche Schlußfolgerungen für eine zukünftige detaillierte Theorie des Wissenschaftsjournalismus formuliert. Diese schließt grundsätzlich auch die Risikoberichterstattung mit ein.

Die vorliegende Studie entstand als Dissertation am Institut für Publizistik der Wilhelms-Universität Münster. Herrn Prof. Dr. Siegfried Weischenberg danke ich für sein Vertrauen und für eine Betreuung, die Akzente gesetzt und mir gleichzeitig alle Freiheit gelassen hat. Besonderer Dank gebührt meinem Freund Detlef Hug: Er 'zwang' mich stets, zu begründen statt zu behaupten – seine jahrelange Begleitung hat diese Arbeit entscheidend mitgeprägt. Herrn Dr. Hans Peter Peters danke ich für seine Hilfsbereitschaft bei meiner Literaturrecherche am Forschungszentrum Jülich. Merret Sievers hat die sehr sorgfältige inhaltliche und formale Endredaktion des Manuskripts durchgeführt, Markus Schöberl und Alexander Görke längere Passagen kritisch gelesen und Uta Forbrig das Literaturverzeichnis korrigiert. Ihnen allen danke ich.

1 Die deutsche Diskussion bis 1945

Wenn wir im folgenden von der *Diskussion* über den Wissenschaftsjournalismus sprechen, wollen wir damit verdeutlichen, daß von einer kommunikationswissenschaftlichen Thematisierung der journalistischen Wissenschaftsberichterstattung noch (lange) nicht die Rede sein kann. Zwar findet das Thema in den damaligen Standardwerken von Otto Groth (*Die Zeitung*, 1928 u. 1929) und Emil Dovifat (*Zeitungslehre*, 1937 u. ^{2}1944) kursorische Erwähnung; die eigentliche Auseinandersetzung wird aber hauptsächlich in den Zeitschriften *Deutsche Presse*, dem Organ des Reichsverbandes der deutschen Presse, und *Zeitungs-Verlag*, dem Organ der deutschen Zeitungsverleger, geführt. In der überwiegenden Mehrzahl sind es Journalisten, die zur Diskussion beitragen, teilweise (Natur-)Wissenschaftler, Ingenieure und Mediziner, zuweilen Verleger. Eine einigermaßen kontinuierliche Diskussion um den Wissenschaftsjournalismus ist seit 1922 zu verzeichnen. Ab Mitte der dreißiger Jahre verliert das Thema wieder zusehends an Bedeutung.

Neben den – meist nur zweiseitigen – Artikeln in den oben genannten Zeitschriften gibt es nur drei Buchpublikationen, die dem Themenkreis Wissenschaftsjournalismus zuzuordnen sind. Während eine dieser Arbeiten das Verhältnis von Medizin und Presse zum Thema hat (vgl. Cattani 1913), beschäftigen sich die beiden anderen mit dem Verhältnis von Technik und Presse (vgl. Schulz 1931; Stummvoll 1935). Damit ist auch der inhaltliche Schwerpunkt der Diskussion bis 1945 benannt: die journalistische Berichterstattung über Technik. Diese wird von den Autoren als quantitativ völlig ungenügend empfunden (Kap. 1.1). Das Werturteil gründet sich auf ein Technik- und Wissenschaftsverständnis, das der wissenschaftlich-technischen Entwicklung eine zunehmende gesellschaftliche Relevanz zugesteht (Kap. 1.2). Vor diesem Hintergrund entwickeln die Autoren ihre Vorstellungen über die Funktion der journalistischen Wissenschaftsberichterstattung (Kap. 1.3).

1.1 Das 'kümmerliche Dasein' der Wissenschaft

"Aschenbrödel Wissenschaft, künstlerische und nützliche Mitteilungen kommen am Ende der langen Reihe. Das ist tief bedauerlich." (Stoklossa 1910: 565) So lautet das Fazit einer Inhaltsanalyse von 13 Berliner und 17 Provinzzeitungen aus dem Jahre 1909. Als eine von 15 Kategorien kommt *Wissenschaft* auf 2,55% der redaktionellen Berichterstattung. Der Autor hält diesen Anteil für eindeutig unzureichend. Er befürchtet für die Wissenschaft "ein kümmerliches und wenig beachtetes Dasein im Verborgenen" (ebd.). Zu einem ganz anderen Ergebnis kommt Groth (1915) in einer Inhaltsanalyse der württembergischen Presse vom Juli 1911 bis zum Juni 1912. Groth faßt Wissenschaft unter der Rubrik "Theater, Kunst, Wissenschaft und Literatur", allerdings ohne wissenschaftliche Abhandlungen zu berücksichtigen, die er der Rubrik "Aufsätze belehrenden Inhalts" zuschlägt. Insgesamt liegt der Anteil der Rubrik "Theater..." durchweg über 5 Prozent[1] . Obwohl sein Kategorienschema keine genaue Messung des Wissenschaftsanteils zuläßt (vgl. auch Kärtner 1972: 192 f.), sieht Groth (1915: 132) damit Stoklossas Resümee widerlegt: "Die Aufgabe der 'Popularisierung der Wissenschaft' wird von den Zeitungen durchaus nicht zurückgestellt."

Wie Stoklossa, so gibt auch Groth keine Kriterien an die Hand, ab welchem Umfang die Wissenschaftsberichterstattung einer Zeitung als quantitativ genügend anzusehen sei. Sowohl diese Frage als auch der Widerspruch zwischen den Ergebnissen dieser beiden Inhaltsanalysen werden in der gesamten nachfolgenden Literatur nicht mehr zu klären versucht. Der Anteil der journalistischen Wissenschaftsberichterstattung wird fortan pauschal als defizitär bewertet. Während Cattani (1913: 7) dieses Urteil noch ausschließlich auf die Medizinberichterstattung bezieht, rückt in den zwanziger Jahren vor allem die angeblich unzureichende Technikberichterstattung in den Mittelpunkt der Erörterungen. Immer wieder kritisieren die Autoren die Marginalität und Oberflächlichkeit der Berichterstattung, die "im Durchschnitt der ganzen ungeheuren Bedeutung und Schwere des Problems Technik bislang keineswegs gerecht" werde (Starke: 1927a: Sp. 457; vgl. Boehmer 1925; Fürst 1926; Freund 1929; Hartmann 1922: 2; 1925: 24; Sinner 1925: 3; Schmauser 1926: 67; Spreither 1936: 136). Starke (1927a: Sp. 458) soll nicht der letzte Autor sein, der Stoklossas Begriff des Aschenbrö-

1 Maximal 6,19%, minimal 1,96%; vgl. Groth 1915: 127, Tab. 25 b.

dels wiederaufgreift, um ein angeblich defizitäres Berichterstattungsfeld zu charakterisieren. In der ersten umfassenden Arbeit über die "technische Berichterstattung der deutschen Tageszeitung" zieht der Autor das Fazit, daß "das Ausmaß dieser Berichterstattung zu keiner Zeit als voll befriedigend bezeichnet werden [kann] und auch heute noch bleibt vieles zu wünschen übrig." (Stummvoll 1935: 65)

Aussagen über die unzureichende Qualität der Berichterstattung finden sich in dieser frühen Diskussion über den Wissenschaftsjournalismus kaum. Selten wird Beschwerde über die unsachgemäße Verwendung wissenschaftlicher bzw. technischer Termini durch Journalisten geführt (vgl. Ammon 1931a; 1931b) oder der angebliche Sensationalismus der Presse moniert (vgl. Kühle 1936). Das Urteil, daß die Technikberichterstattung "auf einer so tiefen Stufe [steht], daß diese kaum unterschritten werden kann" (Ammon 1931a), ist in seiner Polemik als Ausnahme zu bezeichnen. Das mag mit daran liegen, daß die Diskussion hauptsächlich von Journalisten geführt wird, denen es vor allem um die Anerkennung der technischen Berichterstattung als ein eigenständiges Ressort geht.

1.2 Das Technik- und Wissenschaftsverständnis

Schon im ausgehenden 19. Jahrhundert hatte der bekannte Physiker und Physiologe Helmholtz die Überzeugung geäußert, daß die "Naturwissenschaften von dem allererheblichsten Einfluss auf die Gestaltung des gesellschaftlichen, industriellen und politischen Lebens der civilisierten Nationen geworden" (Helmholtz 1874: VI) seien.[2] Helmholtz hatte sich damals noch ganz allgemein über die Notwendigkeit geäußert, Wissenschaft zu popularisieren. Die Diskussion um den Wissenschaftsjournalismus bezieht ihre Legitimation aus einem ganz ähnlichen Argument. Im "Zeitalter der Technik" (Freund 1929: 15) geht sie von der Beobachtung aus, daß die technische Entwicklung einen nicht mehr zu übersehenden Einfluß auf die gesamtgesellschaftliche Entwicklung ausübt. Aus diesem Argument folgern (und fordern) die Autoren direkte Konsequenzen für die journalistische Berichter-

2 Ein Jahrhundert später wird dieser Vorwort-Text als "ein noch heute aktuelles Plädoyer für eine Popularisierung der Wissenschaft" (Depenbrock 1976: 23) bezeichnet. Depenbrock hat insoweit recht, als die Forschung zum Wissenschaftsjournalismus in der Tat eine bemerkenswerte Kontinuität ihrer Positionen kennzeichnet.

stattung: Technische Fragen spielen "eine so große Rolle, daß sie keine Zeitung vernachlässigen kann." (Boehmer 1925: 3)

Die "große Rolle" der Technik ergibt sich eindeutig aus deren wirtschaftlicher Nutzanwendung. In einem Folgeschritt wird auch auf die politische Bedeutung dieser wirtschaftlichen Nutzanwendung hingewiesen. Diese offen-pragmatische Argumentation ist unschwer auf die prekäre wirtschaftliche Situation Nachkriegsdeutschlands zurückzuführen, das zudem noch mit den Folgen der Weltwirtschaftskrise zu kämpfen hatte. So ist Hartmann davon überzeugt, daß die Technikberichterstattung "für den Wiederaufbau unseres Volkes wichtig ist" (Hartmann 1922: 4). Kaper weist eindringlich darauf hin, "daß in unserer Notzeit *deutscher Erfindergeist zum wichtigsten Aktivposten Deutschlands* in der Welt geworden ist." (Kaper 1929: Sp. 1114) Mit der gleichen Emphase beschwört Joel die Bedeutung der technischen Entwicklung: "*Nur* durch die Technik läßt sich das materielle und das davon abhängige kulturelle Leben der Menschheit verbessern" (Joel 1926: 66; vgl. Freund 1929). Neben diesen wirtschaftspolitischen Aussagen finden sich auch Äußerungen, die Technik quasi als schicksalhafte historische Macht verstehen. Es wisse "der Einfachste heute um die Macht, das Lebensgestaltende der Technik, sind wir doch in jedem Augenblicke irgendwie von technischen Dingen abhängig, von ihnen beherrscht und geführt." (Starke 1927a: Sp. 455) Diesem Autor erscheint der technische Fortschritt sogar als einziges "beruhigend Strömende in unserer Zeit" (ebd.: Sp. 456).

Zwar steht die wirtschaftliche Bedeutung der Technik im Vordergrund der Diskussion – die kulturelle Bedeutung des Phänomens Technik ist allerdings nicht zu vernachlässigen. Sie trägt mit dazu bei – und ist schon gleichzeitig eine Folge davon –, daß die Fortschrittsfunktion der Technik einen ideologischen Charakter erhält. In bezug auf die postulierten Relevanzkriterien journalistischer Berichterstattung heißt das: In der Literatur wird übereinstimmend festgestellt, daß der Technik eine allgemeine, ja schon existenzielle gesellschaftliche Relevanz zukomme, nicht zuletzt im Hinblick auf die internationale Konkurrenzfähigkeit Deutschlands (vgl. Schmauser 1926: 68; Kühle 1936). Angesichts dieser Hoffnungen wird die technische Entwicklung fast einmütig als Fortschritt bewertet. Sie gilt zudem als unaufhaltsam. Wir werden im folgenden untersuchen, welche Funktionszuweisungen an Journalismus aus diesem Technik- und Wissenschaftsverständnis abgeleitet werden.

1.3 Die Funktion(en) der Wissenschaftsberichterstattung

Obwohl die Metapher vom Journalismus als "Fortbildungsschule des Volkes" (Hartmann 1922: 2; vgl. D'Ester 1928; Kapp 1929; Starke 1927a; Stoklossa 1910; Stummvoll 1935) diesen Schluß nahelegt, betrachtet die überwiegende Mehrzahl der Autoren Journalismus durchaus *nicht* als ein reines Vermittlungsinstrument für wissenschaftliches Fachwissen. Erst in den späten dreißiger Jahren, unter dem Einfluß der nationalsozialistischen Ideologie, radikalisieren einige wenige Autoren diese Funktionsbeschreibung und propagieren Journalismus als bloßes Erziehungsinstrument (vgl. Kühle 1936; Spreither 1936; Hartmann, Hans 1937). Zuvor wird der bloße Transfer wissenschaftlichen Wissens vor allem für die Medizinberichterstattung gefordert, die in der hier referierten Literatur allerdings noch keine große Rolle spielt (vgl. Aschaffenburg 1930; Cattani 1913; Kayser 1928). In der breiten Diskussion über die journalistische Technikberichterstattung sind Fragen des ausschließlichen Transfers von technischem Wissen, im Sinne einer schulischen Fortbildung, dagegen nur von sekundärer Bedeutung.[3]

Im Vordergrund stehen vielmehr die grundsätzlichen Konsequenzen, die sich für den Journalismus aus der wachsenden gesellschaftlichen Bedeutung der technischen Entwicklung ergeben.[4] Dabei lassen sich zwei Betrachtungsweisen unterscheiden. Zum einen gibt es Konzepte, die auf eine – zumindest explizit formulierte – einseitige Interessenorientierung verzichten und statt dessen von der Vorstellung eines relativ autonomen Journalismus ausgehen. Es handelt sich hierbei um den deutlich kleineren Teil der Literatur (Kap. 1.3.1). Der weitaus größere Teil der Beiträge will die journalistische Berichterstattung über Wissenschaft, Technik und Medizin auf die Interessen anderer gesellschaftlicher Bereiche ausrichten. Hier kommt es zu eindeutigen normativen Leistungsanforderungen an den Wissenschaftsjournalismus (Kap. 1.3.2).

3 Und auch das erst in den späten dreißiger Jahren: So fordert ein Autor, daß die Berichterstattung auf die Laien ausgerichtet werden müsse, "die ein Heer von Installateuren aufbieten, wenn sich eine Glühbirne in der Fassung gelockert hat" (Hachtmann 1936: 150).

4 In diesem Zusammenhang wird die Presse auch bisweilen als "*Spiegelbild des öffentlichen Lebens*" (Sinner 1925: 3; vgl. Esser 1929; Sinner 1931; Stummvoll 1935) bezeichnet. Eine theoretische Abgrenzung dieser Spiegelbild- oder Beobachtungsfunktion von der Erziehungs- oder Aufklärungsfunktion wird von diesen Autoren allerdings nicht vorgenommen.

1.3.1 Journalismus als unabhängiger Beobachter

Die Arbeiten, die im folgenden Abschnitt diskutiert werden, gehen wie die übrige Literatur von der Feststellung aus, daß die technische Entwicklung einen immensen Einfluß auf die Gesellschaft ausübt. Für die Autoren liegt es daher nahe, daß der Journalismus auf diesen gesellschaftlichen Prozeß der Technisierung reagieren müsse. Er solle "mindestens über diejenigen Fortschritte der Technik fortlaufend berichten, welche die Allgemeinheit berühren." (Kappelmeyer 1928: 190) Der Autor ist davon überzeugt, daß ein Publikumsinteresse vorhanden sei, weist aber zugleich darauf hin, daß dieses Interesse an bestimmte außerwissenschaftliche Relevanzkriterien gebunden ist: "Aber die Wissenschaft interessiert den großen Leserkreis immer erst dann, wenn ihre Erkenntnisse praktische, d.h. technische, wirtschaftliche oder [...] philosophische Bedeutung gewinnen." (ebd.: 192)

Die Autoren, die Wissenschaftsjournalismus nicht normativ auf eine bestimmte Aufgabenerfüllung verpflichten, wollen die Selektivität der journalistischen Berichterstattung ausdrücklich an einem allgemeinen Publikumsinteresse ausrichten. "Über jeder Zeitung könnte als Leitsatz stehen: 'Der Mensch ist das Maß aller Dinge.'" (Flemming 1927: Sp. 1991) In Anlehnung an den angelsächsischen Begriff des 'common sense' fordert Flemming explizit eine unabhängige Beobachterposition des Journalismus gegenüber der technischen Entwicklung: "Die Tagespresse sollte es sich nicht nehmen lassen, immer und immer wieder die Frage zu stellen: 'Was bedeutet dieser technische Fortschritt für den *Menschen*?'" (ebd.) Dazu gehöre auch, "sich frei zu machen von der unbedingten Lobpreisung jedes technischen Fortschrittes" (ebd.).

In einem weiteren Aufsatz konkretisiert Flemming die Funktion der Technikberichterstattung: Neben der Pflege des großen Überblicks soll Journalismus den Einfluß der Technik auf die menschlichen Verhältnisse beobachten. "Das letzte Ziel ist auch hier eine die Technik einschließende Allgemeinbildung, welche als Grundlage für eine gemeinsame Weltanschauung dienen kann." (Flemming 1928: Sp. 153) Mit Blick auf verschiedene Publika des Journalismus unterscheidet Flemming zwischen spezialisierten Technikbeilagen für Fachleute und allgemeinverständlichen für Laien.[5] Der Autor zieht den Schluß, daß von der 'allgemeinverständlichen'

---

5 Schon 1927 hatte Flemming bemängelt, daß keine klare Abgrenzung zwischen Tageszeitung und spezialisierter Fachzeitschrift getroffen werde.

Technikberichterstattung keine technische Allgemeinbildung des Rezipienten erwartet werden könne, in Analogie zum Feuilleton, von dessen ausschließlicher Lektüre auch niemand eine literarische Bildung des Lesers erwarte. Vielmehr könne die journalistische Technikberichterstattung nur zur weiteren Beschäftigung mit bestimmten Themen anregen (vgl. ebd.: Sp. 155). Damit weist Flemming der Technikberichterstattung statt einer Aufklärungsfunktion (vgl. Kap. 1.3.2) 'nur' eine Thematisierungsfunktion zu. Dieser interessante Ansatz, der auch mit modernen journalismustheoretischen Überlegungen konform geht, wird in der Folgezeit der Diskussion allerdings nicht ernsthaft erörtert.

Flemmings Gedanke, daß sich die journalistische Berichterstattung an der allgemeinen, gesellschaftlichen Relevanz der Technik auszurichten habe, wird von Schulz (1931) wiederaufgegriffen. Die technische Entwicklung könne nur in ihrer Bedeutung für den Menschen "einen vernünftigen Maßstab für die Berichterstattung bilden" (Schulz 1931: 70). Der Autor einer der wenigen Buchpublikationen zum hier besprochenen Thema interpretiert die technische Berichterstattung generell als Reaktion auf Publikumsbedürfnisse: Die Veränderung der allgemeinen Lebensformen durch die technische Entwicklung "*zwangen die Allgemeinheit innerlich zur Stellungnahme und zu einer Anteilnahme am technischen Geschehen*, die irgendwie befriedigt sein wollte." (ebd.: 65) Dabei kann sich eine selbständige technische Berichterstattung nur unter einer Bedingung entwickeln: "Sie muß sozial begründet sein." (ebd.: 7) Schulz geht es weniger um eine Betrachtung der journalistischen Berichterstattung, sondern vielmehr um die technische Berichterstattung in Fachzeitschriften.[6] Dennoch bieten seine Überlegungen auch Ansätze für eine journalismustheoretische Betrachtung der Wissenschaftsberichterstattung.[7]

Es kommt in der Diskussion relativ selten vor, daß aus der Perspektive des Journalismus argumentiert wird und dessen Berichterstattung – wenig-

6 Sofern Fachzeitschriften für die Kommunikation innerhalb eines bestimmten gesellschaftlichen Bereichs bzw. Systems (z.B. Wissenschaft oder Technik) bestimmt sind, betrachten wir sie *nicht* als Bestandteil des Journalismus. Wir werden dieses Journalismusverständnis später begründen (vgl. Kap. 6.3.3).

7 Schulz bezeichnet Journalismus auch als ein Mittel, um 'Verständnis', d.h. Akzeptanz, für Technik zu erwecken (vgl. Schulz 1931: 71 u. 74). Damit steht er im Widerspruch zu seiner eigenen Feststellung, daß Journalismus sich an allgemeinen Relevanzkriterien orientieren müsse (s.o.). Auch die soziale Begründung einer eigenständigen Technikberichterstattung ließe sich wohl kaum nur aus dem Akzeptanzwunsch der Techniker selbst herleiten.

stens vom Ansatz her – als eine eigenständige Reaktion auf gesellschaftliche Entwicklungen verstanden wird. Diese Position wird in zwei Vorträgen eingenommen, die 1929 auf der Hauptversammlung des Vereins Deutscher Zeitungsverleger gehalten wurden. Sowohl Kapp (1929) als auch Esser (1929) argumentieren aus der Sicht eines Journalismus, der sich an den Ansprüchen der Rezipienten auszurichten hat. Kapp nennt zwei Gründe für das wachsende Publikumsinteresse, auf das Journalismus zu reagieren habe: Zum einen habe wissenschaftliches Wissen eine Bedeutung als Ressource im "Kampf um's Dasein" (Kapp 1929: 25), zum anderen biete es auch einen kulturellen Anreiz, indem es die Suche nach "Lebensgefühl in *idealen* Welten" (ebd.) befriedige. Ein dritter Grund gehe von der Wissenschaft selbst aus. Kapp spricht damit den Prozeß an, der heute als Verwissenschaftlichung des Alltags bezeichnet wird: Grundlegende Erkenntnisse würden zum "Allgemeingut" (ebd.: 26)[8].

Kapps Vortrag enthält eine weitere sehr interessante Überlegung: "Es kann also das, was die Zeitung aus der Welt des Erkennens, des Wissens bringt, nicht mit absoluten Maßstäben, die sich aus der Wissenschaft ergeben, gemessen werden, sondern es muß nach Wert, Bedeutung aus diesem Rahmen, wie ihn nun einmal die Tageszeitung darstellt, begriffen, beurteilt werden." (ebd.) Diese Divergenz der Wert-, Bedeutungs- oder Relevanzkriterien sieht Kapp in der journalistischen Publikumsorientierung begründet (vgl. ebd.; vgl. Groth 1928: 178 ff.). Auch für den Zeitungsverleger Esser sind "Wissenschaft als Selbstzweck und Wissenschaftlichkeit um jeden Preis [...] besonders fehlerhaft in der *Zeitung*, die doch nun einmal kein Lehrbuch, sondern in erster Linie ein Spiegelbild des zeitlichen Geschehens unter aufmerksamster Betrachtung aller Vorgänge [...] sein soll." (Esser 1929: 28) Die "*Ansprüche der Leserschaft*" seien bestimmend für die Gestaltung der Zeitung (ebd.: 29). Die Berichterstattung solle daher nicht aus der Wissenschaft allein ihre Anregungen beziehen, sondern "durch enge Verbindung mit dem täglichen Leben ständig den Pulsschlag der Öffentlichkeit" (ebd.) verspüren.

Als Verleger hat Esser in erster Linie ein kommerzielles Interesse am Rezipienten. Von daher erscheint ihm eine allzu enge Ausrichtung am Wissenschaftssystem nicht geraten. In einer ungewöhnlich scharfen Kritik eines Artikels aus der *Deutschen Presse* (vgl. Kühle 1936) kommt ein anderer

8 Als Beispiele nennt Kapp Rassenkunde, Vererbungslehre und Eugenik.

Autor zu der gleichen Empfehlung, allerdings aus einer wissenssoziologischen Position. Von Kries (1936: 66) prangert regelrecht den "wasserdichten und grenzenlosen akademischen Hochmut vieler wissenschaftlicher Köpfe" und die naive Wissenschaftsgläubigkeit des deutschen Publikums an. Mit Blick auf die Vergänglichkeit einst dogmatisch verteidigter wissenschaftlicher 'Wahrheiten' bildet für von Kries "auch die Wissenschaft im Grunde nur ein Beispiel für die Geschichte und die Größe der Welt des Irrtums" (ebd.). Die Aufgabe des Journalismus sei daher gerade "darin zu sehen, *Abstand zu halten* von ihr" (ebd.).

Quantitativ betrachtet können die oben vorgestellten Überlegungen als die Position einer Minderheit bezeichnet werden. Wir sind allerdings der Ansicht, daß hier brauchbare Ansätze für eine journalismustheoretische Konzeption des Wissenschaftsjournalismus entwickelt werden. Dies betrifft vor allem die Vorstellung von Journalismus als einem selbständigen Beobachter der wissenschaftlich-technischen Entwicklung. Diesem Gedanken entspricht auf der anderen Seite das Konzept sozusagen mündiger und nach Interessen differenzierter Publika, an denen sich die Berichterstattung orientiert.[9] Zuletzt halten wir den Gedanken für bedeutsam, daß sich die Funktion journalistischer Wissenschaftsberichterstattung auch *gegen* die Teilinteressen der von ihr beobachteten Gesellschaftsbereiche richten kann.

Diese 'andere Rationalität' des Journalismus wird in einem der raren Beiträge von Kommunikationswissenschaftlern vehement verteidigt. Groth (1928) kritisiert in seiner Zeitungskunde die Auffassung der "Gelehrten, der Zeitung die Gesetze der Wissenschaft vorschreiben zu dürfen." Groth 1928: 178) Dieser Instrumentalisierung des Journalismus durch Wissenschaftler begegnet Groth mit dem knappen Kommentar: "Sie beweisen aber damit nur ihre eigene – Unwissenschaftlichkeit." (ebd.)[10] Auch Dovifat be-

9 Der Konflikt um die Beachtung von Publikumserwartungen als journalistischem Selektionskriterium läßt sich sehr anschaulich an Hand des grotesk-verbissenen Streits nachvollziehen, der um die rechte Form des Wetterberichts in der Tageszeitung geführt wird. Während die eine Seite den konkreten Nutzen für das Publikum vor Augen hat (vgl. Lammert 1934a; 1934b; 1936; Dieckmann 1934; Habermehl 1936; Hill 1934) und die komplizierte Form der Wetterkarten scharf kritisiert, will die andere Seite den Leser in die Lage versetzen, "auf Grund des übermittelten Materials und seiner eigenen Beobachtungen des seitdem eingetretenen Witterungsverlaufes die Vorhersage gegebenenfalls einer Revision zu unterziehen." (Dürr 1934b; vgl. auch Adrian 1934).

10 Auch Irrtümer sprächen nicht gegen den Journalismus, der nun einmal die Gegenwart festzuhalten habe, "und da kommt es häufig 'ganz anders'." Diese grundsätzliche Kontingenz von Aussagen gelte aber nicht nur für den Journalisten – dieser habe "doch im-

zieht sich in seiner *Zeitungslehre* auf die oben vorgestellte Minderheitenposition (vgl. Flemming 1927; Schulz 1931), wenn er festhält, daß "in allen technischen Berichten immer die Frage *Mensch – Maschine* mit all ihren seelischen und sozialen Folgerungen im Blickpunkt stehen [muß]. [...] Nicht der technische Fortschritt, sondern seine Einwirkung auf den arbeitenden Menschen und Volksgenossen ist für die *Zeitung* das Entscheidende." (Dovifat 1937: 82 u. [2]1944: 84) Groth und Dovifat schwächen ihre Positionen im Laufe der Zeit allerdings deutlich ab, Groth sogar schon ein Jahr später im zweiten Band seiner Zeitungskunde (vgl. Groth 1929; Kap. 1.3.2). Nach dem Weltkrieg ist beiden Autoren erkennbar an einer Harmonisierung des Verhältnisses von Journalismus und Wissenschaft gelegen (vgl. Kap. 2.2.5).

1.3.2 Die Akzeptanzfunktion des Journalismus

Die Konstatierung eines ständig wachsenden, vor allem wirtschaftlichen, politischen und auch kulturellen Einflusses der technischen Entwicklung führt die deutliche Mehrheit der Autoren zu dem Schluß, die journalistische Berichterstattung solle im Dienst dieses technischen Fortschritts stehen. Die journalistische Wissenschaftsberichterstattung wird – in der Regel explizit – als ein Mittel gesehen, den Prozeß der technischen und wissenschaftlichen Entwicklung mit zu unterstützen, ja sogar aktiv voranzutreiben. Dieses Journalismusverständnis ist schon in den frühen Inhaltsanalysen von Stoklossa und Groth angelegt, die noch eher kursorisch von den "erzieherischen Aufgaben" (Stoklossa 1910: 556) bzw. von der "Aufgabe der 'Popularisierung der Wissenschaft'" (Groth 1915: 132) sprechen, ohne diese Begriffe weiter zu erläutern. In die gleiche Zeit fällt aber auch schon Cattanis Studie, die den Journalismus in den Dienst einer strikten medizinischen Volksaufklärung stellt, bei der sich die Presse an den medizinischen Fachzeitschriften orientieren soll (vgl. Cattani 1913: 29). Auch der Leiter der Pressestelle beim *Reichsausschuß für hygienische Volksbelehrung* betrachtet Journalismus als ein Aufklärungsinstrument: "*Ein gesundes Volk ist die stärkste Stütze des Staates*!" (Kayser 1928: 558; vgl. Aschaffenburg 1930)

---

mer den Trost, daß er nicht selten die gründliche, alle Kenntnis besitzende und anwendende objektive Wissenschaft zur Genossin im Irrtum hat." (Groth 1928: 181)

Diese Funktionszuweisungen an die Adresse des Journalismus werden durchaus nicht nur von Vertretern aus Wissenschaft, Technik und Medizin formuliert. Auch die Journalisten selbst sehen die Aufgabe der Wissenschaftsberichterstattung ausdrücklich darin, die technische Entwicklung aktiv zu unterstützen. Diesen Autoren ist erkennbar daran gelegen, ihre eigene journalismusinterne Rolle als Wissenschafts- und Technikjournalisten zu stärken bzw. überhaupt erst einmal zu konturieren. Diese Ausgangslage führt bei den Technikjournalisten zu einer charakteristischen Argumentationsweise: Einerseits wird die gesellschaftliche Relevanz der Technik voll bejaht und in die Forderung nach einer verstärkten Technikberichterstattung umgesetzt (vgl. Kap. 1.1); andererseits wird das Anrecht auf eine spezifisch journalistische Behandlung dieses Berichterstattungsfeldes zu behaupten versucht – in Abgrenzung zu einer einseitigen Vereinnahmung des Journalismus durch Wissenschaft und Technik.

So plädiert der spätere Gründer der *Technisch-Literarischen Gesellschaft* (TELI) Siegfried Hartmann[11] zwar für eine intensivere Technikberichterstattung, aber nicht "lediglich um der Technik willen. Solche Froschperspektive liegt mir fern." (Hartmann 1922: 2) Er verweist auf die notwendige Verbindung technischer Fragen mit wichtigen gesellschaftlichen Bereichen wie Wirtschaft, Kultur und Politik und zieht den Schluß: "*Nicht Technik für die Techniker, sondern Technik für die Allgemeinheit der Leser*, in Zusammenhang gebracht mit den Fragen des Tages." (ebd.: 3) Damit wird die Relation von journalistischer Selektion und der allgemeinen (Publikums-) Relevanz eines Themas hervorgehoben. Hartmann erklärt zwar, daß Journalismus durch eine "kritische Beleuchtung zur Förderung der allgemeinen Interessen" (Hartmann 1925: 26) beitragen solle; hiermit ist aber, und das unterscheidet seine Position von der Flemmings (vgl. Kap. 1.3.1), keine *unabhängige* Beobachterposition gemeint: Der "Techniker in der Zeitung" [!] müsse "positiv arbeiten, [...] vor allem über den Einfluß der Technik auf die richtige Lösung von öffentlichen Problemen" (ebd.).[12] Zudem ist Hartmann davon überzeugt, daß die Technikberichterstattung "für den Wiederaufbau unseres Volkes wichtig ist" (Hartmann 1922: 4). Als "Fortbildungsschule

11 Nicht zu verwechseln mit Hans Hartmann (1937).

12 Die von Hartmann (1925: 26) gleichfalls erwähnte "negative Wirksamkeit" bezieht sich auf die Vermeidung von technischen Falschmeldungen, ist also nicht als Gegenposition zu einer positiv wertenden Berichterstattung zu verstehen.

des Volkes" (ebd.: 2) wird Journalismus damit einer wirtschaftspolitischen Zielsetzung unterworfen.

Auch Sinner plädiert für die "Verknüpfung technischer Arbeit mit dem gesamten übrigen Leben, mit Politik, Wirtschaft und Recht." (Sinner 1925: 3) Gleichzeitig sieht er die Aufgabe der Technikberichterstattung aber darin, "durch positive Kritik der Industrie zu dienen und [...] aufklärend und belehrend der Allgemeinheit gegenüber zu wirken." (ebd.) Die meisten Beiträge von Journalisten sind dieser Diktion verpflichtet. Auch Boehmer betont die wirtschaftliche und politische Bedeutung der Technik und fordert aus diesem Grund eine Ausweitung der Berichterstattung. Deren Ziel soll es sein, "der Technik den Mantel der Rarität und den Hut unnahbarer Gelehrsamkeit" abzunehmen (Boehmer 1925: 4). In einem weiteren Beitrag wird der Autor konkreter: "Wer jemals die Möglichkeit der Beeinflussung der Bevölkerung durch die Presse beachtet hat, kann aus der Mangelhaftigkeit der technischen Berichterstattung in den Spalten der Tageszeitungen auf die Fülle der 'verpaßten Gelegenheiten' schließen, die sich auf die Industrie und auf den Handel auswirkten." (Boehmer 1927a: Sp. 1706)

Die Vorträge, die unter dem Titel *Technik und Presse* auf dem Reichsverbandstag der Deutschen Presse 1926 in Düsseldorf gehalten werden, unterstreichen in aller Deutlichkeit die Ausrichtung der journalistischen Berichterstattung an einer Förderung der technischen Entwicklung. Der technische Schriftsteller Schmauser, ehemaliger Schriftleiter der *Technischen Rundschau* des *Berliner Tageblatts*, umschreibt die Funktion der Technikberichterstattung folgendermaßen: "Es gilt nicht nur den Leser zu unterhalten, sondern auch ihn anzuregen, sein technisches Wissen zu vertiefen und ihn zu logischem Denken zu erziehen." (Schmauser 1926: 67) Die Kombination von Wissensvermittlung und Erziehung weist Journalismus eindeutig die Funktion zu, für die gesellschaftliche Akzeptanz der technischen Entwicklung zu sorgen. Schmauser erweitert diese Funktionszuweisung um eine national-politische Komponente: "[E]s gilt, deutsche Kulturwerte dem Auslande gegenüber stärker zu betonen und überhaupt der gesamten Welt zu zeigen, daß deutsche Fähigkeit und deutscher Wille, bei der Fortentwicklung der Technik mit in erster Reihe zu marschieren, noch vorhanden und ungebrochen sind." (ebd.: 68) Zu diesem Zweck wird ein besseres Verständnis zwischen Presse und Technik gefordert. In der gleichen Vortragsreihe bezeichnet Joel (1926: 67) die Presse ganz offen "als Bundesgenosse[n] der Technik", wobei er ausdrücklich die wirtschaftliche Nutzanwendung der Technik anspricht. Da für Joel kein Zweifel daran besteht, daß die Technik als "Fortentwicklung des Schöpferwerkes" (ebd.: 66) zu bezeichnen ist, habe der Journalismus sogar eine "Dankesschuld an die Technik" (ebd.: 67) abzutragen.

Dieses letzte Argument ist für die Diskussion nicht untypisch. Technik und Journalismus werden als zweckorientierte, personalisierte Handlungssysteme aufgefaßt, die untereinander Leistungen austauschen.[13] Diese Vorstellung wird von Fürst (1926) auf die Spitze getrieben, der Journalismus schlechthin als Ableger der Technik betrachtet[14] und daraus eine quasi natürliche Dankespflicht des Journalismus gegenüber der Technik ableitet: "Erinnert Euch, daß die Technik die Mutter der modernen Presse ist, ehrt Eure Gebärerin!" (Fürst 1926: 65)[15]

Auch Starke (1927a: Sp. 457) hält die Forderung für angemessen, zumindest einen Teil seiner "geistigen und werbenden Kräfte den drängenden Tendenzen in der Technik zur Verfügung [zu] stellen." Starkes kleiner Aufsatz kann regelrecht als Manifest eines normativ bestimmten Technikjournalismus betrachtet werden. Da der Autor die technische Entwicklung als unvermeidbar ansieht, "und wir Zeitungsleute zweifeln wohl kaum mehr daran, so erhebt sich für die Presse die unbedingte Forderung, zu bejahen, schnell und ohne Einschränkung zu bejahen, wie es mir, hier wie sonst, ihre Pflicht allen übermächtigen und unabwendbaren, sagen wir getrost schicksalhaften Zeitströmen gegenüber zu sein scheint." (ebd.) In bezug auf die "machtvolle[.] Kulturerscheinung Technik" gehe es für den Journalismus darum, "beeinflussend wirksam zu werden und in aufklärend-reformierendem Sinne tätig zu sein." (ebd.) Das bedeute nicht, daß Journalismus keine Kritik üben dürfe – von der Presse könne "wichtigste Kulturpionierarbeit geleistet werden, aber dann und *nur* dann, wenn ihre Kritik *positiv* ist in Mei-

13 Auch der frühen Kommunikationswissenschaft schwebt ein eigenartiges Tauschgeschäft vor. Als Dank für die Vermittlertätigkeit der Presse werde die Wissenschaft "auch der Presse im Rahmen der übrigen Disziplinen den gebührenden Platz nicht versagen." (D'Ester 1928: 1) In diesem Sinne argumentieren auch Mohr 1921 u. Meyer 1927 (Meyer referiert einen Vortrag Dovifats – damals noch Journalist – auf der Hauptversammlung des *Vereins Niedersächsische Presse*).

14 "*Die Presse lebte nicht, bevor die Technik ihr lebendigen Odem einhauchte.*" (Fürst 1926: 64)

15 Als Druckmittel gegen die Printmedien will Fürst die Rundfunktechnik (die ja auch ein Kind der Technik sei) verstanden wissen: "Schon knistert es leise im Gebälk." (Fürst 1926: 65) "Darum liebt und verehrt das Mütterchen Technik mehr, als es bisher geschehen ist, damit sie Euch segne und ihr Antlitz wenigstens noch für fünfzig Jahre nicht von Euch abwende!" (ebd.) In der amerikanischen Literatur finden sich ähnliche Analogien von Wissenschaft/Technik und Religion (vgl. Kap. 4.1.4).

nung und Zielbewußtsein. *Hüten freilich muß sich die Presse vor jeder grundsätzlichen Ablehnung und Verneinung*" (ebd.). Starke sieht – im Sinne einer 'Fortbildungsschule aller Erwachsenen' – eine klare "pädagogische Rolle" (ebd.: Sp. 458) für den Journalismus gegeben. Zudem müsse viel mehr auf die wirtschaftliche Nutzanwendung der Technik hingewiesen werden.

Zwar beharrt der Großteil der Technikjournalisten darauf, die Themenkomplexe Wissenschaft und Technik anhand journalistischer Selektions- und Darstellungskriterien abzuhandeln – eine journalistische Autonomie wird damit aber nur für das Wie? der Berichterstattung reklamiert. Über das Was? und das Warum? bzw. Wozu? herrscht dagegen Übereinstimmung mit normativen Forderungen, die von außen an den Journalismus herangetragen werden. So gehen die Beiträge von Journalisten durchaus konform mit der Auffassung, daß man die Laien "zum Verständnis technischer und technisch-wirtschaftlicher Vorgänge erziehen [muß], das allein geeignet ist, Entwicklungen zu fördern, von denen das Wohl und Wehe der nationalen Produktion abhängig ist." (Freund 1929: 15) Das gilt auch für den von Wissenschaftlern geäußerten Standpunkt, die Presse als "ein unentbehrliches Hilfsmittel zur *Verbreitung der Ergebnisse* der Wissenschaft" (Dyroff 1926: 30) zu betrachten. Das Bestehen auf eine eigenständige journalistische Behandlung kann nicht verdecken, daß über eine wirkliche Eigenständigkeit journalistischer Berichterstattung nicht reflektiert wird. Die Diskussion journalistischer Selektionskriterien führt nicht zu einem Nachdenken über eine genuin *journalistische* Funktion der Wissenschafts- und Technikberichterstattung. Die Funktionsbeschreibungen orientieren sich vielmehr einseitig an journalismusexternen Beurteilungen der technischen Entwicklung, die einseitig deren wirtschaftliche und politische Nutzenanwendung in den Vordergrund stellen. Die Konsequenzen der technischen Entwicklung werden dabei fast einmütig als positiv bewertet – als Fortschritt.[16]

Gemäß dieser Grundüberzeugung wird die Funktion der journalistischen Wissenschaftsberichterstattung vor allem darin gesehen, eine wissenschaftlich und technisch angeblich ungebildete Bevölkerung zur Akzeptanz der wissenschaftlich-technischen Entwicklung zu bewegen. Sofern – was noch relativ selten passiert – das konkrete Publikum der Technikberichter-

16 Das Ziel dieser Arbeit ist es nicht, in die Debatte um Pro und Contra der Technikentwicklung einzusteigen. Wir sehen es allerdings als notwendig an, solche Wertentscheidungen als kontingent – als auch anders möglich – zu betrachten (vgl. Kap. 5.1).

stattung erwähnt wird, erschöpfen sich fast alle Äußerungen in der Feststellung, daß "das größte Interesse daran vor[herrscht], mit den Vorgängen technischen Schaffens vertraut gemacht zu werden." (Freund 1929: 15) Ein anderer Autor weiß zu berichten, daß "[u]nsere deutsche Jugend [..] geradezu nach guten, gemeinverständlichen technischen Aufsätzen [hungert]" (Ammon 1931a). Keine dieser Aussagen kann sich allerdings auf eine repräsentative Rezipientenbefragung stützen. Die bloße Erwähnung eines angeblichen Publikumsinteresses dient offensichtlich nur dem Zweck, die eigenen Popularisierungsinteressen zu legitimieren. Dabei 'gelingen' den Autoren entlarvend aufrichtige Formulierungen: "Das Publikum von heute, dem *man* den Nutzen der Körperpflege und Körperstählung und manches andere klarzumachen *wünscht*, *verlangt gebieterisch* nach hygienischer Belehrung." (Bruck 1929: 95; Hvhg. MK) Ähnlich argumentiert auch Kühle (1936: 14), der vom "Anrecht" des Lesers, "belehrt und erzogen" zu werden, spricht – und das unter dem Titel "Mehr Achtung vor dem Leser!".

'Verbesserungsvorschläge' für die journalistische Wissenschaftsberichterstattung richten sich ausschließlich auf Maßnahmen, die den Journalismus dazu befähigen sollen, den externen Leistungsanforderungen nachzukommen. Dazu gehört vor allem die Institutionalisierung eigener Technikressorts, die Auswanderung der Technikberichterstattung aus den spezialisierten Beilagen[17] und "Durchdringung der ganzen Zeitung mit Technik" (Stummvoll 1935: 118) sowie die (wissenschaftliche und journalistische) Ausbildung von Technikjournalisten[18], vor allem aber die Bereitschaft zur 'Partnerschaft' mit Wissenschaft, Technik und Medizin[19]. Gerade diese Forderung verdeutlicht, daß eine eigenständige Funktion der wissenschaftsjournalistischen Berichterstattung – und damit auch Eigenständigkeit gegenüber dem Berichterstattungsfeld Wissenschaft – nicht angestrebt wird.

---

17 Die technische Berichterstattung ist vor allem auf diese Beilagen beschränkt, von denen es 1926 ca. 100 gab. Diese erscheinen nach einer Untersuchung von Boehmer (1927b) vor allem in großen Industrie- und Wirtschaftsgebieten. Boehmer weist allerdings darauf hin, daß andere Zeitungen technische Aufsätze im allgemeinen Teil bringen. 1930 gab es 193 technische Beilagen (vgl. Stummvoll 1935: 65).

18 Vgl. Boehmer 1925; 1927a; 1927b; Dyroff 1926; Hartmann 1922; 1929; Kaper 1929; Kappelmeyer 1928; Kluth 1936; Kühle 1936; Schmauser 1926; Starke 1927a; Stummvoll 1935.

19 Vgl. Cattani 1913; D'Ester 1928; Dyroff 1926; Fürst 1926; G. 1939; Greiner 1940; Groth 1929; Hachtmann 1936; Joel 1926; Meyer 1927; Mohr 1921; Schorr 1934; St. 1921; Starke 1927a; Stummvoll 1935.

Auf diese Linie schwenkt überraschend auch der Zeitungswissenschaftler Groth ein, der eine erste Zusammenfassung der Diskussion über den Wissenschaftsjournalismus vorlegt (vgl. Groth 1929: 547 - 553). Verteidigte Groth noch ein Jahr zuvor die Selbständigkeit des Journalismus gegenüber der wissenschaftlichen Rationalität (vgl. Kap. 1.3.1), betont er nun ausdrücklich die "Bedeutung, die die Tagespresse für die Anerkennung und Unterstützung wissenschaftlicher Forschungen gewonnen hat" (Groth 1929: 547). Für die Wissenschaftler sei Journalismus mittlerweile zu einem "nicht leicht zu handhabenden, aber wundervollen Instrument der Publikation" (ebd.) geworden. Aus dem wachsenden gesellschaftlichen Einfluß der wissenschaftlich-technischen Entwicklung resultiert für Groth "zwingend die *Zusammenarbeit von Hochschulen und Volksbildungsbestrebungen mit der Tagespresse*" (ebd.: 552). Indem er die Problematik der Wissenschaftsberichterstattung nur noch unter Aspekten wie Volksbildung, Popularisierung und Belehrung behandelt, stellt auch Groth den Wissenschaftsjournalismus unter ein normatives Konzept, das den Ansprüchen einer wissenschaftlichen Fortschrittsideologie verpflichtet ist.

Daß sich diese Auffassung auch mit dem Selbstverständnis der meisten Technikjournalisten deckt, hängt sicherlich damit zusammen, daß Technikberichterstattung journalismusintern noch nicht in Ressortform institutionalisiert ist und vor allem in den sogenannten technischen Beilagen 'stattfindet'. Die Technikjournalisten sind aus diesem Grund vor allem darauf fixiert, ihre organisatorischen Ressourcen auszuweiten.[20] Wie auch in den USA findet hier eine Entwicklung statt, die zu einer starken Annäherung des spezialisierten Wissenschaftsjournalismus an die spezifische Rationalität und an die Interessen der von ihm beobachteten Gesellschaftsbereiche führt (vgl. Kap. 4.1.1). Diese findet ihren organisatorischen Ausdruck in der Gründung der *Technisch-Literarischen Gesellschaft* 1929 in Berlin, in der sich technische Journalisten und die Leiter von Pressestellen privater, kommunaler und staatlicher Organisationen zum gemeinsamen Zweck "der planmäßigen Förderung der technischen Berichterstattung" (Satzung der TELI von 1929; zitiert nach Stummvoll 1935: 147) zusammenschließen. Sowohl diese

20 Die "*ressortmäßige Hintansetzung* ist der Hauptgrund für die ganze bedauerliche Vernachlässigung der Technik durch die Zeitung" (Starke 1927a: Sp. 458). Ähnlich argumentiert neben vielen anderen Stummvoll (1935: 118), der allerdings die "Durchdringung der ganzen Zeitung mit Technik" nicht für finanzierbar hält. Noch im Jahre 1990 wird Wissenschaftsjournalismus als "Stiefkind" (Hömberg 1990b) und "verspätete[s] Ressort" (Hömberg 1990a) bezeichnet (vgl. Kap. 3.3.2).

organisatorische Kooperation als auch die Übernahme normativer Funktionszuweisungen begünstigen eine Entwicklung, die in der Folgezeit zu einer journalismusinternen Separierung von spezialisierten Wissenschaftsjournalisten führt.

2 Die deutsche Diskussion bis 1974

Im folgenden wird die deutschsprachige Literatur zum Wissenschaftsjournalismus aus der Zeit nach dem Zweiten Weltkrieg bis 1974 vorgestellt (zur Forschung in der DDR vgl. Kap. 3.6). Das Jahr 1974 kann insofern als eine Zäsur betrachtet werden, als zu diesem Zeitpunkt die Aufmerksamkeit für den Wissenschaftsjournalismus erkennbar ansteigt – das Thema etabliert sich als Forschungsgegenstand der Kommunikationswissenschaft (vgl. Kap. 3). Bis zu diesem Zeitpunkt wird die Diskussion noch von Beiträgen aus der (Natur-)Wissenschaft, der Politik und dem Wissenschaftsjournalismus selbst geprägt. Wie im vorangegangenen Kapitel gilt unsere Aufmerksamkeit den journalismustheoretisch zu verwertenden Aussagen zum Verhältnis von Journalismus und Wissenschaft und den daraus resultierenden Schlußfolgerungen für die journalistische Wissenschaftsberichterstattung.

In den fünfziger Jahren steht die Medizinberichterstattung im Mittelpunkt der Diskussion (Kap. 2.1). In den sechziger Jahren verlagert sich der Schwerpunkt der Auseinandersetzung – wie schon in den zwanziger Jahren – auf die gesellschaftlichen Konsequenzen der wissenschaftlich-technischen Entwicklung (Kap. 2.2). In Kap. 2.3 fassen wir die wesentlichen Ergebnisse unserer Darstellung zusammen.

2.1 Medizinjournalismus

Einen neuen Schwerpunkt der Diskussion über den Wissenschaftsjournalismus, vor allem in den fünfziger Jahren, bildet die journalistische Berichterstattung über medizinische Themen. Dabei steht weniger die wissenschaftliche Medizin – als Grundlagenforschung – im Vordergrund als vielmehr die Medizin in ihrer praktischen Umsetzung als ärztliche Therapie. Ein nicht unerheblicher Teil der Beiträge stammt von praktizierenden Ärzten. Solche Artikel werden vor allem durch den angeblich sensationalistischen und unlauteren Umgang des Journalismus mit medizinischen Themen veranlaßt

(Kap. 2.1.1). Diese Ansicht wird auch von Kommunikationswissenschaftlern geteilt (Kap. 2.1.2). Die Diskussion steht damit von Anfang an im Kontext von "Pressesensationen, Volksgesundheit und Medizin" (Oeter 1953) und knüpft damit nahtlos an frühere Betrachtungen zum Medizinjournalismus an.

Medizinjournalismus wird als Instrument einer medizinischen Gesundheitsaufklärung konzipiert und ausschließlich den Bewertungskriterien und Partialinteressen des medizinischen Systems untergeordnet. Auch die Beiträge von Journalisten[1] und Kommunikationswissenschaftlern thematisieren Journalismus fast ausschließlich "im Dienste der Gesundheitsaufklärung" (Deich 1959). Dies zeigt sich besonders deutlich an den journalismustheoretisch orientierten Beschreibungen des Medizinjournalismus (Kap. 2.1.3). Unter diesen ist die Studie von Roloff (1972) hervorzuheben, die ein journalismustheoretisch vergleichsweise anspruchsvolles Konzept des Medizinjournalismus vorlegt (Kap. 2.1.4).

2.1.1 Öffentlichkeit ist ansteckend – eine ärztliche Diagnose

Aus Sicht der Ärzte nimmt die Medizin insofern eine Sonderstellung ein, als "ihre Ergebnisse nur zu einem Teil für die Öffentlichkeit bestimmt sind." (Oeter 1953: 184) Auf der Basis einzelner Negativbeispiele[2] wird ein generelles, nur vom Mediziner selbst aufzuhebendes Beobachtungsverbot für den Journalismus ausgesprochen, das sich selbst auf die öffentliche Thematisierung medizinischer Fehldiagnosen erstrecken soll (vgl. ebd.: 186). Begründet wird diese Forderung mit der 'medizinischen' Diagnose, daß journalistische Öffentlichkeit schädliche Auswirkungen haben könne.[3] Hin-

1 Diese schließen sich 1965 im *Kollegium der Medizinjournalisten* zusammen. Die Kollegiumsmitglieder begreifen sich im Hinblick auf eine medizinische Aufklärung als Mittler zwischen "der medizinischen Wissenschaft und dem Mann auf der Straße" (Reinbacher 1988: 32; vgl. Schreiber 1966). Interne Kritik an der Unabhängigkeit des Kollegiums führt 1975 zum Austritt mehrerer Mitglieder (unter anderem von *Welt*, *SZ*, *FAZ* und *dpa*) und zur Gründung des *Arbeitskreises Medizinjournalisten* (vgl. Depenbrock 1976: 49, Anm. 41; Korbmann 1976; Krautkrämer 1988).

2 Auf positive Beispiele wird in dem Referat über eine gemeinsam vom Presseclub Hamburg e.V. und der Pressestelle der norddeutschen Ärzteschaft initiierte Veranstaltung ebenfalls hingewiesen (vgl. Oeter 1953: 186). Die Polemik der Auseinandersetzung läßt sich an der Äußerung des Senatsdirektors Lüth ablesen, der das Verhalten von illustrierten Zeitschriften als "'journalistisches Verbrechen'" (ebd.) geißelt.

3 "Was nach dem Gesetz der Natur unbewußt abläuft, soll der Mensch nicht ohne zwingenden Grund an die Oberfläche des Bewußtseins zerren, weil sonst, wie die Erfahrung

ter dieser Einschätzung verbirgt sich das Konzept eines unmündigen Publikums, das durch die journalistische Berichterstattung beliebig manipulierbar, ja sogar existentiell bedroht ist: "Die Gefährdung durch unverantwortliche medizinische Sensationsmache besteht letztlich darin, daß hier vorsätzlich oder fahrlässig Leben und Gesundheit anderer, nämlich der Leser und der Bildbetrachter, verletzt werden und die dauernde Einwirkung der sensationellen Massenpublizistik Persönlichkeitswerte zu zerstören und die Persönlichkeitsstruktur der Leser zu verändern vermag." (Vorsätzlich 1959: 581)

In Anlehnung an seinerzeit aktuelle juristische Erörterungen zum Persönlichkeitsschutz vor journalistischer Berichterstattung wird gefordert, daß dieser Schutz auch auf den Leser erweitert werden müsse, da durch die medizinische Sen ationsmache auch "die Würde des Menschen im *Leser* verletzt wird" (ebd.). Mit anderen Worten Der Rezipient soll zu seinem eigenen Besten vor der Berichterstattung geschützt werden, da er selbst nicht dazu in der Lage sei: 'So lange Gesetzgebung und Rechtsprechung davon ausgehen, daß der erwachsene Mensch mündig ist und daher selbst entscheiden kann und muß, ob und wieviel medizinische, kriminalistische oder erotische Sensationen er auf dem Markt der Massenmedien einkaufen will, so lange ist dem Kern dieses Problems nicht beizukommen" (ebd.). Diese Argumentation – man beachte die Erweiterung des Themenspektrums auf Kriminalität und Sexualität – mündet zwangsläufig in die Forderung nach Zensurmaßnahmen, zumal die Medizinberichterstattung mit Hilfe des Attributs "publizistische Opiate" (ebd.: 582) auch noch in die Nähe einer kriminellen Tat gerückt wird. Konsequent wird daher eine Kontrolle der illustrierten Wochenpresse "auf *gesetzlicher* Basis als Selbstverwaltungseinrichtung mit Pflichtmitgliedschaft und Sanktionsmöglichkeiten" (ebd.) vorgeschlagen.[4] Diese Sanktionierung des Journalismus soll zudem unter "verantwortliche[r] Mitwirkung der *Ärzteschaft*" (ebd.) vonstatten gehen.[5]

beweist, sogar krankhafte Reaktionen ausgelöst werden können." (Oeter 1953: 184) Oeter berichtet über ein Referat des Präsidenten des Deutschen Ärztetages, Neuffert.

4 Da Zeitungsmeldungen über Selbstmorde weitere Selbstmorde herbeiführen könnten, hält Menninger-Lerchenthal (1958a) es für angebracht, "Richtlinien einer weisen Beschränkung zu erwägen." In diesem Sinne schlägt auch der Arzt Geisthövel (1961: 1090) vor, daß "die Presse unwahre Berichterstattung durch wirksame Selbstkontrolle ausmerze", wobei auch er eine juristische Verfolgung nicht ausschließen will.

5 Auch Dovifat plädiert in einem Vortrag vor dem Hamburger Ärztetag für eine "sachliche Aufklärungsarbeit" (Dovifat 1953: 164) und für eine den großen Erkenntnissen und "bleibenden Wahrheiten" (Dovifat 1953: 165) verpflichtete Erziehungsfunktion des Journalis-

2.1.2 *Publizistische Schleichgifthändler*

Derartige Positionen werden durchaus nicht nur von der Ärzteschaft vertreten. In einem der ersten kommunikationswissenschaftlichen Beiträge nach dem Zweiten Weltkrieg, die sich mit dem Wissenschaftsjournalismus beschäftigen, kommt der Autor zwar zu dem anscheinend moderaten Urteil, daß von der Medizinberichterstattung in Tageszeitungen in der Regel keine "Gefährdungen der Öffentlichkeit" (Haacke 1960: 412) ausgingen; in der Folge zeigt sich aber, daß es Haacke nicht um eine journalismustheoretische Betrachtung der Medizinberichterstattung geht (mit aller dabei möglichen Kritik), sondern um das "vertrauensvolle Zusammenarbeiten von Ärzten und Publizisten" (Haacke 1960: 410). Folgerichtig sorgt sich Haacke vor allem um das, "was dem durch pseudomedizinische Lektüre verdorbenen Patienten fehlt: das traditionelle Vertrauen zum Arzt" (ebd.), dem der Mensch schließlich seine Gesundheit zu verdanken habe.[6]

Da Haacke dem Journalismus von vornherein die Funktion medizinischer Aufklärung zuweist, wendet er sich aufs schärfste gegen die aus Gewinnsucht betriebene "Sensationalisierung medizinischer Arbeit": "Im Orient werden Händler, welche Menschen um des Geldverdienens willen mit gefälschtem Öl vergiftet haben, zum Tode verurteilt. In westlichen Ländern bestehen bisher kaum Möglichkeiten, publizistischen Schleichgifthändlern über die Gesetzgebung beizukommen." (ebd.: 414) Haacke erinnert daran, wie es in der Weimarer Zeit gelungen sei, den "Schmutz der Aufklärungsfilme zum Eintrocknen zu bringen" (ebd.: 415). Auch in der Bundesrepublik sei es nicht allzu schwierig, "Material der gleichen Art auszumerzen. Die Wachsamkeit der Kirchen hat hygienische Wirkung gehabt." (ebd.) Somit lautet die Schlußfolgerung für die Medizinberichterstattung: "Warum sollte es durch eine gemeinsame Abwehr aller interessierten Kreise nicht möglich sein, den Schädlingen an ehrlicher medizinischer Arbeit auch in gewissen Presseerzeugnissen das angemaßte Handwerk zu legen?" (ebd.) Eine Zensurstelle lehnt Haacke immerhin noch ab (allein der Gedanke ist erwäh-

---

mus, allerdings mit dem deutlichen Hinweis auf die wirtschaftlich notwendige Leserbindung des Journalismus und die Eigenständigkeit des verantwortlichen Journalisten.

6 Daß das Vertrauen zwischen Arzt und Patienten durch die medizinische Berichterstattung gefährdet sei, ist in der Diskussion ein beliebter Topos (vgl. z.B. Brandis 1963). Die falsche Propaganda der Massenmedien wird von seiten der Ärzte sogar dafür verantwortlich gemacht, daß unnötige Operationen durchgeführt werden (vgl. Geisthövel 1961).

nenswert); er will – wie auch immer – das Persönlichkeitsrecht auf freie Meinungsäußerung dazu benutzen, die "Pseudomediziner aus der gegenwärtigen Publizistik beizeiten auszuscheren." (ebd.)[7]

Noch vor Haacke hat Deneke (1959) den ersten Aufsatz über Wissenschaftsjournalismus in einer deutschsprachigen Fachzeitschrift für Kommunikationswissenschaft publiziert. Auch dieser Autor sinniert – allerdings moderater – über geeignete Maßnahmen gegen die Gefahren der medizinischen Sensationsberichterstattung. Dieser habe man schon im 16. Jahrhundert Einhalt geboten und zwar "durch Vorzensur und obrigkeitliches Gebot, d.h. zeitgemäß mit den Mitteln, die der damaligen Herrschaftsform eigen waren. Es ist nicht einzusehen, daß gegen die *derzeitigen* Gefahren medizinischer Sensationsmache nicht *auch* zeitgemäße – dem heutigen demokratischen Herrschaftssystem konforme – Abwehrmaßnahmen entwikkelt werden könnten." (Deneke 1959: 203) Studiert man Denekes historische Betrachtungen über die Medizinberichterstattung, so fällt allerdings auf, daß der Autor keine eindeutigen Kriterien für Sensationalismus an die Hand gibt. So ist er durchaus bereit, Berichte über göttliche Wunderheilungen aus dem historischen Weltbild zu erklären und zu akzeptieren. Dagegen gelten ihm Berichte über Mißgeburten und Gebrechen als Sensationsberichterstattung. Deneke gibt zudem noch zu, daß auch Ärzte selbst ihre Kunst als Sensation anpriesen, z.B. auf anatomischen Schauveranstaltungen. Daher versucht er nachträglich, Kurpfuscher gegen die 'echte' medizinische Kunst abzugrenzen (vgl. ebd.: 199). Wie wir noch zeigen werden, kommt auch die spätere Wissenschaftsjournalismus-Forschung nicht über solche diffusen Definitionen des Sensationalismus-Begriffs hinaus. Theoretisch ohne Begründung und methodisch sehr fragwürdig, scheinen diese Sensationalismus-Studien eher darauf angelegt, den Ruf nach 'zeitgemäßen Abwehrmaßnahmen' legitimieren zu helfen.

---

7 Haacke knüpft in diesem Aufsatz an eine Terminologie an, die er schon Anfang der vierziger Jahre in seiner Feuilletonkunde verwendete, um die Juden Börne und Heine aus dem deutschen Feuilleton 'auszumerzen' (vgl. Haacke 1942; 1943: 9 - 13; vgl. zudem die Gegenüberstellung mit der 'bereinigten' Feuilletonkunde von 1951 in Weischenberg 1992: 56 f.). Der Aufsatz wird dreißig Jahre später als "facettenreiche[r] Überblicksbeitrag" in einem Sammelband zur Medizinpublizistik-Forschung abgedruckt und unter "Impulsgebungen" kategorisiert (Fischer 1990b: 17; vgl. Haacke 1990).

2.1.3 Im Dienste der Gesundheitsaufklärung

Deneke hat durch seine medizinhistorischen Studien die Forschung zur Medizinpublizistik maßgeblich beeinflußt (vgl. Kap. 3.5), vor allem durch seinen Versuch, die Medizinpublizistik auf eine kommunikationswissenschaftliche Grundlage zu stellen. In seiner Studie über "Arzt und Medizin in der Tagespublizistik des 17. und 18. Jahrhunderts" versucht er zu veranschaulichen, wie sich die "Grundelemente der Publizistik", nämlich Aktualität und Exklusivität, Periodizität und Kontinuität, Publizität und Intimität und schließlich Universalität und Spezialisierung "in der medizinisch-ärztlichen Thematik widerspiegeln, wie sie Auswahl und Behandlung des Stoffes diktieren und damit notwendigerweise ein Zerrbild der medizinischen Wissenschaft und ärztlichen Praxis entstehen muß." (Deneke 1969: 79)[8]

Schon an dieser Betrachtungsweise zeigt sich, daß der Autor die journalistische Berichterstattung am Ideal einer medizinischen Aufklärung mißt. Die Entwicklung des "Zeitungswesens" und das Entstehen einer bürgerlichen Öffentlichkeit interessieren Deneke ausschließlich in bezug auf die "neuen Möglichkeiten intensiverer Wirksamkeit der medizinischen Publizistik" (ebd.). So bewirke die Aktualität der Berichterstattung, die Betonung des Neuen und Ungewohnten (Exklusiven), ein "verzerrtes Bild der Medizin und des Arzttums" (ebd.: 83). Die Publizität erschließe dem medizinischen Wissen dagegen eine immer breitere Öffentlichkeit und fördere eine den neuesten Forschungsergebnissen entsprechende Behandlungsbereitschaft der Patienten (vgl. ebd.: 116 f.). Zwar stiegen durch eine voreilige Popularisierung medizinischer Forschung auch die Möglichkeiten von "Verwirrung und Konfliktmöglichkeit" (ebd.: 120); im Hinblick auf die wünschenswerte medizinische Aufklärung eröffne die Publizität aber vor allem die Möglichkeit, die auf Interaktion angewiesene Intimität der Arzt-Patient-Beziehung auf ein großes Publikum auszuweiten. Diese "Publizität der medizinischen 'Intimität'" (ebd.: 135) sei die "logische Konsequenz des Prinzips der Aufklärung [...] Es ist letztlich der Geist der Neuzeit, der Geist der Naturwissenschaft, der hier effektiv wird." (ebd.: 136) Der ursprünglich neutrale Begriff der journalistischen Publizität wird von Deneke in einen der medizinischen

---

8 Vgl. die Begriffe Periodizität, Universalität, Aktualität und Publizität als "Wesensmerkmale" der Zeitung bei Groth 1960: 101 - 257; vgl. auch Dovifat [6]1976: 16 ff. Der Begriff der Intimität bezeichnet bei Deneke (1969: 130 ff.) sowohl die individuelle Rezeptionssituation als auch die individuelle Relevanzzuschreibung durch den Rezipienten, an der sich die journalistische Selektion zu orientieren habe (vgl. ebd.: 135).

Rationalität verpflichteten Aufklärungsbegriff umgedeutet: "Publizität des Intimen heißt: seinem Leserpublikum den Apfel der Erkenntnis reichen." (ebd.: 137)[9]

Die Dominanz des medizinischen Aufklärungspostulats über eigenständige journalismustheoretische Überlegungen zeigt sich auch in der oft zitierten Studie von Bäder (1954) über "Medizin und Presse im Wandel der Zeit".[10] Bäder (1954: 5) versteht die "Zeitung als Zeitgespräch der Gesellschaft". Dieser Vorstellung zufolge betreut der Journalist das Zeitgespräch als unabhängiger Gesprächsanwalt, und zwar mit dem Ziel, den Leser zu einem gleichberechtigten Gesprächspartner heranzubilden. Meinungsbeeinflussung und selbst eine einseitige Informierung gelten in Abgrenzung zum Gespräch als – in diesem Zusammenhang negativ konnotierte – Publizistik.[11] Für Bäder, die Gesundheit und Krankheit als ein Thema des Zeitgesprächs betrachtet (vgl. ebd.: 13), ist die Zeitung durch die hygienische Volksaufklärung "zum publizistischen Wirkmittel als Bestandteil des Zeitgesprächs" (ebd.: 31) geworden. Um diese These zu halten, muß die Autorin aber ihren eigenen journalismustheoretischen Überlegungen untreu werden: Zwar werde "die Presse zum publizistischen Mittel der Absicht der Ärzte. Aber diese Form der Volksaufklärung bedeutet keine Beeinträchtigung des echten Gesprächs, weil die Information dem Besprechen nicht gegenüber steht." (ebd.: 39)

Bäder widerspricht dieser Schlußfolgerung explizit, wenn sie später wieder Aswerus folgt und das Wesen der Zeitung als Selbstdarstellung der Gesellschaft beschreibt, das sich weder in der Vermittlung von Informationen erschöpfe, "noch in der Belehrung, ja diese berührt sie kaum." (Bäder 1954: 54) Indem sich die Autorin auf eine Journalismustheorie beruft, die von gleichberechtigten Gesprächspartnern ausgeht und den Rezipienten als zumindest prinzipiell mündig begreift, erzeugt sie einen theoretischen Bruch, wenn sie die Selektivität des journalistischen 'Gesprächsanwalts' einseitig

9 Die religionskritische Kontrastierung von aufklärerischer Wissenschaft und metaphysischem Glaubenssystem (vgl. Deneke 1969: 130) entspricht durchaus dem Selbstverständnis vieler – nur damaliger? – (Natur-)Wissenschaftler.

10 Diese Dissertation wurde vor kurzem zusammen mit Cattanis (1913) Arbeit neuaufgelegt (vgl. Bäder/Cattani 1993). Beide Studien gelten einem Rezensenten immer noch als Grundlagenarbeiten, an denen keiner vorbeikomme (vgl. Kübler 1995).

11 "Die Wirkabsicht zerstört die Möglichkeit der echten Teilhabe am Gespräch" (Bäder 1954: 7). Bäder beruft sich auf Aswerus (1953: 3), der sich ausdrücklich von einer Publizistikwissenschaft abgrenzt, die Zeitungen nur noch als "Instrumente der öffentlichen Meinungsführung" konzipiere.

auf die Autorität des Mediziners verpflichtet. In diesem Zusammenhang verweist die Autorin sogar auf die notwendige natürliche Geheimhaltung gewisser Vorgänge (vgl. ebd.: 62; vgl. Oeter 1953) und verteidigt den angeblich heilungsfördernden Wunderglauben des Patienten an seinen Arzt (vgl. Bäder 1954: 65).

2.1.4 Die öffentliche Aufgabe der Information

Als bis heute anspruchsvollster Beitrag zur deutschsprachigen Medizinjournalismus-Forschung kann Roloffs Studie zur "Berichterstattung über Herztransplantationen in der westdeutschen Presse" (1972) gelten. Die Arbeit zeichnet sich dadurch aus, daß sie unter weitgehendem Verzicht auf normative Prämissen eine theoretisch formalisierte Beschreibung von journalistischer Kommunikation über medizinische Themen anstrebt. Die bisherige Forschung ist für Roloff (ebd.: 3) durch "eine Fülle von angerissenen, aber ungeklärten Fragen" gekennzeichnet. Die meisten Beiträge würden "die Problematik ohne klärende Voraussetzungen mit allzu subjektivem Engagement – oft aus standespolitischen Zielsetzungen heraus – polemisch-einseitig behandeln. Jede Bemühungen um Theorien- oder nur Hypothesenbildung lassen sie vermissen. (ebd.: 4)

Roloff unterscheidet vier Formen der medizinbezogenen Kommunikation, definiert als "Auseinandersetzung mit den somatischen und psychosomatischen Bedingungen menschlicher Existenz" (ebd.: 19): die Kommunikation zwischen Arzt und Patient, unter Ärzten und unter Laien sowie den Medizinjournalismus (vgl. ebd.: 16). Medizinjournalismus zählt inhaltlich zur Wissenschaftspublizistik, worunter Roloff die "Verbreitung und Aufnahme anerkannt wissenschaftlicher Themen innerhalb öffentlicher Kommunikationssysteme" (ebd.: 19) versteht.[12] In Abgrenzung zu interpersonaler und fachinterner Kommunikation wendet sich der Medizinjournalismus an eine medizinisch nicht oder kaum gebildete Öffentlichkeit. Der Begriff Journalismus soll dabei vor allem den "Charakter der tagesaktuellen und öffentlich-dispersen Orientierung medizinischer Information" (ebd.) hervorheben. Den Informationswert dieser Nachrichten sieht Roloff von der Zuschreibung der Rezipienten abhängig, da "weder Ereignisse noch durch sie erzeugte Nach-

12 Von kommunikationstheoretischem Interesse ist hier der Umstand, daß Roloff auch die Rezeption unter den Kommunikationsbegriff faßt (vgl. Kap. 6.1.2).

richten per se als aktuell oder eigendynamisch aufgefaßt werden." (ebd.: 11) Der journalistische Kommunikator könne sich daher nicht darauf verlassen, daß die Interessen der Rezipienten mit seinen eigenen Motiven identisch seien: "Er ist zunächst auf dieses Interesse selbst angewiesen und vermag nur auf der Grundlage der gesamtgesellschaftlichen Bedeutung von Krankheit und Gesundheit eine Informations- und potentielle Aufklärungsfunktion mit gesundheitspädagogischen Zielen wahrzunehmen." (ebd.: 23)

Roloffs Verdienst ist es, die öffentliche, speziell journalistische Kommunikation über Medizin als ein komplexes Gefüge verschiedener Akteure mit unterschiedlichen Kommunikations- *und* Rezeptionsinteressen zu beschreiben. Ein bemerkenswerter Fortschritt ist darin zu sehen, daß ein abweichendes Publikumsinteresse nicht diskriminiert, sondern als eine eigenständige und aktive Selektionsleistung beschrieben und damit theoretisch *erklärt* wird. Weniger konsequent wird die Selektivität des Journalismus berücksichtigt: Zwar seien, da dem Arzt die öffentliche Aufgabe ärztlicher Aufklärung zukomme, dem Journalisten aber die öffentliche Aufgabe der Information, "Interessenkonflikte bei der Vermittlung medizinbezogener Inhalte unvermeidlich" (Roloff 1972: 53; vgl. Schaubild); da Roloff eine qualifizierte Medizinberichterstattung aber "als *Synthese* ärztlicher und publizistischer Arbeit" (ebd.: 42; Hvhg. MK) betrachtet, lotet er diesen Interessenkonflikt nicht weiter aus. Statt dessen erklärt er, daß Medizin und Journalismus in ihrer Intention zu vergleichen seien, da sie beide individuell verwendbare Informationen liefern würden (vgl. ebd.: 47). Die Möglichkeit aufzuklären gilt daher auch als ein wesentliches Kommunikationsmotiv des Journalisten (vgl. ebd.: 25). Insgesamt ist Roloff der Ansicht, daß "eine Diskrepanz zwischen ärztlich-individueller und massenkommunikativ-disperser Information [..] nicht per se" (ebd.: 48) bestehe.

Diese Schlußfolgerung konzipiert journalistische Berichterstattung letztlich doch wieder nur als 'Informationsverbreiter'. Auch bei Roloff verhindert die Fixierung auf den Aufklärungsbegriff eine anspruchsvollere Funktionsbeschreibung des Medizinjournalismus. Diese ist aber gleichwohl schon angelegt: Wie schon Bäder (1954) muß der Autor seine eigenen journalismustheoretischen Überlegungen (vor allem zur Selektivität des Rezeptionsprozesses) hintanstellen, um der Prämisse gerecht zu werden, daß Journalismus komplementär zu Medizin Aufklärung leiste. Ungeachtet dieser Kritik eröffnen Roloffs Überlegungen neue Möglichkeiten für eine journalismustheoretisch fundierte Theorie der Medizinberichterstattung. Sie finden in der nachfolgenden Forschung allerdings keine Beachtung (vgl. Kap. 3.5).

2.2 Das Verhältnis von Wissenschaft und Öffentlichkeit

In den sechziger Jahren rückt in der Diskussion um den Wissenschaftsjournalismus – wie schon in den zwanziger Jahren (vgl. Kap. 1) – das Verhältnis von Wissenschaft/Technik und Gesellschaft in den Vordergrund. Während die Diskussion um die journalistische Medizinberichterstattung ausschließlich an dem Ziel einer möglichst umfassenden medizinischen Aufklärung orientiert ist, erfährt die Auseinandersetzung um das Verhältnis von Wissenschaft und Öffentlichkeit eine Ausweitung in eine gesellschaftspolitische Dimension. Die wissenschaftlich-technische Entwicklung gilt als wesentliche Ressource im internationalen wirtschaftspolitischen Konkurrenzkampf (Kap. 2.2.1). Vor dem Hintergrund der wissenschaftspolitischen Aus einandersetzung um die Forschungsförderung wird Ende der sechziger Jahre das Stichwort der 'öffentlichen Wissenschaft' geprägt (Kap. 2.2.2). Die Frage nach der gesellschaftlichen Steuerung der wissenschaftlich-technischen Entwicklung (Technokratie-Debatte) führt zum Konzept der kritischen Öffentlichkeit (Kap. 2.2.3).

Die Funktion des Wissenschaftsjournalismus wird jeweils darin gesehen, durch die Vermittlung von wissenschaftlichen Informationen zur Aufklärung der Laien-Bevölkerung beizutragen. Diesen wissenschaftszentrierten Ansatz teilen auch die Wissenschaftsjournalisten selbst (Kap. 2.2.4). Eine eigenständige Position der Kommunikationswissenschaft ist in dieser Diskussion nicht auszumachen (Kap. 2.2.5). Bis auf wenige Ausnahmen sind daher vor allem wieder normative Funktionszuweisungen für den Wissenschaftsjournalismus zu notieren. Hervorzuheben ist die Studie von Kärtner (1972), der die journalistische Berichterstattung als einen unabhängigen Indikator für das Verhältnis von Wissenschaft und Gesellschaft begreift und das öffentliche Interesse an der Wissenschaft nicht mit einer Bildungsfunktion, sondern mit der Mittelfunktion der Wissenschaft erklärt (Kap. 2.2.6).

2.2.1 *Wissenschaftsbewußtsein und -begeisterung*

Im Vordergrund der Diskussionsbeiträge aus den Reihen der Wissenschaft steht die angeblich überragende Bedeutung von Wissenschaft und Technik für den Fortbestand der westlichen Industriestaaten. Die Entschiedenheit, mit der diese Position vertreten wird, ist sicherlich auch dadurch zu erklären, daß Wissenschaft und Technik als entscheidende Ressourcen im Konkurrenzkampf der beiden großen politischen und militärischen Machtblöcke betrachtet werden. Der Astronom Kühn, damals bekannt durch zahlreiche Fernsehsendungen zu naturwissenschaftlichen Themen, weist darauf hin, daß "es von der Lösung der Erziehungsfrage abhängt, ob wir die Auseinandersetzung mit dem Kommunismus bestehen und der drohenden Selbstvernichtung entgehen." (Kühn 1961: 114) In ähnlich beschwörender Weise erklärt auch Nord, Verbandsdirektor des *Stifterverbandes für die Deutsche Wissenschaft*, das Verhältnis von Gesellschaft und Wissenschaft "zur Kardinalfrage unserer nationalen und internationalen Zukunft" (Nord 1961: 9).[13] Diese Proklamation einer gesellschaftlichen Vorrangstellung entspricht durchaus dem damaligen Selbstverständnis vieler Wissenschaftler. Eindringlich wird darauf hingewiesen, "wie wichtig es für unser gemeinsames Leben, etwa für das Leben einer Nation, für das Leben eines Kontinents, ja für das Leben einer ganzen Menschheit ist, daß wir die Wissenschaft in ihrem Fortschritt unterstützen; denn die Folgen der Wissenschaft sind es, durch die wir erst leben können." (Weizsäcker 1965: 228)[14] Für von Weizsäcker ist daher das "Entscheidende, das die Wissenschaft von uns fordert, [..] die Änderung des Bewußtseins; es ist der Umbau unserer gesellschaftlichen, unserer politischen Weltstruktur." (ebd.: 229)

Da die wissenschaftlich-technische Entwicklung quasi als eigendynamisch gesehen wird, kann ihre gesellschaftliche Bedeutung nur noch konstatiert, nicht aber mehr in Frage gestellt werden. Als Folge dieser ideologisierten Problemsicht gerät die Frage nach der gesellschaftlichen Akzeptanz der wissenschaftlich-technischen Entwicklung zugleich zur Frage nach dem

13 Einleitungsreferat auf der vom *Stifterverband für die deutsche Wissenschaft* im Frühjahr 1960 veranstalteten Coburger Zusammenkunft zu den Themen "Öffentlichkeitsarbeit der Wissenschaftsorganisationen" und "Verhältnis Wissenschaft – Presse".

14 Kärtner (vgl. 1972: 100 ff.) spricht hier von einem charismatischen Legitimationsversuch. Als Beispiel für die positive Auswirkung der wissenschaftlich-technischen Entwicklung führt von Weizsäcker übrigens an, daß die Technik der Waffen den Weltfrieden erzwinge (vgl. Weizsäcker 1965: 229).

richtigen Bewußtsein: "Wie können wir erreichen, daß in unserem Volke ein Wissenschaftsbewußtsein, eine Wissenschaftsfreude, eine Wissenschaftsbegeisterung entsteht?" (Nord 1961: 9) Für den Wissenschaftsfunktionär Nord ist es keine Frage, daß der Journalismus zur Lösung des Akzeptanzproblems beizutragen hat. An die Verleger ergeht die Aufforderung, mit Hilfe einer forcierten Wissenschaftsberichterstattung "die geistige Integration unserer Gesellschaft, unseres Volkes" (ebd.: 11) voranzutreiben.[15] Mit Recht werde gesagt, "daß der Wissenschaftsjournalist in unserem Jahrhundert eine hochbedeutsame Aufgabe habe; denn nicht nur für uns Deutsche gilt, daß wir nur überleben können, wenn wir die wissenschaftlichen Kenntnisse weitgehend bei unserer gesamten Lebens- und Kulturgestaltung berücksichtigen." (ebd.: 15)[16] Diese "hochbedeutsame Aufgabe" ist eindeutig als einseitige Erziehung zur Akzeptanz zu verstehen – dem Autor ist durchaus klar, daß "das Publikum nicht gerade mit Begeisterungsstürmen reagiert" (ebd.: 10). Aufgabe des Wissenschaftsjournalismus sei es daher, "mehr und mehr Leserschichten systematisch an Themen und Probleme zu gewöhnen, die für ihre geistige und kulturelle – und vielleicht auch staatsbürgerliche – Bewußtseinsbildung wesentlich sind." (ebd.: 11)

Ziel dieses täglichen Bemühens, "die Öffentlichkeit 'wissenschaftsbewußt' zu machen", so Butenandt (1966: 224), langjähriger Präsident der Max-Planck-Gesellschaft, ist aber nicht 'nur', die kulturelle und politische Dominanz der wissenschaftlichen Rationalität durchzusetzen.[17] Es geht auch ganz konkret um die materielle Absicherung der wissenschaftlichen Forschung (vgl. ebd.: 224 u. 226). Aus Sicht der Wissenschaft hat der Wissenschaftsjournalismus seine Verantwortung darin zu sehen, die gesellschaftliche Akzeptanz für die wissenschaftliche Arbeit zu erhalten und zu befördern: "Sie müssen uns helfen, den Trägern des Staates klar zu ma-

---

15 Ende der fünfziger Jahre habe von den 1100 deutschen Zeitungsausgaben mit Beilagen keine eine technische oder wissenschaftliche Beilage, nur vereinzelt gebe es bereits technisch-wissenschaftliche Seiten. Der technisch-wissenschaftliche Fachjournalist sei ein "noch praktisch fehlende[r] Berufsstand" (Klein 1959). Vgl. zur weiteren Entwicklung: Genug (Zeitungs-)Spalten 1971.

16 Nord pflegt dabei einen ganz speziellen 'Kultur'-Begriff: Auch wenn die "'Ausschließlichkeit, mit der die weiße Rasse über das Schicksal der Welt berät, [..] sich ihrem Ende [nähert]'" – Nord zitiert hier, ohne daß der Zusammenhang des Zitats deutlich würde, Hans Zehrer, Chefredakteur der *Welt* von 1953 - 1966 –, "im Raum der Wissenschaft verbleibt uns hier noch lange Zeit die Chance, diese Ausschließlichkeit zum mindesten nicht abtreten zu müssen." (Nord 1961: 10)

17 Die Überzeugung, daß wissenschaftliches Wissen politisches Steuerungswissen ersetzen könne, schlug sich in der sogenannten Technokratie-Debatte nieder (vgl. z.B. Habermas 1964; Schelsky 1963).

chen, daß der Wissenschaftsfinanzierung ein Prioritätsanspruch zusteht, und schließlich müssen Sie uns helfen, in Ihren eigenen Reihen der Wissenschaft nicht nur den Raum, sondern auch die Behandlung zu geben, die ihrer Würde und Stellung in der Gemeinschaft entspricht." (Nord 1963: 6; vgl. Butenandt 1966: 229; Thieme 1961: 28) Hingegen wird die Sensationsberichterstattung, der es um eine "Reizwirkung auf Kosten von Wahrhaftigkeit und Sauberkeit" (Nord 1961: 16) gehe, gerügt. Sie sei überaus schädlich, da "mit dem Schwinden religiöser Sicherheit der Glaube an die Richtigkeit und Verläßlichkeit der wissenschaftlichen Erkenntnisse und ihrer Anwendung so ziemlich die einzige überpersönliche Sicherheit ist, die vielen Menschen noch geblieben ist. Wenn durch Fahrlässigkeit die Glaubwürdigkeit der Wissenschaftler unterminiert wird, dann fällt eines der letzten oder für viele sogar das letzte stabile Moment unserer Kultur." (ebd.: 17)

Vor diesem Hintergrund muß es auf den ersten Blick erstaunen, wenn der Vorsitzende des *Deutschen Verbandes technisch-wissenschaftlicher Vereine* (DVT), Balke[18], die Interpretation einer rationalen und wertneutralen Technik nicht teilen will. Für Balke resultiert aus diesem Selbstverständnis eine verhängnisvolle gesellschaftspolitische Enthaltsamkeit von Wissenschaft und Technik. Die gegenseitige Verflechtung von Technik mit Politik, Macht, Recht und Wirtschaft zwinge Technik und Naturwissenschaft aber dazu, ein gesellschaftliches Verantwortungsbewußtsein zu entwickeln. Hinter dieser Forderung nach einer ethischen Eigenverantwortung der Wissenschaft steht der Versuch, die Autonomie von Naturwissenschaft und Technik vor externen, vor allem wissenschaftspolitischen Steuerungsversuchen zu bewahren. Naturwissenschaft und Technik sollen daher Einfluß auf die Wissenschaftspolitik nehmen, um die prognostizierte Entwicklung zu einer politischen Technologie aktiv mitzugestalten.[19] In der Unterstützung dieser Politik wird auch die Funktion des Wissenschaftsjournalismus gesehen. Zwar sei die Berichterstattung über Naturwissenschaft und Technik sehr

---

18 Der Chemiker Siegfried Balke war mehrfacher Bundesminister, unter anderem von 1957 bis 1962 für Atomenergie und Wasserwirtschaft. Balke, CSU-MdB von 1957 bis 1969, fungierte von 1964 bis 1969 als Präsident der Bundesvereinigung der Deutschen Arbeitgeberverbände. Er übte zudem zahlreiche Ehrenämter vor allem in der chemischen Industrie aus.

19 Die wissenschaftspolitische Entwicklung in den USA und in der UdSSR sieht Balke als "erstes Anzeichen dafür, daß sich in den modernen Staaten der Zukunft, *unabhängig von ihrer politischen Ordnungsform*, so etwas wie eine politische Technologie als Grundlage der Zukunft entwickeln wird." (Balke 1967: 4; Hvhg. MK) Auf diese Entwicklung will man vorbereitet sein. Der Verantwortungsbegriff scheint keine Reflexion über die Wünschbarkeit einer solchen Entwicklung einzuschließen.

viel besser geworden, "aber jetzt fehlt noch irgendwie der Kitt zwischen dieser mehr berichterstattenden, informatorischen Tätigkeit und dem Verständnis von Technik und Naturwissenschaften innerhalb unseres Gesellschaftssystems." (Balke 1967: 3) Zwar erkenne die Gesellschaft den materiellen Nutzen von Technik und Naturwissenschaften an, "aber daß sie auch zur geistigen Grundlage, zur Grundlage der geistigen Existenz der modernen Menschheit gehören, ist noch weitgehend umstritten." (ebd.) *Zusammen* mit den publizistischen Organen müsse man daher zu "einer Meinungsbildung kommen, die sich auch in der Wissenschaftspolitik auswirken kann." (ebd.: 5) Aus diesem Grunde müßten Wissenschaft und Technik in der deutschen Publizistik noch mehr zur Geltung kommen (vgl. ebd.: 3).[20]

Balkes politische Analyse erweist sich damit nur als eine Variante bisheriger Stellungnahmen zum Verhältnis von Wissenschaft, Gesellschaft und Journalismus. Letztlich laufen alle Betrachtungen darauf hinaus, daß (Natur-)Wissenschaft und Technik verstärkt an die Öffentlichkeit treten müßten, um ihre gesellschaftliche Relevanz zu begründen. Den Protagonisten einer forcierten wissenschaftlich-technischen Entwicklung stellt sich dabei zwangsläufig das Problem, daß die Eigeninteressen von Wissenschaft und Technik nicht mit denen ihrer gesellschaftlichen Umwelt deckungsgleich sind, mit ihren Worten: "daß die entscheidende Bedeutung der Wissenschaft [...] von dem ganz überwiegenden Teil der Staatsbürger noch nicht erfaßt worden ist." (Oeckl 1965: 295; vgl. Weizsäcker 1965: 228) Die Lösung dieses Einstellungsproblems sieht Oeckl in einer forcierten Öffentlichkeitsarbeit von Wissenschaft, Wirtschaft und Politik.[21] Die Massenmedien sollen dabei eine "Mittlerfunktion Wissenschaft-Öffentlichkeitsarbeit" (ebd.: 300) erfüllen. Als einer "wichtige[n] Brücke zwischen dem Gelehrten und [...] dem gebildeten Laien" (ebd.) wird Wissenschaftsjournalismus die gleiche Funktion wie Öffentlichkeitsarbeit zugeschrieben.

20 Wobei das Laienpublikum seine Aufklärung auch noch selbst finanzieren soll: Die Ausstattung auch kleinerer Zeitungen mit mindestens einem Wissenschaftsredakteur "wäre eine Aufgabe, die die Öffentlichkeit zu tragen hat." (Diskussion 1967: 26)

21 Dabei versteht Oeckl (1965: 295) Öffentlichkeitsarbeit als "[e]ine richtige, das heißt eine objektive, uneigennützige und uneingeschränkte Information". Die problematische Sichtweise einer quasi interesselosen Öffentlichkeitsarbeit des Wissenschaftssystems findet sich auch in der neueren Forschung (vgl. Kap. 3.4). Vgl. für eine kursorische Übersicht zur damaligen Wissenschafts-PR Oeckl 1965: 297 ff.

2.2.2 Öffentliche Wissenschaft

Ende der sechziger Jahre wird der Begriff der 'öffentlichen Wissenschaft' geprägt. Diesem 'Konzept' zufolge sollen die Naturwissenschaften die Öffentlichkeit über Sinn und Zweck ihres Tuns unterrichten, um so die Akzeptanz des Steuerzahlers zu erlangen (vgl. Haber 1968). Da es vordergründig um eine finanzielle Rechenschaftspflicht gegenüber dem Steuerzahler geht, sprechen wir im Folgenden vom Sponsor-Argument. Begründet wird diese nur notdürftig verbrämte PR-Unternehmung mit dem angeblichen Umstand, daß die "Geisteshaltung fast aller gebildeten Menschen fast überall auf der Welt" durch eine "Mißachtung der Naturwissenschaften" (ebd.: 746) gekennzeichnet sei. Haber rekurriert hier unverkennbar auf die Zwei-Kulturen-Hypothese des englischen Physikers und Schriftstellers Snow (zuerst 1959; vgl. Snow 1967), der eine Kluft zwischen der literarischen und der naturwissenschaftlichen Kultur diagnostizierte und den Fortbestand der westlichen Kultur von einer breiteren Anerkennung der naturwissenschaftlichen Rationalität abhängig machte (vgl. Kap. 4.1.5). "Wenn die Öffentlichkeit durch einen falschen Bildungsbegriff, die Welt, in der sie lebt, nicht begreift, dann kann sie auch ihr eigenes Schicksal nicht in demokratischem Sinne in die Hand nehmen." (Haber 1968: 748)[22]

Dieses Argument findet sich auch in der Diskussion um die Öffentlichkeitsarbeit der Universitäten, die vor dem Hintergrund einer politischen Auseinandersetzung um eine Hochschulreform stattfindet. Wir sprechen im Folgenden vom Demokratie-Argument: Dessen Vertreter sind der Ansicht, daß wissenschaftspolitische Entscheidungen in demokratisch verfaßten Politiksystemen vom wissenschaftlichen und wissenschaftspolitischen Informationsstand der gesamten Bevölkerung abhängig sind. Die sogenannte breite Öffentlichkeit soll daher durch Wissenschaftsvermittlung dazu befähigt werden, als eine (nunmehr) kritische Öffentlichkeit an der Diskussion über die Forschungs- und Hochschulpolitik teilzunehmen (vgl. Burger 1972). Dabei wird die sehr fragwürdige Unterscheidung zwischen Öffentlichkeitsarbeit als neutraler Informierung und Public Relations als Interessenvertretung getroffen (vgl. ebd.). Öffentlichkeitsarbeit wird als eine demokratische Informa-

22 Für Haber (1968) erweist sich die Akzeptanz der Naturwissenschaften z.B. auch in der Kenntnis des Sternenhimmels – ein Beleg dafür, daß Akzeptanz fälschlicherweise mit Kenntnis wissenschaftlicher Fakten gleichgesetzt wird.

tionspflicht, als "Bringeschuld" (Brügmann 1973: 23) der Hochschulen verstanden.[23]

Es kann aber nicht übersehen werden, daß auch die 'Bringeschuld' erst vor dem Hintergrund einer wissenschaftspolitischen Auseinandersetzung um Forschungsprioritäten und damit Forschungsförderung entdeckt wird (vgl. Burger 1973: 70). Die öffentliche Meinung wird zwar nun als wichtiger wissenschaftspolitischer Faktor ausgemacht, zugleich gilt sie aber auch als ein unsicherer Kantonist. Durch Popularisierung der Wissenschaft soll daher "die Ausbildung eines öffentlichen, wissenschaftspolitischen Bewußtseins gefördert werden", unter anderem auch deshalb, "um Mißdeutungen in der Bevölkerung zu verhindern." (ebd.: 71) Da der Begriff der Popularisierung anscheinend zu 'anrüchig' ist, soll er mit Bezug auf Haber (1968) durch den Begriff der 'öffentlichen Wissenschaft' ersetzt werden (vgl. Burger 1973: 73). Allerdings kann diese Umtaufung nicht verdecken, daß es vor allem um die Vertretung wissenschaftsspezifischer Interessen geht: "Die Allgemeinheit muß erkennen, daß wissenschaftliche Forschung für das öffentliche Wohl unerläßlich ist"; es gelte daher, "Verständnis für die gesellschaftspolitische und volkswirtschaftliche Bedeutung einer breiten Forschungsförderung [zu] gewinnen." (ebd.: 74) Dieses Akzeptanzprogramm enthält zugleich auch einen politischen Aufklärungsimpetus, denn die öffentliche Transparenz der Wissenschaft soll als Korrektiv der wissenschaftlichen Forschung dienen, um zu "verhindern, daß die Bedürfnisse der Gesellschaft verfehlt werden." (ebd.: 71)

Angesichts der bisherigen Argumentation kann es nicht mehr überraschen, daß auch diese Autoren dem Journalismus die Rolle eines bloßen Wissenschaftsvermittlers zuweisen.[24] Da die "Masse der Bevölkerung [..] nur recht allgemeine und verschwommene Vorstellungen von den komplizierten Zusammenhängen zwischen Wissenschaft und Politik als Grundlage einer demokratischen Gesellschaft" (Brügmann 1973: 24) habe[25], falle der Wissenschaftsberichterstattung auch eine "politische Aufklärungsfunk-

23 Die Westdeutsche Rektorenkonferenz empfiehlt am 26. Januar 1971 die Einrichtung von Informations- und Pressestellen an den Hochschulen (vgl. Burger 1972). – Brügmann war von Oktober 1970 bis Juli 1972 Pressereferent der Universität Bremen, Burger Pressereferent der Universität Gießen.

24 "Zur Vermittlung an die Gesellschaft bedarf die Universität der Journalisten in den Massenmedien." (Brügmann 1973: 24)

25 Auf einer Tagung von Pressereferenten (1971 in Berlin) wird eine Erklärung verabschiedet, in der es unter anderem heißt: "Unbestreitbar aber ist, daß die Öffentlichkeit unzureichend, ja sogar falsch unterrichtet ist." (zitiert nach Brügmann 1973: 22)

tion" (ebd.) zu. Unmißverständlich wird vom "Multiplikator Presse" (Burger 1973: 80) gesprochen. Deren auch "notwendige kritische Beobachterfunktion" (ebd.: 81) begreift Burger als eine wissenschaftliche Kritikfunktion – als Beispiel dient der journalistische Hinweis auf bisher ignorierte Forschungsergebnisse in der Krebsforschung. Ausdrücklich wird davor gewarnt, daß der Wissenschaftsjournalismus sich von "Marktbedürfnissen" verleiten lasse (vgl. ebd.: 83), die vom ehemaligen Pressereferenten der Freien Universität Berlin, Dehn, geforderte Anbindung an den gesellschaftspolitischen Kontext wird explizit zurückgewiesen: "Artikel, in denen über wissenschaftliche Arbeiten im Kontext und in Verbindung mit hochschul- und gesellschaftspolitischen Vorgängen berichtet wird, würden den Leser völlig verwirren, ja überfordern." (Burger 1973: 84) Schließlich wird ein partnerschaftliches Verhältnis zwischen Wissenschaftler und Journalist empfohlen: "So können Berichte aus Forschung und Lehre und die darin zum Ausdruck kommenden *Anliegen des Wissenschaftlers* schnellstens an den Mann gebracht werden." (ebd.: 89; Hvhg. MK)[26]

2.2.3 *Wissenschaftspublizistik und kritische Öffentlichkeit*

In der sozialdemokratischen Reformpolitik der siebziger Jahre spielte das Konzept einer kritischen Öffentlichkeit durchaus eine eigenständige Rolle. Schon 1967 hatte der Vorsitzende des *Bundestagsausschusses für Wissenschaft, Kulturpolitik und Publizistik*, der SPD-Politiker Ulrich Lohmar, öffentliche Transparenz und Durchschaubarkeit als "wichtige[.] Bedingungen für eine offene Meinungsbildung und wirksame Kontrolle" (Lohmar 1967: 12) der Wissenschaftspolitik bezeichnet und diese Funktion einer allerdings nicht näher definierten Wissenschaftspublizistik zugewiesen. Neben dieser demokratischen Kontrollfunktion soll die Wissenschaftspublizistik aber auch *zugleich* die Akzeptanz der Wissenschaftspolitik sicherstellen. Unter dem Stichwort 'Haushaltspolitik' heißt es: "Aber es wäre ein fataler Irrtum anzu-

26 Nur konsequent erscheint dann auch Burgers Vorschlag, in dieser Hinsicht 'folgsame' Journalisten zu belohnen: "Damit Bedeutung, Ziele und Methoden wissenschaftlicher Forschung der Öffentlichkeit verständlich vermittelt werden, um gleichzeitig Verständnis für die Wissenschaft und den dafür notwendigen Aufwand zu wecken, wäre es wünschenswert, wenn denjenigen, die solche allgemeinverständlichen Berichte schreiben sollen, ein Anreiz geboten würde." (Burger 1973: 89) Solche 'Anreize' sind geschaffen worden: Vgl. Fischer 1988b für eine Übersicht über Preise für Wissenschaftsjournalisten; vgl. als Kritik Göpfert 1990: 33 f.

nehmen, daß die erforderlichen Zuwachsraten in der Wissenschaftsfinanzierung oder für den Ausbau einer wirksamen Politik-Beratung ohne eine gediegene, planmäßige und *wirkungsvolle Selbstdarstellung der Wissenschaft* gesichert werden könnten. [...] Sich auf die objektive Einsicht in den erforderlichen Vorrang der Wissenschaft einfach zu verlassen, wäre deshalb politisch leichtfertig." (ebd.)

Lohmar (1972) hat seine Vorstellungen von der Wissenschaftspublizistik einige Jahre später noch einmal ausführlich niedergelegt. Gegenüber der Wissenschaft als der entscheidenden gesellschaftlichen Produktivkraft (vgl. Lohmar 1972: 3; Knipping 1967 in Kap. 3.6) "ist die organisatorische und bewußtseinsmäßige Verfassung der Gesellschaft [...] zurückgeblieben." (Lohmar 1972: 3) Angesichts der ökonomischen und sozialen Auswirkungen der wissenschaftlich-technischen Entwicklung wird der Wissenschaftspublizistik die Aufgabe zugewiesen, "Wissenschaft transparent, öffentlich verständlich und damit auch in gewisser Weise kontrollierbar zu machen." (ebd.: 4) Daß es bislang noch nicht zu einer großen, fächerübergeifenden Wissenschaftsdebatte gekommen sei, führt Lohmar auf die journalistische Publikumsorientierung zurück, d.h. auf die Ausrichtung der Berichterstattung an den Lebensbedürfnissen und konkreten Lebensproblemen der Rezipienten. Das Fazit für die Wissenschaftspublizistik gerät aus der Sicht des Wissenschaftspolitikers daher vernichtend: "Die wirksamen Medien der öffentlichen Meinung in der Bundesrepublik haben es, aufs Ganze gesehen, bislang nicht vermocht, den Bewußtseinsrückstand der Öffentlichkeit gegenüber der Produktivkraft Wissenschaft zu überwinden. Dies ist nur in Ansätzen auf der Ebene der Information, kaum aber auf der Ebene einer kritischen gesellschaftlichen Reflexion und noch weniger hinsichtlich der Entwicklung eines wissenschaftlichen Engagements geschehen." (ebd.: 7 f.)

Auch wenn Lohmar wie schon 1967 keinen Widerspruch darin sieht, daß Wissenschaftspublizistik gleichzeitig zur Demokratisierung und zu einer erhöhten Akzeptanz der Wissenschaftsentwicklung (vgl. Lohmar 1972: 14) beitragen soll, vertritt er ein politisches Konzept, das weder nur den Nutzenaspekt der wissenschaftlich-technischen Entwicklung favorisiert noch von einer politisch unbeeinflußbaren Eigendynamik dieser Entwicklung ausgeht. So neu dieser wissenschaftskritische Aspekt in der Diskussion um die Wissenschaftsberichterstattung ist – die Schlußfolgerungen im Hinblick auf die politische Öffentlichkeit und die Wissenschaftspublizistik passen sich nahtlos in bisherige Vorstellungen ein. Während Wissenschaftsvertreter Journalismus die Akzeptanzförderung für die wissenschaftlich-technische Entwicklung als Funktion zuweisen, ist nun aus Sicht der Politik die "Überwindung des Bewußtseinrückstandes der Öffentlichkeit gegenüber der Wissenschaft [...] eine definierbare gesellschaftliche Aufgabe, die auch den Stellenwert der Wissenschaftspublizistik verändert." (ebd.; vgl. auch Krauch 1963) Auch das Demokratie-Argument wird in der Regel nur zur Legitimation von einseitigen Popularisierungs- oder Aufklärungsbemühungen herangezogen, die der öffentlichen Akzeptanz von Wissenschaft und Technik dienen sollen (vgl. z.B. Lohmar 1967: 12). Dabei wird auch auf die Gefahr wachsender Wissensklüfte aufgrund einer ungenügenden Wissenschaftsberichterstattung hingewiesen (vgl. Lohmar 1972: 8).

Aus journalismustheoretischer Perspektive ist die Feststellung entscheidend, daß auch hier Journalismus mit normativen Leistungsanforderungen konfrontiert und somit die Frage nach einer unabhängig von externen Interessen zu konzipierenden Funktion der Wissenschaftsberichterstattung ausgeklammert wird. Ganz abgesehen von dem Umstand, daß Lohmar eine sehr diffuse Vorstellung von 'der' Wissenschaftspublizistik hat – neben dem tagesaktuellen Journalismus werden unter diesem Begriff auch reine Bildungsprogramme (Hörfunkuniversität) und auch wissenschaftliche Zeitschriften gefaßt –, ist die Konsequenz bemerkenswert, die für die Wissenschaftspolitik gezogen wird: Wegen des publizistischen Mißstandes sei nämlich "auch die Politik nur schwer dazu zu bewegen [..], diesem Bereich das Maß an effektiver Aufmerksamkeit zuzuwenden, das er verdient." (ebd.; vgl. DVT/TELI 1967: Vorwort) Diese wissenschaftspolitische Ohnmachtserklärung führt dazu, daß Wissenschaftsjournalismus mit einer eindeutigen politischen Leistungsanforderung konfrontiert wird. Als Träger einer bestimmten politischen Überzeugung soll er eine entsprechende Aufklärungsarbeit für ein wiederum als politisch weitgehend unmündig erklärtes Publikum leisten.[27]

Lohmar folgt hier unverkennbar den Überlegungen von Jürgen Habermas ([14]1989c) über "Verwissenschaftlichte Politik und öffentliche Mei-

27 Lohmars Vorstellung zufolge soll Wissenschaftspublizistik zudem durch "eine integrierende Darstellung der Probleme und Resultate wissenschaftlicher Forschung" (Lohmar 1967: 12) auch die Funktion einer Politikberatung übernehmen. Der Forderungskatalog ist damit noch nicht abgeschlossen. Neben der Übersicht über die internationale Forschung soll Wissenschaftspublizistik neue Integrationsformen für die Universitäten entwickeln und weiterhin auf die Notwendigkeit nationaler, aber auch internationaler Kooperationsformen hinweisen (vgl. ebd.: 12 f.). Vgl. auch Lohmar 1972.

nung".[28] Aus der Ablehnung der dezisionistischen und der technokratischen Auffassung zum Verhältnis von Politik und Expertentum (vgl. ebd.: 122 ff.) entwickelt Habermas das sogenannte pragmatistische Modell, demzufolge "eine erfolgreiche Umsetzung technischer und strategischer Empfehlungen auf die Vermittlung der politischen Öffentlichkeit angewiesen" (ebd.: 129) ist: "Die Aufklärung eines wissenschaftlich instrumentierten politischen Willens kann nach Maßstäben rational verbindlicher Diskussion nur aus dem Horizont der miteinander sprechenden Bürger selbst hervorgehen und muß in ihn zurückführen." (ebd.: 137)[29] Grundbedingung ist "eine Versorgung mit relevanten wissenschaftlichen Informationen" (ebd.: 139). Wissenschaftlicher Journalismus – man beachte die Attribuierung – übt bei Habermas allerdings nur eine Übersetzer- und Vermittlerrolle zwischen den einzelnen, hochspezialisierten Wissenschaftsbereichen aus (vgl. ebd.: 141). Er erfüllt damit qualitativ die gleiche Funktion wie z.B. wissenschaftliche Referatenzeitschriften. So erscheint bei Habermas nicht Journalismus, genauer: die Publikumsorientierung des Journalismus, als Garant einer öffentlichen Beobachtung des Wissenschaftssystems. Aufgrund der "Entpolitisierung der Masse der Bevölkerung" (ebd.: 138) erwartet Habermas gerade hiervon keine wesentlichen Impulse.[30]

2.2.4 *Wissenschaftsjournalisten – Aufklärung und Volksbildung*

Die schon zuvor erwähnte Jahresversammlung des *Deutschen Verbandes technisch-wissenschaftlicher Vereine* (DVT), auf der auch Lohmar (1967) seine wissenschaftspolitischen Vorstellungen vorträgt, wird zusammen mit der *Technisch-Literarischen Gesellschaft* (TELI) abgehalten. Die Gemein-

28 In *Technik und Wissenschaft als 'Ideologie'* (Habermas [14]1989a). Die erste Auflage erschien 1968. Die ursprüngliche Fassung des Aufsatzes stammt aus dem Jahr 1964.

29 Kärtner (1972: 155) kritisiert das "Fiktive dieser pragmatistischen Nivellierung der kognitiven Ungleichheit zwischen Wissenschaftlern und Laien durch ihre handstreichartige Erklärung zu chancengleichen Teilnehmern an einer 'uneingeschränkten' rationalen Diskussion".

30 Eine öffentliche Diskussion ergebe sich vielmehr aus dem "Zwang zur Übersetzung wissenschaftlicher Informationen, der aus dem Forschungsprozeß selbst hervorgeht" (Habermas [14]1989c: 142), aus dem objektiven Zwang für die Wissenschaftler, über die Folgen ihres Wissens zu reflektieren sowie aus dem internationalen Zwang zur friedlichen Koexistenz konkurrierender Gesellschaftssysteme (vgl. ebd.: 142 f.). Darauf, wie die kommunikative Vermittlung dieser Zwänge unter Ausschluß der 'entpolitisierten' Öffentlichkeit vonstatten gehen soll, geht Habermas allerdings nicht ein.

samkeiten zwischen DVT und TELI sind mehr als nur formaler Natur. In ihren Vorträgen offenbaren auch die Technikjournalisten eine klare Ausrichtung an der Rationalität und den Interessen von Wissenschaft und Technik.[31] Auch ihnen geht es vornehmlich um die Akzeptanz der wissenschaftlich-technischen Entwicklung. "Wir sind – ich sage Gott sei Dank – weit davon entfernt, daß die Forschung auf irgendeinem Gebiet davon abhängt, ob in populärer Weise darüber berichtet wird. Aber ich bin nicht so sicher, ob ich diese Feststellung auch dann noch treffen kann, wenn die Ausgaben für Forschung [...] in mehrstellige Milliardenhöhen klettern, wo sie von einer Nation doch schon einen spürbaren Konsumverzicht verlangen." (Laupsien 1967: 6; vgl. Flemming 1961: 25) Weitere Erhöhungen des Forschungsetats könnten scheitern, "wenn nicht eine aufgeschlossene Öffentlichkeit sie unterstützt." (Laupsien 1967: 6) Diese enge Orientierung der Technikjournalisten an den gesellschaftlichen Teil-Interessen von Wissenschaft und Technik ist gekoppelt mit einem elitären journalistischen Selbstverständnis als einer Art Gralshüter der gehobenen Kultur: "Wir sind dabei, mit den großen drei F – mit Fernsehen, Freizeit, Ferien – Mißbrauch an der menschlichen Denkfähigkeit zu verüben. Der wissenschaftlich-technischen Publizistik fällt deshalb um so mehr die schwere Aufgabe zu, für eine Änderung zu sorgen." (Laupsien 1967: 7)[32]

Die Ausrichtung der Technikjournalisten an ihrem Berichterstattungsobjekt ist schon fast devot zu·nennen. So bedauert von Randow (1967: 16), daß die Berichterstattung über die Naturwissenschaften "zum größten Teil für die Naturwissenschaftler selbst sehr unbefriedigend" (Randow 1967: 16) sei. Dem Autor, Wissenschaftsjournalist bei der *Zeit*, ist die Distanz einer Wochenzeitung zu einer wissenschaftlichen Fachzeitschrift schmerzlich bewußt: "[...] Zeitung – sie besteht ja nicht nur aus wissenschaftlichen Artikeln, das ist leider nur bei der geringsten Zahl so" (ebd.). Selbst für die wenigen

---

31 "Hauptaufgabe dieser gemeinnützigen Arbeitsgemeinschaft von 'Dolmetschern der Technik'" sei es, "die unser Alltagsleben immer intensiver durchdringenden technisch-naturwissenschaftlichen Entwicklungen objektiv und unabhängig von Interessengruppen zu analysieren und in einer Form darzustellen, die jedem Laien verständlich ist." Ihre journalistische Arbeit betrachten die TELI-Journalisten als eine "aufklärende und volksbildende Tätigkeit" (TELI-Vorstand 1973). Der zweite Vorsitzende der TELI ist der Chefredakteur des *Ingenieur Digest Verlags*, Schriftführer ist der Chefredakteur der *VDI-Nachrichten*, Schatzmeister der Pressechef eines Industrieunternehmens, Beisitzer der Leiter der Pressestelle Berlin der *Siemens AG*. Vgl. als Kritik Nöldechen 1993: 34.

32 Es gehe darum, "der Wissenschaft den ihr zukommenden Vorzugsplatz an der Tafel der Volksgemeinschaft einzuräumen", so Gamillscheg (1969: 63), bis 1975 Chefredakteur des österreichischen *Informationsdienstes für Bildungspolitik und Forschung*.

wissenschaftlichen Artikel sei nicht gesichert, daß sie die Aufmerksamkeit der Rezipienten finden würden. Da das Publikum nach Ansicht des Autors eindeutig über die falschen Relevanzkriterien verfügt[33], muß man es eben mit Hilfe rhetorischer Techniken überzeugen (vgl. ebd.). Daß Journalismus generell mit dem Problem der knappen Aufmerksamkeit seines Publikums umgehen muß, wird dabei ignoriert, nicht zuletzt, um die elitäre Rolle der Wissenschafts- und Technikjournalisten zu betonen: "[D]er normale Journalist [...] läßt die Nachricht auf sich zukommen, er liest ja im wesentlichen. Der Wissenschaftsjournalist liest insbesondere viel und auch langsam, *weil er es ja auch verstehen muß*." (ebd.: 17; Hvhg. MK)[34]

Zahlreiche Beiträge von Wissenschaftsjournalisten belegen, daß die Äußerungen Laupsiens und von Randows als repräsentativ für das Selbstverständnis von spezialisierten Wissenschafts- und Technikjournalisten anzusehen sind. Berichterstattung über Wissenschaft wird primär als Wissensvermittlung und Popularisierung verstanden.[35] Die Wissenschaftsjournalisten sind sich mit den Wissenschaftlern darüber einig, "daß die wissenschaftliche Forschung für das öffentliche Wohl unerläßlich ist." (Flöhl 1969: 29; vgl. Randow 1965) Selbst wenn gefordert wird, daß die Berichterstattung sich an aktuellen und gesellschaftlich notwendigen Fragen orientieren soll (vgl. Lechleitner 1973: 315), wird deutlich, daß die angeblich höhere Rationalität wissenschaftlichen Wissens als Prämisse akzeptiert wird: So müsse der Journalist sich "im Bereich Wissenschaft weit mehr als anderswo auf Leute stützen, die es eben besser wissen als wir." (ebd.: 316; vgl. zudem Klein 1959; Das Problem der Darstellung 1959; Das Problem der

33 "Wer in Deutschland in kultivierten Kreisen etwas gelten will, der tut gut daran, damit zu kokettieren, daß er in Mathematik immer eine Fünf gehabt hat, daß er mit Thermodynamik überhaupt nichts anfangen kann und von der Technik sowieso nichts versteht." (Randow 1967: 16; vgl. [2]1987: 15; 1989; 1992; Laupsien 1979) Diese Behauptung – mit Bezug auf Snows (1967) Zwei-Kulturen-Hypothese – findet ihre Entsprechung in dem ebenso fragwürdigen Schlagwort von der besonderen Technikfeindlichkeit der Deutschen (vgl. Kap. 3.1.2, 3.1.3 u. 3.2.4).

34 Nach von Randows Vortrag forderte sogar der Vorsitzende des DVT die Journalisten zu etwas weniger Ängstlichkeit auf (vgl. Anmerkung Balkes zu Randow 1967: 19). Flemming (1961: 23) preist das "echte Vertrauensverhältnis, das sich auf den Lindauer Nobelpreisträger-Tagungen zwischen diesen Königen der Wissenschaft und den Vertretern der Presse, allerdings den besten Vertretern der wissenschaftlich-technischen Sparte, [...] herausgebildet hat."

35 Da die Wissenschaft "hinter verschlossenen Türen" lebe, betrachtet es die *FAZ* als "unerläßlich, Wissen über ihre Erkenntnisse, Wirkungen und Fortschritte zu verbreiten." Die Tageszeitung sei "das letzte 'allgemeine Bildungsinstitut'." (Natur und Wissenschaft 1971)

Kommentierung 1959; Flemming 1961; Neitzel 1967; Gaensicke 1969; Flöhl 1974a)

2.2.5 *Zaungast Kommunikationswissenschaft*

Zu der bisher referierten Diskussion um das Verhältnis von Wissenschaft und Massenmedien bzw. Journalismus trägt die Zeitungs-, Publizistik- oder Kommunikationswissenschaft nur wenig bei. In seiner *Geschichte der Zeitungswissenschaft* scheint Groth (1948) an die zwei Jahrzehnte zuvor (vgl. Groth 1928 in Kap. 1.3.1) geäußerte Kritik anzuknüpfen, die sich auf die Einstellung der Wissenschaftler zum Journalismus bezieht: "Was sie der Zeitung vorwarfen, taten sie selbst: statt deren Eigenart und Aufgabe zu erkennen und zu würdigen, erklärten sie in unwissenschaftlicher Oberflächlichkeit und Anmaßung, die Tagespresse habe ebenso, wie die Wissenschaft, den 'Beruf, Wahrheitssucher und Wahrheitslehrer der Menschheit zu sein [...]'. Von diesem Dogma aus nahmen sie sich das Recht, von der hohen Warte ihrer angeblichen Wissenschaftlichkeit die Tagespresse verächtlich abzutun, sie als ein 'Zerrbild ihrer hohen Idee' in Grund und Boden zu verurteilen." (Groth 1948: 228) In den letzten Jahrzehnten habe die Wissenschaft aber, fährt Groth fort, eine moderatere Haltung dem Journalismus gegenüber angenommen, wenn schon nicht aus Respekt vor journalistischen Leistungen, dann wenigstens vor der Bedeutung und Macht der Presse. Das verleitet den Autor zu der Schlußfolgerung, daß mittlerweile ein "Friedenszustand eingetreten" sei (ebd.: 229).

Wiederum rund zwanzig Jahre später erklärt Groth die Popularisierung der Wissenschaft zur vordringlichen Aufgabe des Journalismus: Das Periodikum "ist verpflichtet, Arbeit und Fortschritt der Wissenschaft zu verfolgen, die Ergebnisse der daran interessierten Allgemeinheit fortlaufend zu vermitteln und die Verbindung zwischen dem einzelnen Kultursystem und der Gesamtkultur der Menschheit sicherzustellen und aufrechtzuerhalten." (Groth 1966: 159) Dahinter steht einmal mehr das Bild vom Journalismus als der Schule der Erwachsenen (vgl. ebd.: 160). Groth versteht Popularisierung nicht als eine unabhängige Beobachtung des Wissenschaftssystems, sondern bezeichnet sie ganz offen als "Geschenk der periodischen Presse an die Wissenschaft" (ebd.: 162). So sollen denn auch "Entartungen" der Popularisierung verhindert und beseitigt werden: "Die periodische Presse und die Wissenschaft, die Allgemeinheit und der Staat müssen mit Kontrolle, Säuberung, Aufklärung, Bloßstellung, gegebenfalls mit Bestrafung den Kampf aufnehmen." (ebd.: 161) Da die Wissenschaft "Unermeßliches zur geistigen und wirtschaftlichen Stärkung der Periodikums" (ebd.: 162) beitrage, "revanchiert" sich dieses nicht nur durch bloße Popularisierungsarbeit. Die Presse "verschafft aber auch den Voranstrebenden die Resonanz, die sie brauchen, die erwärmende Anteilnahme, das aneifernde Interesse." (ebd.: 163 f.) Hierzu gehöre auch "die wirtschaftliche Förderung, die eine einflußreiche, von der Kulturbedeutung der Wissenschaft überzeugte, sich für den Bildungsfortschritt des Volkes einsetzende und selbst wissenskundige periodische Presse der Wissenschaft zu bringen vermag." (ebd.: 164) Da Wissenschaft und Journalismus "auf dem gleichen Boden geistigen Kampfes" (ebd.: 167) ständen, müsse man auch nicht befürchten, daß die Wissenschaft einen einseitigen Einfluß über die Presse erlangen wolle. Vielmehr sei gerade zwischen Wissenschaft und Periodikum eine echte Solidarität gegeben. Deutlicher und umfassender kann die Funktion des Wissenschaftsjournalismus als Akzeptanzförderer der Wissenschaft wohl nicht formuliert werden.

Eine ähnliche Argumentation findet sich in einem Beitrag in der kommunikationswissenschaftlichen Fachzeitschrift *Publizistik*. Auch hier weist der Autor dem Journalismus die Rolle des Popularisierers zu, der mithilft "zu verwirklichen, was durch Universitäten, durch Wissenschaft und Fortschritt an Ergebnissen der Forschung, der Lehre und Bildung verbreitet und vertieft werden soll." (Frankenfeld 1963: 225) Zum Selbstverständnis des Wissenschaftsjournalisten gehöre es, "seinen Lesern und damit der Bevölkerung auch dadurch Bedeutung, Wert und Würde der Wissenschaft und ihrer Repräsentanten so nahe wie möglich zu bringen." (ebd.: 228) Das Ziel ist auch hier ein "echtes Vertrauensverhältnis" (ebd.: 229) zwischen Wissenschaft und Journalismus. Der akademisch ausgebildete Journalist werde schließlich zu einem "Verteidiger [...] der Freiheit von Meinung und Gesinnung durch das Mittel der Presse. Sie eben setzt jene Selbstverantwortung und Ordnung voraus, wie sie die Wissenschaft vorlebt." (ebd.: 230)

Interessant ist es, die Veränderungen zu verfolgen, die das Stichwort *Technische Redaktion* in Dovifats *Zeitungslehre* erfährt. Während Dovifat in den beiden ersten Auflagen betont, daß "in technischen Berichten immer die Frage *Mensch – Maschine* mit all ihren seelischen und sozialen Folgerungen im Blickpunkt stehen [muß]" und daß "[n]icht der technische Fortschritt, sondern seine Einwirkung auf den arbeitenden Menschen und Volksgenossen [..] für die *Zeitung* das Entscheidende [ist]" (Dovifat 1937: 82; ²1944: 84), heißt es in der dritten Auflage von 1955: "Es muß in allen technischen Berichten auch die Frage *Mensch – Maschine* im Blickpunkt stehen." (Dovifat ³1955: 88) Der Rest des Absatzes wird nun weggelassen. Dovifat hat also die wesentliche Aussage zu den Relevanzkriterien journalistischer Technikberichterstattung, nämlich die strikte Publikumsorientierung, erheblich zurückgenommen. In der vierten Auflage wird zusätzlich die Sozialreportage als mögliche Kontextualisierungs- und Darstellungsform der Technikberichterstattung erwähnt (vgl. Dovifat ⁴1962: 93). In der fünften Auflage wird das Mensch-Maschine-Verhältnis spezifiziert: "Es muß in allen technischen Berichten auch die Frage *Mensch – Maschine*, also der Automation, im Blickpunkt stehen." (Dovifat ⁵1967: 97) Mit dieser Erweiterung beschränkt Dovifat den Gegenstand der Technikberichterstattung auf die sozialen Folgen von Rationalisierungsmaßnahmen; der politische Kontext der technisch-wissenschaftlichen Entwicklung wird damit implizit ausgeblendet. Allerdings spricht Dovifat im Gegensatz zu Groth nie explizit von einer Vermittlungs-, Aufklärungs- oder Akzeptanzfunktion des Journalismus.

Besonders erwähnenswert ist der Vortrag, den der Kommunikationswissenschaftler Roegele (1967) auf der oben erwähnten Jahresversammlung des DVT hält. Im Gegensatz zu den Beiträgen von Balke, Lohmar, Laupsien und von Randow (alle 1967) 'verteidigt' Roegele, Vorstand des *Instituts für Zeitungswissenschaft* an der Universität München, den Journalismus gegen einseitige Funktionszuweisungen. Das Spezifische journalistischer Berichterstattung liegt für ihn im Selektionskriterium 'Aktualität', das er "im Sinne einer spezifischen Bedeutung für das empfangende Subjekt" (Roegele 1967: 21) definiert: "Pressearbeit [...] ist aktualitätsgebunden. Das liegt in der Natur der Sache und macht den Unterschied zwischen Pressearbeit und Bildungsarbeit, zwischen Pressearbeit und Wissensvermittlung um des Wissens willen aus. Viele Differenzen zwischen den Repräsentanten der Wissenschaften und der Technik einerseits und den Journalisten andererseits gehen darauf zurück, daß dieser Unterschied nicht berücksichtigt, vielleicht auch nicht anerkannt wird." (ebd.: 20) Roegele verweist auf die Verschiedenheit des Relevanzbezugs, indem er die Fernsehübertragung einer Operation in den Hörsaal mit einer Übertragung in deutsche Wohnzimmer vergleicht. Das Massenmedium (die "Fernsehapparatur") sei das gleiche –

"In der *Funktion* sind aber beide grundverschieden" (ebd.: 21)[36]. Roegele versteht mit Aswerus (1953) die journalistische Kommunikation als Bestandteil des gesellschaftlichen Zeitgesprächs. Als solche sei sie an das Kriterium der Aktualität gebunden. Zwar erkennt auch Roegele an, daß die Bevölkerung einer Industrienation über ein bestimmtes Minimum an wissenschaftlichem und technischem Wissen verfügen muß – die Aufgabe dieser Wissensvermittlung weist er aber den Bildungssendungen der öffentlich-rechtlichen Dritten Programme zu (vgl. Roegele 1967: 23).[37]

Obwohl Roegeles journalistischer Funktionsbegriff eher vage formuliert ist, weist er dem Wissenschaftsjournalismus eine Funktion zu, die sich nicht mit den altbekannten Forderungen nach Wissensvermittlung und Akzeptanzförderung deckt. So kommt der Autor zumindest zu einer *negativen* Abgrenzung des Wissenschaftsjournalismus von den gesellschaftlichen Systemen Wissenschaft, Technik und Politik. Offen bleibt dadurch aber immer noch, wie die Funktion journalistischer Berichterstattung über Wissenschaft und Technik (und Medizin) zu beschreiben ist.

2.2.6 Das Interesse an der Mittelfunktion der Wissenschaft

Die bisher vorgestellten Äußerungen von Kommunikationswissenschaftlern sind als eher 'beiläufige' Stellungnahmen zur Thematik des Wissenschaftsjournalismus zu bezeichnen. Um so bemerkenswerter ist der Versuch des Soziologen Kärtner (1972), eine grundlegende Betrachtung des Verhältnisses von Wissenschaft und Öffentlichkeit zu leisten. Es ist zu bedauern, daß die theoretischen und empirischen Schlußfolgerungen dieser Studie, die Kärtner auch der Studiengruppe "Journalismus und Wissenschaft" vortrug (vgl. Studiengruppe 1975: 200; Kap. 3), bis heute nicht diskutiert wurden.

---

36 Roegele unterscheidet zudem Wissenschaftssendungen im Fernsehhauptprogramm von den Telekollegs der Dritten Programme, die er als nicht zum Zeitgespräch dazugehörende Bildungssendungen bezeichnet. Der Unterschied zwischen journalistischer und Bildungskommunikation per Massenmedium (vgl. Kap. 6.3.4) wird im allgemeinen aber nicht gesehen.

37 Hagemann hat diese Unterscheidung schon 1947 getroffen. In bezug auf die publizistische, d.h. öffentliche Wissenschaftsberichterstattung heißt es: "Wo freilich dieses Moment der Neuartigkeit und Aktualität entfällt, spielt die Publizistik eine Nebenrolle als Lehrmeister ähnlich einer Schule oder populärwissenschaftlichen Vortragsreihe, Einrichtungen, die *einem der Publizistik fremden Bereich* angehören." (Hagemann 1947: 51; Hvhg. MK) Auch Hagemann versteht Aktualität als selektive Zuschreibung, unter expliziter Einbeziehung der Rezipientenwahrnehmung (vgl. ebd.: 15 - 17; 1956: 16).

Wenn die Studie einmal erwähnt wird, dann nur mit Daten aus dem empirischen Teil. Die theoretischen Schlußfolgerungen, die die zentralen Annahmen der Wissenschaftsjournalismus-Forschung in Frage stellen, werden dagegen nicht beachtet.

Kärtners Untersuchungsansatz nimmt eine gesellschaftstheoretische Position ein und vermeidet damit von vornherein die ansonsten übliche einseitige Perspektivierung auf die Interessen des Wissenschaftssystems. Das Verhältnis von Wissenschaft und Öffentlichkeit begreift Kärtner als Problem der gesellschaftlichen Kontrolle der Wissenschaft. In diesem Sinne argumentiert er nicht primär aus einer journalismustheoretischen Perspektive. Das Ausmaß der öffentlichen Kommunikation wird "als Indikator für das Ausmaß des Interesses der Öffentlichkeit an der Wissenschaft und damit zugleich als Indikator für den Einfluß der Wissenschaft auf die Öffentlichkeit begriffen [..]. Das Verhältnis der Öffentlichkeit zur Wissenschaft wird also im Rahmen der sozialen Erscheinungen Kommunikation und Einfluß untersucht." (Kärtner 1972: 1) Kärtner benutzt das Konzept der *funktionalen Öffentlichkeit*, das nicht von einer einzigen, monolithischen Öffentlichkeit ausgeht, sondern von mehreren Teil-Öffentlichkeiten, deren "Umfang und Zusammensetzung [...] demnach allein durch den Gegenstand, auf den die Meinungen bezogen sind, bestimmt" (ebd.: 5) werden.[38] Den Massenmedien kommt hierbei ein besonderes Gewicht zu: Sie stellen "vielleicht die wichtigste Form der Teilnahme an dieser Öffentlichkeit für andere soziale Einheiten zur Verfügung, indem sie deren Meinungen und Einstellungen Publizität verleihen bzw. sie erst artikulieren." (ebd.: 7) Zudem würden sie ein weitgehendes Informationsmonopol über wissenschaftliche Themen besitzen. "Diese strategische Stellung qualifiziert die Massenmedien zu einem Angelpunkt des Verhältnisses zwischen Öffentlichkeit und Wissenschaft" (ebd.: 7 f.).

Wir können in dieser Arbeit nicht ausführlich auf Kärtners sehr umfangreiche gesellschaftstheoretische Überlegungen zur Kontrolle der Wissenschaft eingehen. Festzuhalten ist, daß Kärtner die Forderungen aus der Wissenschaft nach Popularisierung, Aufklärung und Information als eine

38 Kärtner beruft sich dabei auf Wilsons Theorie der öffentlichen Meinung, in der funktionale Öffentlichkeiten definiert werden als "groups of people who pay attention, for whatever reason, to special types of communication" (Wilson 1962: 276; zitiert nach Kärtner 1972, Bd. 2: 2', Anm. 17). Vgl. auch Barber 1959, der als Akteure einer funktionalen Wissenschaftsöffentlichkeit Naturwissenschaftler, Sozialwissenschaftler, Regierende, Offizielle von Verbänden und Bereiche der Massenkommunikation nennt.

Reaktion auf die Frage nach der zukünftigen Legitimation und Kontrolle des wissenschaftlichen Einflusses auf die Gesellschaft deutet. Die Antworten der Wissenschaft auf dieses Problem seien "ebenso unbefriedigend wie wenig geeignet, eventuelles Mißtrauen gegenüber der instrumentellen und ideologischen Totalität einer möglichen sozialen Macht des wissenschaftlichen Subsystems zu zerstreuen." (ebd.: 106) Dementsprechend habe die Forderung nach der 'öffentlichen Wissenschaft' "zweischneidigen Charakter [...]. Denn die 'Popularisierung wissenschaftlicher Erkenntnis' und die informierende 'Öffentlichkeitsarbeit' wissenschaftlicher Institutionen können [...] ebenso gut im Dienste der propagandistischen Abstützung der Eigen- und Machtinteressen der monopolistisch-charismatisch machtinstinktiven Wissenschaftlergruppe stehen" (ebd.: 109 f.). Kärtner (ebd.: 160 - 164) unterscheidet drei Ausprägungen von Popularisierungsforderungen:

1) Das *Propaganda-Argument*: Dieses sei vorwiegend auf das Selbsterhaltungsinteresse des wissenschaftlichen Subsystems zurückzuführen: "Die Öffentlichkeit wird als uninformiert und unverständig den Belangen der Wissenschaft gegenüber angesehen und ist ein unmündiges Objekt der 'Erziehung', dem allerdings vorwiegend nur deshalb beigebracht werden muß, wie wichtig die Wissenschaft auch für seine Lebensinteressen ist, damit es die allein die Lage übersehenden Wissenschaftler in ihren Aktivitäten für das Gemeinwohl nicht durch Mißtrauen und Ablehnung behindert, sondern ihre 'Opfer' fördert." (Kärtner 1972: 160 f.)
2) Das *politisch-moralische Argument*: Öffentlichkeit gilt als eine demokratische Instanz, der gegenüber eine Informationspflicht besteht, damit diese eine politische Kontrolle ausüben kann. Aus der Propaganda- und Erziehungsvorstellung wird ein 'Übersetzungsproblem': Die Popularisierung von Wissenschaft soll den Laien dazu befähigen, deren ideologische und lebenspraktische Relevanz richtig einschätzen zu können.
3) Das *Aufklärungsargument*: Hier wird vor allem die angeblich unersetzliche kognitive (und darüber hinaus auch ideologische und ethische) Orientierungsfunktion der Wissenschaften betont.[39]

39 In "einer wissenschaftlich aufgeklärten und biologisch einigermaßen informierten Gesellschaft [wäre] der Amoklauf der Hitlerschen Rassengesetzgebung nicht möglich gewesen" (Nachtsheim 1963: 106; zitiert nach Kärtner 1972: 163). Dieses Argument zeigt die Naivität eines ontischen Aufklärungsbegriffs auf; denn auch die Ideologie des Nationalsozialismus bediente sich zu ihrer Absicherung wissenschaftlicher Erkenntnisse, die zur Basis einer sogenannten Aufklärung wurden.

Für Kärtner stellt sich das Problem, wie angesichts der zunehmenden Verwissenschaftlichung der Gesellschaft die Legitimität dieses Prozesses noch kontrolliert werden kann. Weder das dezisionistische Modell, das von einer Arbeitsteilung zwischen beratenden Experten und letztlich entscheidenden Politikern ausgeht, noch die von Habermas entwickelte pragmatistische Auffassung, daß die "Aufklärung eines wissenschaftlich instrumentierten Willens [..] nach Maßstäben rational verbindlicher Diskussion nur aus dem Horizont der miteinander sprechenden Bürger selbst hervorgehen [kann]" (Habermas [14]1989c: 137) eignen sich Kärtner zufolge für diese Kontrollfunktion. Ohne eine wissenschaftliche Qualifikation der Bevölkerung laufen diese Modelle, so der Autor, auf eine Technokratie, also eine Herrschaft der Experten, hinaus. Da die Bevölkerung moderner Industriegesellschaften nicht über dieses Wissen verfüge, müsse man andere Möglichkeiten demokratisch orientierter Kontrolle suchen. Als dringlich erscheint Kärtner "die Ausschöpfung der Chancen sozialer Innovation und der Kontroll- und Mitbestimmungsmöglichkeiten, die in der gesellschaftsweiten öffentlichen Diskussion und Reflexion des wachsenden sozialen Einflusses der Wissenschaft liegen. Voraussetzung dafür ist das Ingangkommen eines intensiven Kommunikationsprozesses zwischen Wissenschaft und Öffentlichkeit" (Kärtner 1972: 159).

Aus dieser Argumentation entwickelt Kärtner die Fragestellung für seine empirische Analyse des Nachrichtenmagazins *Der Spiegel*. Die bisherigen Analysen hätten bislang nämlich keinen Aufschluß darüber gegeben, "ob Wissenschaftsinformation noch Bildungsinformation wie zur Zeit der Aufklärung und im geisteswissenschaftlichen 19. Jahrhundert geblieben ist oder ob die Wissenschaft innerhalb derjenigen Inhaltsbereiche, die der Information und öffentlichen Diskussion über Ereignisse und Probleme der gesellschaftlichen Problemlösung in Politik, Wirtschaft und sozialem Leben gewidmet sind, an Relevanz und Aufmerksamkeit gewinnt." (ebd.: 173) Kärtners Interesse gilt also der Frage, inwiefern die Verwissenschaftlichung der Gesellschaft von der Öffentlichkeit wahrgenommen wird. Als Indikator für Öffentlichkeit nimmt er die *gesamte* Berichterstattung eines journalistischen Massenmediums, also auch die Berichterstattung, die nicht explizit als Wissenschaftsberichterstattung ausgewiesen ist, sondern sich 'nur' auf wissenschaftliche Ergebnisse bezieht (vgl. ebd.: 180).

Aus journalismustheoretischer Sicht ist von besonderem Interesse, daß Kärtners Untersuchung Aufschlüsse über journalistische Relevanzkriterien der Wissenschaftsberichterstattung liefern kann. Die Zeitreihen-Analyse zeigt auf, daß sowohl der Anteil von Wissenschaftsberichten als auch der von bloßen Bezugnahmen auf Wissenschaft im *Spiegel* kontinuierlich, wenn auch nicht dramatisch ansteigt (vgl. Kärtner 1972: 183 f. u. 219 f.).[40] Für unsere Fragestellung gewichtiger sind aber die Aussagen, die der Autor zu den journalistischen Relevanzkriterien der Berichterstattung trifft. Sie lassen sich in dem folgenden Fazit von Kärtner bündig zusammenfassen: "*Die Mittelfunktion der Wissenschaft, nicht ihre Bildungsfunktion ist es, die das Interesse der Öffentlichkeit auf sich zieht und das Wissenschaftsinteresse allgemein belebt.*" (ebd.: 472)[41]

Das "öffentliche Wissenschaftsinteresse [wird] eher von der Einschätzung einer Wissenschaft als brauchbares oder konkret einflußreiches Mittel der ideologischen und praktisch-technischen Problemlösung geleitet [..] als von der Hochschätzung der 'Wissenschaftlichkeit' als solcher." (ebd.: 475) Als Ursache des gewachsenen öffentlichen Interesses sieht Kärtner nicht primär singuläre Ereignisse wie z.B. den sogenannten Sputnik-Schock oder die bemannte Raumfahrt. Die Raumfahrt und auch die Atomforschung spielen ab 1962 so gut wie keine Rolle mehr in der Berichterstattung (vgl. ebd.: 253 f.). Statt dieser einfachen Kausalerklärungen (vgl. auch Randow ^{2}1987: 17) nennt Kärtner als Gründe für die wachsende öffentliche Aufmerksamkeit "die alltägliche Präsenz der Wissenschaft im gesellschaftlichen Problemlösungsprozeß, die Allgegenwart des technischen Fortschritts und das zunehmend erfahrene und/oder geglaubte Methodenmonopol der Wissenschaft" (Kärtner 1972: 481).[42] Auf der Basis seiner theoretischen Überle-

---

40 Der Artikelanteil beträgt im gesamten Untersuchungszeitraum (Stichprobe aus den Jahren 1956 - 1966) 5,9%, der Flächenanteil sogar 7,0%. Für die zusätzlich und vollständig untersuchten Titelgeschichten lauten die dementsprechenden Anteile 8,6% und 8,5% (vgl. Kärtner 1972: 183, Tab. 1). Von 1956 - 1966 wird zudem in 31,4% aller Nicht-Wissenschaftsartikel Bezug auf Wissenschaft genommen und sogar in 67,1% aller Titelgeschichten, die sich nicht explizit mit Wissenschaft auseinandersetzen (vgl. ebd.: 222, Tab. 3). In einer sprachanalytischen Studie über die Berichterstattung der *Bild* aus dem Jahre 1964 wird ebenfalls "die enge Verbindung unseres Alltagslebens mit Technik und Naturwissenschaft" betont (Mittelberg 1968: 2).

41 Zu dem Schluß, daß die (hier: technische) Berichterstattung nicht von einem übergreifenden Bildungsinteresse bestimmt ist, kommt schon eine (unveröffentlichte) Studie aus den frühen sechziger Jahren: "Die technische Berichterstattung ist sowohl in ihrer Thematik wie in ihrem Umfang ganz empfindlich abhängig von unmittelbaren, aktuellen Anlässen meist lokaler Natur." (Wagner 1962: 2041)

42 Aus heutiger Sicht müßte man noch die *Gefährdung durch Wissenschaft* als bedeutendes Relevanzkriterium hinzufügen. In den USA etabliert sich das neue Forschungsfeld der Risikokommunikation schon Ende der sechziger, in der BRD erst in den achtziger Jahren.

gungen und empirischen Ergebnisse kommt Kärtner zu dem Schluß, daß man kaum von einem Desinteresse der Öffentlichkeit an konkreten Problemlösungsaktivitäten und dem sozialen Einfluß der Wissenschaft sprechen könne. Diese oft kolportierte Ansicht "entspringt nicht irgendwelchen Untersuchungsergebnissen, sondern interessegeleiteten Zweckbehauptungen in politischer Ansicht, besonders von seiten der um Forschungsgelder besorgten Naturwissenschaftler, von seiten der um Politisierung der Wissenschaften bemühten Sozialwissenschaftler und von seiten einiger Politiker, die sowohl die hohen Forschungsausgaben als auch die Politisierung der Wissenschaft fürchten." (ebd.)

2.3 Fazit: Die Popularisierungsfunktion des Journalismus

Wir haben schon zu Anfang dieses Kapitels darauf hingewiesen, daß von einer kommunikationswissenschaftlichen Thematisierung des Begriffs Wissenschaftsjournalismus bis 1974 noch nicht die Rede sein kann. Wir haben daher mit Absicht von der Diskussion über den Wissenschaftsjournalismus gesprochen. Selbst den Begriff *des* Wissenschaftsjournalismus können wir bisher nur in heuristischer Weise verwenden. Tatsächlich sind die Vorstellungen, die wir unter diesem Begriff zusammenfassen, alles andere als homogen zu bezeichnen. Dies kann allerdings kaum verwundern, wo schon die Publizistik- und Kommunikationswissenschaft selbst kaum konkrete Vorschläge zur Begriffsbildung beisteuert. Ein wesentliches theoretisches Manko der gesamten Diskussion ist z.B. die undifferenzierte Verwendung zentraler Begriffe wie Massenmedien (worunter in der Regel nur Tageszeitungen verstanden werden[43]), Publizistik, Journalismus und Öffentlichkeit. Da die Diskussion um den Wissenschaftsjournalismus hauptsächlich von Nicht-Kommunikationswissenschaftlern geführt wird, würde aber eine Kritik, die ausschließlich journalismustheoretische Defizite moniert, den Kern der Sache verfehlen. Es ist Angelegenheit der Publizistik- und Kommunikationswissenschaft, ein eigenständiges theoretisches Konzept für das Verhältnis von Wissenschaft und Journalismus vorzulegen. Unter diesem Gesichtspunkt werden wir auch die kommunikationswissenschaftliche Be-

43 Vgl. als Ausnahme Osterland 1968, der die Darstellung von Wissenschaftlern und Wissenschaft im Massenmedium Film untersucht.

schäftigung mit dem Thema Wissenschaftsjournalismus ab Mitte der siebziger Jahre prüfen.

Die bisherige Darstellung dient dazu, das umfassende Meinungsspektrum aufzuzeigen, an dem auch eine journalismustheoretische Erörterung nicht vorbeigehen kann. Wir sind dabei, auch ohne jetzt schon eine explizite Journalismustheorie eingeführt zu haben, stets implizit von der theoretischen Vorstellung ausgegangen, daß Journalismus als ein eigenständiger gesellschaftlicher Operationsbereich zu betrachten ist. Diese Annahme wird auch in den verschiedenen Diskussionsbeiträgen vertreten. Ob nun von öffentlicher Meinung, Massenmedien, *der* Presse, *den* Zeitungen und Zeitschriften oder *den* Journalisten die Rede ist: Allen diesen Begriffen liegt eine deutliche Unterscheidung von Wissenschaft, Technik, Medizin und Politik auf der einen Seite und der Öffentlichkeit, den Massenmedien oder dem Journalismus auf der anderen Seite zugrunde. Auch der Appell zu mehr Partnerschaft bzw. die Androhung von Zensurmaßnahmen spricht offenkundig für die Anerkennung eines eigenständigen Operationsbereichs (Systems) journalistischer Kommunikation.

In dem Maße aber, in dem eine eigenständige gesellschaftliche Funktion dieser verschiedenen Bereiche postuliert wird, wird die Überlegung, daß auch Journalismus eine eigenständige Funktion zukommen könnte, außer acht gelassen. Die Funktion von Journalismus wird vielmehr stets nach den spezifischen Interessen des jeweils eigenen Systems definiert. Das geht bisweilen so weit, daß die Unterscheidung zwischen den Bereichen Wissenschaft und Journalismus aufgehoben wird, indem gleiche Interessen unterstellt werden (vgl. z.B. Oeckl 1965; Lohmar 1972). Auf diese Weise laufen alle Erörterungen auf normative Funktionszuweisungen für den Journalismus hinaus. Diese haben, wie immer auch die einzelnen Begründungen ausfallen, den gemeinsamen Nenner, daß journalistische Berichterstattung die gesellschaftliche Akzeptanz der eigenen Position befördern soll. Welch 'bedeutsame Aufgabe' Wissenschaftsjournalismus dabei auch zu erfüllen hat – die jeweiligen Protagonisten sind stets in der glücklichen Lage, über das 'richtige' Bewußtsein zu verfügen. In der Regel identifizieren sich auch die spezialisierten Wissenschaftsjournalisten mit diesen Leistungsanforderungen journalismusexterner Gesellschaftsbereiche an den Journalismus.

Die in der Literatur vorfindbaren Leistungsanforderungen an den Wissenschaftsjournalismus lassen sich unter dem Begriff der Wissenschaftspopularisierung subsumieren. Ob diese Popularisierung nun als Fortbildung, Aufklärung oder scheinbar neutral als Orientierung ausgeflaggt wird – sie impliziert stets die gesellschaftliche Akzeptanz für die angeblich überlegene Rationalität wissenschaftlichen, technischen oder medizinischen Wissens. Dazu gehört auch wesentlich die Akzeptanz für eine entsprechende Versorgung mit materiellen Ressourcen aus öffentlichen Mitteln.[44] Bezeichnend in diesem Zusammenhang ist, daß das sehr populäre Sponsor-Argument nicht – gewissermaßen als Druckmittel – gegen informationsunwillige Wissenschaftler eingesetzt wird, sondern gegen das Publikum: als zusätzliche Legitimation der Popularisierungsbemühungen. Nicht nur hier offenbart sich – aus journalismustheoretischer Sicht – das erhebliche Theoriedefizit eines einseitigen Aufklärungs- und Popularisierungsbegriffs: Die strukturelle Bedeutung journalistischer Publikumsorientierung für die Bedingungen und Möglichkeiten journalistischer Selektion wird entweder schlichtweg ignoriert oder in ihrer Bedeutung verkannt. Bisweilen wird, allerdings auch hier aus der Perspektive einer einseitigen Wissensvermittlung, die journalistische Zielgruppenorientierung und die Abhängigkeit der Rezeption von bestimmten Relevanzkriterien oder schon vorhandenen Wissensbeständen erwähnt (vgl. Riegel 1974: 125 f.; Fischer 1960: 383). In der Regel erscheinen die Rezipienten aber als unwillig oder unfähig, die ihnen dargebotene Aufklärung zu goutieren. Der Autor eines Buches über Wissenschaftspopularisierung fordert daher vom Journalismus, "[u]nterwertige Wünsche des breiten Publikums" auszuschalten, ist sich allerdings auch im klaren, daß nicht jedes Massenmedium "einer solchen volkspädagogischen Forderung entsprechen können [wird]." (Glaser 1965: 107) In einer Einführung für Journalisten heißt es über das Publikum der Wissenschaftsberichterstattung schließlich lapidar: "Viele Leser leben geistig noch im 19. Jahrhundert, einige sogar noch im 18. Jahrhundert." (Warren 1953: 162)[45]

---

44 Dabei geht es uns nicht um die Frage, wie die Akzeptanz z.B. medizinischen Wissens zu bewerten ist. Wir wollen vielmehr darauf hinaus, daß *jede* einseitige Orientierung des Journalismus an einer spezifischen Systemrationalität gesamtgesellschaftlich dysfunktional ist (vgl. Kap. 6.3.4).

45 Gaensicke (1969: 71 f.) verweist auf das in der amerikanischen Literatur beliebte Argument, daß die Marginalität des Wissenschaftsjournalismus auf irrationale Einschätzungen der Herausgeber über die Leserwünsche zurückzuführen sei. Dagegen spricht eine EMNID-Befragung von 1973: "Für ausreichend hält die Mehrheit der Bevölkerung – und zwar aller Alters- und Berufsgruppen – die Menge der Berichterstattung über Forschung und Wissenschaft." (Die öffentliche Meinung 1973: 27 f.) In einer Infratest-Studie wurde gefragt, welche Angebotskategorie am stärksten vermißt würde. Unter acht Kategorien erreichte "Informationen über Technik und Wissenschaft" bei Fernsehen und Tageszeitung einen Wert von 1%, beim Hörfunk von 0% (Bericht der Bundesregierung 1974: 73).

Auch in Beiträgen, die eine zumindest distanzierte Position zur technisch-wissenschaftlichen Entwicklung vertreten und im Gegensatz zu einer Wissenschaftspolitik, die sich ausschließlich als Fortschrittspolitik versteht (vgl. Stoltenberg 1966[46]), auf eine erhöhte gesellschaftliche Reflexion dieser Entwicklung setzen (vgl. Krauch 1963; Lohmar 1967; 1972; Habermas [14]1989c), erscheint Journalismus nur als notwendig-nützliche Vermittlungsinstanz der eigenen wissenschaftspolitischen Position. Obwohl die Autoren vom Konzept einer kritischen Öffentlichkeit ausgehen, weisen sie dem Journalismus, der in seiner organisierten Form ja gerade die Institutionalisierung öffentlicher Kommunikation garantiert, keine eigenständige Funktion zu. Angesichts der offenkundigen Paradoxie, daß die doch angeblich kritische Öffentlichkeit als rückständig im Bewußtsein und entpolitisiert gilt, kann dies auch nicht weiter verwundern. Aus der fortgesetzten Entmündigung der 'entmündigten Öffentlichkeit' resultiert zwangsläufig auch die Instrumentalisierung journalistischer Wissenschaftsberichterstattung.

Insofern kann zusammenfassend konstatiert werden, daß die gesamte Diskussion um den Wissenschaftsjournalismus dadurch gekennzeichnet ist, daß eine mögliche eigenständige Funktion journalistischer Wissenschaftsberichterstattung konsequent ausgeblendet wird. Das Ergebnis dieser Diskussion ist statt dessen ein Katalog normativer Funktionszuweisungen für den Wissenschaftsjournalismus, die an den spezifischen Eigeninteressen von Wissenschaft, Technik, Medizin und Wissenschaftspolitik ausgerichtet sind.[47] Unter dem Begriff Wissenschaft werden dabei fast ausschließlich die Naturwissenschaften verstanden. In Anlehnung an Snows (1967) äußerst populäre Zwei-Kulturen-Hypothese wird "die deutlich nachweisbare Diskriminierung von Naturwissenschaften, Technik und Ingenieurberuf" kritisiert und aus "spezifischen Wertvorstellungen des im deutschen

---

Die These vom großen Publikumsinteresse für Wissenschaft und Technik läßt sich mit diesen Zahlen nicht gerade stützen.

46 Der damalige Bundesminister für wissenschaftliche Forschung plädiert für eine "Erziehung zum naturwissenschaftlichen Denken" als "Voraussetzung für das Weiterbestehen der menschlichen Gesellschaft" (Stoltenberg 1966: 221). Folgt man Stoltenberg, so hängt dieses 'Weiterbestehen der Gesellschaft' ganz konkret von der gesellschaftlichen Akzeptanz von Großforschungseinrichtungen und staatlicher Technologiepolitik ab. Die erwünschte Akzeptanzhaltung wird mit dem Terminus "wissenschaftsbewußte öffentliche Meinung" (ebd.: 224) umschrieben.

47 Besonders deutlich zeigt sich dies in den Betrachtungen zum Wissenschaftsjournalismus in der sogenannten Dritten Welt (vgl. German Foundation 1969; Banjo 1969; Scheffold 1969). Dieser Aspekt wird hier allerdings nicht weiter berücksichtigt, da die Gesellschaftssysteme der sogenannten 'Ersten' und 'Dritten' Welt nicht ohne weiteres vergleichbar sind. Vgl. auch Laing 1986; Sharafuddin 1986; Spurgeon 1987.

Sinne traditionell-humanistischen Bildungsideals erklärt“ (Schmelzer 1968: 28). Gerade Schmelzers Studie zeigt aber, daß die Grenze zwischen der sogenannten literarischen und der naturwissenschaftlich-technischen Kultur nicht identisch ist mit der Grenze zwischen Wissenschaft und journalistischer Wissenschaftsberichterstattung.[48]

Die Publizistik- und Kommunikationswissenschaft kann (oder will) in dieser Diskussion noch keine eigenen Akzente setzen. Zumeist übernimmt sie eilfertig die von Wissenschaft und Technik aufgestellten Funktionszuweisungen für den Journalismus. In der Festschrift zur Eröffnung der Universität Bochum wird sie sogar ausdrücklich als Hilfswissenschaft für die Wissenschaftspopularisierung konzipiert: Die *Arbeitsgemeinschaft Publizistik und Kommunikation* soll neben der Medien- und Kommunikationsforschung nämlich auch die publizistische Selbstdarstellung der Universität verbessern helfen, indem sie "Zeitungen, Rundfunk und Fernsehen bei der Erläuterung von Universitäts- und Wissenschaftsfragen behilflich" (Knoll 1965: 392) ist. Der Publizistikwissenschaft komme “im Hinblick auf die Selbstdarstellung die Aufgabe zu, Normen für eine wissenschaftlich sachgerechte, aber gleichzeitig einem weiteren Publikum verständliche Mitteilungsform zu entwickeln.“ (ebd.) Einzig die Beiträge von Roloff (1972) und Roegele (1967) lassen eine eigenständige journalismustheoretische Position erkennen; diese wird aber – so können wir schon vorgreifen – in der späteren kommunikationswissenschaftlichen Debatte nicht weiter beachtet. Dies gilt auch für Kärtners (1972) Studie, deren Ergebnisse noch heute quer zu fast der gesamten Forschungsliteratur stehen.

48 Schmelzer untersucht die Wertaussagen über Naturwissenschaft und Technik in der deutschen Presse, wozu er auch die wissenschaftlichen Zeitschriften zählt. Dabei kommt er nicht nur zu dem Ergebnis, daß Tageszeitungen weit mehr als wissenschaftliche Zeitschriften den *instrumentalen* (Orientierungs-)Charakter von Naturwissenschaft und Technik hervorheben (im Gegensatz zur *kulturellen* Symbol-Wertorientierung); sie bewerten Naturwissenschaften und Technik hierbei auch weitaus häufiger positiv, als dies in wissenschaftlichen Zeitschriften geschieht (vgl. Schmelzer 1968: 125). Bei wissenschaftlichen Zeitschriften und bei Tageszeitungen ist die Anzahl positiver kultureller Wertungen gleichermaßen gering (ca. 26% aller kulturellen Wertungen).

3 Das Paradigma Wissenschaftsjournalismus

Ungefähr Mitte der siebziger Jahre etabliert sich Wissenschaftsjournalismus als kommunikationswissenschaftliches Thema. Die Zahl entsprechender Publikationen steigt an, zugleich finden zahlreiche Konferenzen und Symposien unter Beteiligung von Kommunikationswissenschaftlern statt. Es dauert allerdings noch bis zum Frühjahr 1990, bis es mit der Einrichtung eines Lehrstuhls für Wissenschaftsjournalismus an der Freien Universität Berlin auch zur wissenschaftsinternen Institutionalisierung dieses Forschungszweiges kommt. Als Keimzelle einer kontinuierlichen kommunikationswissenschaftlichen Beschäftigung mit dem Wissenschaftsjournalismus kann die Forschungsgruppe *Journalismus und Wissenschaft* bezeichnet werden. Diese Gruppe tagt von Anfang April bis Ende Juli 1974 am *Zentrum für interdisziplinäre Forschung* (ZiF) der Universität Bielefeld. In der Ausschreibung des ZiF werden vier Problemkreise beschrieben:

1) Das allgemeine Verhältnis von Journalismus und Wissenschaft: "Ist Journalismus auf Wissenschaft angewiesen, wenn er die von ihm berichteten Sachverhalte verständlich machen will – oder hängt seine Vermittlungsfunktion gerade von einer bestimmten Resistenz gegen spezialisierte Erkenntnisformen ab?" (Studiengruppe 1975: 197)
2) Die Kommunikation der Wissenschaft mit ihrer Umwelt: "Ist Wissenschaft zunehmend auf Journalismus angewiesen, wenn sie Wirkungen auf und Unterstützung durch die Öffentlichkeit sucht – oder muß sie sich selber gemeinverständlich machen?" (ebd.)
3) Die gegenwärtigen Beziehungen von Wissenschaft, Journalismus und den verschiedenen Medien.
4) Die Journalistenausbildung, speziell die wissenschaftliche.[1]

---

1 Die Themen dieser Ausschreibung werden von den Mitgliedern der Gruppe ganz unterschiedlich gewichtet: Während Merten (1974) in seiner Ankündigung die Problemkreise 1) und 2) vollständig zitiert, läßt Hömberg (1974) die Hinweise sowohl auf die eventuell notwendige Resistenz des Journalismus als auch auf die Möglichkeit, daß Wissenschaft

Die Ergebnisse der Bielefelder Projektgruppe sind nur teilweise veröffentlicht worden[2]; eine Sammelpublikation wurde nicht vorgelegt. Die Resümees zu diesem Projekt zeigen, daß die unterschiedlichen Forschungsinteressen nicht zu integrieren waren und zu einer Zersplitterung der Forschungsgruppe führten.[3] Grundsätzlich behandeln die wenigen Publikationen alle das grundsätzliche Problem der Vermittlung von Wissenschaft *in* die Öffentlichkeit. Dabei läßt sich eine Aufgliederung der Forschungsansätze in drei verschiedene Positionen erkennen: Während Merten (1976) aus einer kommunikationstheoretischen Perspektive bisherige Annahmen über die Möglichkeiten journalistischer Wissenschaftsvermittlung relativiert, verstehen die übrigen Autoren Journalismus von vornherein als ein Instrument um den konstatierten Kommunikationsproblemen zwischen Wissenschaft und Öffentlichkeit zu begegnen. Diese Ansätze unterscheiden sich nochmals in der Bewertung des Wissenschaftssystems. Fabris (1974) versteht Wissenschaftsjournalismus als Wegbereiter einer kritischen Öffentlichkeit, die den technokratischen Herrschaftsanspruch von Wissenschaft und Technik kontrollieren soll. Diese (nur bedingt) wissenschaftskritische Position wird von den übrigen Autoren nicht geteilt. Sie konzipieren Journalismus als einen Informationsvermittler zwischen Wissenschaft und Öffentlichkeit, als einen "Dolmetscher zwischen Forschung und Öffentlichkeit" (Roloff/Hömberg 1975).

Die beiden zuerst genannten Forschungsansätze geraten in der Folgezeit mehr oder weniger in Vergessenheit. Allein der Ansatz einer kritischen Öffentlichkeit erfährt bisweilen eine kurzfristige Belebung (vgl. Kap. 3.7.1), während eine Betrachtung des Wissenschaftsjournalismus aus einer journalismustheoretischen Perspektive sich gar nicht etablieren kann. In der Folgezeit dominiert eindeutig die Betrachtung vom Wissenschaftsjournalismus als Informationsvermittler und Dolmetscher zwischen Wissenschaft, Technik und Medizin auf der einen Seite und der Öffentlichkeit auf der anderen Seite. Von dieser Forschungsrichtung, die fast alle Beiträge zum

sich selbst allgemeinverständlich machen müsse, weg. Damit verengt er die Thematik von vornherein auf das "gestörte Verhältnis von Journalismus und Wissenschaft".

2 Vgl. Fabris 1974; Grunow 1974/1975; Hellmann 1976a; 1976b; Hömberg/Roloff 1974/1975; Roloff/Hömberg 1975; Hömberg 1982; Merten 1976. Nach Auskunft des ZiF sind die Originalunterlagen – und damit weitere Manuskripte – nicht mehr vorhanden.

3 Vgl. das kritische Fazit von Merten (1974/1975: 627). Ähnlich nüchtern fällt auch das Fazit im offiziellen Bericht der Universität Bielefeld aus (vgl. Studiengruppe 1975: 200). Vgl. für einen Überblick auch Zilius 1975.

Thema stellt, sprechen wir im Folgenden als dem *Paradigma Wissenschaftsjournalismus*.

Den Begriff des Paradigmas haben wir aus zwei Gründen gewählt:

1) *Kognitive Dimension*: Die Forschungsliteratur ist von einer eindeutigen Kontinuität der Standpunkte gekennzeichnet. d.h. durch die Vereinheitlichung inhaltlicher Vorstellungen. Diese Vereinheitlichung betrifft sowohl die grundsätzlichen (erkenntnis-, gesellschafts- und journalismus-) theoretischen Annahmen als auch die Methodik, die zu deren Überprüfung herangezogen wird.
2) *Soziale Dimension*: Diese inhaltlichen Standpunkte lassen sich einer klar abzugrenzenden Gruppe von Kommunikationswissenschaftlern zuordnen. Die Vertreter der Wissenschaftsjournalismus-Forschung lassen sich in diesem Sinne als eine homogene wissenschaftliche Gemeinschaft kennzeichnen.

Mit der Wahl des Paradigma-Begriffs implizieren wir keine Verbindung mit einer speziellen Wissenschaftstheorie wie z.B., um nur die bekannteste zu nennen, der Theorie wissenschaftlicher Revolutionen von Kuhn (1977; ^{2}1979), der auch nicht der erste Autor war, der von diesem Begriff Gebrauch machte (vgl. als Überblick Bayertz 1981). Wenn wir von einer Vereinheitlichung der kognitiven und sozialen Dimension im Forschungsfeld Wissenschaftsjournalismus sprechen, meinen wir auch keine absolute Übereinstimmung und Kohärenz *aller* Theorien- und Methodenbestände und vor allem persönlicher Standpunkte einzelner Forscher. Wenn das Augenmerk aber auf die Übereinstimmung grundsätzlicher erkenntnisleitender Fragestellungen gerichtet wird, die man an den Texten festmachen kann, läßt sich der weit überwiegende Teil der Wissenschaftsjournalismusforschung sehr wohl einer gemeinsamen und vereinheitlichten 'Vorstellungswelt' zuordnen – die zugleich auch als Schema für Folgewahrnehmungen fungiert. Um diesen Zusammenhang zu verdeutlichen, verwenden wir im Folgenden den Begriff des Paradigmas.

Zuerst werden wir auf die Vorstellungen von Wissenschaft und dem Verhältnis von Wissenschaft und Gesellschaft eingehen, die von den Autoren des Paradigmas Wissenschaftsjournalismus vertreten werden. Auf diese Weise soll der Problembezug der Forschung zum Wissenschaftsjournalismus deutlich werden (Kap. 3.1). Danach werden wir die daraus abgeleiteten Folgerungen für das Verhältnis von Wissenschaft und Journalismus diskutieren, im besonderen die Funktionsbeschreibungen für Wissenschaftsjournalismus (Kap. 3.2). An diesen Abschnitt schließt sich eine Betrachtung der journalismustheoretischen Prämissen an, die von den Autoren des Paradigmas Wissenschaftsjournalismus formuliert werden; diese münden in eine scharfe Kritik journalistischer Selektivität (Kap. 3.3). An der neueren Diskussion um das Verhältnis von Wissenschaftsjournalismus und Wissenschafts-PR wird gezeigt, daß die Journalismuskonzeption im Paradigma Wissenschaftsjournalismus prinzipiell auf eine Aufhebung der Grenzen zwischen Wissenschaft und Journalismus hinausläuft (Kap. 3.4). In einem gesonderten Abschnitt wird auf die Forschung zum Medizinjournalismus eingegangen, der innerhalb des Paradigmas Wissenschaftsjournalismus nur eine Randstellung zukommt (Kap. 3.5). In Kap. 3.6 beschreiben wir am Beispiel der Forschung in der DDR, welche Funktion die materialistische Kommunikationsforschung dem Wissenschaftsjournalismus zuweist. Abschließend werden die kommunikationswissenschaftlichen Positionen besprochen, die nicht dem dominierenden Konzept von Wissenschaftsjournalismus zuzurechnen sind. Dabei geht es auch um die Frage, ob diese Positionen Alternativen zur dominierenden Forschungsperspektive bieten (Kap. 3.7).

3.1 Der Problembezug des Paradigmas

In den vorangegangenen Kapiteln wurde deutlich, daß sich die Diskussion um den Wissenschaftsjournalismus stets vor dem Hintergrund einer gesellschaftlichen Bewertung und Einordnung von Wissenschaft, Technik und Medizin abgespielt hat. Diese gesellschaftstheoretischen Erörterungen lieferten den Problembezug und damit die Legitimationsgrundlage für die nachfolgenden Stellungnahmen zur Wissenschaftsberichterstattung. Auch im Paradigma Wissenschaftsjournalismus wird auf die wachsende gesellschaftliche Bedeutung von Wissenschaft und Technik hingewiesen (Kap. 3.1.1). Vor diesem Hintergrund sehen die Autoren die ihrer Ansicht nach notwendige Diffusion von Wissenschaftsinformationen in die Öffentlichkeit nicht mehr gewährleistet (Kap. 3.1.2). Als Konsequenz fordern sie die verstärkte Popularisierung von Wissenschaft (Kap. 3.1.3).

3.1.1 Die steigende Bedeutung von Wissenschaft und Technik

Als zentrales Argument gilt der Forschung zum Wissenschaftsjournalismus die These von der steigenden Bedeutung der Wissenschaft für die Gesellschaft (vgl. Hömberg/Roloff 1974/1975: 431; Hömberg 1990a: 15). Schon 1974 von den Autoren der Bielefelder Forschungsgruppe formuliert, zieht sich dieses Argument bis heute als roter Faden durch die gesamte Literatur zum Wissenschaftsjournalismus. Die steigende Bedeutung der Wissenschaft drücke sich in einer immer stärkeren Übernahme politischer und ideologischer Orientierungsfunktionen aus, unter anderem sichtbar im expandierenden Expertenwesen, speziell in der wissenschaftlichen Politikberatung (vgl. Hömberg 1974; Hömberg/Roloff 1974/1975; Institut 1979: 3). Die "vorrangige Stellung der Wissenschaften und Technik" (Grunow 1974/1975: 441) zeige sich zudem im quantitativen Wachstum des Wissenschaftssystems und dem deutlichen Anstieg der Forschungs- und Wissenschaftsetats. Die gesellschaftliche Problemlösungskraft von Wissenschaft und Technologie wird als wesentlicher Beitrag zur Gestaltung der Zukunft gewürdigt (vgl. Depenbrock 1976: 11), Wissenschaft und Forschung gelten als "integrierender und höchst wichtiger Teil unserer Zivilisation" (Klagenfurter 1989: 313). Ruß-Mohl (1985a: 266) spricht in Anlehnung an den Politologen Wilhelm Hennis sogar von der "Lebensbestimmungsmacht" Wissenschaft.[4]

Die Diagnose einer immer stärkeren Verwissenschaftlichung der Gesellschaft umfaßt auch gelegentliche Hinweise auf die Risiken einer solchen Entwicklung. Relativ häufig erscheint dann der Verweis auf das Problem einer demokratischen Steuerung und Kontrolle von Wissenschaft und Technologie (vgl. Depenbrock 1976: 12; Hansen 1981b; Klagenfurter 1989: 314). Bisweilen werden auch – allerdings nicht weiter benannte – Gefahren angesprochen, die von der wissenschaftlich-technischen Entwicklung ausgehen könnten (vgl. Robert-Bosch-Stiftung 1982: 164; Klagenfurter 1989: 315). In letzter Zeit wird das Problem der Risikogesellschaft und der daraus resultierenden Risikokommunikation erwähnt (vgl. Ruß-Mohl ²1987a: 9; Hömberg 1990a: 7; 1990c: 185). Solche Hinweise geschehen aber ausschließlich in kursorischer Form. Insgesamt ist festzustellen, daß die Diagnose einer immer stärkeren Verwissenschaftlichung der Gesellschaft nicht von grund-

4 Hennis nimmt allerdings eine wissenschaftskritische Position ein (vgl. Kap. 3.7.1).

sätzlichen (soziologischen) Überlegungen über das Verhältnis von Wissenschaft und Gesellschaft begleitet wird. Sofern überhaupt explizit auf das Verhältnis von Wissenschaft und Gesellschaft eingegangen wird, erschöpft sich die Betrachtung in der These von der wachsenden Bedeutung der Wissenschaft, die damit nicht über die Funktion eines bloßen Schlagworts hinauskommt.

3.1.2 Das Kommunikationsproblem der Wissenschaft

Die These von der wachsenden Bedeutung der Wissenschaft ist für sich allein genommen noch zu allgemein, um das Paradigma Wissenschaftsjournalismus hinreichend zu identifizieren. Entscheidend ist, worin die Autoren die eigentliche Problematik dieses Verwissenschaftlichungsprozesses erblicken. Auch auf diese Frage gibt die Forschung seit Mitte der siebziger Jahre eine einmütige Antwort. Sie begreift die Problematik des Verwissenschaftlichungsprozesses primär als ein Problem der Informationsvermittlung. "Seit Jahren", so konstatieren Roloff und Hömberg (1975: 56) "ergießt sich ein ständig anschwellender Strom von Informationen aus der Welt der Wissenschaft in die breitere Öffentlichkeit." (Roloff/Hömberg 1975: 56) Diese wachsende Produktivität der Wissenschaft sei, zusammen mit der internen Ausdifferenzierung und Spezialisierung des Wissenschaftssystems, eine der Ursachen für wachsende Kommunikationsschwierigkeiten zwischen Wissenschaft und Öffentlichkeit. Die Vertreter des Paradigmas greifen zu einer drastischen Metaphorik, um die Dramatik der Situation zu verdeutlichen: So ist einmal von einer "Kommunikationslawine" (Hömberg 1974) oder "Informationslawine" (Roloff/Hömberg 1975; vgl. Fischer 1976: 10; 1984) die Rede, ein anderes Mal hat man es gleich dreifach mit "Informationsberg, Informationsflut, Informationsexplosion" (Hömberg 1978: 5; vgl. Fischer 1976: 9) zu tun. Zusätzlich wird das Bild von den wissenschaftlichen "Publikationshalden" geprägt, die zumeist aus "Informationsmüll" bestehen und zudem von einer "babylonischen Sprachverwirrung" (Hömberg 1978: 12) innerhalb der Wissenschaft flankiert werden. Hier sei es "zum zentralen Problem geworden, der Unmengen wissenschaftlicher Informationen Herr zu werden und zumindest den Überblick (wenn schon nicht: den Niederblick) zurückzugewinnen." (Ruß-Mohl 1982a: 156) Auch gerade wegen dieser internen Ausdifferenzierung des Wissenschaftssystems nimmt es nach

Ansicht der Autoren nicht wunder, daß es zu einer "teilweise heillosen Verstopfung der Informationskanäle" (Roloff/Hömberg 1975: 56) kommt.

So lautet denn das einhellige Fazit der Forschung, daß die Krise zwischen Wissenschaft und Gesellschaft "auch oder gar vor allem als Kommunikationskrise" zu betrachten sei (Hömberg 1990a: 15). Wenn man den Begriff der Kommunikationskrise etwas genauer zu fassen sucht, wird recht schnell deutlich, daß hier eigentlich von einer *Vermittlungs*krise die Rede ist, die sich aus einem vermeintlich ungenügenden Informationstransfer zwischen Wissenschaft und Öffentlichkeit ergibt (vgl. Fischer 1976: 33; Grabowski 1982: 37). Das Verhältnis zwischen Wissenschaft und Gesellschaft wird deswegen als problematisch beurteilt, weil die Vermittlung wissenschaftlichen Wissens in andere gesellschaftliche Bereiche gefährdet erscheint. Für Fischer (1976: 10) hat der "ins Gigantische gesteigerte Forschungsertrag [..] zu erheblichen Vermarktungsproblemen des Produktivfaktors 'Wissenschaft' geführt." Die Beurteilung der Krise wird damit primär aus der Perspektive des Wissenschaftssystems selbst getroffen. Erst vor diesem Hintergrund werden die Probleme, die sich aus der wachsenden gesellschaftlichen Bedeutung von Wissenschaft und Technologie ergeben, konkreter benannt. Anders ausgedrückt: Die zunehmende Verwissenschaftlichung der Gesellschaft wird für die Autoren des Paradigmas Wissenschaftsjournalismus primär vor dem Hintergrund einer angeblich defizitären Informationsvermittlung von der Wissenschaft in die Öffentlichkeit interpretiert und problematisiert.

Dieses Interpretationsmuster läßt sich besonders deutlich an dem schon erwähnten Demokratie-Argument (vgl. Kap. 2.2.2 ff.) nachweisen. Depenbrock sieht die Gefahr eines technokratischen Herrschaftsanspruchs der Wissenschaften allein im Bewußtseinsrückstand der Bevölkerung begründet, der wiederum daher rühre, daß "die Öffentlichkeit über die Hochschulen und Forschungsinstitute sowie deren wissenschaftliche Forschungstätigkeiten oft nur unzureichend und zum Teil sogar falsch unterrichtet" ist (Depenbrock 1976: 11). Wie schon Lohmar (1972) verkürzt aber auch dieser Autor die Kontrollproblematik auf ein reines Informationsvermittlungsproblem, wenn er schon kurz darauf die Probleme der Popularisierung von Wissenschaft (vgl. Depenbrock 1976: 16) und in diesem Zusammenhang den "nötigen Transfer" wissenschaftlicher Arbeiten (ebd.: 18) in die Öffentlichkeit für wesentlich hält.[5] In den sogenannten Klagenfurter Thesen von 1988 wird zwar die Kontrolle von Wissenschaft und Forschung als demokratisches Recht reklamiert, gleichzeitig aber die Publikation und verständliche Vermittlung von wissenschaftlichen Forschungsarbeiten für die gesamte Öffentlichkeit als unerläßliche Grundlage dieser Kontrolle bezeichnet (Klagenfurter 1989: 314, These 1).[6] Die Problematik der demokratischen Kontrolle von Wissenschaft wird in einem generellen Wissensdefizit der demokratischen Gesellschaft gesehen das nur durch "rückhaltlose Aufklärung der Gesellschaft" und zwar gemeinsam durch Politiker, Wissenschaftler und Journalisten, behoben werden könne (ebd.: 315, These 3; vgl. Ruß-Mohl 1987d: 9). Wenn der Aspekt der demokratischen Kontrolle von Wissenschaft angesprochen wird, ist damit stets die Kontrolle nach Kriterien wissenschaftlicher Rationalität gemeint: "In einer Industrienation darf es nicht mehr sein, daß sich bei Entscheidungen über technische Entwicklungen irgendein Mensch hinter seinem technischen Unwissen verschanzt." (Heilmann 1990: 197) Insofern erscheint auch hier das Problem der Vermittlung oder Popularisierung wissenschaftlichen Wissens als wesentliches Bezugsproblem.

Eine Variation des Demokratie-Arguments stellt das auch schon erwähnte Sponsor-Argument dar (vgl. Kap. 2.2.2 ff.), das vor allem die finanzielle Rechenschaftspflicht der Wissenschaft gegenüber dem Steuerzahler betont und daraus wiederum die Forderung nach Popularisierung von Wissenschaft ableitet (vgl. Fischer 1976: 12; Institut 1979: 3; Ruß-Mohl 1987d:

---

5 An Depenbrocks Studie lassen sich beispielhaft die Probleme aufzeigen, die entstehen, wenn man die theoretischen Grundlagen der Forschung zum Wissenschaftsjournalismus darstellen will. Für den Theorieteil seiner Inhaltsanalyse begnügt sich der Autor damit, bisherige Stellungnahmen zur Wissenschaftsberichterstattung unvermittelt nebeneinanderzustellen. Bei dieser bloßen Kompilation kommt es zu theoretischen Widersprüchen. So versucht Depenbrock auch gar nicht erst zu begründen, warum der drohenden Technokratisierung, also der gesellschaftlichen Dominanz von Wissenschaft und Technologie, ausgerechnet mit der Popularisierung von wissenschaftlichem Wissen entgegenzutreten sei. Widersprüche zeigen sich auch in den Aufgabenzuweisungen für Wissenschaftsjournalismus: Einerseits vermißt Depenbrock – etwas überraschend – eine wenigstens ansatzweise kritische Ausrichtung der Wissenschaftsberichterstattung (vgl. Depenbrock 1976: 356), andererseits sollen Redakteure und Verleger über den gesellschaftlichen Stellenwert der Wissenschaft aufgeklärt werden (vgl. ebd.: 372) und sich ausdrücklich nicht vorschnell an einem vermeintlichen Leserinteresse orientieren (vgl. ebd.: 48).

6 Diese Thesen wurden im Anschluß an ein zweitägiges Werkstattgespräch zum Thema "Verständliche Wissenschaft" formuliert, zu dem sich 1988 in Klagenfurt Wissenschaftler, Pressereferenten und Journalisten zusammenfanden (vgl. Bammé/Kotzmann/Reschenberg 1989a).

9 f.). In diesem Zusammenhang wird auch auf das Finanzierungsinteresse der Wissenschaft selbst hingewiesen (vgl. Institut 1979: 3).

Neben dem Demokratie- und dem Sponsor-Argument werden auch wirtschaftspolitische Gründe angeführt, die eine Abhilfe des vermeintlichen Vermittlungsproblems dringlich erscheinen lassen.[7] Ruß-Mohl (1985a: 266) verweist ausdrücklich auf den ökonomisch wichtigen Technologie- und Wissenstransfer, den es zu befördern gelte. Für Flöhl, Leiter der Redaktion *Natur und Wissenschaft* bei der *FAZ*, kommt es darauf an, wegen der wirtschaftlich existenziellen Bedeutung der Wissenschaft für das rohstoffarme Deutschland "in der Politik mehr Sensibilität für wissenschaftliche Fragen auszulösen." (Flöhl 1977: 202 f.) Auch Steinbuch (1989: 255) ist der Ansicht, daß Deutschland wegen seiner fehlenden Bodenschätze auf Technik und eine konkurrenzfähige Industrie angewiesen sei, während Noelle-Neumann und Hansen (1991b: 103) den Zusammenhang von technischem und wirtschaftlichem Erfolg betonen (vgl. auch Gerwin 1992b: 7; Hömberg 1980: 42; Patterson 1985: 29). Das starke wissenschaftspolitische Interesse der Kommunikationswissenschaftler zeigt sich in ihrer Sorge über die angebliche Technikfeindlichkeit und Technikangst der Deutschen, die auch als Folge der inkorrekten Wissenschaftsberichterstattung betrachtet wird (vgl. Kepplinger 1989a; Noelle-Neumann/Hansen 1988; 1991a; 1991b; Schulz 1985). Die ständige Betonung der gesellschaftlichen Relevanz von Wissenschaft und Technologie macht deutlich, daß das Vermittlungsproblem nicht nur als reines Informations-, sondern zugleich auch als Akzeptanzproblem behandelt wird. Da Wissenschaft als Produzent von fundiertem Orientierungswissen angesehen wird, erscheint die angebliche Technikfeindlichkeit als Gefahr für die gesellschaftliche Orientierung (vgl. Wilke 1986: 314; Rieger 1979a: 56) und darüber hinaus für die gesellschaftliche Konkurrenzfähigkeit schlechthin.

Indem die Kommunikationskrise der Wissenschaft als Vermittlungskrise konzipiert wird, rückt das angebliche Informationsdefizit der Öffentlichkeit in den Mittelpunkt der Überlegungen. Der Begriff Öffentlichkeit umfaßt hierbei

7 In den Hintergrund tritt dagegen das machtpolitische Argument der Ost-West-Konfrontation (vgl. Kap. 2.2.1). Explizit findet es sich nur noch bei Gamillscheg (1975a: 1), der die verstärkte Wissenschaftsförderung mit Hilfe des sogenannten Sputnik-Schocks legitimiert und deshalb die Akzeptanz der Bevölkerung für notwendig erachtet. Diesen militärpolitischen Zusammenhang blendet z.B. von Randow ([2]1987: 17) völlig aus, wenn er den Sputnik-Schock bloß als einen "glücklichen Umstand" für die amerikanische Wissenschaft bezeichnet (vgl. dagegen Kap. 4.1.4).

das gesamte nicht-wissenschaftliche (Laien-)Publikum. Zwar wird anfangs auf ein generelles Vermittlungsproblem der Wissenschaft hingewiesen, womit auch Bereiche wie die wissenschaftliche Politikberatung oder der Wissenstransfer zwischen Wissenschaft und Industrie angesprochen sind, die weiteren Überlegungen beschränken sich allerdings in der Regel auf die Kommunikationsbeziehungen zwischen Wissenschaft und Laienöffentlichkeit. Nach Ansicht der Paradigma-Vertreter behindert das Informationsdefizit dieser Laienöffentlichkeit nicht nur die effiziente, z.B. wirtschaftliche Anwendung des zur Verfügung stehenden wissenschaftlichen und technologischen Wissens, sondern gefährdet auch die gesellschaftliche Unterstützung und damit zukünftige Produktivität des Systems Wissenschaft selbst. So kommt es in einem argumentativen Dreischritt zur kausalen Verknüpfung von Informationsdefiziten der Öffentlichkeit, der Anti-Wissenschaftsbewegung und den nachteiligen Folgen für technologische Innovationen (vgl. Geretschlaeger 1979: 229): "Das Fehlen von guten, umfassenden Informationen über einen Gegenstand führt zu Mißtrauen, zu Furcht." (Institut 1979: 3; vgl. Noelle-Neumann 1978)

Damit ist vor allem aber ein zweifaches Akzeptanzproblem der Wissenschaft angesprochen: Zum einen geht es um die Akzeptanz der Rationalität wissenschaftlichen Wissens, zum anderen geht es um die Akzeptanz des gesellschaftlichen Systems Wissenschaft, das dieses Wissen produziert. Eine Unterscheidung dieser beiden Aspekte findet für gewöhnlich nicht statt. Wir können unsere These damit erweitern: In einem ersten Schritt wird die Kommunikationskrise der Wissenschaft als eine Vermittlungskrise zwischen Wissenschaft und Öffentlichkeit konzipiert. In einem zweiten Schritt wird diese Vermittlungskrise zugleich auch als Akzeptanzkrise der Wissenschaft interpretiert.

3.1.3 Popularisierung von Wissenschaft

Als Königsweg aus der 'Kommunikationskrise' der Wissenschaft wird die verstärkte Vermittlung (Popularisierung) von Wissenschaft in die Öffentlichkeit propagiert. Damit ist untrennbar die Absicht verbunden, auch die gesellschaftliche Akzeptanz von Wissenschaft und Technologie zu fördern. Da die Autoren des Paradigmas Wissenschaftsjournalismus den "gesellschaftlichen Sukkurs" (Hömberg 1980: 42) der Wissenschaft – vor allem in finanzieller Hinsicht – grundsätzlich für notwendig halten, befürworten sie die öffentliche Vermittlung von Wissenschaft aus zwei Gründen: zur "Diffusion gesellschaftsrelevanten Wissens und zur Mobilisierung öffentlicher Unterstützung." (ebd.) Zugleich soll damit eine gesellschaftliche Isolation des wissenschaftlichen Sonderwissens verhindert werden (vgl. Hömberg 1982: 3; 1990a: 16; Mikinovic 1978: 19; Riegel 1974: 14). Diese Koppelung von Wissensvermittlung und gesellschaftlicher Akzeptanz der Wissenschaft läßt sich darauf zurückführen, daß das wissenschaftliche und technologische Wissen – zumeist implizit – als hierarchisch höherwertig bewertet und ihm daher eine gesellschaftliche Sonderstellung zugesprochen wird.[8] "Bildung unter Ausschluß von Wissenschaft und Technik ist bestenfalls Halbbildung." (Ruß-Mohl 1987d: 10; vgl. Institut 1979: 3; ähnlich: Dovifat ^{6}1976: 121) Aus dieser Perspektive sorgen sich die Autoren vor allem um die "tiefe Kluft" (Flöhl 1980: 162) zwischen (Natur-)Wissenschaft und Öffentlichkeit, die als Vertrauens- und Akzeptanzkrise bewertet wird (vgl. Fischer 1976: 11; Flöhl 1980; Geretschlaeger u.a. 1979).

Die starke Orientierung an der Akzeptanz von Wissenschaft schlägt sich auch in der Bewertung 'der' Öffentlichkeit selbst nieder. Diese sei nicht nur unzureichend informiert, sondern auch von Vorurteilen geprägt und insgesamt von einem rückständigen Bewußtsein gegenüber der wissenschaftlich-technischen Entwicklung gekennzeichnet (vgl. Fischer 1976: 11 f.).[9] Die wissenschaftliche 'Informationsflut' habe sogar schon zu einer "*Informationsphobie*" (ebd.: 9) des Publikums geführt. Diese nicht-wissenschaftliche Öffentlichkeit gilt es, mit Hilfe von Popularisierungsbemühungen über Wissenschaft zu informieren (vgl. ebd.: 12; Flöhl/Fricke 1987: 7; Heilmann 1990: 197). Dabei ist Wissenschaftsvermittlung nach Ansicht der Autoren

8 "Wissenschaft soll Licht, sie soll Aufklärung bringen" (Geretschlaeger 1979: 229). Die Überzeugung, daß Wissenschaft per se eine höhere Rationalität innewohne, wird explizit in den Studien von Kepplinger, Ehmig und Ahlheim (1991) und Rothman (1992) vertreten, die Wissenschaftler für die einzig kompetenten Bewerter der Wissenschaftsberichterstattung ansehen (vgl. auch Haller 1987). In ihrer radikalen Form findet sich diese Ansicht bei Proske, der statt einer moralischen eine logische (= technische) Technologiebewertung präferiert, die "eine Technologie als gegeben hinnimmt" (Proske 1982: 138). Für diesen Autor öffnen die Partizipationsforderungen linker Technologiekritik "Tor und Tür für Willkürherrschaft und Gesinnungsterror" (ebd.: 141). Der angebliche linke Marsch durch die Institutionen führe z.B. zur "Verteufelung der Kernenergie" und in der Folge zur "Bildung rechtsfreier Räume auf der Basis des Straßenterrors" (ebd.: 139). Sozialer Fortschritt erscheint hier als eine Komponente der technischen Veränderung selbst, die erst gegen den Widerstand von Kommunismus, Sozialismus und Gewerkschaften erkämpft werden mußte (vgl. ebd.: 137).

9 Fischer (1976) faßt hier die Argumente von Depenbrock 1976 und Lohmar 1972 zusammen.

schon dadurch legitimiert, daß sie als ein Akt der Aufklärung betrachtet werden kann (vgl. Fischer 1976: 12; Hömberg 1982: 3). Die Forderungen nach der Vermittlung oder Popularisierung von Wissenschaft, die von den Vertretern des Paradigmas Wissenschaftsjournalismus unisono geäußert werden, lassen sich zusammenfassend als ein umfassendes *Akzeptanzprogramm Wissenschaft* interpretieren, mit dem Ziel, die nicht-wissenschaftliche Öffentlichkeit von der Relevanz der gesellschaftlichen Systeme Wissenschaft und Technologie zu überzeugen.

Auch die scheinbar neutralen Schlagwörter von der Transparenz der Wissenschaft oder von der öffentlichen Wissenschaft (vgl. Fischer 1976: 12) können nicht darüber hinwegtäuschen, daß die Perspektive des Paradigmas Wissenschaftsjournalismus die des Wissenschaftssystems ist. So kann auch das Problem der gesellschaftlichen Kontrolle von Wissenschaft als Vermittlungsproblem der Wissenschaft selbst interpretiert werden. Pointiert ausgedrückt: Selbst das Problem der Kontrolle von Wissenschaft wird in ein Problem der Akzeptanz von Wissenschaft umgedeutet. Bezogen auf die schon bekannte These von der wachsenden Bedeutung der Wissenschaft heißt das auch, "gegen die wissenschafts- und technikfeindlichen Züge des romantisch-konservativen und romantisch-marxistischen Protestes klar zu machen, daß Wissenschaft und Technik zum unverzichtbaren Fundament unserer Lebensversorgung geworden sind." (Strzelewicz 1977: 25) Popularisierung von Wissenschaft bedeutet, die Relevanz wissenschaftlicher Erkenntnisse und damit der Wissenschaft zu verdeutlichen, und zwar gegenüber einem wissenschaftlich nicht weiter vorgebildeten Laienpublikum. Auf dieses Akzeptanzprogramm richten die Vertreter des Paradigmas Wissenschaftsjournalismus ihr Hauptaugenmerk.

3.2 Die Funktion(en) des Wissenschaftsjournalismus

Das Ziel der bisherigen Darstellung war, aufgrund allgemeiner gesellschaftstheoretischer Aussagen den Problembezug des Paradigmas Wissenschaftsjournalismus herauszuarbeiten. Aussagen über den Wissenschaftsjournalismus selbst haben wir bisher zurückgestellt, eine analytische Trennung, die in der Forschungsliteratur allerdings selten eingehalten wird. Im folgenden wird beschrieben, welche Konsequenzen die Autoren aus der oben skizzierten Vermittlungs- und Akzeptanzkrise der Wissenschaft für das Verhältnis von Wissenschaft und Journalismus ableiten. Auch wenn analytisch einzelne Funktionszuweisungen unterschieden werden können (Kap. 3.2.1 bis 3.2.4), so müssen diese doch als aufeinander angewiesene Komponenten einer generellen Funktionszuweisung für den Wissenschaftsjournalismus verstanden werden (Kap. 3.2.5). Die Darstellung erfolgt nach Kriterien, die sich an einer journalismustheoretischen Betrachtung der Thematik ausrichten. Diese analytische Vorgehensweise verträgt sich wenig mit der hier behandelten Forschungsliteratur. Eine gewisse Redundanz kann daher nicht ausgeschlossen werden. So werden wir z.B. den Begriff des Informationstransfers wiederum aufgreifen, wenn es um den Kommunikationsbegriff im Paradigma Wissenschaftsjournalismus geht (vgl. Kap. 3.3.3).

3.2.1 Informationstransfer

Die Kommunikationskrise der Wissenschaft wird im Paradigma Wissenschaftsjournalismus auf den mangelnden Informationstransfer aus der Wissenschaft in die Öffentlichkeit zurückgeführt. Als Konsequenz wird die Forderung nach einer verstärkten Popularisierung der Wissenschaft laut, und zwar als Vermittlung wissenschaftlichen und technologischen Wissens (vgl. Kap. 3.1.3). In genau diese Funktion wird der Journalismus eingesetzt: "Als Mittler zwischen Wissenschaft und Öffentlichkeit sprangen die Wissenschaftsjournalisten in die Bresche." (Roloff/Hömberg 1975: 56) Wissenschaftsjournalismus wird dabei als ein Instrument verstanden, um das "kaum ermessene[.] Niemandsland zwischen Wissenschaft und Öffentlichkeit" (Hömberg 1974) zu überbrücken. Das Informationsvermittlungsproblem der Wissenschaft wird damit an den Journalismus delegiert. Dieser soll nun die Aufgabe übernehmen, die nach Ansicht der Autoren notwendige Informationsvermittlung von der Wissenschaft in die Öffentlichkeit zu leisten.[10] Dabei wird deutlich, daß es hierbei stets um einen einseitigen *Transfer* wissenschaftlichen Wissens geht (vgl. Hömberg 1990a: 147; 1992a: 64; Wilke 1986: 306).

---

10 "Da die Wissenschaftler allein den nötigen Transfer ihrer Arbeiten in die Öffentlichkeit nicht leisten können, muß das Berufsbild eines wissenschaftsjournalistischen Dolmetschers, eines 'Kommunikationsingenieurs' oder 'Kulturingenieurs' entwickelt werden." (Depenbrock 1976: 18 f.; vgl. die Begriffe bei Lohmar 1972: 11 und Glaser 1965: 13) Im folgenden bezieht Depenbrock diese Funktionen auf den Wissenschaftsjournalismus.

Ausgangspunkt der Betrachtungen ist die schon erwähnte Produktivität des Wissenschaftssystems und die dadurch erzeugte angebliche Kommunikationskrise. Aus dieser Perspektive werden dann "Fragen der Vermittlung wissenschaftlicher Erkenntnisse" (Fischer 1976: 11) und die "Chancen" (ebd.: 28) dieser Wissenschaftsvermittlung erörtert.[11] Wissenschaftsberichterstattung als "ein sehr wichtiger Bestandteil der Informationsaufgabe der Presse" (Depenbrock 1976: 372) ist hier nicht Berichterstattung *über*, sondern *aus* der Wissenschaft, eine Feststellung, die durch die Bildsprache der Autoren eindrucksvoll unterstützt wird: So schreibt Fischer (1984) über die "Massenmedien als Transportvehikel der Wissenschaft", für Flöhl (1980: 166) ist der Wissenschaftsjournalismus "gewissermaßen der Transmissionsriemen zwischen Wissenschaft und Öffentlichkeit" (vgl. auch Hömberg 1980: 46), und Ruß-Mohl (1982a: 157) bezeichnet es als Aufgabe des professionellen Wissenschaftsjournalismus, "wissenschaftliche Erkenntnisse in die Öffentlichkeit zu transportieren". Neben dieser Informationsvermittlung an die 'breite Masse' gibt es auch Überlegungen, den Wissenschaftsjournalismus zusätzlich zum Instrument eines anwenderorientierten, gezielten Wissenschaftstransfers zu machen (vgl. Krüger/Ruß-Mohl 1990: 504; vgl. Ruß-Mohl 1985a: 266; Langenbucher 1983: 125).

Im Begriff des Informationstransfers schon implizit enthalten ist die Auffassung, daß diese Art der Wissensvermittlung sich nach wissenschaftlichen Kriterien zu richten hat: "In bezug auf die Wissenschaft heißt das nicht nur, Forschungsergebnisse zu 'übersetzen', sondern auch, ihre Prämissen, ihre Zuverlässigkeit und Gültigkeit, die Probleme der Anwendung und die möglichen Folgen darzustellen." (Hömberg 1990a: 144) Wenn der Wissenschaftsjournalismus durchgehend als "Dolmetscher der Wissenschaft" (Hömberg 1980: 46) bezeichnet wird, geht das über das traditionelle Verständnis einer journalistischen Informationsfunktion weit hinaus. Wissenschaftsjournalismus erfolgt vielmehr "unter erschwerten Bedingungen, weil die Vermittler- und Dolmetscherfunktion hinzukommt." (Flöhl 1983a: 80; vgl. Geretschlaeger u.a. 1979: 37) Diese Auffassung findet sich bei allen Autoren des Paradigmas Wissenschaftsjournalismus, am deutlichsten bei solchen Betrachtungen, die sich mit der konkreten Berichterstattung über ein-

11 Diese Definition findet auch Eingang in das *Handbuch der Massenkommunikation* von Koszyk und Pruys. Bei Wissenschaftsjournalismus gehe es um einen "kommunikativen Transfer", seine Funktion bestehe in der "Vermittlung wissenschaftlicher Resultate via Publizistik" (Fischer 1981: 349 u. 353).

zelne Wissenschaftsgebiete wie z.B. die Sozialwissenschaften beschäftigen. Hier orientiert sich die Bewertung der Wissenschaftsberichterstattung explizit an wissenschaftlichen Kriterien (vgl. Lehmann 1985; Mikinovic 1978; Ruß-Mohl 1983a).

Auf die vermeintlich überlegene Rationalität von Wissenschaft und Technologie wird auch dann zurückgegriffen, wenn diese Bereiche zum Gegenstand gesellschaftlicher Konflikte werden. So erhoffen sich Noelle-Neumann und Hansen (1991b: 103) von der Medienberichterstattung eine Technikdebatte auf höherem Niveau, so als sei jedes nicht-wissenschaftliche und nicht-technologische Argument von vornherein minderwertig. Dieser Ansatz wird am konsequentesten von Kepplinger, Ehmig und Ahlheim (1991) und Rothman (1992) verfolgt. Die journalistische Risikokommunikation über Themen wie Gentechnik und Atomkraft wird hier nämlich nicht nur ausschließlich von Wissenschaftlern bewertet, sondern auch noch von denjenigen Wissenschaftlern, die selbst Gegenstand der oftmals kritischen Berichterstattung und zudem aktiv in der Forschung tätig sind. Deutlicher als in diesen Arbeiten kann die Ausrichtung des Wissenschaftsjournalismus an den (Wahrheits-)Kriterien der Wissenschaft nicht demonstriert werden. Die Vermittlungsfunktion des Wissenschaftsjournalismus umfaßt die Vorstellung von einer möglichst vollständigen Repräsentation des wissenschaftlichen Systems. Hierzu paßt die Forderung nach einer systematischen Beobachtung der Forschung (vgl. Hömberg 1980: 43), ein Aspekt, den wir in Kapitel 3.3.4 unter dem Stichwort Selektion wieder aufgreifen werden.

3.2.2 Bildung und Aufklärung

Über die Informationsfunktion hinaus wird dem Wissenschaftsjournalismus ergänzend eine Bildungs- und eine Aufklärungsfunktion zugewiesen: "Die soziale und politische Aufgabe des Wissenschaftsjournalisten erstreckt sich auf seine Funktion als Erzieher." (Geretschlaeger u.a. 1979: 50) Diese Aufwertung der Informationsfunktion erklärt sich aus der schon zuvor dargestellten Ausrichtung des Wissenschaftsjournalismus an einem wissenschaftlichen Kriterien verpflichteten Informationstransfer. Aus der Perspektive des Wissenschaftssystems – und das ist die Perspektive des Paradigmas Wissenschaftsjournalismus – wird die Vermittlung von wissenschaftlichem Wissen als eine Rationalisierung der nicht-wissenschaftlichen Kommunikation verstanden. Schon 1974 hatte Grunow, Mitglied der Bielefelder Projektgruppe, auf die Vorrangstellung von Wissenschaft und Technik hingewiesen und in diesem Zusammenhang die "fortschreitende Wahrnehmung von Bildungsaufgaben durch Presse, Funk und Fernsehen" (Grunow 1974/1975: 441) als neue Anforderungen an den Journalismus erwähnt.[12] Auch für die neunziger Jahre wird ein wachsender Bedarf an bildenden populärwissenschaftlichen Sendungen konstatiert (vgl. Issing 1990). Der Begriff der Bildung umfaßt neben dem Aspekt der Fort- oder Weiterbildung auch den Begriff der kulturellen Bildung (vgl. Institut 1979: 3) und deutet damit auf die angebliche Diskriminierung von Wissenschaft und Technik als bloßes instrumentelles Wissen hin. So räumt Ruß-Mohl (1987d: 10) zwar ein, daß die Medien eher einen Informations- als einen Bildungsauftrag hätten, "aber sie sollten dann eben über Wissenschaft und Technik genauso informieren, wie sie das über Musik, Theater, Kunst tun. Regelmäßige Information zeitigt dann womöglich auch Bildungseffekte." (Ruß-Mohl 1987d: 10)

Deutlich häufiger als die Bildungsfunktion wird die Aufklärungsfunktion des Wissenschaftsjournalismus genannt. Mit dieser Anbindung an einen "emanzipatorischen Impuls, der der Tradition der europäischen Aufklärung folgt" (Hömberg 1982: 3; 1990a: 16), wird die gesellschaftliche Orientierungsfunktion der Wissenschaft noch stärker hervorgehoben. Grundbedingung für eine gesellschaftliche Aufklärung durch den Wissenschaftsjournalismus ist die schon angesprochene Wissensvermittlung nach wissen schaftlichen Kriterien: die "Übersetzung und Interpretation der Inhalte und Erkenntnisse wissenschaftlicher Forschung" (Geretschlaeger 1979 u.a.: 37), die "sachgerechte, adressatenorientierte und zugleich problembewußte Medienberichterstattung" über Wissenschaft (Hömberg 1990a: 147), die Übertragung der "Welt der Wissenschaft und Technik, aber auch der Grundmechanismen der Wirtschaft in die Vorstellungswelt des Laien" (Heilmann 1990: 181; vgl. Gerwin 1992b: 7).

Aufklärung durch Wissenschaftsjournalismus ist nur dann Aufklärung, wenn sie aus der 'Welt der Wissenschaft' kommt. Hömberg weist denn auch darauf hin, daß journalistische Wissenschaftsvermittlung nicht nur mit Ignoranz, sondern auch mit dem Aspekt des Aberglaubens konfrontiert sei ("superstitious knowledge"; Hömberg 1992b: 93). Im Gegensatz dazu steht

12 Grunow bezieht sich hier auf Knipping 1967; vgl. Kap. 3.6 zur Wissenschaftsjournalismus-Forschung in der DDR.

wissenschaftliche Aufklärung für ein kritisch-rationales Problembewußtsein (vgl. Hömberg 1980: 46; 1990a: 147) und eine demokratische Steuerung des wissenschaftlichen Fortschritts (Klagenfurter 1989: 315, These 3). So könne z.B. Technikpopularisierung "zu einem besseren Verständnis technischer Entwicklungen und damit auch zu rationaleren, am Gemeinwohl orientierten und von informierten Stimmbürgern demokratisch mitgetragenen technologiepolitischen Entscheidungen" (Krüger/Ruß-Mohl 1989: 413; vgl. Heilmann 1990: 197) beitragen.

3.2.3 *Kritik und Kontrolle*

Vor allem im Zusammenhang mit dem Aufklärungsbegriff wird Wissenschaftsjournalismus bisweilen auch eine Kritik- und Kontrollfunktion zugesprochen: "Als Kampfbegriff der Aufklärung beinhaltet 'Öffentlichkeit' auch das Element der Kontrolle und der Kritik." (Hömberg 1980: 46) Gleichzeitig soll Wissenschaftsjournalismus aber auch die gesellschaftliche Unterstützung der Wissenschaft absichern helfen und eine reine "Transmissionsfunktion" (ebd.) zwischen Wissenschaft und Gesellschaft übernehmen. Hier treten deutliche Widersprüche zutage. Auch die Kritik- und Kontrollfunktion hat sich im Paradigma letztlich an wissenschaftlichen Kriterien und Interessen auszurichten. Sie soll in der Regel die Einhaltung des demokratischen Ethos von Wissenschaft und Technik überwachen helfen, also entweder allgemein auf Wahrheit und Verständlichkeit achten (vgl. Hansen 1981b: 8) oder auch ganz konkret für "ein klein wenig mehr Transparenz in der Politikberatung" (Ruß-Mohl 1988: 95) sorgen (weil sich nicht alle Sozialwissenschaftler an ethische Richtlinien hielten).

Im Streit darüber, "ob der Wissenschaftsjournalist nur als Dolmetscher der Wissenschaft neutral Fakten vermitteln oder als Vertreter der Öffentlichkeit Wissenschaft auch kontrollieren solle" (Hömberg 1982: 117), läßt sich die Position des Paradigmas Wissenschaftsjournalismus eindeutig festmachen: Zum ersten wird eine Kritik- und Kontrollfunktion relativ selten angesprochen, zum zweiten wird sie stets als eine Kontrolle nach wissenschaftlichen Kriterien konzeptioniert. Damit erfüllt sie aber lediglich eine Zusatzfunktion innerhalb der wissenschaftlichen Selbstkontrolle.[13] Insgesamt

13 Hömberg münzt diese Kritik auf die Wissenschaftsjournalisten selbst, die "Kritik eher im Sinne binnenwissenschaftlicher Kritik verstehen – nicht als eine kritische Kontrolle des

scheint der gelegentliche Hinweis auf die Kritikfunktion des Wissenschaftsjournalismus eher auf die Prominenz der pauschalen Formel von der Kritik- und Kontrollfunktion des Journalismus zurückzugehen.

3.2.4 Akzeptanz

Schon die Bildungs- und Aufklärungsfunktion des Wissenschaftsjournalismus behauptet eine gesellschaftliche Vorrangstellung wissenschaftlichen Orientierungswissens. Von da ist es nicht mehr weit zu einer Funktionsbeschreibung, die explizit die Akzeptanzfunktion des Wissenschaftsjournalismus für Wissenschaft und Technologie betont. Allgemein geht es darum, der Bevölkerung die gesellschaftliche Relevanz dieser Gesellschaftsbereiche und des von ihnen produzierten Orientierungs- bzw. Anwendungswissens zu verdeutlichen. Auf der materiellen Ebene bedeutet dies, zwecks "Mobilisierung für Subvention" die Gesellschaft von der Nützlichkeit der Wissenschaft zu überzeugen (Hömberg 1980: 45 f.; vgl. Institut 1979: 3). Mindestens genauso bedeutend ist aber auch, das gesellschaftliche Vertrauen in die wissenschaftliche Führungsrolle zu halten oder wiederherzustellen: "Der Öffentlichkeit ein Bild von Wissenschaft zu vermitteln heißt, Isolation der Wissenschaftler aufheben, Mißtrauen zerstreuen, Resonanz verstärken, begabten Nachwuchs zur Wissenschaft ziehen, Bereitschaft zur öffentlichen Unterstützung der Wissenschaft wecken, Wissenschaft zu einem Bestandteil von Bildung und gemeinsamem Interesse einer Bevölkerung machen." (Noelle-Neumann 1978; vgl. Institut 1979: 4)[14]

Hintergrund dieses Akzeptanzprogramms für Wissenschaftsjournalismus ist die gesellschaftliche Tendenz zu einer auch kritischen Betrachtung der wissenschaftlich-technischen Entwicklung – bekannt unter dem Schlagwort Wissenschafts- und Technikfeindlichkeit. Dieser Kritik soll Wissenschaftsjournalismus in seiner Vermittlerrolle zwischen Wissenschaft und Öffentlichkeit entgegensteuern: "Wie wichtig diese Funktion ist, zeigen die schweren Akzeptanzkrisen, in denen viele neue Technologien heute stek-

Sozialsystems Wissenschaft aus der Perspektive des Publikums." (Hömberg 1990a: 93; vgl. auch 1980: 45; 1982: 124 u. 128; 1983a: 86; 1987b: 35 f.). Der Widerspruch zwischen einer externen Kritikfunktion und der Akzeptanzfunktion wird von Hömberg allerdings nicht thematisiert.

14 Der Leser "muß verstehen, daß die Wissenschaft etwas *erkennen* kann, daß man durch sie mehr über die Welt weiß." (Maier-Leibnitz ²1987: 27)

ken. Der fortschreitenden Entfremdung von Wissenschaft und Öffentlichkeit muß Einhalt geboten werden." (Krüger/Flöhl 1982: 19; vgl. Noelle-Neumann/Hansen 1991b: 106; Strzelewicz 1977: 25; Wilke 1986: 314)[15]

3.2.5 *Fazit: Die Funktion des Wissenschaftsjournalismus*

Bisher haben wir aus analytischen Gründen zwischen unterschiedlichen Funktionszuweisungen unterschieden und dabei vor allem auf deren explizite Erwähnung geachtet. Dies bedeutet jedoch nicht, daß sie als voneinander isoliert betrachtet werden könnten. In einer Vielzahl der Beiträge werden die einzelnen Funktionszuweisungen gleichzeitig genannt.[16] In der Tat lassen sich die bisher dargestellten Einzelfunktionen als aufeinander aufbauende, ja aufeinander angewiesene Komponenten einer generellen Funktionsbeschreibung für den Wissenschaftsjournalismus verstehen. So kann die Wissenschaftsberichterstattung nur deswegen auf wissenschaftliche Kriterien verpflichtet werden, weil die Funktion des Journalismus auf einen bloßen Informationstransfer beschränkt wird. Die Bildungsfunktion wird genauso aus der angeblich höheren Rationalität wissenschaftlichen Wissens abgeleitet wie die Aufklärungsfunktion, die noch deutlicher von einer gesellschaftlichen Vorrangstellung der Wissenschaft ausgeht. Selbst Kritik und Kontrolle haben sich grundsätzlich erst einmal an wissenschaftlichen Kriterien auszurichten. Hinter allen diesen Funktionszuweisungen steckt schließlich schon implizit die Akzeptanzfunktion des Wissenschaftsjournalismus: Die Gesellschaft aufzuklären heißt nichts anderes, als sie zur Akzeptanz des wissenschaftlichen Orientierungswissens und damit auch des betreffenden Wissensproduzenten zu bewegen. Dabei muß von Akzeptanz noch

15 "Um diesen Pessimismus zu überwinden, bedarf es Bundesgenossen in den Medien" (Geretschlaeger u.a. 1979: 39).

16 Eine unreflektierte Zusammenfassung liefern Geretschlaeger u.a. (1979: 45 f.): "Nach westlicher Definition muß Wissenschaftsjournalismus 1. das Verständnis der Öffentlichkeit an wissenschaftlichen Fakten und Gesetzen – ohne Rücksicht auf ihre Bedeutung für praktische Probleme – fördern; 2. komprimiertes Wissen mitteilen, das die breite Bevölkerung für irgendwelche praktischen Zwecke anwenden kann (Lebenshilfeinformation): 3. die Auswirkungen der Wissenschaft auf das menschliche Leben und die gesellschaftlichen Institutionen darstellen; 4. der Bedeutung von Lehre und Forschung in allen Wissenszweigen gleichermaßen gerecht werden".
Vgl. neben anderen Depenbrock 1976; Fischer 1976; Flöhl 1977; Hömberg 1980; 1990a; Institut 1979; Mikinovic 1978; Proske 1982; Ruß-Mohl 1985a; Steinbuch 1989; Strzelewicz 1977; Wilke 1986; Wissenschaft und Massenmedien 1979.

nicht einmal ausdrücklich die Rede sein; das Akzeptanzprogramm für den Wissenschaftsjournalismus ergibt sich vielmehr schon aus der geforderten Ausrichtung an Kriterien wissenschaftlicher Rationalität.

In Kapitel 3.1 haben wir den Problembezug des Paradigmas Wissenschaftsjournalismus darin gesehen, daß aus der Perspektive des Systems Wissenschaft eine doppelte Akzeptanzkrise, zum einen des wissenschaftlichen Orientierungswissens und zum anderen des Systems Wissenschaft, konstatiert wird. Diese doppelte Akzeptanzkrise wird auf Vermittlungsprobleme zwischen der Wissenschaft und der nicht-wissenschaftlichen Öffentlichkeit zurückgeführt. Zur Behebung dieses Akzeptanzdefizits soll Wissenschaft daher verstärkt popularisiert werden. Vor dem Hintergrund dieser Ausführungen können wir nun das letzte und entscheidende Identifikationskriterium des Paradigmas Wissenschaftsjournalismus benennen: Die Funktion des Wissenschaftsjournalismus soll darin bestehen, die "'Dauerkommunikation zwischen Wissenschaft und öffentlicher Meinung'" (Hömberg 1980: 46)[17] zu bewerkstelligen und auf diesem Wege für die gesellschaftliche Akzeptanz von Wissenschaft und Technologie zu sorgen. Daß für diese Aufgabe der Journalismus 'ausersehen' wird, verdankt er der pragmatischen Annahme, daß eine "breitstreuende Wissenschaftsvermittlung unter heutigen Bedingungen vornehmlich mit Hilfe von Massenmedien möglich" ist (Ruß-Mohl 1982a: 158).

Das Vermittlungs- und Akzeptanzproblem von Wissenschaft und Technologie wird auf diese Weise kurzerhand zu einem Vermittlungs- und Akzeptanzproblem des Wissenschaftsjournalismus erklärt. Mithin handelt es sich bei dieser Funktionsbeschreibung um eine Funktions*bestimmung*, die den Wissenschaftsjournalismus normativ auf die spezifischen Interessen und die spezifische Rationalität des gesellschaftlichen Teilsystems Wissenschaft verpflichtet.[18] Journalismustheoretisch läßt sich diese Funktionsbe-

17 "Als Dolmetscher der Wissenschaft übersetzt er Forschungsergebnisse, stellt ihren Kontext, ihre Voraussetzungen und Bedingungen und – *gegebenfalls* – ihre lebenspraktische Bedeutung dar. Als Agent des Publikums nimmt er die gesellschaftlichen (Neben-) Folgen wissenschaftlicher Innovation unter die Lupe, fragt nach Alternativen, artikuliert Forschungsdesiderate. Seine Ausbildung und seine fachliche Kompetenz setzen ihn in die Lage, an der wissenschaftsinternen Kommunikation zu partizipieren und eine Transmissionsfunktion zwischen dem inneren und äußeren Kommunikationskreis zu übernehmen." (Hömberg 1980: 46; Hvhg. MK; vgl. 1987b: 36 und – modifiziert, ohne Agenten des Publikums! – 1990a: 144 f.) Den Begriff der Dauerkommunikation hat Hömberg von Habermas (vgl. [14]1989c: 130 f.) übernommen.

18 "Dem aufklärerischen Optimismus ist inzwischen in mancher Hinsicht die Grundlage entzogen. Aber wird dadurch zugleich die normative Idee obsolet, die ihn antreibt?" (Hömberg 1978: 21) – Die scheinbar resolute Abgrenzung gegen ein von Wissenschaft-

stimmung als eine Zweckprogrammierung des Journalismus beschreiben – wobei der Zweck einigermaßen bündig als Wissenschaftspopularisierung identifiziert werden kann. Auf die erhebliche Problematik dieser Zweckprogrammierung – und zwar im Hinblick auf eine unabhängige Beobachtung des Verhältnisses von Wissenschaft und Gesellschaft – werden wir in unserer Forschungskritik zurückkommen (vgl. Kap. 5).

3.3 Die journalismustheoretischen Prämissen des Paradigmas

Die im vorigen Abschnitt vorgestellte Popularisierungs- und Akzeptanzfunktion des Wissenschaftsjournalismus ist noch auf einer abstrakten, gesellschaftstheoretischen Ebene angesiedelt. Im folgenden beschäftigen wir uns mit den journalismustheoretischen Überlegungen im Paradigma Wissenschaftsjournalismus, die sich auf die konkrete Operationsweise des Wissenschaftsjournalismus beziehen.

Zunächst ist festzuhalten, daß es keine einheitliche Definition des Wissenschaftsjournalismus gibt (Kap. 3.3.1). Die journalismustheoretischen Überlegungen der Autoren sind vor allem durch die (empirische) Erkenntnis motiviert, daß Wissenschaftsjournalismus nicht oder nur unzureichend die postulierten Funktionszuweisungen einlöst bzw. einlösen kann (Kap. 3.3.2). Da der im Paradigma vertretene Kommunikationsbegriff von einer Abbildfunktion journalistischer Berichterstattung ausgeht (Kap. 3.3.3), wird scharfe Kritik an den journalistischen Selektionskriterien geübt (Kap. 3.3.4). Das Publikum der Wissenschaftsberichterstattung, 'die' Öffentlichkeit, wird primär als ein Publikum für die Wissenschaftspopularisierung konzipiert (Kap. 3.3.5). Reformvorschläge für den Wissenschaftsjournalismus richten sich auf journalismusinterne Strukturveränderungen, sein Verhältnis zum Wissenschaftssystem und Fragen der journalistischen Ausbildung (Kap. 3.3.6).

---

lern und Industrie vertretenes "Sprachrohrmodell", in dem der Journalist nur noch von den "Segnungen der Wissenschaft [kündet]" (Hömberg 1987b: 35 f.), tut dieser grundsätzlichen Ausrichtung keinen Abbruch, im Gegenteil: Die normativen Prämissen des Paradigmas machen es überhaupt erst notwendig, Wissenschaftsjournalismus von einer bloßen Wissenschafts-PR abzugrenzen (vgl. Kap. 3.4).

3.3.1 Die Definition des Wissenschaftsjournalismus

Die Frage, 'was überhaupt Wissenschaftsjournalismus ist' (vgl. Ruß-Mohl ²1987b) zählt nicht zu den zentralen Themen der Forschungsliteratur. Die Antwort, die Ruß-Mohl in seiner Einführung zum Handbuch Wissenschaftsjournalismus gibt, fällt dann auch recht knapp aus: "Traditionell gilt im deutschsprachigen Raum die journalistische Berichterstattung über Naturwissenschaften, Technik und Medizin als Wissenschaftsjournalismus." (Ruß-Mohl ²1987b: 12; vgl. 13 f.) Zwar gebe es zwischen Kommunikationswissenschaftlern und Wissenschaftsjournalisten noch Streit über die rechte Einordnung der Sozialwissenschaften (vgl. ebd.: 12), doch sei mit dieser Definition durchaus das Selbstverständnis der meisten Wissenschaftsjournalisten getroffen.

Die bekannteste Definition stammt aus der Kommunikatorstudie von Hömberg und Roloff, die im Rahmen der Bielefelder Projektgruppe entstand und verläßliche Daten zur Berufssituation und zum Selbstverständnis der untersuchten Gruppe liefern sollte (vgl. Hömberg/Roloff 1974/1975: 431).[19] Die Gruppe der Wissenschaftsjournalisten wird definiert als "Journalisten, die ausschließlich oder überwiegend Informationen beschaffen, bearbeiten bzw. publizieren aus den Natur-, Geistes- und Sozialwissenschaften mit explizitem Bezug auf wissenschaftliche Verfahren und Ergebnisse." (ebd.: 432) Diese Definition verwendet Hömberg auch in seiner zweiten Kommunikatorstudie, um die aktuellen Ergebnisse aus der Befragung von Chefredakteuren bzw. Programmdirektoren (vgl. Hömberg 1990a: 24 f.) mit der Studie von 1974 vergleichen zu können. Als Rahmenhypothese galt, "daß die Wissenschaftsjournalisten stärker wissenschaftsorientiert, die Chefredakteure und Programmdirektoren stärker medien- und publikumsorientiert argumentieren." (ebd.: 26) Diese These wird im wesentlichen bestätigt. Unterschiede zeigen sich vor allem in der Funktionsbestim-

19 Hömberg und Roloff (1974/1975: 431) bezeichnen ihre Studie als "Untersuchung über die Rolle der Wissenschaftsjournalisten innerhalb der wissenschaftlichen Außenkommunikation". Das kann die Befragung aber gar nicht leisten, da sie nur das Selbstbild von Wissenschaftsjournalisten abfragt. Weitere Ergebnisse wurden von Roloff und Hömberg (1975) und Hömberg (1990a) veröffentlicht, die (unveröffentlichte) Endfassung der Studie wurde 1982 fertiggestellt (vgl. Hömberg 1982). Ein Exemplar befindet sich im *Zentrum für interdisziplinäre Forschung* (ZiF) der Universität Bielefeld.

mung des Wissenschaftsjournalismus, bei Fragen der journalistischen Darstellung und der notwendigen Ausbildung (vgl. ebd.: 143 f.).[20]

Eine kommunikatorzentrierte Definition von Wissenschaftsjournalismus findet sich auch bei Geretschlaeger u.a. (1979: 49) sowie bei Böhme-Dürr und Grube (1989). Die Arbeit der zuletzt genannten Autorinnen besteht aus einer Inhaltsanalyse der Wissenschaftsberichterstattung und einer Befragung der jeweiligen Autoren. Für die Inhaltsanalyse verwenden Böhme-Dürr und Grube eine themenzentrierte Definition von Wissenschaftsjournalismus: "Als Wissenschaftsartikel gelten alle Beiträge, die in der Überschrift und/oder im ersten Absatz (Zusammenfassungen, Abstracts, erster Textabsatz) 1. einen Wissenschaftler oder ein Forschungsinstitut und/oder 2. eine Studie oder ein Forschungsergebnis erwähnen." (ebd.: 450) Für die nachfolgende Befragung der Artikel-Autoren arbeiten Böhme-Dürr und Grube dann allerdings mit einer kommunikatorzentrierten Definition von Wissenschaftsjournalismus. Von ursprünglich 57 zurückgesandten Fragebögen wurden 22 ausgesondert, da die Autoren nicht spezialisierte Wissenschaftsjournalisten, sondern Journalisten aus anderen Ressorts oder Wissenschaftler waren (vgl. ebd.: 457).

Schon Anfang der achtziger Jahre hat Grabowski (1982) Definitionsversuche kritisiert, die Wissenschaftsjournalismus kurzerhand mit dem Handeln von spezialisierten Wissenschaftsjournalisten gleichsetzen. Diese Einengung habe dazu geführt, "daß nur ein kleiner Ausschnitt der Bedingungen, unter denen aktueller Journalismus mit wissenschaftlichen Themen umgeht, analysiert wurde." (ebd.: 19) Auch Hömbergs (1990a) Gegenüberstellung von 'reinen' Wissenschaftsjournalisten und Chefredakteuren bzw. Programmdirektoren kann als eine solche Ausschnittsanalyse betrachtet werden, da Wissenschaftsjournalismus hier von vornherein über eine kommunikatorzentrierte Definition bestimmt wird. Wenn Hömberg (vgl. ebd.: 35) feststellt, daß die Zahl der Wissenschaftsjournalisten in den Zeitungsredaktionen sehr gering sei, kann dies nur als Aussage über den Professionalisierungsgrad einer bestimmten journalistischen Berufsgruppe gewertet werden, nicht aber als grundsätzliche Aussage über die journalistische Beobachtung von Wissenschaft und Technik. Grabowski (1982: 20) "definiert

20 In der amerikanischen Forschung werden die Selektionsentscheidungen leitender Redakteure als restringierende Faktoren der Wissenschaftsberichterstattung beschrieben (vgl. Kap. 4.1.6). Implizit findet sich diese Auffassung auch in Hömbergs methodischem Vorgehen.

Wissenschaftsjournalismus daher als die Tätigkeit jedes Journalisten und jeder Redaktion, der/die mit Themen, Problemen oder Ergebnissen aus dem Bereich der Wissenschaft journalistisch umgeht." Ein wissenschaftliches Thema sei dabei "jedes Thema, das seinen Ursprung in einer Wissenschaft treibenden Einrichtung hat und mit deren Primärfunktion in unmittelbarer Beziehung steht, wie auch jedes Thema, das von einem Wissenschaftler in seiner Tätigkeit als solcher ausgeht." (ebd.: 21)

Themenzentrierte Definitionen von Wissenschaftsjournalismus haben sich vor allem in der inhaltsanalytischen Forschung durchgesetzt. Sie unterscheiden sich allerdings darin, wie rigide sie die Setzung eines wissenschaftlichen oder technologischen Themenbezugs vornehmen. So muß für Geretschlaeger (1980a: 12) der "Schwerpunkt [..] die Darstellung eines wissenschaftlichen Problems oder dessen erfolgreiche Lösung (Entdeckung, Erfindung, Theorie) sein, die Beschreibung der Persönlichkeit oder des Handelns eines Wissenschaftlers (Forschers) oder einer wissenschaftlichen Institution oder die Schilderung von Ereignissen und Zuständen innerhalb der institutionalisierten Wissenschaft. Die Wissenschaftsdisziplin muß genannt und eindeutig erkennbar sein. Wissenschaft umfaßt in diesem Sinne genauso Technologie – also die Art, in der Information für praktische Zwecke umgesetzt ist – wie reine und angewandte Forschung auf medizinischem und nicht-medizinischem Gebiet." Wie in Soritschs (1976a) Studie wird nicht klar, ob auch politische Themen wie z.B. die deutsche Atomkraftdebatte oder der Konflikt um das bundesdeutsche Gentechnikgesetz in diese Definition eingeschlossen sind, ebenso wie wissenschaftliche Wissens- und Rationalitätsformen, die nicht einer strikten wissenschaftlichen Methodik unterworfen sind[21] oder die unter dem Aspekt der Verwissenschaftlichung von Gesellschaft zu fassen sind. In Kepplingers Studie über Wertungen in der Technikberichterstattung werden umgekehrt gerade die Wissen-

21 "Reduziert man die Medizinberichterstattung auf ihre expliziten Bezüge auf wissenschaftliche Verfahren, Erkenntnisse oder Tagungen sowie Personen in Forschung oder Lehre *und läßt unberücksichtigt*, was gemeinhin unter Spalten wie 'der Doktor hat das Wort' in den verschiedenen Gazetten zu finden ist, dann haben die Medizinartikel und -meldungen innerhalb der Wissenschaftsberichterstattung in der bundesrepublikanischen Presse einen Anteil von 26,5%." (Hellmann 1976b: 2877; Hvhg. MK) Vgl. auch die wissenschaftszentrierte Kategorienbildung bei Nauels (1981: 4 f.): "Die Themen 'Rauschgift' und 'Abtreibung' sind in dieser Arbeit ausgeklammert worden, da bei diesen die Schwerpunkte vom medizinischen Bereich auf politische und soziale Gesichtspunkte verlagert wurden, und somit nicht mehr ausschließlich unter die medizinische Berichterstattung fallen." Merscheim (1978: 52) definiert Medizinjournalismus dagegen wie Roloff (1972; vgl. Kap. 2.1.4) als *jeden* Beitrag, "der sich mit den somatischen und psychosomatischen Bedingungen menschlicher Existenz auseinandersetzt."

schaftsseiten nicht miteinbezogen [!], so als handele es sich hier um eine neutrale Berichterstattung (vgl. Kepplinger 1989a: 22 f.). Aufgrund dieser Unklarheiten kommt es zu erheblichen Differenzen zwischen den einzelnen Studien. Die (Flächen-)Anteile der Wissenschaftsberichterstattung an der gesamten Berichterstattung reichen von 0,3958% (vgl. Soritsch 1976a: 10) bis hin zu 21,6% (vgl. Grabowski 1982: 133, Tab. 2).[22]

Zusammenfassend ist festzuhalten, daß in der Forschung zugleich kommunikatorzentrierte (vgl. zuletzt Hömberg 1992a: 62 f.) und themenzentrierte Definitionen von Wissenschaftsjournalismus kursieren. Dabei beruhen auch die kommunikatorzentrierten Definitionen implizit auf einer themenzentrierten Definition von Wissenschaftsjournalismus. Die Definitionen unterscheiden sich inhaltlich im Grad ihrer Ausrichtung an wissenschaftlichen Definitionskriterien von Wissenschaft. Nur so kann Ruß-Mohl feststellen, daß vielen Journalisten außerhalb der Wissenschaftsressorts "kaum bewußt [ist], daß sie *wissenschaftsjournalistisch* arbeiten. Sie definieren ihre Tätigkeit einfach anders: Im Zweifel recherchieren und schreiben sie über Gesundheit, Arbeitslosigkeit, Umweltprobleme oder Verbraucherfragen" (Ruß-Mohl [2]1987c: 36). Unter Berücksichtigung der Funktionszuweisungen für Wissenschaftsjournalismus (vgl. Kap. 3.2) laufen alle Definitionen von

22 Vgl. die Aufstellung von Kruse (1990: 193), die sich allerdings auf Studien über die Wissenschaftsberichterstattung in Tageszeitungen beschränkt. Aus Grabowskis (1982) Studie werden hier nicht die hohen Anteilswerte berücksichtigt, aus Depenbrocks (1976) Studie wird – wie in anderen Veröffentlichungen auch (vgl. Fischer 1981: 350; Ruß-Mohl 1982b: 15) – nur der Anteil der 'reinen' Wissenschaftsberichterstattung angeführt, die gleichzeitig erfaßte Hochschulberichterstattung gilt nicht als Wissenschaftsberichterstattung. Bei der Angabe von Prozentwerten ist zudem zu beachten, daß die Bezugsgröße nicht immer gleich ist. Soritsch (1976a; 1976b) mißt den Anteil z.B. an der Gesamtdruckfläche der Zeitungen, nicht am Anteil der redaktionellen Berichterstattung. Die Problematik der empirischen Ergebnisse läßt sich exemplarisch an Geretschlaegers (1980a) Analyse der Wissenschaftsberichterstattung im österreichischen Fernsehen verdeutlichen: Geretschlaeger mißt von 1955 bis 1968 den Anteil von Wissenschaftssendungen *ohne* Wiederholungen am Hauptprogramm etc. *mit* Wiederholungen; erst ab 1969 wird auch das Hauptprogramm etc. *ohne* Wiederholungen gewertet, worauf sich der errechnete Anteil der Wissenschaftssendungen von 1,6% auf 4,8% erhöht (vgl. Geretschlaeger 1980a: 39, Tab.). Zur Bezugsgröße (100%) gehören neben dem eigentlichen Hauptprogramm auch Schulfernsehen, Schichtarbeiterprogramm, Messeprogramm, Werbung, Pausen und Ansagen (vgl. Geretschlaeger 1980a: 41, Anm. 1; 42, Anm. 1). Zudem konnten aus methodischen Gründen nur in der Programmzeitschrift als solche ausgewiesene Wissenschaftssendungen in die Berechnung miteinbezogen werden. Hinzu kommen offensichtliche Rechenfehler: Geretschlaeger gibt einen durchschnittlichen Anteil der Wissenschaft am Gesamtprogramm *ohne* Wiederholungen von etwa 2% an (vgl. Geretschlaeger 1980a: 79). Selbst wenn man die vor 1969 gemessenen Werte (*mit* Wiederholungen im Hauptprogramm) miteinbezieht, beträgt der Wert 2,4%. Ab 1969 sind es durchschnittlich 3,3%, für das zweite Programm sogar 5,7% (vgl. Geretschlaeger 1980a: 39, Tab.).

Wissenschaftsjournalismus letzten Endes auf ein Verständnis hinaus, das Wissenschaftsberichterstattung als "Informationen über wissenschaftliche Erkenntnisse" begreift (Fischer 1981: 347; vgl. Institut 1979: 5).

3.3.2 Die 5%-Hürde – Die Defizite der Wissenschaftsberichterstattung

Die journalismustheoretischen Betrachtungen im Paradigma Wissenschaftsjournalismus stimmen darin überein, daß der Wissenschaftsjournalismus die ihm zugeschriebene(n) Funktion(en) nur unzulänglich erfülle. Als ein Indikator dient der angeblich geringe quantitative Anteil der Wissenschaftsberichterstattung an der gesamten journalistischen Berichterstattung. Schon 1976 resümiert Depenbrock (1976: 351), daß die "Information über Wissenschaft und Forschung [..] noch immer ein Stiefkind der Berichterstattung in der Tagespresse" sei (vgl. auch Hömberg 1990b). In seiner typisch metaphorischen Art spricht Hömberg (1980: 37) von den "dürren Steppen wissenschaftlicher Außenkommunikation: die aktuell-universellen Medien, unfruchtbar offenbar für alles, was mit Wissenschaft und Forschung zu tun hat." An dieser Einschätzung hat sich bis heute kaum etwas geändert: "Die Fünf-Prozent-Hürde scheint hier noch eine unüberwindliche Traumgrenze zu sein." (Hömberg 1990a: 18; 1982: 5; vgl. Krüger/Ruß-Mohl 1989: 398) Obwohl bei weitem nicht alle empirischen Studien diese Einschätzung stützen, geht man weiterhin von dem Urteil aus, daß Wissenschaft nur eine "Statistenrolle" (Hömberg 1992a: 58) in der Berichterstattung zukommt. Dieses Fazit zieht selbst Kruse, die in ihrer Inhaltsanalyse auf einen Wissenschaftsanteil von 9,3% kommt, aber dennoch meint, daß "die revolutionsartig fortgeschrittene Verwissenschaftlichung des Lebens spurlos an der Presse vorbeigegangen ist." (Kruse 1990: 205)

Als eine wesentliche Ursache für dieses Defizit wird die mangelnde Institutionalisierung der Wissenschaftsberichterstattung angesehen, der innerhalb der Redaktionen nur eine Randposition eingeräumt werde (vgl. Hömberg 1990b: 29). Wissenschaftsjournalismus gilt wahlweise als Marginalressort (Hömberg 1987c), Schwellenressort (Hömberg 1990a: 142; 1990b: 29) oder verspätetes Ressort (Hömberg 1990a) und führt angeblich ein Schattendasein in Reservaten und Nischen (Krüger/Ruß-Mohl 1989: 398 u. 408). Hömberg (1990a: 35) stellt sogar eine Abnahme der Institutionalisierung fest, mit der Folge, daß Wissenschaftsthemen "zur Manövriermasse, zum

Lückenbüßer im wörtlichen Sinne" werden. Mit als Folge dieses Institutionalisierungsdefizits erscheint das qualitative Defizit des Wissenschaftsjournalismus, dem in der Literatur am meisten Raum eingeräumt wird. Auch hier besteht Einigkeit darüber, "daß es den Massenmedien nicht gelungen sei, das wissenschaftlich-technische Geschehen umfassend und bedeutungsgerecht darzustellen." (Bammé/Kotzmann/Reschenberg 1989b: 18) Erhebliche Kritik richtet sich an die "Beliebigkeit der Nachrichten- und Themenauswahl" (Ruß-Mohl 1984a: 553), die eine unterschiedliche Berücksichtigung einzelner Wissenschaftsgebiete zur Folge habe und das Bild der Wissenschaft dadurch verzerre, daß sie deren Prozeßhaftigkeit nicht berücksichtige: "Die klassischen Selektionskriterien des Journalismus sind im Bereich der Wissenschaftsberichterstattung offenbar nur begrenzt anwendbar" (ebd.).

Es sind diese klassischen Selektionskriterien, die von den Autoren des Paradigmas Wissenschaftsjournalismus immer wieder an den Pranger gestellt werden. Mit dieser Kritik wird eine zentrale journalismustheoretische Frage angesprochen, nämlich wie man sich Journalismus als gesellschaftlichen Beobachter vorzustellen hat (und zwar nicht nur von Wissenschaft und Technik). Wir werden im folgenden prüfen, wie diese Beobachterrolle im Paradigma Wissenschaftsjournalismus konzipiert wird und wie die "Vermittlungsdefizite" (Hömberg 1980: 45; 1990a: 145) des Wissenschaftsjournalismus journalismustheoretisch begründet werden.

3.3.3 Realität und Abbild – Zum Kommunikationsbegriff

Jede Erörterung des (journalistischen) Selektionsbegriffs ist untrennbar mit einem bestimmten Kommunikations- und Informationsbegriff verbunden. Wir werden daher aus analytischen Gründen zuerst die Vorstellungen zu fassen suchen, die im Paradigma Wissenschaftsjournalismus mit diesen Begriffen verknüpft werden. Als wir die einzelnen Funktionszuweisungen an den Wissenschaftsjournalismus behandelten, haben wir als einen zentralen Gedanken die Vorstellung eines Informationstransfers aus der Wissenschaft in die Öffentlichkeit herausgestellt (vgl. Kap. 3.2.1). Wissenschaftliches Wissen gilt zugleich als dominantes gesellschaftliches Orientierungswissen (vgl. Kap. 3.1.2), an dessen überlegener Rationalität sich auch der Wissenschaftsjournalismus auszurichten hat (vgl. Kap. 3.2.1 bis 3.2.6). Die journalistische Berichterstattung über Wissenschaft wird daher als Repräsentation oder Abbildung von Wissenschaft verstanden, als Transport an sich unveränderbarer Informationen aus dem Wissenschaftssystem in die sogenannte Öffentlichkeit (vgl. Hömberg 1992b: 95).[23] Daß dieser "kommunikative Austausch" (Hömberg 1992a: 58) durchaus nicht immer reibungslos klappt (vgl. Fischer 1976: 33), erscheint aus dieser Perspektive als ein zwar anscheinend unvermeidliches, doch grundlegend defizitäres Merkmal von (vor allem: journalistischer) Kommunikation: "Das Übel aller Kommunikation liegt aber darin, daß sie mit der Darstellung von Wirklichkeiten selbst neue Wirklichkeiten schafft. [...] Die Botschaft wird zwangsläufig verändert, weil es niemand gelingt, dem anderen das eigene Tun oder Wollen vollständig mitzuteilen." (Flöhl 1977: 198 f.; vgl. Hoops 1981: 104)

Es kommt relativ selten vor, daß sich die Autoren des Paradigmas mit diesem erkenntnistheoretischen Problem auseinandersetzen. Am deutlichsten hat dies Kepplinger getan, der zwar zugibt, daß man das "Wesen (essence) der Realität" nicht erkennen könne (Kepplinger 1989a: 113 f.), zugleich aber darauf hinweist, daß man sich damit "außerhalb des Realitätsverständnisses, das die Grundlage der empirischen Wissenschaft bildet", bewegt (ebd.: 114). Kepplinger geht im Folgenden davon aus, daß man Realität "objektiv erkennen und mit der Berichterstattung der Massenmedien vergleichen" kann, zumindest dann, wenn die "entsprechenden externen Daten vorliegen" (ebd.: 115). Zugleich wird deutlich, daß er mit Realität die wissenschaftliche Realität meint, die damit in die Funktion eines Gradmessers für den Wirklichkeitsbezug der journalistischen Berichterstattung rückt (vgl. auch Kepplinger/Ehmig/Ahlheim 1991).

Diese Überzeugung wird von allen Autoren des Paradigmas Wissenschaftsjournalismus vertreten. Dies hat zur Folge, daß die gesamte Wissenschafts- und Technikberichterstattung und mit ihr alle "Stationen des Nachrichtentransports" (Hömberg 1992a: 62) nach Maßgabe wissenschaftlicher Bewertungskriterien beurteilt werden. In zahlreichen Studien wird die journalistische Berichterstattung daher an der wissenschaftlich konstatierten Realität, und zwar sowohl von Fakten als auch von Werturteilen, gemessen.[24] Das Ideal journalistischer Wissenschaftsberichterstattung liegt

---

23 "Danach fließt wissenschaftliche Information – in welcher Sprache, Häufigkeit und mit welchen Erfolgschancen auch immer – über ein Reihe von Wegen in die Praxis" (Köhler 1976: 6).

24 "Was immer Journalisten sonst auch sagen, die meisten, so meine ich, würden damit einverstanden sein, ihre Aufgabe sei die genaue Berichterstattung über die Ansichten

damit in einer vollständigen, wenn möglich punktgenauen Abbildung von Wissenschaft. Nicht von ungefähr spielt die Metapher des – möglichst ungehinderten – Informationsflusses eine wichtige Rolle, wenn die Art und Weise des angestrebten Informationstransfers beschrieben wird (vgl. Kap. 3.1.2). Vor dem Hintergrund dieses Kommunikations- und Informationsbegriffs wird deutlich, welche Bedeutung die Autoren dem Aspekt journalistischer Selektivität zumessen.

3.3.4 Das Übel journalistischer Selektion

Die Selektivität journalistischer Berichterstattung ist das zentrale Thema der journalismustheoretischen Ausführungen im Paradigma Wissenschaftsjournalismus. Dabei geht es weniger um den Umstand, *daß* Selektion stattfindet – wenn es auch kaum explizite kommunikationstheoretische Erörterungen gibt, so wird doch insgeheim anerkannt, daß angesichts der beschworenen Informationsfluten eine Auswahl und damit Reduktion unvermeidlich erscheint (vgl. Fischer 1976: 9 f.; Flöhl 1982: 19; Geretschlaeger u.a. 1979: 43; Grabowski 1983: 35; Kepplinger 1976: 138 ff.; Ruß-Mohl 1985a: 273 f.; Hömberg 1990a: 145). In den Mittelpunkt der Kritik rücken vielmehr die Selektionskriterien, die der journalistischen Berichterstattung zugrunde liegen Diese – man kann es nicht anders bezeichnen – erscheinen den Autoren des Paradigmas Wissenschaftsjournalismus als äußerst suspekt.

Noch relativ moderat spricht Köhler (1976: 17) von "unerwartete[n] Filtereffekte[n] [..], die vom normativ gesetzten Bedürfnis der Öffentlichkeit nach Aufklärung über gesellschaftliche Zustände und ihre Änderungsmöglichkeiten dysfunktional wirken müssen." Während Köhler diese Effekte aber auch in der Wissenschaft ausmacht, konzentriert sich die Kritik der anderen Autoren ausschließlich auf "die Anfälligkeit der Massenmedien für die offensichtlich realitätswidrige Darstellung von Themen und Ereignissen" (Kepplinger 1989a: 165). Aus dieser Perspektive führt journalistische Selektivıtat "nahezu zwangsläufig zur Ausblendung oder Verzerrung wissenschaftlicher Informationen durch die Medien." (Ruß-Mohl 1983a: 16; vgl. Grabowski

der Experten. Unserer Ergebnisse verdeutlichen, daß sie dies nicht tun." (Rothman 1992: 154; vgl. Kepplinger/Ehmig/Ahlheim 1991: 214 f.) Auch Mikinovic (1978: 20) kritisiert, daß Journalismus den wissenschaftsinternen Anteil sozialwissenschaftlicher Forschungsgebiete nicht repräsentiere.

1982: 103; Hellmann 1976a: 6; Mikinovic 1978: 24; Ruß-Mohl 1984a: 553 f.; Schenk 1990: 107; Schulz 1985: 78) Die "Zufallsselektion" journalistischer Berichterstattung (Mikinovic 1978: 21; vgl. Depenbrock 1976: 351; Hömberg 1980: 44; Krüger/Ruß-Mohl 1989: 410; Ruß-Mohl 1982a: 161; 1984a: 558; 1985a: 274)[25] hat nach allgemeiner Auffassung eine "Fehleinschätzung der Bedeutung von Wissenschaft und Technologie" zur Folge, denen tatsächlich mehr Aufmerksamkeit zustände, "ginge man von der Realität aus." (Geretschlaeger u.a 1979 87) Der Selektionsbegriff wird damit in die Nähe des Manipulationsbegriffs gerückt (vgl Flöhl 1977: 199; Proske 1982: 142; Rothman 1992: 155; Soritsch 1976b: 31). Zwar wird dieser Vorwurf nur selten in dieser Deutlichkeit ausgesprochen; er schwingt allerdings stets mit, wenn den Massenmedien eine realitätsverzerrende Darstellung zugeschrieben wird.[26]

Die "permanente Orientierung der Berichterstattung an den Nachrichtenfaktoren und -werten" (Schenk 1990: 107) wird so zu einem Vorwurf gegen den Journalismus gewendet.[27] Journalistische Selektionskriterien werden grundsätzlich als Hindernisse (vgl. Hömberg 1992a: 58), als Barrieren struktureller Art (vgl. ebd.: 65; Lehmann 1985: 137) auf dem Weg zu einer idealen und wirklichkeitsgerechten (Mikinovic 1978: 23) Wissenschaftsberichterstattung angesehen (vgl. Hömberg ^{2}1987a: 93). Ruß-Mohl (1985a: 273) spricht daher unmißverständlich von "Faustregeln", die "sich für den Wissenschaftsjournalismus als nur bedingt tauglich [erweisen]." Nach einer möglichen spezifischen Funktion dieser 'Faustregeln' wird allerdings nicht gefragt. Zwar erwähnt Ruß-Mohl (1983a: 17) einmal die unterschiedlichen Erfolgskriterien von Wissenschaft und Journalismus, die er als Konkurrenzsysteme bezeichnet, und spricht in diesem Zusammenhang von den "Wahrheiten, die sich aus unterschiedlichen Blickwinkeln, Selektionsleistungen,

---

25 "Innerredaktionelle Entscheidungsprozesse können sich bestenfalls auf der Ebene 'informierter Willkür' bewegen" (Ruß-Mohl 1982a: 159; vgl. Grabowski 1982: 108). Sie richten sich nach den "subjektiven Intentionen der Macher" (Freund/Meutsch 1990: 9) und "sind bislang keineswegs objektiviert worden, sondern weithin vom Bildungsstand des Redakteurs und von der jeweiligen Interessenlage der Redaktion abhängig." (Hellmann 1976a: 9)

26 Dies wird z.B. in den Arbeiten von Kepplinger (1989a; 1989b), Kepplinger, Ehmig und Ahlheim (1991) und Rothman (1992) deutlich. Für Proske (1982: 142) sind die Medien "nicht mehr die beobachtenden Außenseiter, sondern die Mittäter".

27 Sie führe zu "erheblichen Einbußen in der Informationsqualität" (Schenk 1990: 107). "Die meisten Nachrichten sind falsch, weil sich Irrtümer und Meinungen einschleichen können – bei der Produktion, bei der Übermittlung und beim Konsum von Informationen." (Flöhl 1977: 197)

methodischen Ansätzen und Interessenlagen ergeben" – diese These führt allerdings nicht dazu, die wissenschaftszentrierte Ausgangsposition aufzugeben. Dies gilt auch für die journalismustheoretischen Ausführungen von Grabowski, die sich eng an die systemtheoretisch gefaßte Journalismustheorie von Rühl (1980) anlehnen. Grabowski bezeichnet die Primärfunktion von journalistischem Entscheidungshandeln mit Rühl als die Her- und Bereitstellung von Themen zur öffentlichen Kommunikation (vgl. Grabowski 1982: 51; Rühl 1980: 322 f.). Den daraus entspringenden journalistischen Entscheidungsstrukturen sei selbstverständlich auch Wissenschaft unterworfen. Die erkenntnisleitende Fragestellung verweist allerdings wieder auf die übliche Perspektive der Wissenschaftsvermittlung: "Welche strukturellen Bedingungen fördern oder hemmen die Herstellung und Bereitstellung von Themen aus dem Bereich der Wissenschaft durch Journalismus in aktuellen Massenmedien zur öffentlichen Kommunikation?" (Grabowski 1982: 51; vgl. 37 u. 93)

An keiner Stelle wird in der Forschungsliteratur ernsthaft nach der möglichen Funktion journalistischer Selektivität gefragt.[28] Journalistische Selektionskriterien werden generell an den Bedürfnissen einer wissenschaftlich orientierten Wissensvermittlung gemessen. Aus dieser Perspektive geht es ausschließlich um eine Revidierung der "eingeschliffenen Aufmerksamkeitsraster der Medien" (Hömberg 1980: 45): "Es gibt offenbar einen uneingestandenen Grundkonsens, der das berufliche Routinehandeln bestimmt. Gerade die Defizite journalistischer Wissensvermittlung zeigen, wie notwendig es ist, diesen Konsens immer wieder in Frage zu stellen." (Hömberg [2]1987a: 95) Konkret in Frage gestellt werden dabei vor allem der journalistische Aktualitätsbegriff (Kap. 3.3.4.1) und die Kriterien, nach denen Journalismus Relevanzzuschreibungen vornimmt (Kap. 3.3.4.2).

3.3.4.1 Aktualität

Ein Hauptkritikpunkt der Forschung ist die Orientierung des Wissenschaftsjournalismus an einem "reduzierten Aktualitätsbegriff" (Hömberg 1978: 13;

---

28 Journalisten richten sich "weniger nach wissenschaftlichen Kriterien als nach journalistischen", stellen Böhme-Dürr und Grube (1989: 464; vgl. 455) unter der Überschrift "Defizite in Berichterstattung und Forschung" fest. Gegenseitige Vorurteile ließen sich aber abbauen, wenn z.B. "manche Journalisten sich mehr um die Einhaltung wissenschaftlicher Kriterien bemühen" würden (ebd.: 462 f.).

vgl. 1980: 45). Der Begriff der Aktualität werde als bloße Neuigkeit definiert, in den Hintergrund trete dagegen die Relevanz für den Rezipienten. Hömberg bezieht sich hier auf den Aktualitätsbegriff, so wie er von Merten (1973: 217 ff.) geprägt wurde. Dieser Definition zufolge ist Aktualität das Produkt von Relevanz und Neuigkeit bzw. Überraschung. Im Paradigma Wissenschaftsjournalismus wird der Aktualitätsbegriff in der Regel aber nur unter dem Aspekt des Neuen, Überraschenden thematisiert das dem Journalismus als hauptsächliches Auswahlkriterium für seine Berichterstattung diene.[29] Die "Fragwürdigkeit des auf wissenschaftliche Themen angewendeten Aktualitätsbegriffs" (Grabowski 1982: 54; vgl. Ruß-Mohl 1984a: 553) besteht nach Ansicht der Forschung darin, daß auf diese Weise nicht die Prozeßhaftigkeit der Wissenschaft erfaßt werden könne. "Der aktuelle Medienjournalismus ist in der Regel punktuell orientiert, für wissenschaftliche Themen wäre es dagegen notwendig, prozessualen und projektbezogenen Journalismus zu betreiben." (Hömberg 1992a: 62; vgl. Ruß-Mohl 1984a: 554) Das im Aktualitäts- bzw. Neuigkeitskriterium zutagetretende journalistische Zeitverständnis, gelegentlich auch als Anlaßorientierung oder Ereignisfixierung bezeichnet (vgl. Friedman 1985: 91; Geretschlaeger u.a. 1979: 44)[30], gilt den Autoren des Paradigmas daher als "schweres Manko" (Krüger/Ruß-Mohl 1989: 410), das zu Unregelmäßigkeit und mangelnder Systematik der Berichterstattung führe.[31] Was fehle, sei eine kontinuierliche Beobachtung der Forschungssituation. Als Folge dieser "[b]edenkliche[n] Blindstellen" des Wissenschaftsjournalismus "schrumpft sie zusammen auf ein schmales Gebiet angewandter Forschung, die, meist theorielos betrieben, kaum mehr als Oberflächeninformationen bietet." (Hömberg 1980: 44) Damit aber werde die Eigenart wissenschaftlicher Erkenntnisproduktion ver-

29 Cerutti und Flöhl ([2]1987: 88) unterscheiden dagegen noch einmal zwischen Neuigkeit und Aktualität, die sie als Schnelligkeit ("eilige Tagesthemen") definieren. Dieses Kriterium sei von untergeordneter Bedeutung. Zwar orientiere sich, so Flöhl in einem anderen Beitrag, ein erheblicher Teil der Wissenschaftsberichterstattung an aktuellen Ereignissen (z.B. Umweltskandalen), aber "[v]ieles – und das entspricht dem Wesen der Wissenschaft – ist nicht tagesaktuell; daher kann auch etwas später darüber berichtet werden." (Flöhl 1983a: 81)

30 Da "[g]emäß dem Grundsatz der Aktualität der Tageszeitung" die Berichterstattung auf Anlässe (z.B. Nobelpreisverleihung) angewiesen sei, entziehe sich der spezielle wissenschaftliche Stoff weitgehend der Tageszeitung (Dovifat [6]1976: 121).

31 "Die Medien begnügen sich mit singulären, mit Ad-hoc-Ergebnissen." (Hömberg 1980: 44) Fischer (1976: 20) attestiert der Berichterstattung ein "Jonglieren mit Faktentrümmern und Informationsfetzen".

fehlt, denn dieses Wissen sei "ja nicht primär ein Themen- und Faktenwissen, sondern ein Strukturwissen" (Hömberg 1992a: 64).

Hinter der Kritik am journalistischen Aktualitätskriterium steht die Erkenntnis, daß der journalistische und der wissenschaftliche Zeitbegriff miteinander in Konflikt geraten. Dieses Problem werde "in aller Regel zulasten der Themen aus dem Bereich der Wissenschaft gelöst" (Grabowski 1982: 81).[32] Für die Paradigma-Vertreter ist damit nur die prozedurale Ignoranz (vgl. Ruß-Mohl 1983a: 16) des Wissenschaftsjournalismus erwiesen. Die Orientierung des Journalismus an dem Kriterium der Neuigkeit (für das Aktualität hier nur als Synonym steht) wird daher abwertend gleichgesetzt mit der Orientierung an Spektakulärem, Kuriosem und Sensationellem (vgl. Geretschlaeger u.a. 1979: 44; Heilmann 1990: 202; Krüger/Ruß-Mohl 1989: 390; Ruß-Mohl 1983a: 14; 1984a: 553).[33] Gerade vor dem Hintergrund der erstrebten Dauerkommunikation zwischen Wissenschaft und Öffentlichkeit (vgl. Hömberg 1980: 46; Kap. 3.2.5) führt die angebliche Mißachtung wissenschaftlicher Zeitstrukturen durch den Wissenschaftsjournalismus, abzulesen an der Fokussierung auf 'spektakuläre' Anlässe, zu einer einhelligen Verurteilung des journalistischen Aktualitäts- bzw. Neuigkeitskriteriums: "Journalismus ist nun einmal 'an aktuelle Aufhänger versklavt'." (Ruß-Mohl 1983a: 16; vgl. Schenk 1990: 103)[34]

3.3.4.2 Relevanz

Die Kritik an den Selektionskriterien des Wissenschaftsjournalismus zielt neben dem Neuigkeits- bzw. Aktualitätskriterium ganz wesentlich auch auf die Relevanzkriterien, die der journalistischen Wissenschafts- und Technikberichterstattung zugrunde liegen. Auch hier wird wiederum ein Konflikt zwi-

32 "Weil Forschung längerfristig und prozeßhaft angelegt ist, lassen sich deren Entwicklungen und Ergebnisse nur selten auf zwingende Weise in Tagesaktualitäten ummünzen." (Ruß-Mohl 1985a: 273)

33 Heilmann (1990: 203) merkt zum Begriff der Sensationalität an: "Was man Journalisten beibringen sollte, aber wahrscheinlich nicht kann, ist die Neugier für das Alltägliche." Hömberg (1990c: 189) spricht von einem "präsentationsorientierten Jockey-Journalismus".

34 Ruß-Mohl zitiert aus Polsby, Nelson W. (1971): Policy initiation in the American political system. In: I. L. Horowitz (Hrsg.): The use and abuse of social science. New Brunswick (N.J.) 1971: 297. Während Ruß-Mohl (1983a: 16 f.) hier noch die Differenzen zwischen Wissenschaft und Journalismus betont, stellt er in einem späteren Aufsatz (1985a: 271 f.) deren Gemeinsamkeiten heraus.

schen wissenschaftlichen und journalistischen Kriterien von Wichtigkeit sichtbar. Schon in den siebziger Jahren hatte Kepplinger (1976: 136) darauf hingewiesen, daß "[a]n die Stelle des wissenschaftlichen Interesses und wissenschaftlicher Urteilskriterien [..] außerwissenschaftliche Interessen und außerwissenschaftliche Urteilskriterien [treten]."[35] Die Bewertung wissenschaftlicher Ergebnisse und Hypothesen nach ihrer außerwissenschaftlichen Verwertbarkeit hat laut Kepplinger zur Folge, daß "eine komprimierte und differenzierte und eine rationale und sachgerechte Beurteilung der Kommunikationsinhalte" (ebd.) verhindert werde.

Die Kritik an journalistischen Relevanzkriterien läuft stets darauf hinaus, daß diese nicht die "tatsächliche Relevanz der Wissenschaft für die Gesellschaft" (Geretschlaeger u.a. 1979: 44) repräsentierten; es werde nicht berichtet, "was geschieht, sondern was man für nützlich hält." (Flöhl 1977: 199)[36] Die Orientierung an den Relevanzkriterien des Wissenschaftssystems äußert sich z.B. in der Empfehlung, daß die Wissenschaftler durch verstärktes öffentliches Auftreten dazu beitragen sollten, "daß wir weniger falsche und mehr relevante Nachrichten [...] haben" (ebd.: 205). Die Ansicht, daß Wissenschaftsjournalismus sich primär an den Relevanzkriterien seines eigenen Berichterstattungsobjekts, also der Wissenschaft, auszurichten habe wird mehr oder weniger offen von allen Vertretern des Paradigmas Wissenschaftsjournalismus vertreten. Dies zeigen besonders deutlich die Medienstudien, die die Berichterstattung an Extra-Media-Daten, d.h. an wissenschaftlichen Erkenntnissen und Ergebnissen wie z.B. Statistiken messen (vgl. Diggelmann/Schanne/Zwingli 1988; Espe 1987; Haller 1987; Kepplinger 1989a; Schanne 1986b)[37] oder sogar die Urteile von Wissenschaftlern als Bewertungsmaßstab heranziehen, die selbst Gegenstand der Berichterstattung sind (vgl. Kepplinger/Ehmig/Ahlheim 1991; Rothman 1992).[38]

35 Mikinovic (1978: 21) stellt zur Berichterstattung über Sozialwissenschaften erstaunt fest: "Das Interesse daran war aber ausschließlich politischer und nicht wissenschaftlicher Natur."

36 Journalistische Selektion erhält zudem den Anstrich des Irrationalen: "Über die tägliche Wissenschaftsberichterstattung bestimmen, wie wir gesehen haben, vor allem Angst und Hoffnung." (Flöhl 1977: 201)

37 "Reicht es da aus, wenn der jährliche Waldschadensbericht als ein Tagesereignis mittleren Nachrichtenwertes behandelt wird [...]?" (Espe 1987: 19)

38 Kepplinger, Ehmig und Ahlheim (vgl. 1991: 25) lassen die Berichterstattung über die Gentechnik von dreißig Wissenschaftlern bewerten, die selbst gentechnische Methoden anwenden. Die Hälfte der Befragten ist in Industrieunternehmen tätig, alle Befragten arbeiten auf der Leitungsebene. Rothman (1992: 148 f.) bilanziert: "Die Ansichten der wis-

Die strikte Ausrichtung an einer wissenschaftlichen Relevanzbestimmung läßt die "Abweichungen" (Mikinovic 1978: 21) der Wissenschaftsberichterstattung folgerichtig als ein Defizit des Journalismus erscheinen. Als eine Ursache für die journalistischen Beobachterfehler erscheinen die sogenannten Nachrichtenfaktoren, die angeblich als "objektive, konventionelle Sachverhalte" (Schenk 1990: 102) das journalistische Selektionsverhalten steuern.[39] Neben dem schon besprochenen Aktualitätskriterium wird des öfteren die bevorzugte Auswahl negativer Ereignisse angeführt: "Die ständige Verpflichtung zur Aktualität und die Orientierung am Negativismusfaktor – nach dem Prinzip 'Good News is No News' – führen gerade in den hier interessierenden Themenbereichen von 'Wissenschaft, Technik und Umwelt' zu einer negativen Auswahl: Wissenschaft und Technik als 'Bad News' " (Schenk 1990: 103; vgl. Heilmann 1990: 199 f.; Hömberg 1992a: 58; Kepplinger 1989a: 166; Noelle-Neumann/Hansen 1991a: 40; Schulz 1985: 78 f.)[40] Als weitere, unabhängige Gründe für die 'falschen' Relevanzeinschätzungen des (Wissenschafts-)Journalismus werden neben den Nachrichtenfaktoren die mangelnde wissenschaftliche Ausbildung der Journalisten (vgl. Heilmann 1990: 210; Kepplinger 1989a: 165; Schenk 1990: 108 f.), deren persönliche Einstellungen und die Publikumsorientierung des Journalismus genannt. Vor allem die letzten beiden Faktoren führten zu einer Berichterstattung, die sich "meist gar nicht mehr an der Relevanz, an der Bedeutung der Ereignisse, sondern an einer imaginären, von den Vorstellungen des Kommunikators und des Publikums abhängigen Pseudorelevanz" (Flöhl 1977: 199) orientiere.[41]

Die Kritik an den persönlichen Einstellungen der Journalisten beruht dabei auf kommunikatorzentrierten Konzepten von Journalismus, die auch in der Wissenschaftsjournalismus-Forschung sehr verbreitet sind (vgl. Kap.

senschaftlichen Experten wurden in den wichtigen Medien im allgemeinen nicht korrekt wiedergegeben." Die Orientierung an Wissenschafts- und Expertenkriterien zeigt sich ebenso deutlich in den Studien zur Medizinberichterstattung (vgl. Kap. 3.5).

39 "Die Eigenschaften, die Informationen zu Nachrichtenstoffen für die Massenmedien werden lassen, fehlen den Sozialwissenschaften und ihren Forschungsergebnissen oft genug." (Lehmann 1985: 137)

40 "Vor allem aber haben sie [die Medien; MK] dazu beigetragen, Technik vorwiegend in ihren negativen Auswirkungen bewußt zu machen, und haben dadurch den technischen Fortschritt insgesamt in Frage gestellt." (Heilmann 1990: 205) In diesem Sinne äußert sich auch Schulz (1985: 79): "Der kollektive Bewußtseinswandel, den wir seit einiger Zeit beobachten, könnte mit dem Tenor des Wissenschaftsjournalismus zusammenhängen."

41 "Medien sind auf spektakuläre, sensationelle und kuriose Ereignisse hin orientiert, die dem Rezipienten 'unter die Haut gehen' sollen." (Ruß-Mohl 1983a: 14)

3.3.1). Aus dieser Perspektive erscheint die Berichterstattung nicht als Folge journalismus-, sondern journalistenspezifischer Selektionskriterien. Eine solche Betrachtungsweise erlaubt es, die Kritik auf Verhaltensdispositionen einzelner Journalisten (Kommunikatoren) bzw. Journalistengruppen zuzuschreiben und solchermaßen zu personalisieren. So führt Ruß-Mohl (1984a: 555) die "Ursachen der Misere" in der Lokalberichterstattung über Wissenschaft nicht auf journalismusspezifische Selektionskriterien, sondern auf das "Desinteresse schlecht ausgebildeter Journalisten" zurück. Die gleiche Argumentation findet sich in der Formulierung, daß es den Journalisten noch an dem Bewußtsein für die wissenschaftsjournalistische Dimension der behandelten Themen mangele (vgl. Ruß-Mohl ^{2}1987c: 36). Die Frage nach den "Kriterien und 'Regeln' für die Themenfindung und für die Materialselektion/Nachrichtenauswahl im Wissenschaftsjournalismus" (Ruß-Mohl 1985a: 268) siedelt Ruß-Mohl daher auf der mikroanalytischen Ebene des einzelnen Wissenschaftsjournalisten an. Auch die angebliche Bevorzugung von naturwissenschaftlichen zuungunsten von geistes- und sozialwissenschaftlichen Themen wird kurzerhand auf "*kommunikatorbewirkte Prioritätssetzungen*" (Fischer 1976: 18) zurückgeführt. In ähnlicher Weise kritisieren Freund und Meutsch (1990: 9), daß die "Herstellung 'guter' Sendungen [..] hauptsächlich von subjektiven Intentionen der Macher und unter Rückgriff auf wissenschaftlich noch nicht untersuchte Produktionskonventionen innerhalb der Sendeanstalten gesteuert" wird. Journalisten würden sich auf "Insiderkriterien (wie die immer kritisierten Nachrichtenwerte [...]) und subjektive Praferenzen" (Freund 1990a: 9) konzentrieren und sich zu sehr an Kollegenurteilen ausrichten.[42] Journalistische Entscheidungskriterien umschreibt Freund (ebd.: 10 u. 14) daher mit den Begriffen "instinct" und "feeling".

Problematischer wird es, wenn Journalisten generell eine Ignoranz gegenüber wissenschaftlichen Themen bescheinigt und dies darauf zurückgeführt wird, "daß die Ideologie eine bestimmende Rolle bei der Themenvermittlung und Problembewertung spielt." (Rothman 1992: 155) Der Autor leitet hieraus sogar die weitreichende These ab, daß die Massenmedien eher negative Auswirkungen auf den Erhalt demokratischer Institutionen ausüb-

42 So urteilten schon Roloff und Hömberg (1975: 59), mit dem zusätzlichen Hinweis auf den Einfluß wissenschaftlicher Teilinteressen: "Die Auswahl der Wissenschaftsberichte wird neben strukturellen Faktoren, die noch näher zu bestimmen wären, bestimmt von subjektiven Präferenzen der Journalisten und partikularen Interessen der Wissenschaft, kaum aber von der tatsächlichen Relevanz für die Gesellschaft."

ten (vgl. ebd.). Der Ideologieverdacht findet sich auch bei Kepplinger. Dieser Autor erklärt die angeblich realitätswidrige Darstellung von Technik in deutschen Printmedien damit, daß die Technikkritik aus Teilen der wissenschaftlichen und literarischen Intelligenz sowie politischer Eliten in den Journalismus Einzug hielt, sich dort langsam ausbreitete und "Mitte der siebziger Jahre zu einem lawinenartigen Anwachsen der Technikkritik [führte], das irrtümlich als plötzliche Veränderung wahrgenommen wurde." (Kepplinger 1989a: 170; vgl. Proske 1982)

Laut Kepplinger wird die verzerrte Technikdarstellung zudem durch die Kollegenorientierung der Journalisten begünstigt, die eine hohe Konsonanz der Berichterstattung zur Folge habe (vgl. Kepplinger 1989a: 166 f.).[43] Auch die Bewertung von Technikfolgen orientiere sich mangels exakten Wissens nur an einer subjektiven, gruppenspezifischen Norm. "Die Urteilenden erliegen mit anderen Worten einem essentialistischen Trugschluß: Was sie für ein Urteil über die Natur der Sache halten, ist in Wirklichkeit ein Indikator für ihre gruppenspezifische Wahrnehmungsweise." (ebd.: 169)[44] Auch in ihrer Studie über die Gentechnikberichterstattung führen Kepplinger, Ehmig und Ahlheim (1991) die Defizite in der Wissenschaftsvermittlung auf persönliche Dispositionen der Journalisten zurück. In diesem Fall wird die gestörte Vermittlung von Wissenschaft an die Öffentlichkeit unter anderem damit zu erklären versucht, daß es "der Mehrheit der Journalisten an Vertrauen in einzelne Wissenschaftler wie auch an Vertrauen in die Wis-

---

43 Laut Kepplinger (1989a: 221) "erweist sich die Kollegenorientierung von Journalisten mit ihren berufsspezifischen Meinungstrends als Schlüssel zum Verständnis der Medienwirkung." Für Schenk (1990: 102) erklärt die Hypothese von der Kollegenorientierung (vgl. Donsbach 1981) dagegen den Umstand, "daß in den verschiedenen Blättern wissenschaftliche und technische Sachverhalte recht unterschiedlich dargestellt werden." Haller (1987: 310) zufolge lassen sich viele sachliche Fehler "auf Fehlleistungen der entweder technologiefreundlichen oder technologiekritisch eingestellten Redaktionen zurückführen." Flöhl (1977: 199) drückt es noch drastischer aus: "Die subjektive Information unterwandert die objektive Information, was zu falschen Nachrichten führt."

44 Aus einer systemtheoretischen Sichtweise ist dieser Aussage sogar prinzipiell zuzustimmen, allerdings nicht nur in bezug auf Journalismus. Auch die Wissenschaft gelangt nur zu einer spezifischen Sichtweise von Gesellschaft (vgl. Kap. 6.1) und kann somit ebensowenig beanspruchen, letztgültige Aussagen über die 'Natur der Sache' zu formulieren. Angesichts der Schelte für die journalistische Kollegenorientierung ist Kepplingers Meinung über Kollegenorientierung im Wissenschaftssystem von besonderem Interesse: "Die Autonomie und Leistungsfähigkeit der Wissenschaft beruht, worauf bereits in der Einleitung hingewiesen wurde, wesentlich auf der entschiedenen Kollegenorientierung der Wissenschaftler. Sie minimiert die Folgen individueller Irrtümer und maximiert den Ertrag individueller Leistungen für die Profession." (Kepplinger/Ehmig/Ahlheim 1991: 215) Auf diesen Widerspruch machte mich Alexander Görke aufmerksam.

senschaft als soziales System [fehlt]." (Kepplinger/Ehmig/Ahlheim 1991: 217)[45]

Prinzipiell stellt auch die kommunikatorzentrierte Kritik an der journalistischen Wissenschafts- und Technikberichterstattung nur eine Variation der generellen Kritik journalistischer Relevanzkriterien dar. Diese findet ihren gemeinsamen Nenner stets darin, daß die journalistischen Selektions- und Darstellungskriterien an dem Ideal einer Wissenschaftsberichterstattung gemessen werden, die sich – als Wissenschaftsvermittlung – an Kriterien wissenschaftlicher Relevanz ausrichtet.[46] Aufgrund dieser wissenschaftszentrierten Sichtweise wird der journalistischen Orientierung an den Relevanzkriterien des Publikums nur eine untergeordnete Bedeutung beigemessen.

3.3.5 Relevanz herstellen – Das Publikumsbild

Während es zahlreiche empirische Studien über die Wissenschaftsberichterstattung gibt, nimmt die Publikumsforschung im Paradigma Wissenschaftsjournalismus nur eine Randposition ein. Insbesondere über die Selektionskriterien des Publikums existieren überhaupt keine neueren Zahlen. Hierzu muß immer noch auf eine EMNID-Umfrage von 1972 zurückgegriffen werden, die im Auftrag des Presse- und Informationsamtes der Bundesregierung erstellt wurde und zu dem Fazit kam, daß die Mehrheit der Bevölkerung die Wissenschaftsberichterstattung für ausreichend hält (vgl. Presse- und Informationsamt 1973; Die öffentliche Meinung 1973: 27 f.).[47] In einem Bericht der Bundesregierung wird zudem eine 1971 veröffentlichte Infratest-Untersuchung angeführt, in der die Befragten unter anderem auch nach der Angebotskategorie gefragt wurden, die sie am stärksten vermissen würden. Unter acht Kategorien erreichte die Kategorie "Information über Technik und Wissenschaft" bei Fernsehen und Tageszeitung 1% und

---

45 Heilmann (1990: 211) fordert daher "ein entkrampftes Verhältnis zu Wissenschaft und Technik, auch zu den Industrien".

46 Diese einseitige Sicht führt dazu, daß andere Kontextualisierungen von Wissenschaft oder Technik einfach ignoriert werden. So sei im ersten Weltkrieg die Technikberichterstattung durch die Kriegsnachrichten sehr stark zurückgedrängt worden, "obwohl dieser Krieg ja ganz im Zeichen der Technik stand." (Krüger/Ruß-Mohl 1989: 397)

47 Der *Deutsche Forschungsdienst* überschrieb das Umfrageergebnis dagegen mit "Jeder Dritte will von Wissenschaft nichts wissen" (Jeder Dritte 1973).

beim Hörfunk 0%.[48] Depenbrock (1976: 48) vermutet, daß die schlechten Umfrageergebnisse eventuell auf die "Unfähigkeit des vermittelnden Journalismus" zurückzuführen seien. Auch Fischer reagiert auf die Ergebnisse mit der Frage, ob das Desinteresse der Befragten nicht "einer durch die vorgegebenen, zum Teil uniformen Medieninhalte sozusagen anerzogenen Abstinenz" zu verdanken sei (Fischer 1976: 13; vgl. 1981: 348; 1984: 26). Angesichts dieser Kritik ist es erstaunlich, daß in bezug auf Wissenschaftsjournalismus – sieht man einmal von einigen kleineren Verständlichkeitsstudien (vgl. Augst/Simon/Wegner 1982; 1985; Issing 1990; Türer 1989) und Angaben zu Einschaltquoten (vgl. Zerges 1990) ab – keine nennenswerte Rezipientenforschung mehr stattgefunden hat.[49]

Auch auf theoretischer Ebene wird den Selektionskriterien des Publikums, vor allem in ihrer Bedeutsamkeit für die journalistische Selektion, nur wenig Aufmerksamkeit gewidmet. Dies zeigt sich z.B. in Ruß-Mohls (^{2}1987c: 35) Unterscheidung der "[z]wei Welten des Wissenschaftsjournalismus". Der Autor unterscheidet die "traditionellen Reservate der Wissenschaftsredaktionen [...], die sich zumeist an eine 'eingeweihtes' Publikum wenden und eine kleine, interessierte Zielgruppe mit Informationen versorgen", von der Wissenschaftsberichterstattung außerhalb dieser Reservate. "Nachrichten und Themen aus Wissenschaft und Forschung sind so hochaktuell, so wichtig und *konkurrenzfähig* geworden, daß sie immer häufiger auch in anderen Ressorts [...] sich ihren Platz erkämpfen." (ebd.; vgl. 1983a: 20; ^{2}1987b: 12 f.)[50] Anders als bei der "eingeschworenen Gemeinde des traditionellen Wissenschaftsjournalismus" (Ruß-Mohl ^{2}1987c: 36) könne beim Publikum dieser Wissenschaftsberichterstattung aber kein akti-

---

48 Diese Zahlen sind mit Vorsicht zu betrachten. Zum einen sind die Kategorien nicht exklusiv definiert, zum anderen war nur eine Angabe erlaubt. Schlechter noch als Technik und Wissenschaft schneiden übrigens Informationen über Wirtschaft ab, und auch der Sport kommt mit 5 bis 9% nicht viel besser weg (vgl. Bericht der Bundesregierung 1974: 73, Tab. 43). Im übrigen kann das Ergebnis auch so interpretiert werden, daß die Rezipienten andere als tagesaktuelle Massenmedien für ihre Informationen über Technik und Wissenschaft nutzen.

49 Auf der internationalen Konferenz 1991 in Berlin berichtet Zerges (1992) über eine umfangreiche Studie zum 'public understanding' von Wissenschaft und Technologie, die im April 1989 in den zwölf Mitgliedsländern der EU durchgeführt wurde. Wir werden auf diese EU-Studie zurückkommen, wenn wir die Begriffe der 'science literacy' und des 'public understanding' diskutieren, die ihren Ursprung in der US-amerikanischen Publikumsforschung haben (vgl. Kap. 4.2.1).

50 Die Unterscheidung der Berichterstattung in eine normale bzw. nicht-elitäre (tagesaktuelle) und eine erweiterte bzw. elitäre (wissenschaftszentrierte) findet sich auch bei Peters (1982: 40) und Flöhl (1990a: 24).

ves Interesse vorausgesetzt werden. Während die Existenz des traditionellen Wissenschaftsjournalismus mit einem vorhandenen Publikumsinteresse begründet wird, erfolgt die journalistische Thematisierung von Wissenschaftsthemen außerhalb dieser 'Reservate' anscheinend ohne jeden Bezug auf ein potentielles Publikumsinteresse. Daß Journalismus mit dieser nicht-spezialisierten Berichterstattung vielleicht gerade auf das von Ruß-Mohl behauptete öffentliche Interesse an Wissenschaft reagiert, schließt der Autor schlichtweg aus; aus seiner Sicht hat Journalismus noch auf dieses Interesse einzugehen (vgl. ebd.).

Dieser Widerspruch ist damit zu erklären, daß Ruß-Mohl von einem normativ gesetzten Ideal der Berichterstattung ausgeht und erst dann nach dem Rezeptionsinteresse des Publikums fragt. Wie schon die journalistische Berichterstattung selbst wird also auch die Angemessenheit des Publikumsinteresses an wissenschaftszentrierten Relevanzkriterien gemessen. Eventuelle Wechselbeziehungen zwischen den Interessen der Rezipienten und der journalistischen Selektion von Ereignissen werden damit gar nicht erst in Erwägung gezogen. Hömberg erklärt zwar – in Anlehnung an funktionalistische Theoriekonzepte –, daß eine Funktionsbestimmung der Wissenschaftsberichterstattung nicht von einer isolierten Betrachtung von Kommunikator- und Rezipientenintentionen ausgehen dürfe, sondern "die Beziehungen zwischen beiden im Kontext der politisch-sozialen Umwelt ins Visier" zu nehmen habe (Hömberg 1990a: 90) – diese Erkenntnis bleibt aber eine Randbemerkung und wird weder empirisch noch theoretisch weiter operationalisiert. Dabei hatte Kepplinger schon relativ früh darauf hingewiesen, daß die Rezeption der Wissenschaftsberichterstattung (hier: über die Sozialwissenschaften) wesentlich von der "Verbindung zwischen den wissenschaftlichen Ergebnissen und dem Wertsystem der Rezipienten" (Kepplinger 1976: 141) bestimmt sei. Als zentrales Relevanzkriterium sei der praktische Nutzen wissenschaftlicher Informationen zu betrachten: "Die Erkenntnis wird zu einer Funktion des Interesses." (ebd.: 143) Da Kepplinger ausdrücklich von einem aktiv seligierenden Publikum ausgeht, müßten die Möglichkeit von Wissenschaftspopularisierung "skeptisch beurteilt werden." (ebd.: 145; vgl. Wilke 1986: 312 ff.)[51] Bemerkenswert sind allerdings die

51 "Wissenschaftliche Aussagen haben in dem Maß eine Chance zur Verbreitung, in dem deren Relevanz an einen schon vorhandenen Relevanzkontext der Rezipienten anknüpfen kann." (Merten 1976: 114) Im Gegensatz zu Kepplinger fordert Merten aber keine Modifikationen der journalistischen Berichterstattung.

Schlußfolgerungen, die Kepplinger für das Verhältnis von Wissenschaftsjournalismus und dessen potentiellen Publika ableitet. Zum ersten wirft er dem Journalismus eine ungenügende Kenntnis der Rezipientenbedürfnisse vor (vgl. Kepplinger 1976: 146 u. 154). Zum zweiten müßten die Journalisten "die Bedeutung der sozialwissenschaftlichen Ergebnisse für ihre Rezipienten stärker herausarbeiten." (Kepplinger 1976: 155) Zum dritten müßten die Journalisten zusätzlich auf diejenigen Rezipienteninteressen eingehen, die einer Rezeption im Wege stehen oder sogar zu einer Uminterpretierung der wissenschaftlichen Ergebnisse führen. "Dabei müßten diese Interessen, soweit dies möglich ist, tatsächlich entkräftet oder widerlegt werden." (Kepplinger 1976: 156)

Der Vorwurf, daß der Wissenschaftsjournalismus nur ungenügende Kenntnisse über die Interessen seines Publikums besäße, stützt sich vor allem auf die zwei Kommunikatorstudien von Hömberg und Roloff (vgl. Hömberg 1982; 1990a) und Hömberg (1990a). Sowohl das Publikumsbild der Wissenschaftsjournalisten als auch das der Chefredakteure und Programmdirektoren wird als "sehr verschwommen" bzw. "ziemlich diffus" (ebd.: 101; vgl. 1982: 173; Geretschlaeger 1981a; Grabowski 1982: 102 ff.) bezeichnet.[52] Hömberg (1990a: 102 f.) gibt allerdings zu, daß diese Defizite "nicht zuletzt Defizite der Forschung [sind]. Über Nutzen und Wirkung der Wissenschaftsberichterstattung ist bisher im deutschsprachigen Raum außer einigen punktuell erhobenen Reichweiten- und Einstellungsdaten wenig bekannt."[53] Angesichts dieser Forschungslage kann gefragt werden, woher die Autoren des Paradigmas Wissenschaftsjournalismus überhaupt wissen, daß die "Wißbegier des breiten Publikums von Chefredakteuren, Programmdirektoren, aber auch ganz normalen Journalisten vielfach unterschätzt" wird (Ruß-Mohl ²1987c: 36).

Ruß-Mohl führt den Umstand, daß der Journalismus nicht auf ein angeblich bereits vorhandenes Interesse eingehe, auf das schon erwähnte fehlende Bewußtsein der Journalisten zurück, *wissenschafts*journalistisch zu arbeiten (vgl. ebd.). Im Prinzip richtet sich diese Kritik darauf, daß die 'norma-

52 Mit Bezug auf Donsbach 1981, der Journalisten Unkenntnis und Desinteresse gegenüber den Kommunikationsbedürfnissen ihres Publikums attestiert. Hömberg stellt allerdings im Gegensatz zu Donsbach keine negativen Publikumsstereotypen fest.

53 Das gleiche Fazit findet sich schon im Forschungsbericht von 1982 (dort hieß es nur: "nichts bekannt"). In beiden Texten bezeichnet Hömberg (1982: 173; vgl. 213; 1990a: 102) eine systematische Grundlagenstudie als ein "dringendes Desiderat". Vgl. auch Geretschlaeger 1981a.

len' journalistischen Relevanzkriterien angewendet werden und verweist damit wieder auf die Vorstellung einer wissenschaftsorientierten Vermittlungsfunktion.[54] Mit diesem Ziel vor Augen (vgl. Freund 1990a: 6) werden die journalistischen "Insiderkriterien" (d.h. die Nachrichtenwerte, s.o.) sowie subjektive Präferenzen und die Ausrichtung an Kollegenurteilen als Grund dafür angeführt, daß "die Orientierung 'am Zuschauer' allzu leicht nur ein leeres Wort" bleibt (vgl. ebd.: 9). Sofern die mangelnde Publikumsbeobachtung des Wissenschaftsjournalismus moniert wird, geschieht dies stets unter der normativen Prämisse, daß Journalismus eine möglichst vollständige Wissensvermittlung zu leisten habe. Diese Prämisse fällt um so mehr auf, als überhaupt keine empirischen Daten über die Publikumsinteressen vorhanden sind.

Die Orientierung an einer solchen Wissenschaftsvermittlung wird besonders deutlich, wenn gerade die Tatsache, *daß* journalistische Selektion sich an den Bedürfnissen und Interessen seines (Laien-)Publikums ausrichtet, als problematisch angesehen wird. Die beiden schon erwähnten Umfragen (s.o.) kommentiert Depenbrock (1976: 48) mit den Worten, daß "[v]orschnelle Reaktionen, die sich an einem vermeintlichen Leserinteresse und -bedürfnis orientieren und vor allem die als besonders interessant angesehenen Bereiche weiter verstärken wollen, [..] vermieden werden [sollten]." Kepplinger (1976: 165) bezeichnet die Publikumsorientierung des Journalismus explizit als einen Grund für die realitätswidrige Darstellung von Ereignissen. Der Grund liege darin, daß sich ein heterogenes (Laien-)Publikum in seinen Kenntnissen und Interessen erheblich von einem Fachpublikum unterscheide. "Je geringer die vorhandenen Kenntnisse sind, desto eher verlagert sich die Kommunikation auf allgemein verständliche Aspekte, die zum Teil sachlich kaum relevant sind " (Kepplinger 1989a: 166; vgl. 1976: 136) Ruß-Mohl zufolge muß der Journalist mit einer schon aus zeitlichen

54 Was unter einem "*wissenschaftsbezogenen Standard* für die Auswahl von Wissenschaftsnachrichten" (Cerutti/Flöhl ^{2}1987: 88) verstanden werden könnte, erläutern die beiden Wissenschaftsjournalisten Cerutti und Flöhl, die die Selektionskriterien Wichtigkeit und Komplexität als wesentlich ansehen. Dabei orientiere sich Wichtigkeit "an der wissenschaftlich-technischen und der gesellschaftlichen Relevanz einer Nachricht, *aber auch* am Unterhaltungs- und Informationswert für die Leser." (Cerutti/Flöhl ^{2}1987: 88; Hvhg. MK) "Für alle Wissenschaftsnachrichten gibt es darüber hinaus ein weiteres entscheidendes Kriterium: Sie müssen *richtig*, daß heißt *wissenschaftlich korrekt* sein." (ebd.: 89) Bader (1993: 21 f.) stellt unter dem Stichwort "Der Wissenschaft verpflichtet" unter anderem folgendes Qualitätskriterium auf: Fehlerfreie Darstellung wissenschaftlicher Ergebnisse, Methoden und Schlußfolgerungen, "oder anders ausgedrückt, die Realität soll gemäß wissenschaftlich objektiver Kriterien wiedergegeben werden."

Gründen begrenzten Aufnahmekapazität des Rezipienten rechnen. Die Rücksicht hierauf zwinge zu "kurzer und damit eben auch verkürzter Darstellung" (Ruß-Mohl 1983a: 16). Auch für Grabowski (1982: 101) gehört das journalistische Publikum zu den "begrenzende[n] Faktoren" des Wissenschaftsjournalismus, und zwar unabhängig von den Einschränkungen, die sich schon aus den Strukturen von Journalismus und Wissenschaft ergeben. Diese Sichtweise ist in zweierlei Hinsicht typisch für das Paradigma Wissenschaftsjournalismus: Zum einen werden journalistische Selektion und journalistisches Publikum als mehr oder weniger unabhängige Variablen betrachtet[55], zum anderen gelten massenmediale Kommunikationsprozesse aufgrund ihrer erhöhten Selektivität prinzipiell als "in hohem Maße störanfällig" (Grabowski 1982: 103).

Die Konsequenz, die die Autoren des Paradigmas Wissenschaftsjournalismus aus ihren Beobachtungen ziehen, läuft darauf hinaus, daß der Journalismus seinem Publikum die 'tatsächliche' Relevanz der Wissenschaft aktiv näherbringen soll (vgl. Kepplinger 1976: 155; s.o.). Die in einer Umfrage festgestellte Diskrepanz zwischen tatsächlichen und von der Bevölkerung gewünschten Forschungsprioritäten (vgl. Krauch 1970: 17) kann daher laut Depenbrock (1976: 15 f.) "auch die Folge eines Versagens der Wissenschaft und der Publizistik sein, notwendige, aber unpopuläre Forschungen einer breiten Öffentlichkeit einsichtig zu machen."[56] Gemäß der Prämisse, daß sich die Bedeutung der Wissenschaft in der Medienberichterstattung widerspiegeln sollte (vgl. Ruß-Mohl 1984a: 558), muß das Publikum von der Relevanz von Wissenschaft und Technologie in seinem Alltagsleben überzeugt werden.[57] Da dieses Ziel nur über eine erhöhte Nutzung der Wissen-

55 "Das Publikum ist nicht vorhanden, wenn die Redaktion über die Auswahl der Themen [...] entscheidet" (Grabowski 1982: 102). Da Wissenschaftsjournalismus anscheinend durch eine völlige Unkenntnis seines Publikums gekennzeichnet ist, müssen Intuition und Gespür für die potentiellen Publikumsinteressen einspringen. Daher würden "im Journalismus hausgemachte und nicht reflektierte Entscheidungskriterien vorherrschen, wenn es um die Behandlung wissenschaftlicher Themen geht." (Grabowski 1982: 108) Grabowski, der sich an die systemtheoretisch orientierte Journalismustheorie Rühls (1980) anlehnt, leitet diese Schlußfolgerungen bezeichnenderweise aus der Kritik von Angehörigen des Wissenschaftssystems ab. Er ignoriert damit, daß für Rühl die Bildung von journalistischen Publika durchaus nicht dem Zufall überlassen bleibt (vgl. Rühl 1980: 330 ff.).

56 Depenbrock widerspricht hier Fabris (1974), der in dem Umfrageergebnis das Unvermögen der Massenmedien zur Artikulation alternativer Vorstellungen der Bevölkerung bestätigt sieht (vgl. Kap. 3.7.1).

57 "The public has to be convinced of the relevance of science and technology in their lives", erklärt Bourne (1992: 78), obwohl er zuvor beteuert hat, daß es nicht Sache der Massenmedien sei, bestimmte Gesellschaftsbereiche zu unterstützen oder das Publi-

schaftsberichterstattung erreicht werden könne, soll Wissenschaftsjournalismus versuchen, "soweit möglich einen Bezug zum Nutzen für den Leser, Hörer oder Zuschauer herzustellen." (Wilke 1986: 313) In diesem Sinne spricht auch Ruß-Mohl (vgl. 1984a: 558) davon, Interesse zu wecken und Betroffenheit herzustellen.

Die journalistische Fähigkeit, das Interesse des Publikums zu erregen, ordnet Ruß-Mohl in seinem Entwurf einer Wissenschaftsjournalistik unter der Kategorie "Präsentationsformen und -schwierigkeiten" ein, nicht aber unter der Kategorie "Nachrichtenwerte und Nachrichtenauswahl" (vgl. Ruß-Mohl 1985a: 273 f.). Die Herstellung von Relevanz wird so zu einer Frage der spannenden Darstellung (vgl. Geretschlaeger 1979: 233)[58], wobei es dem Journalismus zufällt, Wissenschaft mit Leseanreizen zu versehen (vgl. Gruhn 1979: 101; Kruse 1990: 206). Da es erklärtermaßen darum geht, einen breiten Adressatenkreis für wissenschaftliche Fragen zu gewinnen, stellt sich den Autoren des Paradigmas Wissenschaftsjournalismus vor allem die Frage, wie Wissenschaft so interessant vermittelt werden kann, "daß sie [...] auch wissenschaftliche Laien 'anlocken' kann." (Freund 1990a: 17) Die Bedeutung der "Relevanz zur Lebenssituation des Betreffenden" (Geretschlaeger u.a. 1979: 50) wird dagegen nur als strategisches Moment für die Optimierung der Wissenschaftsvermittlung wahrgenommen.[59] Vor diesem Hintergrund sollen die Interessen der Rezipienten notfalls entkräftet und widerlegt (vgl. Kepplinger 1976: 156) und mit Hilfe der Wissenschaft eventuelle Vorurteile der Leser entlarvt werden (vgl. Kruse 1990: 210; Kap. 4.2.2).

Das Publikum des Wissenschaftsjournalismus, so kann zusammenfassend festgehalten werden, wird innerhalb des Paradigmas Wissenschaftsjournalismus in erster Linie als ein Publikum für die Popularisierung von Wissenschaft konzipiert. Die Relevanzkriterien und Kommunikationserwartungen der Rezipienten werden damit den Bedürfnissen einer Wissenschaftsvermittlung untergeordnet, die sich als Popularisierung primär an

kum zu erziehen, und zudem überhaupt kein Bedarf des Publikums für zusätzliche Wissenschaftsberichterstattung festzustellen sei (vgl. ebd.: 64 f.).

58 Geretschlaeger (1979: 233) sieht hier einen Teufelskreis: Weil es besonders schwer sei, Wissenschaft spannend darzustellen, und weil Journalisten ohne besondere Ausbildung dies täten, sei es für Leser eben nicht spannend. Darum würden auch keine Wissenschaftsberichte gelesen, was wiederum die Einstellung guter Journalisten verhindere...

59 "Um diese Kluft zwischen der Theorie und dem täglichen Leben zu überbrücken, ist ein Interpret notwendig, der die Relevanz der Theorie erklärt, ohne ihre Bedeutung zu zerstören." (Geretschlaeger u.a. 1979: 51)

wissenschaftszentrierten Relevanzkriterien orientiert (vgl. Kap. 3.1.3). Da der Wissenschaftsjournalismus genau denselben Kriterien unterworfen ist (vgl. Kap. 3.2.5), kann von einer dynamischen Beziehung zwischen Journalismus und Publikum (vgl. Hömberg 1990a: 90) oder von aktiven Rezipienten (vgl. Kepplinger 1976: 145) nicht die Rede sein.

Den deutlichsten Hinweis, welche Stellung dem journalistischen Publikum zugemessen wird, gibt Ruß-Mohls makroanalytische Betrachtung der unterschiedlichen Umweltbeziehungen des Wissenschaftsjournalismus: In diesem Schaubild, das als Modell für die zukünftige Wissenschaftsjournalismus-Forschung dienen soll, taucht das journalistische Publikum erst gar nicht auf (vgl. Ruß-Mohl 1985a: 267, Schaubild 1). Die "Beziehungen zwischen dem Wissenschaftsjournalisten und seiner Zielgruppe, den Rezipienten", werden statt dessen der mikroanalytischen Betrachtungsebene des einzelnen Wissenschaftsjournalisten zugeordnet und unter "Regeln und Formen der Informationsvermittlung" 'abgelegt' – getrennt vom Aspekt der Selektionskriterien (Ruß-Mohl 1985a: 268). Angesichts dieser theoretischen Marginalisierung der journalistischen Rezipienten ist die nachdenkliche Frage Fischers (1976: 13), ob "überhaupt [...] seitens des Publikums eine 'Aufklärung' über Fragen der Wissenschaft erwartet bzw. gewünscht" werde, nicht anders als rhetorisch zu verstehen.

3.3.6 Reformvorschläge für Wissenschaftsjournalismus

Im Anblick der "desolaten Gesamtsituation" (Hömberg 1990a: 146) ist den Vertretern des Paradigmas Wissenschaftsjournalismus nachhaltig an einer Reformierung des Wissenschaftsjournalismus gelegen. Da die Defizite der Wissenschaftsberichterstattung vor allem auf die mangelnde Institutionalisierung des Wissenschaftsjournalismus sowie auf erhebliche qualitative Mängel zurückgeführt werden (vgl. Kap. 3.3.2), richten sich die Reformvorschläge zum einen auf notwendige Veränderungen der journalismusinternen Strukturen, zum anderen auf eine intensivierte wissenschaftsjournalistische Ausbildung (vgl. Klagenfurter 1989: 316, These 8).

Als Grundlage für eine Reform journalismusinterner Organisationsstrukturen dient die Kritik, daß viele Redaktionen nicht über eine "arbeitsfähige Grenzstelle gegenüber dem Wissenschaftssystem" (Hömberg 1990a: 145) verfügten. Journalismus habe weder organisatorisch noch personell die notwendigen Konsequenzen aus der gesellschaftlichen Bedeutung von Wissenschaft und Technik gezogen. Wissenschaftsjournalismus gilt folglich als ein verspätetes Ressort (vgl. Hömberg 1990a; 1990b: 31). Eine Hauptforderung besteht somit darin, Wissenschaftsressorts einzurichten und bestehende Wissenschaftsredaktionen auszubauen (vgl. Hömberg 1990a: 145 f.; 1990c: 189; Klagenfurter 1989: 316, These 9).[60] Neben diesem Institutionalisierungsmodell schlägt Hömberg (1990a: 146 f.) zudem flexible Organisationsmodelle vor, die der Komplexität des Berichterstattungsfeldes Wissenschaft angemessen seien. Stichwörter sind hier die Begriffe Kooperationsmodell (Teamwork), (temporäre) Projektredaktion zu einem bestimmten Thema und Rotationsmodell (zeitweiliger Wechsel des Arbeitsfeldes) (vgl. Klagenfurter 1989: 316, These 9; Langenbucher 1983).

Während Hömberg (1990a: 146) darauf spekuliert, daß eine Institutionalisierung des Wissenschaftsjournalismus "die Sensibilität für das Recherchefeld Wissenschaft in allen Ressorts erhöht und damit die Spartenghettos überwindet", befürchtet Ruß-Mohl (1985a: 266 u. 275) gerade ein Reservatendasein des Wissenschaftsjournalismus. Der dadurch bewirkte fehlende Wettbewerbsdruck sei als ein Grund für die Mängel der Wissenschaftsberichterstattung zu betrachten. Wissenschaftsjournalismus hat für Ruß-Mohl "vielmehr eine Querschnittsfunktion par excellence zu erfüllen, er müßte mithin in jedem Ressort stattfinden." (ebd.: 266) Während das Wissenschaftsressort spezielle Zielgruppen bediene, seien die klassischen Ressorts für eine breitstreuende Wissenschaftsberichterstattung zuständig. Ruß-Mohl vermißt sowohl eine breitstreuende Berichterstattung über Naturwissenschaft, Technik und Medizin als auch eine zielgruppenorientierte Berichterstattung über Sozial- und Geisteswissenschaften (vgl. ebd.: 270, Schaubild 3; ^{2}1987b). Als einen Ausweg aus dieser Vernachlässigung von Themenfeldern nennt Ruß-Mohl aber nicht die Änderung organisatorischer Strukturen, sondern in erster Linie die Ausbildung von Journalisten (s.u.).

Neben Fragen der Redaktionsorganisation wird auch die Unzulänglichkeit bestehender Recherche-Infrastrukturen kritisiert (vgl. Hömberg 1990c:

60 Mit der Institutionalisierung hofft Hömberg zugleich auch, dem Problem zu begegnen, daß sich freie Wissenschaftsjournalisten stärker als festangestellte am Wissenschaftssystem ausrichten (vgl. Hömberg 1990a: 145 f.). Dagegen spricht allerdings, daß Hömberg den Wissenschaftsjournalisten generell eine "Affinität zum Wissenschaftssystem" (Hömberg 1982: 205; vgl. 1990a: 93) nachsagt.

189; Ruß-Mohl 1985a: 272).[61] An der Freien Universität Berlin läuft deshalb im Oktober 1987 das Projekt "Recherchefeld Wissenschaft" an, das "versucht, Schwachstellen im Verhältnis von Wissenschaft und Medien zu untersuchen und wissenschaftlich-technisches Wissen besser als bisher für die journalistische Arbeit verfügbar zu machen." (Jarren/Vowe 1988: 140) Zielgruppe dieses durch die *Bundeszentrale für politische Bildung* finanzierten Projekts, das in den Studiengang Journalisten-Weiterbildung eingebettet ist[62], sind lokale und regionale Tageszeitungen. Die Ausgangsprämisse lautet, daß sich diese Zeitungen der gesellschaftlichen Modernisierung nur durch eine verstärkte Verwendung wissenschaftlichen Orientierungswissens anpassen können (vgl. Projekt 1988a). Für das wegen seiner potentiellen Publikumsrelevanz exemplarisch ausgewählte Themenfeld Gesundheit werden drei verschiedene Dienstleistungen angeboten, nämlich Expertenvermittlung, Recherchehilfen. und personengebundene Dienstleistungsangebote. Mit Hilfe dieser "exemplarischen Erprobung von Zugangswegen zur Wissenschaft" hofft man, "einen Beitrag zur Profilierung der lokal und regional orientierten Tageszeitung zu leisten" (Jarren/Vowe 1991: 16). Die in diesem aufwendigen Projekt gewonnenen – aus Sicht einer einseitigen Wissenschaftsvermittlung: desillusionierenden – Erfahrungen sind in der Literatur allerdings nicht zur Kenntnis genommen worden. Dies betrifft vor allem das selbstkritische Zwischenfazit der Projektverantwortlichen (vgl. Jarren/Vowe 1991).

Während sich Ressortfrage und Recherche-Ressourcen vor allem mit strukturellen Aspekten journalistischer Arbeit beschäftigen, richtet sich die Formulierung von Ausbildungszielen auf die Frage nach den notwendigen Qualifikationen von Wissenschaftsjournalisten. Vor allem werden "Sach- und Prüfkompetenz" für nötig gehalten, "aber auch eine genaue Kenntnis der wissenschaftlichen Produktions- und Kommunikationsbedingungen." (Hömberg 1990a: 144 f.) Die wissenschaftliche Qualifizierung der Journalisten durch ein Hochschulstudium stellt für Hömberg eine weitere Möglichkeit dar, um die bestehende Situation zu verbessern.[63] Allgemein wird in

61 "Der *Ver*mittlungsschwäche der Redaktionen entspricht eine *Er*mittlungsschwäche." (Hömberg 1990a: 86)

62 Ab 1990 wird das Projekt vom *Recherchedienst der Initiative Tageszeitung* (RITZ) weitergeführt.

63 Im Gegensatz zu anderen Autoren ist Hömberg allerdings skeptisch, ob diese persönlichkeitszentrierten Qualifikationsmodelle tatsächlich die gewünschte Änderung bewirken. Der relativ hohe Ausbildungsgrad im Kultur- und Wirtschaftsjournalismus führe

der Literatur die Auffassung vertreten, daß "die persönlichen Qualifikationen der Wissenschaftsjournalisten *durch* [sic!] hinreichende Ausbildungsvoraussetzungen zur Aneignung von Sach- und Vermittlungskompetenzen sicherzustellen und zu verbessern" sind (Klagenfurter 1989: 317, These 10; vgl. Albrecht u.a. 1990; Depenbrock 1976: 20; Krüger 1989; Ruß-Mohl 1985a: 275).[64] Ausbildungsfragen werden im Paradigma Wissenschaftsjournalismus stärker thematisiert als grundsätzliche Änderungen redaktioneller Organisationsstrukturen Das läßt sich dadurch erklären, daß schon kurzfristig praktische Verbesserungen der Wissenschaftsberichterstattung angestrebt werden. Mit Blick auf das "Beharrungsvermögen gewachsener Strukturen (und auch das gewachsener Strukturdefizite)" will man "zunächst gezielt dort ansetzen, wo im Rahmen bestehender Strukturen die Wissenschaftsberichterstattung intensiviert und verbessert werden kann." (Ruß-Mohl 1982a: 162)

Man – das ist die *Robert-Bosch-Stiftung GmbH* aus Stuttgart, die 1979 ein umfangreiches "Förderungsprogramm Wissenschaftsjournalismus" auflegt, für das Ruß-Mohl als Referent zuständig ist (1985 wechselt er als Professor für Allgemeine Publizistik an die Freie Universität Berlin). Das Förderangebot der Stiftung schließt vor allem Projekte zur Aus- und Fortbildung ein und richtet sich "an alle Journalisten, die Wissenschaftsberichterstattung betreiben und zu deren Verbesserung beitragen wollen" (Robert-Bosch-Stiftung 1982: 164). Gefördert werden unter anderem Praktika, Lehrveranstaltungen, Ausbildungsangebote, Seminare für Journalisten und Auslandsaufenthalte für Wissenschaftsjournalisten.[65] Ruß-Mohls Erläuterun-

---

auch nicht automatisch zu einer zufriedenstellenden Berichterstattung (vgl. Hömberg 1990a: 145).

64 In einem frühen Beitrag aus der Bielefelder Projektgruppe plädiert die Autorin für eine wissenschaftliche Journalistenausbildung, in der wissenschaftlich als eine "aktive Teilnahme am Prozeß 'Wissenschaft' verstanden" wird (Grunow 1974/1975: 444). Wissenschaftliche Sachkompetenz müsse durch "wünschbare Verhaltensdispositionen im affektiven Lernbereich ergänzt werden." (ebd.) Grunow orientiert sich hierfür an einem Katalog allgemeiner Verhaltensziele für *Wissenschaftler*, der vom hochschuldidaktischen Ausschuß der Bundesassistentenkonferenz zusammengestellt wurde und z.B. unter dem Stichwort "Motivation" die 'Verhaltensdisposition' propagiert, "Wissenschaft aus der Freude an der Wissenschaft zu betreiben" (ebd.). Als Ausbildungsziel wird die Befähigung angestrebt, "neues Wissen, neue Erkenntnisse [...] wissenschaftlich zu analysieren und kritisch reflektierend weiterzugeben." (ebd.: 442) Der Wissenschaftsjournalist von Randow definiert den Wissenschaftsjournalisten als einen "*gescheite[n] Popularisierer*": "So einer darf natürlich nicht kritiklos sein, aber in seiner Grundhaltung sollte er die Neugier des Forschers teilen." (Randow ^{2}1987: 19)

65 Krüger und Flöhl haben 1980 eine Umfrage über Forschungsprogramme und Lehrveranstaltungen zum Wissenschaftsjournalismus durchgeführt. Ihr Fazit: Der Wissenschaftsjournalismus friste "im akademischen Leben ein kärgliches Dasein" (Krüger/Flöhl 1982:

gen zum Förderungsprogramm zeigen deutlich, daß sich die Ausbildungsziele an den Erfordernissen einer "breitstreuende[n] Wissenschaftsvermittlung" durch die Massenmedien ausrichten sollen. Da Wissenschaftler nicht über die nötigen Vermittlungskompetenzen verfügten, wird diese Aufgabe dem Wissenschaftsjournalismus zugewiesen, nicht ohne die Frage zu stellen, ob "die Mittel, derer er sich bei der Popularisierung von Wissenschaft bedient, zu vertreten" seien (Ruß-Mohl 1982a: 159). Die folgenden Überlegungen knüpfen dann wieder an die Kritik journalistischer Selektionskriterien an, so wie wir sie schon in Kap. 3.3.4 ausführlich vorgestellt haben.

Ende 1982 veranstaltet die Robert-Bosch-Stiftung ihr erstes von insgesamt vier Wissenschaftscolloquien unter dem Titel "Wissenschaftsjournalismus und Journalistenausbildung – eine Bestandsaufnahme" (vgl. Robert-Bosch-Stiftung 1983). In der Einführung zum Tagungsband läßt Ruß-Mohl erkennen, daß es ihm angesichts der fehlenden "Zufahrtsstraßen zu den Irrgärten und Datenfriedhöfen des heutigen Wissenschaftsbetriebs" (Ruß-Mohl 1983b: 14) vor allem um eine effiziente Wissenschaftsvermittlung geht. Er spekuliert sogar darüber, ob man nicht ein neues Berufsfeld Wissenschaftsvermittler definieren sollte, dessen Betätigungsfeld zwischen Wissenschaft und Vertretern der Massenmedien angesiedelt sei (vgl. Langenbucher 1983: 124 f.). Zwar greift er diesen Gedanken in einen späteren Publikationen nicht mehr explizit auf – die grundsätzliche Ausrichtung des Wissenschaftsjournalismus und damit auch der Journalistenausbildung an einer Wissenschaftsvermittlung, die unter anderem die drohende Selbstblockade des Wissenschaftssystems verhindern soll (vgl. Ruß-Mohl 1983b: 14), bleibt aber auch weiterhin bestehen. Das zeigt sich schon daran, daß die Vernachlässigung bestimmter Themenfelder durch eine entsprechende Ausbildung von Journalisten behoben werden soll (vgl. Ruß-Mohl 1985a: 279; s.o.), mit anderen Worten: Ziel der Ausbildung ist auch die Vermittlung von Selektionskriterien, die eine möglichst repräsentative Berichterstattung über Wissenschaft gewährleisten.[66] Die Robert-Bosch-Stiftung fördert daher bevorzugt Bewerber mit naturwissenschaftlichem oder medizinischem

---

18). 1990 wird auf Anregung der Robert-Bosch-Stiftung ein Stiftungslehrstuhl am Institut für Publizistik und Kommunikationspolitik der Freien Universität Berlin eingerichtet. Die Aufgaben des neuen Lehrstuhlinhabers, des bekannten Wissenschaftsjournalisten Winfried Göpfert, liegen primär in der Aus- und Weiterbildung von Wissenschaftsjournalisten (vgl. Ruß-Mohl 1990c: 345).

66 "Für das System der Politik hat der Journalismus offensichtlich Techniken herausgebildet, die eine als hinreichend empfundene Öffentlichkeit herstellen. Für das System der Wissenschaft gilt das offensichtlich nicht." (Grabowski 1983: 36)

Hintergrund, um der von Langenbucher (1983: 122; vgl. Krüger 1989: 252 f.) konstatierten "'Vergeistes- und Versozialwissenschaftlichung' in den Medien" zu begegnen: "Auch außerhalb der Wissenschaftsredaktionen [...] soll langfristig das Bewußtsein dafür geschärft werden, welches Reservoir an journalistischen Themen Wissenschaft und Forschung bilden." (Ruß-Mohl 1984b: 105)[67]

Am Studiengang Journalisten-Weiterbildung (JWB) an der FU Berlin sollen unter anderem Themenseminare wissenschaftliches Fachwissen vermitteln und Einblick in wissenschaftliche Methodik geben. Hierdurch will man angeblichen Recherche-Problemen der Journalisten im Wissenschaftsbereich abhelfen, deren Folge "eine einseitige, von Vorurteilen belastete Berichterstattung" (Albrecht u.a. 1990: 19) sei. Veranstaltungen wie z.B. das Seminar 'Gentechnologie in der Landwirtschaft' sollen dazu dienen, "derartige Verhaltensmuster zu durchbrechen und eine *bessere* Unterrichtung der Bevölkerung über Risikothemen zu garantieren." (ebd.; Hvhg. MK) Auch aus dieser Argumentation läßt sich ein zumindest implizites Plädoyer für die Überlegenheit wissenschaftlicher Rationalität über lebensweltliche Wissensbestände herauslesen.

Die Notwendigkeit weiterer Ausbildungsanstrengungen im Bereich des Wissenschaftsjournalismus, die Langenbucher (1983) in seinem Fazit zum ersten Colloquium Wissenschaftsjournalismus betont, versteht Ruß-Mohl "auch als Aufforderung an die Wissenschaftspolitik, über die Mittel*verteilung* im Bereich der Journalistenaus- und -fortbildung noch einmal nachzudenken. Vielleicht fällt es den Wissenschaftspolitikern leichter, die Entstehung der (nicht nur von Langenbucher herbeigewünschten) *Kultur des Wissenschaftsjournalismus* tatkräftig zu fördern, wenn sie sich deren potentielle gesellschaftspolitische Bedeutung vergegenwärtigen. Ein Wissenschaftsjournalismus, dem es gelänge, aus dem bisherigen Ressortghetto auszubrechen und breitere Rezipientengruppen zu erreichen, wäre nicht nur wissenschafts- und forschungspolitisch relevant; in der heraufkommenden Informationsgesellschaft hätte er zugleich für den Bestand der Demokratie

67 Schon Depenbrock (1976: 372) hatte sich von einer wissenschaftlichen Fachausbildung für Journalisten erhofft, daß sie die "Einsicht" in die Notwendigkeit einer kontinuierlichen und ausführlichen Wissenschaftsberichterstattung befördern würde.

und für die gesellschaftliche Integration eine nicht zu unterschätzende Funktion zu erfüllen." (Ruß-Mohl 1985b: 23)

3.4 Wissenschaftsjournalismus und Wissenschafts-PR

Popularisierung von Wissenschaft mit Hilfe der Massenmedien – auf diese Formel haben wir die dominierende Zielvorstellung des Paradigmas Wissenschaftsjournalismus gebracht. In diesem Konzept spielt die Öffentlichkeitsarbeit oder Public Relations (PR) des Wissenschaftssystems selbst lange Zeit keine wesentliche Rolle. Die Diskussion um eine verbesserte Ausstattung der Hochschulpressestellen, die Ende der sechziger und Anfang der siebziger Jahre unter dem Schlagwort der "öffentlichen Wissenschaft" ihren Höhepunkt fand (vgl. Kap. 2.2.2), führt zwar zu einer regelmäßigen Kritik an der ungenügenden Öffentlichkeitsarbeit des Wissenschaftssystems (vgl. Depenbrock 1976: 365 ff.; Fischer 1976: 13 f.; 1981: 349 u. 352; Flöhl 1977: 205; Grabowski 1982: 98 ff.; Krüger/Ruß-Mohl 1989)[68] – sie ändert allerdings nichts an der grundsätzlichen Stoßrichtung des Paradigmas Wissenschaftsjournalismus, daß vor allem Struktur und Arbeitsweise des Journalismus geändert werden müßten, um eine verbesserte Wissenschaftsvermittlung zu erzielen. In den Klagenfurter Thesen werden z.B. ausführliche Vorstellungen entwickelt, um "strukturelle Mängel" der journalistischen Wissenschaftsberichterstattung "zu beseitigen" (Klagenfurter 1989: 316, These 8). Auf seiten des Wissenschaftssystems wird dabei nur die individuelle Bringschuld 'der' Wissenschaftler angesprochen – nicht allerdings, ohne die ebenfalls nicht abgetragene 'Holschuld' der Wissenschaftsjournalisten einzuklagen (ebd.: 314 f., These 2). Ruß-Mohl (1984a: 555) führt die Misere in der lokalen Wissenschaftsberichterstattung zwar auch auf "Ignoranz und Überheblichkeit auf seiten der Universitäten und Forschungsstätten" zurück; die Initiative zu einer vermehrten Wissenschaftsbe-

68 Ruß-Mohl (1982a: 161) zufolge gibt es zwischen Medien- und Wissenschaftssystem kaum Instanzen, "die einigermaßen 'systematisch' den Transfer von Forschungsergebnissen besorgen und damit dem Gesetz des Zufalls entgegenwirken, nach dem heute noch vielfach Informationen aus dem Wissenschaftsbereich an die Öffentlichkeit durchsickern." Auch die Wissenschaftsjournalisten äußern sich mehrheitlich sehr negativ über die Pressearbeit von Hochschulpressestellen (vgl. Roloff/Hömberg 1975: 59 f.; Hömberg 1982: 83 ff.; 1990a: 77 f.).

richterstattung hat aber auch hier wiederum der Journalismus zu ergreifen (vgl. ebd.: 556; Kruse 1990: 207) [69]

Wissenschaftsjournalismus soll also offenkundige Schwächen in der Öffentlichkeitsarbeit der Wissenschaft kompensieren Diese Anregung ist nur konsequent, wenn man wie Ruß-Mohl Wissenschaftsvermittlung als eine *gemeinsame* "Herausforderung für Wissenschaft und Wissenschaftsjournalismus" begreift (Ruß-Mohl 1982a; vgl. Klagenfurter 1989: 315, These 3). In die gleiche Richtung zielt auch der Vorschlag, daß die "Verbindung zwischen Wissenschaft und Wissenschaftsjournalisten [..] verstärkt werden [müßte]." (Kepplinger 1976: 156) Die Unterordnung des Wissenschaftsjournalismus unter die normative Zielvorstellung der Wissenschaftsvermittlung bringt es fast zwangsläufig mit sich, daß Wissenschaftsjournalismus zur "wissenschaftlichen Außenkommunikation" (Hömberg/Roloff 1974/1975: 431; vgl. Hömberg 1980: 42; 1990a: 16 ff.) gerechnet wird, eine Vorstellung, die trotz aller Medienkritik auch gern von Wissenschaftlern gepflegt wird und auch dem Selbstverständnis etlicher Wissenschaftsjournalisten nicht zu widersprechen scheint.[70] Wohl aus diesem Grunde findet eine systematische Betrachtung der Öffentlichkeitsarbeit des Wissenschaftssystems und ihres Verhältnisses zum Wissenschaftsjournalismus lange Zeit nicht statt. Dies ändert sich erst 1988 mit dem dritten Colloquium Wissenschaftsjournalismus der Robert-Bosch-Stiftung, das ausschließlich dem "Beziehungsgeflecht zwischen Wissenschafts-PR und Wissenschaftsjournalismus" (Ruß-Mohl 1990a: 7) gewidmet ist. Auf dieser Tagung zeigt sich besonders deutlich, wie wissenschaftszentriert Journalismus im Paradigma Wissenschaftsjournalismus konzipiert wird – dann nämlich, wenn die Funktionsbeschreibungen von Wissenschafts-PR und Wissenschaftsjournalismus beide auf den Begriff der Wissenschaftsvermittlung hinauslaufen und damit praktisch nicht mehr zu unterscheiden sind.

---

69 "Schon das Aufspüren von Themen ist schwieriger als anderswo." (Ruß-Mohl 1984a: 556)

70 So sieht Meyer-Dohm, Rektor der Ruhr-Universität Bochum, "Sinn und Zweck" des Symposiums "Wissenschaft und Massenmedien" darin, "daß Publizisten und Wissenschaftler sich einmal an einen Tisch setzen sollten und das Problem gemeinsam angehen sollten." (Wissenschaft und Massenmedien 1979: 2) Dem Wissenschaftsjournalisten von Randow ist es ein Anliegen, "unseren Mitmenschen wieder Vertrauen in die Logik zurückzugeben und Sympathie für die Denkweisen der Wissenschaft zu wecken" (Randow 1992: 13; vgl. Gamillscheg 1975a; Khuon/Laupsien 1979; Laupsien 1979; Randow ^{2}1987; Schiemann 1978a; 1978b).

In seiner Einleitung führt Ruß-Mohl die verstärkte Aufmerksamkeit des Wissenschaftssystems für Öffentlichkeitsarbeit darauf zurück, daß die "Wissenschaft selbst, und in ihrem Schlepptau der Wissenschaftsjournalismus [..] nicht mehr in einer *statisch-harmonischen* Umwelt" stattfinden. Die Umweltbedingungen seien vielmehr "für beide *turbulent* und *konfliktuös* geworden." (Ruß-Mohl 1990b: 11) Die Wissenschaftsorganisationen hätten auf diese Entwicklung mit einer Steigerung ihrer Eigenkomplexität reagiert: PR-Abteilungen sind "*Instrumente der* Umweltbeobachtung *und der* Umweltbeeinflussung, *und damit zugleich auch des* Machterhalts *und der* Machtausübung." (Ruß-Mohl 1990b: 12) Ruß-Mohl beschreibt drei Funktionen der Wissenschafts-PR (vgl. ebd.: 12 f.):

1) *Seismograph* die Funktion des "Hineinwirkens in die eigene Institution, des geduldigen Herantragens und Vermittelns neuer, sich wandelnder Umweltanforderungen an das eigene Haus".
2) *Vermittler*: PR würde für den Wissenschaftsjournalismus in dessen Vermittlungstätigkeit zwischen Wissenschaft und Öffentlichkeit immer unverzichtbarer werden. Im Idealfall sei der Öffentlichkeitsarbeiter der Wissenschaft "ein *doppelt semi-spezialisierter* Vermittler, also ein Dolmetscher, der in beiden auseinanderdriftenden Welten ein Stückweit zu Hause ist: der der (Fach-)Wissenschaft und der der Medien."
3) *Interessenvertreter*: Dies sei die Funktion, in der PR am ehesten in Konflikt mit den Journalismus gerate. Die hauptsächliche Bewährungsprobe sieht Ruß-Mohl in der Risikokommunikation, d.h. in der gesellschaftlichen Auseinandersetzung um Chancen und Risiken wissenschaftlicher Erkenntnisse und technologischer Entwicklungen.

Mögliche negative Auswirkungen von PR-Arbeit sieht Ruß-Mohl darin, daß "*vor allem in produktnahen Berichterstattungsfeldern*" (Ruß-Mohl 1990b: 14) durch Korruption die Unterschiede zwischen PR und Journalismus verschwimmen könnten, und daß ein Ausbau der PR zu einem gleichzeitigen Abbau der journalistischen Kapazitäten führen könnte. Einen Ausweg sollen Ausbildungsangebote bieten, die sowohl die Professionalität des Journalismus als auch der Öffentlichkeitsarbeit stärken sollen. Ein Ziel des Colloquiums sei es daher gewesen, aus den Erfahrungen in der Ausbildung von Wissenschaftsjournalisten für zukünftige Lehrangebote in der Wissenschafts-PR zu lernen. Schlüssig erscheint Ruß-Mohl (vgl. ebd.: 16) nämlich eine *gemeinsame* Ausbildung von Öffentlichkeitsarbeitern und Journalisten, da beide Berufsfelder eng aufeinander bezogen seien.

Diese Verzahnung der Ausbildungsangebote für Wissenschafts-PR und Wissenschaftsjournalismus ist ein Indiz dafür, daß beide Bereiche unter dem übergeordneten Interesse der Wissenschaftsvermittlung betrachtet werden. Im Vordergrund steht daher nicht von ungefähr die Funktion der Wissenschafts-PR als ein immer wichtigeres 'Bindeglied' zwischen Wissenschaft und Journalismus (vgl. ebd.: 12).[71] Die Funktion einer Interessenvertretung wird demgegenüber als eine *weitere*, d.h. nicht als eine grundsätzlich aller PR übergeordnete Funktion angesehen. So kann die Vermittlerfunktion auch auf den Bereich der Risikokommunikation übertragen werden, der ja gerade durch den Konflikt zwischen unterschiedlichen Positionen und Interessen gekennzeichnet ist. Daß PR hier offensichtlich – anscheinend zusätzlich zu ihrer Vermittlungsfunktion – interessengebunden operiert, wird von Ruß-Mohl als "zumindest potentiell gefährlich" (ebd.: 13) angesehen. Konflikten, die durch die "*Interessengebundenheit* von Öffentlichkeitsarbeit bei möglicherweise *gegenläufigen öffentlichen Interessen*" (ebd.) entstehen könnten, soll daher durch vermehrte und offenere Gespräche zwischen PR-Leuten, Journalisten und Kommunikationsforschern begegnet werden. Für wünschenswert wird auch die Festlegung auf gemeinsame ethische Richtlinien erachtet (vgl. ebd.: 19).

Die grundsätzliche Gemeinsamkeit von Wissenschafts-PR und Wissenschaftsjournalismus wird auch in einer Reihe weiterer Beiträge hervorgehoben. Da Göpfert (1990: 23) es als eine Besonderheit des Wissenschaftsjournalismus ansieht, über exakte Informationen verfügen zu müssen, sei dieser "also in besonderer Weise auf Informationen und die vertrauensvolle Zusammenarbeit mit Informanten angewiesen." Wissenschaftsjournalismus und Wissenschafts-PR müßten daher Hand in Hand arbeiten: "Beide arbeiten am gemeinsamen Ziel: Information der Öffentlichkeit über wissenschaftliche Ergebnisse aus einschlägigen Institutionen. [...] Beide sind Vermittler." (ebd.: 24) Im folgenden präsentiert der Beitrag zwar hauptsächlich Beispiele, wie PR Einfluß auf die redaktionelle Gestaltung von journalistischen Produkten zu gewinnen sucht; anscheinend beschränken sich diese Versuche aber auf kommerziell orientierte PR und auf seiten des Journalismus auf

71 Damit wird impliziert, daß es eine ursprünglich natürliche Gemeinsamkeit zwischen Wissenschaft und Journalismus gebe, die es zumindest tendenziell wiederherzustellen gelte. Dieser Gedanke taucht auch bei Grabowski auf (vgl. 1982: 33 ff. u. 127).

kostenlose Ärztezeitschriften, die Regenbogenpresse und den privaten Rundfunk (vgl. ebd.: 34). Hiervon unterscheidet Göpfert sogenannte gute PR: "Gute PR will nicht überreden, sondern überzeugen, will nichts beschönigen und nichts verschweigen, sondern umfassend informieren." (ebd.: 24) Zu dieser Kategorie wird die Öffentlichkeitsarbeit von Hochschulen und Großforschungseinrichtungen gerechnet.

In gleicher Weise reklamiert auch Schütz, Referent für Öffentlichkeitsarbeit und Medien des Boehringer Ingelheim Fonds und Lehrbeauftragter des Ergänzungsstudienganges Journalistik in Hannover, ein gemeinsames Interesse von Wissenschafts-PR und Wissenschaftsjournalismus, das in der sachgerechten und emotionsfreien Informierung über Wissenschaft bestehe: "Wir ziehen also beiden an einem Strang. [...] Auf welcher Seite des journalistischen Tisches man da sitzt, ist an und für sich gleichgültig." (Schütz 1990: 144) Schütz, der es als Ziel von PR ansieht, einen gesellschaftlich verbindlichen Interessenkonsens herzustellen, betrachtet Öffentlichkeitsarbeit als eine "Form des Journalismus. Öffentlichkeitsarbeit sei hier informations*vermittelnder* Journalismus, der in den Medien publizierende Journalismus im Gegensatz dazu informations*verbreitender* Journalismus genannt. Die Kriterien der Arbeit sind dieselben: Ehrlichkeit, Aufrichtigkeit, Trennung von Information und Meinung" (ebd.: 143 f.; vgl. Schöne 1982: 21 u. 33). Für Stamatiadis-Smidt, Leiterin der Stabsstelle Presse- und Öffentlichkeitsarbeit des Deutschen Krebsforschungszentrums in Heidelberg, ist der Öffentlichkeitsarbeiter der Wissenschaft "auch Interessenvertreter des Journalisten in der Einrichtung und wirkt nicht in *erster* Linie als Interessenvertreter der Einrichtung auf den Journalisten." (Stamatiadis-Smidt 1990a: 89; vgl. 1990b: 116) Beide würden "subjektiv und objektiv in einem gemeinsamen Boot sitzen. Gemeinsam versuchen sie, Informationen aus dem Wissenschaftssystem in ihrem Kahn ans andere Ufer zu transportieren – zur Öffentlichkeit. Und dazu müssen sie gemeinsam – wenn auch nicht immer im Gleichtakt – rudern." (Stamatiadis-Smidt 1990a: 90)

Nicht alle Tagungsbeiträge betonen so ausdrücklich die quasi natürliche Partnerschaft zwischen Wissenschafts-PR und Wissenschaftsjournalismus. Hömberg (1990c: 187) hält z.B. eine klare Abgrenzung der Berufsrollen für nötig und auch Grabowski (1990) bevorzugt eine strukturelle Arbeitsteilung zwischen Öffentlichkeitsarbeit und Wissenschaftsjournalismus, ohne allerdings dessen grundsätzliche Funktion der Wissenschaftsvermittlung in Frage zu stellen. Es ist dennoch nicht zu verkennen, daß mit Ruß-Mohl der (neben Hömberg) wichtigste Autor des Paradigmas Wissenschaftsjournalismus ein Konzept verfolgt, das Wissenschafts-PR und Wissenschaftsjournalismus prinzipiell die gleiche Funktion zuweist. Auch an anderer Stelle bekräftigt Ruß-Mohl, am Beispiel des Wissenschaftstransfers, dieses gemeinsame Interesse, "die Wissenschaft aus dem Elfenbeinturm herauszuführen" (Krüger/Ruß-Mohl 1990: 503). Hier werden Wissenschaftsjournalismus und Wissenschafts-PR sogar in "eine gemeinsame Verantwortung wohl auch für die unbeaufsichtigten Folgen des Transfers" gestellt (Krüger/Ruß-Mohl 1990: 516; vgl. Ruß-Mohl 1985a: 266).

Diese funktionale Gleichsetzung von Öffentlichkeitsarbeit des Wissenschaftssystems und Wissenschaftsberichterstattung des Journalismus zeigt besonders deutlich, daß Wissenschaftsjournalismus normativ an den Rationalitätskriterien und Interessen des Wissenschaftssystems ausgerichtet wird. Im Prinzip wird hiermit nur das Paradigma Wissenschaftsjournalismus konsequent zu Ende gedacht – die normative Gleichsetzung ergibt sich nämlich fast zwangsläufig aus den gesellschafts- und journalismustheoretischen Prämissen des Paradigmas und kursierte auch schon zuvor in den unverbindlich-diffusen Forderungen nach mehr Partnerschaft zwischen Wissenschaft und Massenmedien. Damit findet in einem Teil der deutschen Forschung[72] eine ähnliche Entwicklung statt, wie sie Peters (1990a: 71) schon in der amerikanischen Literatur beobachtet hat: "Angesichts der unterstellten Annahme, daß das Verhalten von Journalisten nicht grundsätzlich geändert werden kann noch soll, geht eine Tendenz dahin, mögliche Ansatzpunkte für die Verbesserung des Wissenschaftsjournalismus im Verhalten der Primärquellen zu sehen."[73] Die oben skizzierten Beiträge gehen allerdings noch erheblich weiter: Aus journalismustheoretischer Sicht läßt sich die Konzeption, ('gute') Wissenschafts-PR und Wissenschaftsjournalismus funktional gleichzusetzen, als *Versuch einer Entdifferenzierung* zwi-

72 Die Diskussion setzt sich 1991 in Berlin auf einer Konferenz über Universitäts-PR fort. In der Einleitung zum Tagungsband heißt es: "The discussions clearly showed that we are only at the start of a European co-operation between scientists, PR workers and journalists." (Zerges/Becker 1992: 13)

73 Das "modische Invariablen-Paradigma" will Ruß-Mohl (1990b: 18) nicht akzeptieren. An anderer Stelle erklärt er allerdings, daß die Vermittlung – hier: von Sozialwissenschaften – "den medienspezifischen Selektionskriterien genügen [müsse] – so wie diese Kriterien nun einmal sind (und wohl auch mittelfristig bleiben werden, trotz aller Umbrüche, die sich derzeit in der Medienlandschaft vollziehen). Alles andere wäre unrealistisch." (Ruß-Mohl 1983a: 18)

schen den gesellschaftlichen Teilsystemen Wissenschaft und Journalismus interpretieren. Würde man Wissenschaftsjournalismus einfach "als eine von vielen Möglichkeiten des Wissenschaftstransfers" betrachten, blieben nämlich "unfruchtbare Bemühungen der Abgrenzung erspart" (Krüger/Ruß-Mohl 1990: 506).[74] Diese Tendenz einer Entdifferenzierung entspricht dem grundsätzlichen Ansatz des Paradigmas, Wissenschaftsjournalismus von vornherein als Wissenschaftsvermittlung zu konzipieren. Die Möglichkeit, daß Journalismus eine alternative gesellschaftliche Funktion zukommen könnte, wird damit von vornherein ausgeblendet.

3.5 Medizinjournalismus

Obwohl die Forschung zur Medizinpublizistik bzw. zum Medizinjournalismus zweifelsohne dem Paradigma Wissenschaftsjournalismus zuzurechnen ist, soll sie in einem eigenen Abschnitt vorgestellt werden. Der Medizinjournalismus wird in der bisher vorgestellten Literatur allenfalls am Rande erwähnt (vgl. Ruß-Mohl [2]1987b). Daß die Wortführer des Paradigmas Wissenschaftsjournalismus dem Berichterstattungsfeld Medizin keine Aufmerksamkeit schenken, ist wahrscheinlich mit der geringen wissenschafts- und industriepolitischen Relevanz und damit auch Konflikthaftigkeit der Medizin zu erklären. Der Konflikt um die auch medizinisch bedeutsame Gentechnologie wird in der Wissenschaftsjournalismus-Forschung in einen wirtschaftspolitischen Kontext gestellt und in der Literatur zum Medizinjournalismus nicht weiter thematisiert – Medizin wird hier ausschließlich unter dem Aspekt der Gesundheitstherapie betrachtet. Aus diesem Grund hat sich die Medizinjournalismus-Forschung als ein isolierter Forschungsbereich konstituiert.[75]

Wie schon in der früheren Diskussion um eine medizinische Aufklärung der Öffentlichkeit (vgl. Kap. 2.1) fällt auf, daß Medizinpublizistik bzw. Medi-

---

74 Noch wenige Jahre zuvor hatte Ruß-Mohl (1985a: 273) auf die Eigeninteressen von Öffentlichkeitsarbeit hingewiesen: "Pressestellen sind immer auch Presseberichterstattungs-Verhinderungsstellen."

75 Die Forschung wird maßgeblich bestimmt durch die Publikationen von Deneke und Fischer. Deneke war von 1958 bis 1965 Hauptschriftleiter des *Deutschen Ärzteblattes*, von 1971 bis 1974 Hauptgeschäftsführer des *Hartmann-Bundes* und von 1974 bis 1984 Hauptgeschäftsführer der Bundesärztekammer und des Deutschen Ärztetages in Köln (vgl. Doppelfeld 1985). Fischer leitet die Sektion für Publizistik und Kommunikation der Ruhr-Universität Bochum.

zinjournalismus von vornherein als ein gemeinsames Interessengebiet von Medizin und Kommunikationswissenschaft betrachtet werden. Dies führt dazu, daß auf eine journalismustheoretische Grundlegung des Forschungsgegenstandes fast vollständig verzichtet wird. Man begnügt sich mit der Feststellung, "daß sozusagen ein 'natürliches' Berufsfeld des Medizinjournalismus existiert und nicht erst im nachhinein für Legitimationszwecke 'erfunden' werden muß" (Fischer 1992c: 38; vgl. 1990b: 23). Als ein weiteres wissenschaftstheoretisches Kriterium für die Legitimation eines eigenständigen kommunikationswissenschaftlichen Fachs wird eine hinreichende Anzahl von Vorarbeiten und Einstiegsliteratur genannt; zudem lasse sich der Forschungsgegenstand präzis definieren (vgl. Fischer 1992c: 38). Gerade dieser Anspruch wartet aber immer noch auf seine Einlösung. So zählt Fischer (1990b) in seinem Aufsatz "Kommunikationswissenschaft und Medizin" zwar penibel jede kommunikationswissenschaftliche Beschäftigung mit dem Thema Medizinkommunikation auf; eine Definition dieses Begriffs stellt er allerdings ebensowenig zur Verfügung wie eine Erläuterung, inwiefern es sich hier um einen speziellen Arbeitsbereich kommunikationswissenschaftlicher Forschung handelt. In einem anderen Aufsatz erfährt man quasi nebenbei auf einer der letzten Seiten, daß Fischer die Aufgabe der Medizinpublizistik in "der sachgerechten Vermittlung medizinischer Aussagen in Objekten der Laienpublizistik" (Fischer 1992c: 35) sieht, die prinzipiell als Aufklärung eines Laienpublikums gedacht wird (vgl. ebd.: 15 u. 35; Soritsch 1976b).

Medizinkommunikation betrachten die Medizinpublizistik-Forscher grundsätzlich als eine Kommunikation zwischen Experten und Laien (vgl. Boes 1991; Deneke 1980; 1992; Diggelmann/Schanne/Zwingli 1988; Fischer 1992c; Merscheim 1984; Stodiek 1992). In diesem Sinne wird die faktengenaue Popularisierung wissenschaftlicher Ergebnisse als ein zentraler Aspekt angesehen (vgl. Fischer 1992c: 15). Auch in diesem Teilbereich des Paradigmas Wissenschaftsjournalismus werden die bisweilen "höchst individuellen Auswahlprinzipien" (ebd.) und das "Zufallsprinzip" (Fischer 1992b: 26) journalistischer Selektion kritisiert. Dieses angebliche Selektionsproblem des Journalismus muß vor dem Hintergrund gesehen werden, daß die Forschung allen medizinischen Themen von vornherein einen maximalen Neuigkeits- und Relevanzwert zugesteht. Deneke (1980: 159) hat hierfür den "Begriff der *permanenten Aktualität*" geprägt. Da Journalismus von vornherein auf die medizinisch sachgerechte Gesundheitsaufklärung verpflichtet wird, gilt die journalistische Selektivität als potentiell dysfunktional, genauso wie der Umstand, daß die Interessen von Medizinern und Journalisten "nach wie vor hart aufeinanderprallen können". Die Gründe für diese Konflikte sieht der Journalismustheoretiker Fischer entweder in historisch bedingten "Ressentiments" oder "möglicherweise auch in unterschiedlichen ethischen Grundnormen beider Berufe" (Fischer 1992c: 35).[76] Das Zufallsprinzip der journalistischen Selektion wird vor allem deshalb mit Mißtrauen betrachtet, weil man immer noch von der manipulativen Wirkungskraft allmächtiger Medien ausgeht. Zu den wesentlichen Sorgen der Autoren gehört daher die Frage, "'welche Vorstellungen von Medizin in die Köpfe des Publikums implantiert werden'" (Fischer 1992c: 16; zitiert wird Wagner/Starkulla ²1984: 5; vgl. mit der gleichen Ausgangsfrage: Stodiek 1992: 1; vgl. Wagner ²1984: 97).

Kommunikationstheoretisch geht die Forschung vom kommunikativen Dual des Arzt-Patienten-Verhältnisses aus, das durch Hinzutreten eines Dritten, des Medizinpublizisten, zum Plural erweitert wird (vgl. Deneke 1992: 81; ²1984). Medizinpublizistik umfaßt sowohl den Medizinjournalismus, der eine unbegrenzte (Laien-)Öffentlichkeit anspricht, als auch die medizinische Fachpublizistik, die sich an die begrenzte Fachöffentlichkeit des Medizinsystems richtet (vgl. Deneke 1992: 82, Abb. 1). Die direkte Kommunikation, z.B. auf medizinischen Kongressen, gilt als unmittelbare, die journalistische Berichterstattung, z.B. über den Kongreß, als mittelbare Publizistik (vgl. ebd.: 82 f.). Nach dem klassischen Kommunikationsmodell von Shannon und Weaver (²1976) wird die Beziehung zwischen Kommunikanden als ein Sender-Signal-Empfänger-Verhältnis konzipiert, dessen Gelingen allein von einem gemeinsam geteilten Signalzeichen-Vorrat abhängt (vgl. Deneke 1992: 84; Abb. 3). Gemäß diesem Kommunikationsmodell, auf dessen Basis auch die Bochumer Ausbildungsziele für Medizinpublizisten und Medizinkommunikation-Forscher formuliert werden (vgl. im folgenden Fischer 1992c: 33), formuliert ein Urheber eine Mitteilung über ein Mittel ("jedwedes Transportsystem") an einen Empfänger "mit (möglicher) Wirkung". Dabei finden (in eben dieser Reihenfolge) statt: Selektion, Kodierung, Dekodierung, Resonanz; dabei entstehen (in gleicher Reihenfolge):

---

76 Wobei es laut Fischer (1992c: 35) "feststehen [dürfte], daß ethische Aspekte im beruflichen Alltag des Arztes eine weitaus größere Rolle spielen als bei Journalisten." Als Beleg dient Boventers (1987: 120) Satz von der "Vertreibung der ethischen Pflichtenlehre aus dem praktischen Journalismus."

Gatekeeping-Probleme, Übermittlungsprobleme, Empfangsprobleme und Nutzungsprobleme. Insgesamt ergibt sich so das Bild einer Kommunikationskette, die aus den einzelnen Gliedern Kommunikator, Inhalt, Medium, Rezeption und "Effizienz" besteht.

Gerade der Effizienzbegriff illustriert das eindimensionale Kommunikationsverständnis, das diesem Modell journalistischer Medizin-Aufklärung zugrunde liegt. Als Manko gilt daher die Selektivität dieses Kommunikationsprozesses: "Der *publizistische Prozeß* als Ereignis – Erlebnis – Darstellung und Deutung – Weitergabe – Aufnahme – Erregung und Erkenntnis ist eine Kette von Möglichkeiten des unbeabsichtigten Irrens und der gewollten Verfälschung, der Aberration vom Tatbestand bis zu dessen Verständnis beim Individuum und in der Öffentlichkeit." (Deneke 1980: 160) Eine wesentliche Aufgabe des Medizinjournalismus wird darin gesehen, den Verständigungsschwierigkeiten (vgl. Deneke ^{2}1984: 164) zwischen Informant, Journalist und Rezipient abzuhelfen: "Er muß die goldenen Worte der Wissenschaft in die Scheidemünze der Alltagssprache umwechseln. [...] Der Journalist bietet dem Recipienten [sic!] die Chance, sich selbst und seine Welt besser zu verstehen." (ebd.: 165)[77] Obwohl Deneke grundsätzlich von einer medizinischen Aufklärungsfunktion des Medizinjournalismus ausgeht, spricht er bisweilen von unvermeidlichen Unterschieden, die sich durch den Unterschied von individueller und öffentlicher Kommunikation ergeben: "Wo die Öffentlichkeit der Medizin den Menschen in seiner Doppelrolle als Patienten *und* als Recipienten betrifft, konkurrieren *Arzt und Journalist in ihren kommunikativen Führungsrollen*. Konflikte sind demnach funktionskonform und nicht etwa nur auf Funktionsmängel der einen oder anderen Seite oder nur auf Kommunikationsschwierigkeiten oder 'Mißverständnisse' zurückzuführen." (Deneke 1980: 160 f.) Worin diese unterschiedliche journalistische Funktion bestehen könnte, wird allerdings nicht weiter erläutert.

Auch in den empirischen Studien zur Medizinkommunikation wird die Funktion der Medizinberichterstattung generell als die medizinisch sachgerechte Information über Gesundheitsthemen oder bestimmte Krankheiten (z.B. AIDS) bezeichnet, die spezifische Verhaltensänderungen des Publikums bewirken soll (vgl. z.B. Boes 1991: 49). Zwar wird behauptet, daß die

77 Dies stets nach Maßgabe therapeutischer Kriterien: "Die Chance für die Medieninformation: Richtige Information zur richtigen Zeit nutzt dem Patienten wie dem Arzt." (Deneke ^{2}1984: 165) Alles andere empfinden Ärzte "vielfach als das Eindringen Dritter in den Patient-Arzt-Dual." (Deneke 1992: 85)

"Funktion der Medien, durch die sattsam bekannten Begriffe von Information, Bildung, Unterhaltung beschrieben, [..] sich ohne eine einzige Streichung auf mediale Gesundheitsberichterstattung übertragen [läßt]" (Merscheim 1984: 25), die Nennung von konkreten Funktionen zeigt aber eindeutig die Ausrichtung an einer medizinisch-therapeutischen Perspektive. Aus dieser Sicht geht es darum, Verständnis für z.B. Behandlungsnotwendigkeiten zu erzeugen, die Weckung von Kostenbewußtsein zu befördern, Prävention von Krankheiten durch Selbsthilfe der Patienten anzuregen, die Beziehungen zwischen Kranken und Gesunden zu normalisieren und "Akzeptanz für die Auffassung und Gesundheit anderer, besonders der sog. primitiven Kulturen" herzustellen (vgl. den Katalog bei Merscheim 1984: 25; vgl. Boes 1991: 9). Einer der Autoren gibt offen zu, daß die Forderungen medizinischer Praktiker kaum den medienspezifischen Erwartungen genügen dürften, begnügt sich dann aber mit der Feststellung, daß "vor dem Hintergrund einer defizitären Erforschung von Medizinpublizistik [...] für die Praktiker nicht die Möglichkeit [besteht], sich an einer begründeten Theorie zu orientieren, um so den genannten Mangel auszuschließen." (Boes 1991: 20) Im Folgenden geht es dann auch diesem Autor allein um die Möglichkeiten medizinischer Aufklärung über AIDS (vgl. z.B. Boes 1991: 9 u. 65).

Die journalismustheoretischen Erörterungen der – sämtlich publizierten – Studien lassen in der Tat gravierende Schwächen erkennen, sowohl in der theoretischen Kohärenz als auch in der Vertrautheit mit dem aktuellen Stand der Forschung. So stützt sich Boes noch 1991 auf Hagemanns "Die Zeitung als Organismus" (1950), Groths "Ein System der Zeitungskunde" (1928) und "Die unerkannte Kulturmacht" (1960) und Dovifats "Handbuch der Publizistik" (1968). Zusätzlich präsentiert er eine "medizinpublizistisch-orientierte Anwendung der Lasswell-Formel" (vgl. Boes 1991: 28 - 48). Die eminente Bedeutung der Wissenschaft für die Gesellschaft wird mit einem zweispaltigen Artikel aus dem Jahre 1963 belegt (vgl. ebd.: 7; Stein 1991: 4; Enke 1963). Zur Beschreibung des Medizinjournalismus wird die bekannte Definition von Hömberg und Roloff (vgl. 1974/1975: 432) 'auf Medizin umgeschrieben' und als Zitat ausgegeben (vgl. Boes 1991: 28 f.: Stein 1991: 12). Die Vernachlässigung der neueren kommunikationswissenschaftlichen Forschung kann unter anderem auch damit erklärt werden, daß seit Ende 1988 examinierte Ärzte und Zahnärzte ihren Dr. med. auf der Basis medizinpublizistischer Arbeiten erwerben können (vgl. Fischer 1990b: 21).[78] Ihr Gemeinsames finden alle Arbeiten in der Methodik, die journalistische Berichterstattung ausschließlich an normativen Funktionszuweisungen zu messen, die aus der Orientierung an den Kriterien und Interessen des Medizinsystems gewonnen werden (vgl. Boes 1991; Buchholz 1981; Diggelmann/Schanne/Zwingli 1988; Merscheim 1978; 1984; Stein 1991; Stodiek 1992; Wagner ^{2}1984; Wende 1990).[79]

Die Rationalität und Validität fachmedizinischer Kommunikation wird ausgerechnet von einer Medizinerin selbst in Frage gestellt. Rumpf (1982) hat eine öffentliche Kontroverse um ein medizinisches Thema (mammographische Reihenuntersuchungen) untersucht und dabei auch die verschiedenen Selektionsebenen innerhalb des Medizinsystems – einschließlich der Öffentlichkeitsarbeit – mitberücksichtigt. Zugleich hat sie eine ungewöhnlich sorgfältig konzipierte Bevölkerungsumfrage durchgeführt, die den – im Vergleich zur ärztlichen Kommunikation – geringen Einfluß der Massenmedien auf konkretes Gesundheitsverhalten aufzeigt (vgl. ebd.: 53, Tab. 34). Die Autorin wirft der medizinischen *Binnen*kommunikation unter anderem dogmatisches Verhalten, unwissenschaftliche Argumentation, bewußte Falschbehauptungen, Diffamierung Andersdenkender, interessegeleitete Kommunikationsstrategien und Zensur vor. Rumpfs Arbeit wurde in der Diskussion um die Funktion des Medizinjournalismus allerdings nicht zur Kenntnis genommen.[80]

Medizinjournalismus wird – so kann resümiert werden – ausschließlich unter der Prämisse betrachtet, welchen Beitrag er zur medizinischen Aufklärung und zur Stärkung des Gesundheitswesens (vgl. Fischer 1992c: 36 f.) beisteuert.[81] Damit findet er sich im großen Schmelztiegel der Medizin-

---

78 Vgl. z.B. die Dissertation von Wende (1990), der mit einer Inhaltsanalyse überzeugend nachweist, daß sich die Krebsberichterstattung von *FAZ* und *Bild* unterscheidet. Zusätzliche kommunikationswissenschaftliche Brisanz gewinnt die Arbeit durch die Entlarvung des *Spiegel* als eines "Springerblattes" (vgl. ebd.: 27).

79 "Aus dem Blickwinkel der Prävention betrachtet, liegt das Problem einer so gearteten Berichterstattung darin, dass sie – präventiv – am Zeitungsleser vorbeigeht. In der beschriebenen Form leistet die Aids-Berichterstattung weder einen die Kampagnen ergänzenden noch einen eigenständigen Beitrag zur Aufklärung." (Diggelmann/Schanne/Zwingli 1988: 21)

80 Neben einer Rezension in der *Publizistik* (vgl. Roloff 1985) wird die Arbeit noch von Flöhl erwähnt. Laut Flöhl (vgl. 1990a: 27; 1990b: 136) hat Rumpf eine Zusammenfassung ihrer Studie ohne Erfolg zur Veröffentlichung eingereicht.

81 So heißt ein Symposion, das 1984 von der *Deutschen Zeitungswissenschaftlichen Vereinigung* (ZWV) veranstaltet wurde, bezeichnenderweise "Medizin & Medien. Krankt die Gesundheit am Journalismus?" (vgl. Wagner/Starkulla ^{2}1984).

publizistik zusammen mit Arzt-Patienten-Kommunikation, Public Relations des Medizinsystems, Gesundheitskampagnen usw. wieder, und es kann daher nicht überraschen, wenn auch Signitzers Vorschlag, doch generell von Gesundheitskommunikation zu sprechen, von Fischer ausführlich gewürdigt wird (vgl. ebd.: 34; Signitzer 1989). Es ist diese bedingungslose und äußerst unkritische Ausrichtung des Medizinjournalismus an Kriterien des medizinischen Systems, die die Medizinpublizistik-Forschung als Teilbereich des Paradigmas Wissenschaftsjournalismus kenntlich macht.[82]

Auffallend ist der Verzicht auf eine auch nur einigermaßen anspruchsvolle Theorie von Massenkommunikation und Journalismus. Journalismustheoretisch befindet sich die Forschung zur Medizinpublizistik auf dem Niveau ihrer Anfänge in den sechziger Jahren, obwohl sie mit Roloffs Dissertation von 1972 einen nicht nur für die damalige Wissenschaftsjournalismus-Forschung vielversprechenden Ausgangspunkt vorweisen kann (vgl. Kap. 2.1.4). Es ist zu bedauern, daß die journalismustheoretischen Anregungen dieser Arbeit nicht mehr rezipiert wurden. Dagegen wird ausgerechnet Haackes bedenkliche Polemik gegen die "Schädlinge[.] an ehrlicher medizinischer Arbeit" (Haacke 1960: 415; 1990: 80; vgl. Kap. 2.1.2) als ein "facettenreiche[r] Überblicksbeitrag" gewürdigt und unter medizinpublizistischen "Impulsgebungen" (Fischer 1990b: 17) eingeordnet.[83] Wie selbstverständlich Journalismus in ein Gesamtprogramm der medizinischen Aufklärung miteinbezogen wird, verdeutlicht die Aussage, daß der beklagenswerte Zustand der Medizinberichterstattung nur durch gemeinsame Anstrengungen der Standesvertretungen der Ärzte und der Journalisten zu ändern sei (vgl. Fischer 1988b: 19)[84], oder mit den Worten eines von Fischers Magistranden: "Systembeziehung als Expertenbeziehung, könnte

---

82 Vgl. z.B. Fischers (1988c) unkritische Würdigung der Journalistenpreise, die hauptsächlich von Pharma-Unternehmen und Ärzte-Vereinigungen vergeben werden. Nicht erwähnt wird der Austritt namhafter Medizinjournalisten aus dem *Kollegium der Medizinjournalisten* anläßlich einer solchen Preisverleihung, die von einem dieser Journalisten offen als "Versuch, nur wenig verschleiert Geld von einem Pharma-Unternehmen anzunehmen" (Korbmann 1976: 29), bezeichnet wird (vgl. hierzu auch eindeutig Depenbrock 1976: 49, Anm. 41). Zur "zunehmenden Inflation von Journalistenpreisen" im Bereich des Wissenschaftsjournalismus vgl. Göpfert 1990: 33 f.

83 Die einzige Kritik an Haacke (1960) findet sich bei Merscheim (1978: 41).

84 Daher werden Denekes Bemühungen – als Leiter der Pressestelle der deutschen Ärzteschaft und Chefredakteur des *Deutschen Ärzteblattes* – gelobt, "Journalismus und Medizin einander näherzubringen und gegenseitige Vorurteile abzubauen zu helfen." (Fischer 1990b: 16) Fischer selbst ist seit Ende 1988 kooptiertes Mitglied der Medizinischen Fakultät der Ruhr-Universität Bochum für die Bereiche Medizinpublizistik/Medizinkommunikation.

das motivationale Ideal lauten; journalistisches- [sic!] und medizinisches Know How vereint im Streben um Gesundheitserziehung und medizinische Aufklärung." (Stodiek 1992: 34)

3.6 Wissenschaftsjournalismus-Forschung in der DDR

Anhand einiger ausgewählter Titel werden wir im folgenden die Thematisierung des Wissenschaftsjournalismus in einem Land des ehemaligen kommunistischen Machtblocks untersuchen. Obwohl wir uns aus forschungsökonomischen Gründen auf Literatur aus der Deutschen Demokratischen Republik (DDR) beschränken, gehen wir von der These aus, daß die vertretenen Standpunkte im großen und ganzen als repräsentativ für den damaligen sogenannten Ostblock anzusehen sind. Zuerst werden wir auf die gesellschaftspolitische Bedeutung eingehen, die Wissenschaft und Technologie von der Sozialistischen Einheitspartei Deutschlands (SED) zugemessen wird. Im Anschluß beschreiben wir die hieraus abgeleiteten Funktionszuweisungen für den Wissenschaftsjournalismus (vgl. auch Gruhn 1979: 141 - 152 und Hömberg 1992b: 86 - 88).

Im "Programm der sozialistischen Einheitspartei Deutschlands", verabschiedet auf dem IX. Parteitag der SED vom 18. - 22. Mai 1976, wird die Förderung der Wissenschaft als eine der wichtigsten Aufgaben der SED bezeichnet, da sie "einen ständig wachsenden Beitrag zur planmäßigen Vervollkommnung der Produktion und zur Entwicklung des materiellen und geistig-kulturellen Lebens aller Werktätigen" (Die Gestaltung 1987: 78) leiste. Die wissenschaftlichen Erkenntnisse – mit dem Marxismus-Leninismus als wissenschaftlich verbrämter Leitideologie – gelten als "ein breites Fundament für die Bildung und Erziehung der jungen Generation und für die Qualifizierung aller Werktätigen." (ebd.: 81) Die SED betrachtet die wissenschaftlich-technische Konkurrenzfähigkeit geradezu als Existenzfrage des sozialistischen Staates DDR. Aufgrund des postulierten Zusammenhangs zwischen der entwickelten sozialistischen Gesellschaft und der wissenschaftlich-technischen Revolution (vgl. Hager 1987: 30) gilt die "Erziehung aller Kinder des Volkes [...] zu jungen Staatsbürgern mit einer hohen wissenschaftlichen und emotionalen Bildung und einem entwickelten sozialistischen Bewußtsein" als Aufgabe aller gesellschaftlichen Kräfte. Ziel, so Hager, Chefideologe der SED, ist die "Ausbildung der wissenschaftlichen

Weltanschauung der Generation" (ebd.: 40). Fernab aller ideologischen Richtungskämpfe werden Wissenschaft und Technologie ganz pragmatisch als Macht-Ressourcen "im Wirtschaftskrieg der USA gegen die sozialistischen Länder" (Bobach 1983: 1) betrachtet. In diesem Sinne formuliert Günther Bobach, Mitglied sowohl der Agitationskommission beim Politbüro des Zentralkomitees (ZK) der SED als auch des Zentralvorstandes des *Verbandes der Journalisten der DDR* (VDJ), seine "Ansprüche an den Journalismus und den VDJ bei der Förderung der höheren ökonomischen Wirksamkeit von Wissenschaft und Technik". Sein Fazit lautet: "*Die ideologischen Aufgaben zur Erhöhung des wissenschaftlich-technischen Leistungsniveaus müssen in unserer journalistischen Arbeit einen wichtigen Platz einnehmen*" (ebd.). Da die Richtlinien der SED für alle anderen Gesellschaftsbereiche der DDR handlungsleitend waren, ist damit im Prinzip schon die (normative) Funktionsbeschreibung des Wissenschaftsjournalismus vorweggenommen.

Das Verhältnis von Wissenschaft und Journalismus wird in der DDR-Forschung seit Ende der sechziger Jahre regelmäßig thematisiert. Auf einer Tagung über Journalismus 1967 in Prag hält der Leipziger Kommunikationswissenschaftler Knipping einen Vortrag über den "Einfluß der wissenschaftlich-technischen Revolution in den Massen-Medien". Die Bedeutung der "Produktivkraft" Wissenschaft (Knipping 1967: 40) führt nach Knipping zu einer zunehmenden Verwissenschaftlichung der Gesellschaft, die sowohl die industrielle Produktion als auch die sozialen Lebensbedingungen betrifft. Als Kernproblem identifiziert Knipping "die geradezu explosionsartig vonstatten gehende Vermehrung des menschlichen Wissens und die zunehmende Bedeutung der journalistischen Information für die Beziehungen zwischen Individuum und Gesellschaft". Hierzu gehöre "die fortschreitende Wahrnehmung von Bildungsaufgaben durch Presse, Funk und Fernsehen." (ebd.: 42) Dabei stellt für Knipping die Zunahme wissenschaftlichen Wissens an sich noch nicht einmal das vorherrschende Betätigungsfeld für den Journalismus da, sondern die gesamtgesellschaftlichen, d.h. politischen, sozialen und geistigen Probleme dieses Verwissenschaftlichungsprozesses. Diese seien in ihrem Umfang keineswegs geringer und in ihrem Wesen keineswegs unkomplizierter. Der Journalismus könne nur angemessen auf diese Problematik reagieren, wenn er – neben technologischen Veränderungen – ebenfalls die Methodik wissenschaftlichen Arbeitens übernehme. Diese Konsequenz geht weit über die ebenfalls gestellte Forderung nach wissenschaftlicher Sachkompetenz hinaus (vgl. ebd.: 49 f.).

Während Knipping noch zwischen (politische Systeme übergreifender) Gesellschaftsanalyse und Bewertung aus einer sozialistischen Perspektive trennt, wird das Verhältnis von Wissenschaft und Journalismus in der Folgezeit aus einer spezifisch sozialistischen Perspektive betrachtet. Als Folge der schon skizzierten politischen Bewertung von Wissenschaft und Technologie wird der Wissenschaftsjournalismus zur "'Brücke' zwischen Wissenschaft und Gesellschaft" erklärt, deren "unmittelbare Funktion [..] die Popularisierung, die Propagierung der Erfolge von Wissenschaft und Technik [ist]." (Golovanov 1977: 154) Die Aufgabe des Wissenschaftsjournalismus soll sich gleichzeitig auch auf die "ideologisch-politische Erziehung und Formierung der didaktisch-materialistischen Weltanschauung der Leser" erstrecken und so zur Formierung "eines der Epoche der wissenschaftlich-technischen Revolution adäquaten Bewußtseins" (ebd.: 155) aktiv beitragen. Diese Funktionsbeschreibung findet sich mehr oder weniger identisch in allen Beiträgen zum Wissenschaftsjournalismus wieder. Popularisierung von Wissenschaft umfaßt dabei stets zwei Aspekte:

1) die Vermittlung praktisch verwertbaren wissenschaftlichen Orientierungswissens und
2) die ideologische Überzeugungsarbeit für die gesellschaftliche Priorität wissenschaftlicher Rationalität.[85]

Die Funktion des Wissenschaftsjournalismus setzt sich somit aus einer Vermittlungsfunktion und einer Akzeptanzfunktion zusammen, wobei die letztere eindeutig im Vordergrund steht. Im Prinzip ist die Bildungs- oder Propagandafunktion des Wissenschaftsjournalismus so angelegt, daß es gar nicht zu einer bloßen Vermittlung wissenschaftlichen Wissens kommen kann. Im Vordergrund soll vielmehr stets die Relevanz wissenschaftlicher Erkenntnis für die sozialistische Gesellschaft – in ihrer Funktion als "Waffe im Klassenkampf" (Thielicke 1977a: 162; vgl. Lippold 1971: 1) – stehen: "Nur so kann der Wissenschaftsjournalismus seiner ideologischen und för-

85 Faulseit und Lade (^{2}1987: 17) betonen, daß Popularisierung mehr sei als nur Informierung: "Sie richtet sich – und das ist mindestens ebenso wichtig – auch auf die Interessen, Einstellungen, Gefühle des Partners; sie bemüht sich, ihn insbesondere auch auf diesem Wege geistig zu aktivieren." Aus Sicht eines Journalisten geht es darum, den Leser mittels Wissenschaftsberichterstattung "zu höherem Bewußtsein als Voraussetzung zur revolutionären Tat in unserer Zeit" zu führen (Baumann 1979: 7).

dernden Rolle gerecht werden." (Thielicke 1977a: 173; vgl. Faulseit/Lade ^{2}1987; Grubitzsch 1975; Kretschmann 1974; Lippold 1971; Sieler 1974)[86]

Erst 1989, mit der Auflösung der althergebrachten politischen Machtstrukturen, wird auch in der DDR-Literatur zum Wissenschaftsjournalismus die Frage gestellt, ob "*Wissenschaft Produktiv- oder Destruktivkraft*" sei (Grubitzsch 1989: 286). Zum ersten Mal wird offen zugegeben, daß der Wissenschaftsjournalismus auch in der DDR schon immer mit strukturellen Problemen zu kämpfen hatte (vgl. ebd.: 289, Anm. 1). Obwohl nun auf die rituelle Erwähnung von Partei und deren Verdiensten verzichtet wird, bleibt aber ansonsten die Perspektive erhalten, Wissenschaft als Produktivkraft "in der internationalen Systemauseinandersetzung" (ebd.) zu betrachten. Hierzu brauche man "vor allem 'technikfreundliche Menschen', die diese Schlüsselrolle des wissenschaftlich-technischen Fortschritts erkennen und im Sozialismus die reale Chance seiner humanen Bewältigung sehen." (ebd.: 286) Zwar sieht Grubitzsch den Wissenschaftsjournalismus vor neuen Herausforderungen (so der Titel des Aufsatzes) – im Prinzip bietet der Autor aber nur das alte Popularisierungsprogramm in einem sprachlich modernisierten Gewande. Als einziges neues Element kommt die Bedeutung der Wissenschaftsvermittlung für eine demokratische Steuerung des wissenschaftlich-technischen Fortschritts hinzu (vgl. ebd.: 287). Gleichzeitig soll die Popularisierung aber auch Fortschrittsoptimismus im Sinne des marxistisch-leninistischen Sozialismusbildes vermitteln (vgl. ebd.: 286 f.).

Insgesamt begreift Grubitzsch den Wissenschaftsjournalismus als einen allzuständigen Moderator der öffentlichen Debatte um den wissenschaftlich-technischen Fortschritt. Als Mittler zwischen Wissenschaft und Öffentlichkeit habe er "den wissenschaftlich-technischen Fortschritt mit all seiner sozialen Relevanz in die Diskussion zu bringen, beim Abwägen des Für und Wider, bei der Klärung von Meinungsverschiedenheiten leitend einzugreifen und die Ergebnisse solcher demokratischer Aussprache zusammenzufassen." (ebd.: 288) Wissenschaftsjournalismus soll dabei aber stets als "Anwalt der gesamten Wissenschaft" (ebd.)[87] fungieren, wie auch sonst enge Beziehungen zum Wissenschaftssystem als unerläßlich erachtet werden.

---

86 Die Komplexität wissenschaftlicher Fachsprachen wird nicht als ein besonderes Problem angesehen. Über Allgemeinverständlichkeit werde, so Grubitzsch (1975: 27), "bereits dann entschieden, wenn wir die journalistische Absicht eines Artikels bestimmen."

87 Grubitzsch spielt hier auf die von Ruß-Mohl (1983a) berichtete Beschränkung der westdeutschen Berichterstattung auf Naturwissenschaften, Technik und Medizin an.

Auch in der DDR-Literatur wird, so läßt sich zusammenfassen, Wissenschaftsjournalismus die Aufgabe zugewiesen, zugleich Wissenschaft zu vermitteln und Wissenschaftsakzeptanz herzustellen. Aus bekannten Gründen lassen sich die verschiedenen Journalismussysteme in Ost- und Westdeutschland und damit auch die wissenschaftsjournalistische Berichterstattung nicht miteinander vergleichen. Vergleichen lassen sich indes die Funktionszuweisungen, die für Wissenschaftsjournalismus formuliert werden. Diese unterscheiden sich zwar in ihrer jeweiligen gesellschaftstheoretischen Begründung; sie unterscheiden sich aber nicht in der grundsätzlichen Vorgehensweise, die journalistische Wissenschaftsberichterstattung einer von externen Interessen bestimmten Zweckprogrammierung unterzuordnen. Aus einer strikt *journalismustheoretischen* Perspektive halten wir es daher für gerechtfertigt, auch die Diskussion um den Wissenschaftsjournalismus in der DDR dem Paradigma Wissenschaftsjournalismus zuzuordnen. Dabei scheint uns eine Beobachtung bemerkenswert zu sein: Trotz grundlegend unterschiedlicher Gesellschafts- und Journalismussysteme werden sowohl in der ostdeutschen Literatur als auch in einem großen Teil der westdeutschen Literatur ähnliche, ja teilweise identische Ansichten über die Aufgaben der journalistischen Wissenschaftsberichterstattung vertreten.

3.7 'Gegen'-Entwürfe zur Funktion des Wissenschaftsjournalismus

Im folgenden werden wir einen Überblick über diejenigen Forschungsarbeiten und Diskussionsbeiträge geben, die sich mit dem Wissenschaftsjournalismus beschäftigen und nicht dem Paradigma zuzuordnen sind. Den Schwerpunkt bilden die Arbeiten, die aus einer wissenschaftskritischen Perspektive die Notwendigkeit einer kritischen Öffentlichkeit betonen und dabei mehr oder weniger explizit in der Tradition der kritischen Theorie stehen (Kap. 3.7.1). Der Wissenschaftssoziologe Spinner hat Mitte der achtziger Jahre einen eigenständigen Beitrag zum Verhältnis von Wissenschaft und Journalismus vorgelegt. Seiner Findigkeitstheorie des Journalismus widmet sich das Kapitel 3.7.2. Daß das Paradigma die deutschsprachige Forschung zum Wissenschaftsjournalismus unangefochten dominiert, wird abschließend vor allem darauf zurückgeführt, daß seine journalismustheoretischen Prämissen bislang noch nicht ernsthaft in Frage gestellt wurden (Kap. 3.7.3).

3.7.1 Kritische Öffentlichkeit

Zu den wenigen Veröffentlichungen der Bielefelder Projektgruppe von 1974 zählt der kritisch-materialistische Ansatz von Fabris (1974). Innerhalb der Forschung zum Wissenschaftsjournalismus schließt diese Arbeit an Habermas' Ende der sechziger Jahre publizierten Aufsatz "Technik und Wissenschaft als Ideologie" an (vgl. [14]1989b). Fabris geht es um eine gesellschaftstheoretische Beschreibung des Verhältnisses von Wissenschaft, Wissenschaftspolitik und Öffentlichkeit. Die Problematik dieses Verhältnisses sieht er "in der von privaten Verwertungsinteressen der Resultate wissenschaftlicher Arbeit dominierten Organisation und Aneignung von Wissenschaft und Forschung" (Fabris 1974: 510). Die Produktivkraft Wissenschaft (vgl. ebd.: 487; mit Bezug auf Lohmar 1972 u. Stölting 1974) übernehme zunehmend die Funktion eines Ideologieträgers: Indem der wissenschaftlich-technische Fortschritt den Charakter eines unabhängigen gesellschaftlichen Prozesses mit Sachzwangcharakter erhält, wird die Legitimationsfunktion demokratischer Willenbildungsprozesse ausgehebelt – Wissenschaft und Technik legitimieren sich sozusagen von selbst (vgl. Fabris 1974: 487 f.; Habermas [14]1989b). Das Fehlen einer kritischen Öffentlichkeit führt Fabris vor allem auf die marginale und unkritische Wissenschaftsberichterstattung zurück. Durch diese "Tabuisierung des Wissenschaftsprozesses" erfüllten die Massenmedien "bereits wichtige Funktionen im Rahmen des technokratischen Herrschaftsmodells." (ebd.: 491) Folge sei eine "wissenschaftlich unmündig gehaltene, entpolitisierte Öffentlichkeit" (ebd.: 493; vgl. 510). Der angebliche Bewußtseinsrückstand der Bevölkerung wird mit Bezug auf Lohmar (1972) also wiederum den Massenmedien angelastet und mit der spezifischen journalistischen Operationsweise begründet: "Die Berichterstattung ist unpolitisch, nichtkontrovers und punktuell, sie reduziert den wissenschaftlichen Produktions- und Verwertungsprozeß nach journalistischen Selektions- und Darstellungskriterien der Anlaß-Sensationalität, der Aktualisierbarkeit und Personalisierung." (Fabris 1974: 501)

Wissenschaftsberichterstattung ist allerdings nur ein Mosaikstein in Fabris' Konzept einer gesellschaftsweiten Demokratisierung der Herrschafts-, Produktions- und Besitzverhältnisse nach unverkennbar marxistischem Vorbild (vgl. ebd.: 497). Schon der von Fabris zitierte Knipping (1967) hat allerdings darauf hingewiesen, daß der Prozeß der wissenschaftlich-technischen Revolution sowohl im kapitalistischen als auch im sozialistischen Gesellschaftssystem ähnlich ablaufe (vgl. Kap. 3.6). Fabris gibt sogar zu, daß "auch unter veränderten, unter vergesellschafteten Produktionsbedingungen die Nicht-Öffentlichkeit der Wissenschaft auf Grund ihres wissenschaftlichen Chancenmonopols, insbesondere des Methoden-Monopols so lange ungebrochen bestehenbleibt, solange Wissenschaft nicht vergesellschaftet, d.h. vor allem gesellschaftlich kontrolliert wird." (Fabris 1974: 496, Anm. 41)

Nicht ohne Grund versteckt sich diese Aussage in einer Fußnote – sie offenbart nämlich den grundlegenden Theoriefehler, die Kontrollproblematik der wissenschaftlich-technischen Entwicklung primär auf die sogenannten kapitalistischen Verwertungsinteressen zurückzuführen. Diese Einseitigkeit hat auch Folgen für die Konzeption des Wissenschaftsjournalismus bzw. vielmehr einer Wissenschaftspublizistik, die nach dem Vorbild Lohmars die Funktion eines "'kommunikativen Rohrpostsystems'" zwischen allen am Wissenschaftsprozeß Beteiligten übernehmen soll (ebd.: 502; zitiert wird Lohmar 1972: 12; vgl. Kap. 2.2.2).[88] Die spezifische Operationsweise des Journalismus wird aus Sicht dieser Funktionszuweisung lapidar als 'Blockierung' einer wirksamen Bevölkerungsaufklärung abgetan (vgl. Fabris 1974: 501 f.). Nicht nur ignoriert dieses Urteil eine eigene Funktion journalistischer Wissenschaftsberichterstattung; Journalismus wird sogar – als Hilfsinstrument der Wissenschaftspolitik zur Aufklärung der entpolitisierten Bevölkerung – direkt in den Prozeß der Verwissenschaftlichung miteinbezogen.[89] Zu diesem Zweck erscheint Fabris daher auch die 'Demokratisierung' der Massenmedien angebracht. "Der Forderung nach öffentlicher Wissenschaft tritt die nach Herstellung *wissenschaftlicher Öffentlichkeit* zur Seite." (ebd.: 503; Hvhg. MK)[90]

Die wenigen Betrachtungen, die das Konzept einer kritischen Öffentlichkeit favorisieren, finden sich vor allem in den siebziger Jahren. Die Autoren sind sich, auch ohne sich explizit auf die kritische Theorie zu berufen, darüber einig, daß der gesellschaftliche Prozeß der Verwissenschaftlichung ei-

---

88 Nach Jungk (1990: 43) hat ein kritischer Wissenschaftsjournalismus "zwischen Forschung und Öffentlichkeit, Forschung und Politik, Forschung und sozialen Bewegungen Kommunikationsleitungen zu legen, die in mehrere Richtungen hin funktionieren".

89 Dazu gehört auch die Forderung nach einer generellen "Verwissenschaftlichung der journalistischen Qualifikationsstruktur" (Fabris 1974: 504; mit Bezug auf Knipping 1967; vgl. Grunow 1974/1975).

90 Auch Koch, ehemaliger Herausgeber und Redakteur der Zeitschrift *atomzeitalter* und Mitherausgeber der sozialwissenschaftlichen Zeitschrift *Leviathan*, sieht die kritische Funktion des Wissenschaftsjournalismus vor allem an die Vermittlung der kritischen Sozialwissenschaften geknüpft; das Ziel einer kritischen Öffentlichkeit soll "durch die wissenschaftliche Aufklärung über die Gesellschaft erreicht werden" (Koch 1976: 33).

ner unabhängig-kritischen Beobachtung bedürfe, die sich eben nicht an den Interessen der Wissenschaft auszurichten habe (vgl. Asper 1979; Hennis 1977: 23; Janke 1975; Jungk 1990; Koch 1976: 31; Schmidt 1979; Tenbruck 1977: 17). Die gegenwärtige Wissenschaftsberichterstattung wird teilweise scharf kritisiert. So betrachtet Tenbruck[91] (1977: 14) den gegenwärtigen Wissenschaftsjournalismus als ein Spätprodukt der Aufklärung, zu dessen Entstehung die immer noch nachwirkende Gleichsetzung von Wissenschaftsvermittlung und Erzeugung des mündigen Bürgers geführt habe, in der "Hoffnung, alle nicht wissenschaftskonformen Vorstellungen auszurotten." (Tenbruck 1977: 15)[92] Janke kritisiert die Ausblendung soziopolitischer Reflexion in den meisten Wissenschaftssendungen: "In der Präferenz naturwissenschaftlicher Themen scheint die erklärungsbedürftige Neigung sich zu äußern, *scheinbar* Objektives/Unpolitisches/Wertfreies/Transgesellschaftliches als den Ausdruck von Wissenschatt schlechthin zu monopolisieren." (Janke 1975: 9; vgl. Tenbruck 1977: 14; Schmidt 1979: 129) Für Janke ist die "Relevanz wissenschaftlicher Erkenntnis [..] vielmehr dort zu entdecken, wo diese im gesellschaftlichen Reproduktionsprozeß verwertet wird." Teilweise wird auch die journalistische Operationsweise für eine mangelhafte kritische Aufklärung verantwortlich gemacht. Schmidt (1979: 12) moniert die mangelnde Kontinuität der Berichterstattung, die auf die Selektionskriterien der Sensationalität und Neuheit zurückzuführen sei (vgl. Asper 1979: 358; Koch 1977).[93]

Fast zwanzig Jahre nach Fabris knüpfen Dröge und Wilkens (1991) mit ihrer Studie über Technikberichterstattung in deutschen illustrierten Zeitschriften wieder an die Tradition der kritischen Theorie und deren Konzept

91 Professor für Soziologie an der Universität Tübingen; die Beiträge von Tenbruck und dem Freiburger Politologen Hennis (1977) stammen von einer Tagung über "Wissenschaft im ZDF" (vgl. Zweites Deutsches Fernsehen 1977).

92 "Auch der ehrwürdigen, spezifisch deutsch-idealistischen Vorstellung, daß der Umgang mit Wissenschaft den Menschen bilde – 'Bildung durch Wissenschaft' –, ist der Boden entzogen. Die methodischen Tugenden der Präzision, der Akribie, der hingebenden Beobachtung etc. haben sich als bloße Subalterntugenden erwiesen, fähig, von jeder stärkeren Macht vor ihren Karren gespannt zu werden." (Hennis 1977: 21)

93 Janke begnügt sich dagegen mit der Forderung, daß journalistische Selektion unabdingbar auf die Interessen des Publikums einzugehen habe: "Es wäre gut, den kognitiven Aspekten solcher Konfliktsituationen zu folgen, in denen die Verwertung von Wissenschaft mit den Bevölkerungsinteressen sich kreuzt." (Janke 1975: 11) Vgl. in diesem Zusammenhang Riegers (1976) Selbstverständnis als *politischer* Wissenschaftsjournalist. Auch für Tenbruck (1977: 17) sollte das Fernsehen "Wissenschaft so präsentieren, daß der Mensch gerade eine Distanz zu ihr gewinnt."

einer kritischen Öffentlichkeit an.[94] Die Autoren verstehen ihre Analyse als einen Beitrag zur Ideologiegeschichte, zur "Entwicklung von Fortschrittsvorstellungen, soweit sie öffentlich diskutiert und publizistisch vermittelt wurden und werden." (ebd.: 11)[95] Die Problemsicht ist identisch mit der des Paradigmas Wissenschaftsjournalismus: "Einer wachsenden Problemkomplexität entspricht in der Öffentlichkeit kein adäquater, d.h. zur fundierten Urteilsbildung geeigneter und ausreichender Informationsfluß." (ebd.: 12) Die Funktionsbeschreibung des Wissenschaftsjournalismus ist darauf ausgerichtet, "die öffentliche Diskussion, die allein Legitimationsgeltung auf Dauer verbürgen kann, [..] durch Wissenschaftsberichterstattung sachkundig zu machen; [...] Es handelt sich um eine nachgerade klassisch anmutende Aufklärungsfunktion." (ebd.: 13)

Journalismus wird rigide am Postulat einer aufklärerischen Technikberichterstattung gemessen. Deren Angemessenheit soll sich "aus der Berücksichtigung der Strukturdominanz der Sachsysteme" (ebd.: 140) ergeben, was "selbstredend" zur Diagnose eines weitgehenden Versagens führt (vgl. Guha 1988). Für das wesentliche Defizit halten Dröge und Wilkens (1991: 140) "die fehlende sozialwissenschaftliche Durchdringung und Durchleuchtung des Berichteten". Der Mängelkatalog listet des weiteren journalistische Berufsnormen (z.B. Aktualität), "die Spekulation auf das Rezipienteninteresse", Personalisierung und die "normative und ideologische Synchronie zwischen im Publikum gängigen Technikauffassungen und den inhaltlichen Tendenzen der Berichterstattung ('Zeitgeistverhaftetheit')" auf (ebd.: 141).[96] Wissenschafts- und Technikjournalismus müsse, da es in der Berichterstattung stets um gesellschaftliche Konflikte und damit auch Werte-Entscheidungen gehe, immer Partei ergreifen, und zwar durch die "genaue[.] Explikation der kritischen Standards vor dem Hintergrund einer Theorie der Technostruktur [..]. Darin wird für den Rezipienten auch die

94 Wie wenig Resonanz der Beitrag von Fabris (1974) gefunden hat, zeigt sich darin, daß er noch nicht einmal von Dröge und Wilkens zitiert wird.

95 Analysiert wird innerhalb der in Klammern angegebenen Zeiträume jeder zehnte Jahrgang folgender Zeitschriften: *Leipziger Illustrierte* (1843 - 1893), *Berliner Illustrierte* (1903 - 1943), *Gartenlaube* (1853 - 1933), *Stern* (1948/49 - 1988) und *Spiegel* (1947, 1956 - 1986).

96 "Da der 'Zeitgeist' keineswegs mit der problematischen Entwicklung der gesellschaftlichen Technisierung synchronisiert ist, bewegen sich die Bezugsstandards der Berichterstattung – z.B. der Technikfolgeneinbindung oder der Kritik – sehr oft kontrafaktisch und problemdefocussierend." (Dröge/Wilkens 1991: 141) Im Klartext: Die Orientierung am (unaufgeklärten) Publikum führt zur 'Realitätsverzerrung'.

journalistische Subjektivität[97] kontrollierbar, und billigerweise ist nicht mehr zu verlangen; das aber muß auf jeden Fall gefordert werden." (ebd.: 146)

Einmal in Fahrt gekommen, verlangen Dröge und Wilkens aber dennoch zusätzliche Modifikationen des Journalismus. Um der Forderung nach 'sozialwissenschaftlicher Durchdringung' zu genügen, ist "ein ganzer Teil der üblichen journalistischen Berufsregeln [..] zu suspendieren, vor allem diejenigen, die auf Aktualität und Akzentuierung setzen, die der Kontinuität und der Verankerung von Einzelerscheinungen in ihren systemischen Zusammenhängen im Wege sind. Sie sind uns – wir haben an verschiedenen Stellen darauf hingewiesen – immer wieder als Einstiegsluken für den Zeitgeist aufgefallen und damit als die berufstypischen Mechanismen, die eine kritisch-analytische Technikberichterstattung eher behindern, als daß sie sie befördern." (ebd.)[98]

3.7.2 *Die Findigkeitstheorie des Wissenschaftsjournalismus*

Spinners Findigkeitstheorie des (Wissenschafts)Journalismus ist schon deshalb hervorzuheben, weil sie explizit vorgibt, eine selbständige Rationalitätsform des Wissenschaftsjournalismus anzuerkennen und diese sogar als wesentlichen Beitrag zum gesellschaftlichen Problemlösungsprozeß würdigt (vgl. Spinner 1985: 103). Spinner entwickelt seine Funktionsbeschreibung daher auch in ausdrücklicher Opposition zu der etablierten Wissenschaftsjournalismus-Forschung, die den Wissenschaftsjournalismus einseitig als Wissensvermittler betrachte: "Wie, wo, womit und wozu, das ist die Frage, welche die 'Wissenschaft vom Wissenschaftsjournalismus' bislang nicht gestellt, geschweige denn beantwortet hat, als gäbe es heutzutage keine ernsthafte Alternative mehr zur Aufgabenstellung der Vermittlungstheorie." (ebd.: 84 f.)[99] Wie noch zu zeigen sein wird, bedeutet das aber nur, daß

97 Journalismustheoretisch gehen die Autoren – übrigens wie Kepplinger (1989a) – davon aus, daß nur die Journalisten selbst Träger von Kritik sein können (vgl. Dröge/Wilkens 1991: 113).

98 Der folgende Abschlußsatz der Studie verrät, daß die Autoren den gegenwärtigen Journalismus generell für antiquiert halten: "Es bliebe zu prüfen, ob sich das in einer modernen, d.h. hochkomplexen Welt nicht in allen journalistischen Sparten so verhält." (Dröge/Wilkens 1991: 146)

99 "Die Nähe der so verstandenen Vermittlungs- zur Legitimitätsfunktion ist offenkundig." (Spinner 1985: 86; vgl. 86 f.)

die Wissenschaftsberichterstattung nicht *unmittelbar* an wissenschaftlichen Rationalitätskriterien gemessen wird.

Spinner versteht seinen Entwurf als einen Beitrag (so der Untertitel) über das "Zusammenwirken von Wissenschaft und Journalismus im gesellschaftlichen Problemlösungsprozeß". Bevor er auf den Part des Wissenschaftsjournalismus zu sprechen kommt, entwirft er ein Modell des wissenschaftlichen Problemlösungsprozesses. Diesen unterteilt er in die vier Phasen der Thematisierung eines Problems (Problemstellungsphase), der Aufstellung von Theorien (Erfindungsphase), der Überprüfung von Theorien (Kontrollphase) und der Überführung in praktisch-politische Technologieformen (Anwendungsphase) (vgl. ebd.: 74 ff.). Wissenschaftliches Problemlösen ist dabei stets als Zusammenspiel von allgemeinem Wissen (Theorien = Leitinformation) und besonderem Wissen (Erfahrungswissen = Gegeninformation) zu verstehen. In diesem Prozeß wird das theoretische Wissen durch die "speziellen, raumzeitlich indizierten Erkenntnisse" (ebd.: 74) des Kontrollwissens überprüft und verifiziert bzw. falsifiziert: "Das wäre wissenschaftliches Problemlösen nach dem *Prinzip Kritik*." (ebd.) Die Problematik besteht Spinner zufolge nun darin, daß das gesellschaftliche Erfahrungs- bzw. Kontrollwissen in der Regel nur fragmentiert, sozial dezentralisiert und qualitativ unspezifiziert vorliegt und somit nicht gesichert ist, daß das wissenschaftliche Leitwissen mit relevanten Gegeninformationen konfrontiert wird. Anders als das Wirtschaftssystem verfüge die Wissenschaft über keinen Marktmechanismus, in dem dieses Problem von Angebot und Nachfrage, hier in bezug auf gesellschaftliches Problemlösungswissen, effektiv reguliert werde (vgl. ebd.).

"In dieser Lücke liegt meines Erachtens die *Chance für einen neuartigen Wissenschaftsjournalismus mit eigenständigem Erkenntnisauftrag*, dessen Erfüllung zur Durchführung des Phasenkonzepts wesentlich beitragen kann. [Absatz] Mit diesem *Sonderauftrag* hätte der Journalismus in funktionaler Arbeitsteilung und symbiotischer Lebensgemeinschaft mit der Wissenschaft deren 'alltägliches' Allgemein- und Erfahrungswissen durch 'außeralltägliches' Gelegenheitswissen zu ergänzen und gegebenfalls zu korrigieren." (Spinner 1985: 89) Die soziale Funktion eines solchen Wissenschaftsjournalismus soll also darin bestehen, das in der Gesellschaft verstreute Kontrollwissen in den wissenschaftlichen Problemlösungsprozeß einzubringen. Auf diese Weise sollen "zwei sozial getrennte Informationsarten unterkritischer Menge zu einer 'kritischen Masse' vereinigt werden, um im Sinne des

Prinzips Kritik reaktionsfähig zu werden." (ebd.: 107) Die "*eigenständige Erkenntnisarbeit* in problemlösender Absicht", die Spinner (ebd.: 87) dem Wissenschaftsjournalismus zubilligt, findet ihre Aufgaben vornehmlich in der ersten Phase der Problemstellung und in der vierten Phase der praktischen Anwendung.[100] Die spezifische Rationalität der journalistischen Operationsweise sieht Spinner in deren angeblich unsystematischen, nicht wie in der Wissenschaft von festen Grundsätzen oder allgemeinen Regeln geleiteten Zugriff auf Wirklichkeit begründet (vgl. ebd.: 102).[101] Als "*Agent der Gelegenheitsvernunft*" ist der Journalist damit in der Lage, "verstreute oder versteckte Wissensstücke *schnell* aufzuspüren und *aktuell* dort einzubringen, wo sie zur Einleitung oder Fortführung von Problemlösungsprozessen beitragen können." (ebd.: 100 f.) Auf diese Weise ergänzt der Wissenschaftsjournalismus den Informationsbestand des "weltweit denkenden Agenten der [...] *Grundsatzvernunft*" (ebd.: 101) um diejenigen Informationen, die Wissenschaft nicht entbehren, "mangels Erkenntnisunternehmern" (ebd.: 107) aber auch nicht selbst erbringen kann.

Den wesentlichen Grund, warum der Journalismus die ihm zugewiesene Funktion gegenwärtig nicht erfülle, sieht Spinner in den "Modalitäten der Medienwirtschaft liegen, welche den reinen Neuigkeitswert und Konsumcharakter der Information zulasten ihres Informations- und Problemwerts und ihrer Kontrollfunktion betonen." (Spinner 1985: 108)[102] Damit wird deutlich, daß die eigene Rationalitätsform des Journalismus nur insofern anerkannt wird, als sie sich in das "arbeitsteilige wissenschaftlich-journalistische Problemlösungskonzept" (ebd.: 98) einpaßt.[103] Im Hinblick auf die kritische Partizipation der Bevölkerung an der Wissenschaftsentwicklung hat Wissenschaftsjournalismus zudem die Funktion eines Wissensvermittlers

---

100 Wissenschaftsjournalismus kann bisweilen auch in die zweite und dritte Phase eingreifen, wenn er innerhalb der Wissenschaft Theoriewissen vermittelt, das sonst "nicht dorthin gelangt, wo es im Problemlösungsprozeß gebraucht wird." (Spinner 1985: 109; vgl. 100 f.)

101 Für Spinner (1985: 103) charakterisiert durch die "Orientierung an *Okkasion & Opportunität* – die Ausrichtung auf Gelegenheiten und Ausnützung der sachlichen, örtlichen, zeitlichen, menschlichen Besonderheiten".

102 Einen weiteren Grund sieht Spinner (1985: 108) in der "falsche[n] Aufgabenstellung durch die Vermittlungstheorie", so als würde sich Journalismus primär nach diesen normativen Vorgaben richten. Dagegen spricht schon die Klage über die defizitäre Wissenschaftsberichterstattung, die von den Vertretern des Paradigmas Wissenschaftsjournalismus kontinuierlich vorgebracht wird.

103 "Die Unverbindlichkeit des ästhetisch Interessanten – im Klartext: des vielzitierten Jahrmarkts der Sensationen – weicht der Problembedeutung des informativ Relevanten" (Spinner 1985: 98 f.).

zu erfüllen. Zwar soll die Wissenschaft 'ihr' Wissen selbst kommunizieren; darüber hinaus ist es aber Aufgabe des Journalismus, daß das Expertenwissen "für das weitere Verständnis der an seiner Erzeugung nicht Beteiligten, aber von seiner Anwendung Betroffenen vereinfacht und vermittelt" wird (ebd.: 109). Indem sich diese Funktionszuweisung auf "das gesamte Wissensspektrum [..] in seiner ganzen Bandbreite" (ebd.) bezieht, kann sie Ähnlichkeiten mit der von Spinner verworfenen Vermittlungstheorie nicht verleugnen.

Generell kann nicht übersehen werden, daß, obwohl Spinner (1985: 82) das Verhältnis von Wissenschaft und Journalismus als "Wissenssymbiose zweier Problemlösertypen" bezeichnet und von einer gleichrangigen Arbeitsteilung spricht (vgl. ebd.: 108), Wissenschaftsjournalismus nur eine assistierende Rolle in dem primär wissenschaftlich angeleiteten gesellschaftlichen Problemlösungsprozeß zukommt.[104] Die "Findigkeit des journalistischen Unternehmertums" (ebd.: 100) soll im Prinzip nur das Manko der Wissenschaft kompensieren, über keine eigenen 'Erkenntnisunternehmer' zu verfügen. Das führt dazu, daß die journalistischen Selektionskriterien vor allem nach dem Maßstab des wissenschaftlichen Problemlösungsprozesses beurteilt werden. Tendenziell gerät der Wissenschaftsjournalismus zu einer Art wissenschaftlicher Methode, die dazu dient, zielgerichtet empirisches Kontrollwissen in den wissenschaftlichen Problemlösungsprozeß einzuspeisen. Diese normative Ausrichtung des Journalismus am *wissenschaftlichen* Problemlösungsprozeß – unter Ausblendung anderer gesellschaftlicher Problemlösungskapazitäten wie z.B. Moral oder Recht – rückt damit auch Spinners Findigkeitstheorie in die Nähe zur Legitimationsfunktion.[105]

104 Kurz bevor die Gleichrangigkeit betont wird, wird das Zusammenwirken von journalistischer Gelegenheitsvernunft und wissenschaftlicher Grundsatzvernunft als "eine zwar ungleichgewichtige, aber unentbehrliche Symbiose zweier Problemlösertypen" bezeichnet (Spinner 1985: 104).

105 Auf diesen Widerspruch weist auch Weischenberg hin (1992: 50; mit Bezug auf Spinner 1988: 238 - 266): Spinners Konzept "rückt den Journalismus zwar weg von einer platten Vermittlungstheorie und stellt ihn insofern vom Kopf auf die Füße; es befördert die Wissenschaft als Adresse für 'allgemeingültige Wahrheiten und dergleichen' (ebd.: 246 f.) aber auf ein Podest – und kommt dann am Ende doch wieder zu einer idealisierenden Journalismus-Konzeption."

3.7.3 Fazit: Die Dominanz des Paradigmas

Die bisher referierte Forschung zum Wissenschaftsjournalismus wird eindeutig durch diejenige Literatur dominiert, die wir unter dem Begriff des Paradigmas Wissenschaftsjournalismus zusammengefaßt haben. Der Paradigma-Begriff verweist auf die Einheitlichkeit der grundsätzlichen erkenntnis- gesellschafts- und journalismustheoretischen Positionen sowie die Kontinuität, mit der diese Positionen seit nunmehr zwanzig Jahren vertreten werden – nimmt man die vorangegangene Diskussion hinzu, sogar seit rund achtzig Jahren.

Daß das Paradigma so unangefochten die Forschung dominiert, ist vor allem darauf zurückzuführen, daß seine *journalismustheoretischen* Prämissen bislang noch nicht ernsthaft in Frage gestellt worden sind. Dies gilt auch für die wenigen 'Gegen'-Entwürfe zur Funktion des Wissenschaftsjournalismus, die wir oben vorgestellt haben. Zwar versuchen sich Dröge/ Wilkens und Spinner von der dominierenden Forschungsrichtung zu distanzieren, indem sie deren normative Akzeptanzfunktion für den Wissenschaftsjournalismus kritisieren (vgl. Dröge/Wilkens 1991: 13 ff.; Spinner 1985: 82 ff.) – diese Abgrenzung verdankt sich aber lediglich den mehr oder weniger wissenschaftskritischen Positionen der Autoren.[106] Sie erfolgt nicht aus einer journalismustheoretischen Perspektive, die die Funktion der Wissenschaftsberichterstattung unabhängig von den Interessen des gesellschaftlichen Teilsystems Wissenschaft zu bestimmen versucht. Sowohl der gesellschaftstheoretisch anspruchsvolle Ansatz von Dröge und Wilkens als auch die durchaus originelle Findigkeitstheorie Spinners 'leiden' an der Ignorierung einer journalistischen Autonomie. Da sich die Funktionsbeschreibung des Journalismus nach den Bedürfnissen der jeweils bevorzugten Gesellschafts- oder Wissenschaftstheorie richtet, rückt wiederum die spezifische journalistische Operationsweise in den Mittelpunkt der Kritik. Ebenso wie die dominierende Forschungsrichtung warten diese Konzepte mit normativen Zweckprogrammen auf, die von vornherein eine eigenständige Funktion des Wissenschaftsjournalismus ausschließen.

---

106 Wobei Dröge und Wilkens der Akzeptanzfunktion noch nicht einmal generell eine Absage erteilen. Neben der Funktion, die öffentliche Legitimation von Wissenschaft und Technik zu garantieren, bleibe diese zusätzlich bestehen: "Beide Funktionen müssen durch die Wissenschafts- und Technikberichterstattung erfüllt werden. Es erscheint jedoch zweifelhaft, daß beide mit demselben Typus Berichterstattung zu erfüllen sind." (Dröge/Wilkens 1991: 13)

Neben diesen Arbeiten finden sich nur selten kritische Äußerungen zur etablierten Wissenschaftsjournalismus-Forschung. In der Regel stammt diese Kritik von Wissenschaftsjournalisten, die sich "mit abstrakten Maximalforderungen an ihre Übersetzerfunktion in der wissenschaftlich-technischen Welt konfrontiert" sehen (Haaf 1985: 127) und nach pragmatischen Vorschlägen verlangen, "was wir wie besser machen können" (ebd.: 130). Nach Ansicht von Flöhl hat sich die Kommunikationsforschung bisher "nur oberflächlich mit dem Wissenschaftsjournalismus auseinandergesetzt. Man hat vor allem quantitativ gezählt und sich dabei noch weitgehend von den eigenen Vorurteilen leiten lassen." (Flöhl 1990a: 22; vgl. 1990b: 127 f.)

Diese sporadische Kritik kann nicht darüber hinwegtäuschen, daß in der deutschsprachigen Forschung noch nicht einmal Ansätze einer zusammenhängenden Forschungskritik existieren. Dem vormaligen Desinteresse der Kommunikationswissenschaft am Thema Wissenschaftsjournalismus scheint nun ein Desinteresse an der dominierenden Forschungsperspektive zu entsprechen.[107] Jedenfalls ist das Paradigma Wissenschaftsjournalismus innerhalb der deutschsprachigen Forschung bislang ohne ernsthafte Konkurrenz. Nur wenige Arbeiten können als Kritik an seinen gesellschaftstheoretischen Prämissen gelesen werden. Aus journalismustheoretischer Sicht aber wird gar keine Alternative zu einer Betrachtungsweise geboten, die journalistische Berichterstattung über Wissenschaft, Technik und Medizin von vornherein einer normativen Zwecksetzung unterordnet, die sich an den vermeintlichen Erfordernissen der wissenschaftlich-technischen Entwicklung orientiert.

107 Mit Ausnahme des Soziologen und Kommunikationswissenschaftlers Peters, dessen Forschungsinteresse aber primär der Risikokommunikation gilt. Gelegentlich finden sich kritische Aussagen bei Kommunikationswissenschaftlern, die mit der Wissenschaftsjournalismus-Forschung kurzzeitig 'in Kontakt' gekommen sind (vgl. Baerns 1990: 48; Saxer 1986; Rühl 1990a: 160 f.; 1990b: 201, Anm. 5).

4 Exkurs: Die angloamerikanische Forschung

Wir haben unsere Aufmerksamkeit bisher auf die deutschsprachige Forschung über den Wissenschaftsjournalismus beschränkt. Dabei konnten wir eine eindeutig dominierende Forschungsperspektive identifizieren, die wir als Paradigma Wissenschaftsjournalismus bezeichnet haben. Inwiefern aber haben wir es hier mit einem Phänomen zu tun, das auf die deutschsprachige Forschung beschränkt ist? Um auf diese Frage eine Antwort zu finden, wenden wir uns in einem Exkurs der angloamerikanischen, vor allem der US-amerikanischen Wissenschaftsjournalismus-Forschung zu. Die folgende Darstellung vermittelt einen umfassenden und repräsentativen Überblick über die relevante Forschungsliteratur.

Ebenso wie in der deutschsprachigen unterscheiden wir auch in der angloamerikanischen Forschung zum Wissenschaftsjournalismus (science reporting) zwei Phasen: Die vor-kommunikationswissenschaftliche Phase umfaßt die Anfänge einer allgemeinen Diskussion über die Aufgaben und Funktionen journalistischer Wissenschaftsberichterstattung (Kap. 4.1). Mitte der sechziger Jahre, also etwa zehn Jahre früher als in der Bundesrepublik Deutschland, etabliert sich Wissenschaftsjournalismus als Forschungsgegenstand der Kommunikationswissenschaft. Der Schwerpunkt der Darstellung wird auf dieser kommunikationswissenschaftlichen Phase liegen (Kap. 4.2).

4.1 Die Diskussion bis 1967

Schon in den Anfängen der Diskussion erscheint der Wissenschaftsjournalismus als ein Verbündeter der Wissenschaft bei der Propagierung des wissenschaftlich-technischen Fortschritts (Kap. 4.1.1). Auch nach dem Zweiten Weltkrieg wird dem Wissenschaftsjournalismus übereinstimmend eine Vermittlungs- und Akzeptanzfunktion in bezug auf Wissenschaft und Technologie zugeschrieben (Kap. 4.1.2). Ende der fünfziger Jahre werden große Publikumsstudien durchgeführt, deren Ergebnisse aber nur im Hinblick auf eine effizientere Wissenschaftsvermittlung interpretiert werden (Kap. 4.1.3). Der sogenannte Sputnik-Schock führt zu verstärkten Popularisierungsbemühungen (Kap. 4.1.4). Vor diesem (politischen) Hintergrund findet die These des englischen Schriftstellers und Physikers Snow, daß die naturwissenschaftliche Kultur diskriminiert werde, große Aufmerksamkeit (Kap. 4.1.5). Mitte der sechziger Jahre kann sich eine kommunikationswissenschaftliche Wissenschaftsjournalismus-Forschung etablieren. Diese schreibt die normative Funktionsbestimmung für den Wissenschaftsjournalismus nahtlos fort (Kap. 4.1.6).

4.1.1 Die Anfänge der Diskussion

Im Amerika des 19. Jahrhunderts gilt die Vermittlung von Wissenschaft an ein nicht-wissenschaftliches Publikum als "mission of converting people to the scientific way of life." (Burnham 1987: 170) Es existiert eine Vielzahl institutioneller Bemühungen, die der Vermittlung von Wissenschaft an ein Laienpublikum dienen. Die wohl bekannteste Einrichtung stellen die 'public lectures' dar, öffentliche Unterrichtsveranstaltungen, in denen zum Teil berühmte Wissenschaftler ein Laienpublikum in unterhaltsamer Weise über Wissenschaft unterrichten.[1] Der erste Weltkrieg führt zu einer enormen Beschleunigung der wissenschaftlich-technischen Entwicklung (vgl. Brown/ Gross [3]1953: 156). Das Wachstum und die zunehmende Spezialisierung des Wissenschaftssystems bedeuten auch das Ende der Popularisierung von Wissenschaft durch einzelne Wissenschaftler (vgl. Lewenstein 1992a: 47). Diese Aufgabe wird zunehmend durch die Öffentlichkeitsarbeit der großen Wissenschaftsorganisationen erfüllt. In den ersten Jahrzehnten des 20. Jahrhunderts gründen viele Wissenschaftsorganisationen eigene Nachrichtenbüros oder Public-Relations-Abteilungen. 1920 wird von der *American Association for the Advancement of Science* (AAAS), der *National Academy of Sciences* und dem *National Research Council* mit dem *Science Service* die erste Agentur für Wissenschaftsnachrichten ins Leben gerufen (vgl. Lewenstein 1992a: 46). In diese Zeit fällt auch die erste Beschäftigung eige-

1 Zur Popularisierung von Wissenschaft in den USA des 19. Jahrhunderts vgl. Burnham 1987 (127 ff.), für das zwanzigste Jahrhundert vgl. Lewenstein 1992a; Logan 1977.

ner Wissenschaftsjournalisten durch größere Tageszeitungen (vgl. Cohn 1965).

Welche Funktion dabei den Massenmedien zugedacht wird, verdeutlicht der offene Brief eines Wissenschaftlers an zukünftige Journalisten, der unter dem bezeichnenden Titel "Advice from a scientist" 1925 im *Journalism Quarterly* erscheint. Der Wissenschaftler wird zum "man at the battle front" (Hoskins 1925) des gesellschaftlichen Fortschritts hochstilisiert, dem es an der nötigen Zeit fehlt, um Botschaften an die Nachhut zu übermitteln. Als Meldegänger wird daher der Journalist rekrutiert. An ihn ergeht die Order "to visit the battle front, to acquaint yourself with the maneuvers, and to report them honestly, intelligently, and sympathetically to the people" (ebd.). Eindringlich wird auf die gesellschaftliche Bedeutung der Wissenschaft hingewiesen: "What happens on Wall Street or in Congress is of minor significance in comparison with what is happening in the research laboratories." (ebd.) Wissenschaft und Journalismus seien die beiden Kräfte, die das Wohlergehen der Gesellschaft bestimmten, die Wissenschaft, indem sie die Welt neu gestalte, der Journalismus, indem er das wissenschaftliche Wissen an die Gesellschaft weiterleite. Daher beschwört der Autor die Journalisten, ihre Verantwortung als Lehrer und Führer zu ergreifen und sich nicht aus kommerziellen Gründen dem Sensationsbedürfnis des Publikums zu unterwerfen. "If so, you have accepted prostitution as your lot." (ebd.)

Hoskins' emphatischer Aufruf scheint seine Wirkung nicht verfehlt zu haben. Dieser Eindruck drängt sich jedenfalls bei der Lektüre des Vortrags auf, den David Dietz, der erste Vorsitzende der 1934 von 12 Wissenschaftsjournalisten gegründeten *National Association of Science Writers* (NASW), als Gastredner auf der AAAS-Hauptsitzung hält. Unter dem Titel "Science and the American Press" zeigt sich auch Dietz von der überragenden gesellschaftlichen Relevanz der Wissenschaft[2] überzeugt, von der er "a world of greater beauty, deeper comfort, smoother efficiency" erwartet (Dietz 1937a: 111). Er zeichnet den Wissenschaftler als kühnen, uneigennützigen und um die Menschheit besorgten Wahrheitssucher, dem es bei aller praktischen Nützlichkeit der Wissenschaft doch stets um das tiefere Verständnis von Natur und Universum gehe. Angesichts dieser Einstellung ist es nicht verwunderlich, daß Dietz die Unterstützung der Forschung als oberstes Ziel ansieht. Allerdings sei eine intensive staatliche Förderung nur

2 Mit Wissenschaft sind zu diesem Zeitpunkt sind immer die Naturwissenschaften gemeint. Die Sozialwissenschaften melden sich erst relativ spät zu Wort (vgl. Yu 1968).

möglich, wenn auch das Publikum von dieser Notwendigkeit überzeugt sei. Das Wohlergehen der Gesellschaft verlange regelrecht danach, daß das Publikum auf den wissenschaftlichen Fortschritt aufmerksam gemacht werde. Da dies nur durch die Zeitungen geschehen könne, habe die Vereinigung der amerikanischen Wissenschaftsjournalisten daher laut Satzung nur ein Ziel: "To foster the dissemination of accurate scientific knowledge by the press of the nation in cooperation with scientific organisations and individual scientists." (ebd.: 109) Zusammen mit dem Wissenschaftler sei es die Aufgabe des Wissenschaftsjournalisten "to disseminate and make clear the spirit of science." (ebd.: 112) Dietz bemüht zum Abschluß seiner Eloge sogar noch christliche Vorstellungen: Gott habe den Menschen zur Krönung der Schöpfung erhoben. Nun gehe es für Wissenschaft und Journalismus darum, Seite an Seite auf den Tag hinzuarbeiten, "when man shall realize the best that is in him." (ebd.) Die Forderung nach Zusammenarbeit von Wissenschaft und Journalismus drückt sich auch institutionell aus: Die NASW als Zusammenschluß von Wissenschaftsjournalisten wird zum Mitglied ("formal affiliate") der größten amerikanischen Wissenschaftsorganisation AAAS (vgl. Lewenstein 1992a: 55).

In einem Handbuch über Journalismus wird 1937 die Funktion des Wissenschaftsjournalismus folgendermaßen definiert: "The trained writer in science performs his finest tasks when he translates the acts and statements of the scientists to the readers of his journal. He makes his readers aware of the real meaning of vitamin, ohm and watt. He makes known by interpretation what the scientific mind has done for the human race." (Brown/Gross [3]1953: 163)[3] Der Journalist wird auch hier in der Rolle des Vermittlungsagenten zwischen Wissenschaft und Gesellschaft gesehen. Dabei wird das öffentliche Interesse für den wissenschaftlichen Fortschritt zu dieser Zeit noch als selbstverständlich vorausgesetzt. Obwohl also noch nicht die Gefahr eines mangelnden Publikumsverständnisses thematisiert wird (vgl. Dornan 1988: 56), ist die normative Funktion eines Wissenschaftsvermittlers und damit auch die potentielle Diskriminierung abweichender Selektionskriterien des Publikums, zu der es dann in den fünfziger Jahren kommen wird, schon deutlich vorgezeichnet. Zwar sollen die Interessen des Lesers angeblich berücksichtigt werden, doch gleichzeitig wird

3 Diese Funktionsbeschreibung stammt unverändert aus dem Jahr 1937 (vgl. Dornan 1988: 55).

als unabdingbare Eigenschaft des Wissenschaftsjournalisten "a love and an enthusiasm for the sciences" (Brown/Gross ^{3}1953: 166) postuliert.[4]

4.1.2 *Die Zeit nach dem Zweiten Weltkrieg*

Der Zweite Weltkrieg wird von vielen Autoren als bedeutende Zäsur in der Entwicklung des Wissenschaftsjournalismus angesehen (vgl. Lessing 1963; Lewenstein 1992a: 47; Dornan 1988: 56). "Big science had arrived" (Burkett 1986: 23). Wissenschaft hatte schon für die Kriegsführung (Entwicklung der Atombombe) eine wichtige Rolle gespielt. Nach dem Krieg nimmt die wissenschaftliche Großforschung durch bedeutende Entwicklungen z.B. in der Elektronik, Computertechnik und Medizin erheblichen Einfluß auf den sozialen Wandel in der amerikanischen Gesellschaft (vgl. Dornan 1988: 56). Wissenschaft und Technologie gelten als effiziente Schlüssel zur Lösung von Problemen wie Armut, Gesundheit, Erziehung, Transportwesen usw.; sie werden sogar als unabdingbare Basis für das Funktionieren einer demokratischen Gesellschaft angesehen. "From that belief emerged a moral certainty about the social importance and efficacy of science, especially basic research." (Lewenstein 1992a: 48) Diese moralische Gewißheit, so Lewenstein weiter, erlaubt es den Wissenschaftlern, die Notwendigkeit der Kommunikation von Wissenschaft an das Laienpublikum einzufordern. 'Public understanding of science' wird zum Schlagwort, die Kommunikation *über* Wissenschaft wird ausschließlich als Kommunikation *von* Wissenschaft verstanden d.h als Popularisierung.

Die Diskussion über Wissenschaft und Journalismus findet in den 50er Jahren vor allem in der Zeitschrift *Science* statt, dem 'Hausblatt' der AAAS. Sie wird hauptsächlich von Wissenschaftlern und den Mitgliedern der NASW geführt. Ein für die damalige Zeit typischer Beitrag erscheint unter dem Titel "What's *right* with science news reporting?" (Krieghbaum 1956) Mit Hilfe der schon bekannten Demokratie- und Sponsor-Argumente[5] erklärt der Autor das "right to know" (ebd.: 707) des Laien-Publikums zur wesentlichen Grundlage der wissenschaftsjournalistischen Arbeit. Zur Begrün-

4 "Above all, there is the explicit admonition that one popularizes on behalf of science, and only therefore to the benefit of society." (Dornan 1988: 55)

5 "(A)n informed public is vital to sound public opinion and valid decisions." (Krieghbaum 1956: 707) Vgl. Kap. 2.2.2 ff. u. 3.1.2.

dung seiner These zitiert Krieghbaum den Vorstand der AAAS, also der Amerikanischen Gesellschaft für die Förderung der Wissenschaften, der 1952 eindringlich ein verbessertes öffentliches Verständnis der Wissenschaft angemahnt hatte. Dieses Verständnis beschränkt sich nicht auf die Kenntnis der wissenschaftlichen Ergebnisse und Methoden; es schließt auch die Anerkennung der gesellschaftlichen Relevanz und darüber hinaus sogar das Gespür für den "spirit of science" (ebd.) mit ein.[6] Wissenschaftsjournalismus hat hier vor allem die Rolle eines Dolmetschers zwischen Wissenschaft und Laien-Öffentlichkeit zu erfüllen (vgl. ebd.: 708). Vor diesem Hintergrund wird deutlich, daß das von Krieghbaum bemühte 'Recht zu wissen' nichts anderes als eine euphemistische Umschreibung für die 'Pflicht zu wissen' ist. Diese Überzeugung teilt auch der Wissenschaftsjournalist Earl Ubell, der spätere Präsident des von der NASW gegründeten *Council for the Advancement of Science Writing* (CASW). Ubell bezeichnet die Wissenschaft als "the keystone of our civilization" und leitet hieraus eine klare Vermittlungs- und Akzeptanzfunktion für den Wissenschaftsjournalismus ab: "There is every reason for science to be reported and explained in this context in the public prints." (Ubell 1957: 332 A)

4.1.3 Das Interesse für das Publikum

Im Frühjahr 1957 wird im Auftrag der NASW eine umfangreiche Befragung unter fast 2000 erwachsenen Amerikanern durchgeführt (vgl. Davis 1958; Krieghbaum 1958; vgl. zur Pilotstudie Krieghbaum 1956). Abgefragt werden das Leserinteresse für Wissenschaftsberichterstattung, der praktische Wissenserwerb und die Einstellung gegenüber Wissenschaft und Wissenschaftlern. Die Studie soll dem Wissenschaftsjournalisten als "the middle man in the flow of communication" (Davis 1958: 1) Aufschluß über das tatsächliche Publikumsinteresse für Wissenschaftsberichterstattung liefern. 24% der Rezipienten werden als "elite or enthusiastic audience" (Krieghbaum 1958: 26; vgl. Davis 1958: 163) identifiziert. Dieses Publikum ist dadurch definiert, daß es einen Teil oder sogar die gesamte Wissenschafts-

---

6 Diese Forderung findet sich zuhauf in Äußerungen von Wissenschaftlern. Typisch sind Aufsätze wie "What a scientist expects of the press" (Forbes 1955), in der die Transmissionsfunktion des Journalismus betont wird und die wissenschaftliche Anspruchshaltung offen zutage tritt: "Hence we are strongly interested in a press which functions well and brings us the news and the information on which we can work." (ebd.: 195)

berichterstattung liest und deren Anteil am Gesamtnachrichtenaufkommen erhöht sehen will. 28% aller Befragten geben an, stets alle Wissenschaftsnachrichten zu lesen, 37% erklären, die gesamte Medizinberichterstattung zu lesen (Medizin wird zwar unter Wissenschaft gefaßt, zum Teil aber gesondert abgefragt). Das Resümee der Studie lautet, daß der Bedarf an Wissenschaftsberichterstattung bisher drastisch unterschätzt wurde (vgl. ebd.: 4).

Diese Zahlen werden fortan immer angeführt, wenn es gilt, ein hohes Leserinteresse für Wissenschaftsberichterstattung zu belegen. Die Ergebnisse zur Funktion der Wissenschaftsberichterstattung für das Publikum werden dagegen nicht genügend beachtet. Nach ihrer Motivation befragt, gibt der größte Teil der Leser die Orientierungsfunktion von Wissenschaftsnachrichten an: "It is the way science ties in to a total concern about the environment that seems to dominate the reasons for attention to science." (ebd.: 172) Auch andere Ergebnisse sprechen dafür, daß die Rezeption hauptsächlich von pragmatischen Verwertungsinteressen der Rezipienten bestimmt ist (vgl. ebd.: 131; 176 ff.). Im Forschungsbericht wird daher die Empfehlung ausgesprochen, daß sich die Wissenschaftsberichterstattung an dieser vom Rezipienten zugeschriebenen Relevanz zu orientieren habe.[7] Krieghbaum, der eine Kurzfassung der Studie vorlegt, interpretiert dieses Ergebnis im Hinblick auf eine möglichst effiziente Popularisierung von Wissenschaft: "The greater the practical appeal or the applicability of the story idea to an individual's daily life, the more his interest may be stimulated." (Krieghbaum 1958: 21) In seinem Schlußwort bekräftigt Krieghbaum dann seine Überzeugung, daß die richtige Wertschätzung ("appreciation") der Wissenschaft von existenzieller Bedeutung für eine moderne Demokratie ist: "It *is* important for Americans to understand what scientists are trying to do and what are they doing." (ebd.: 43)

4.1.4 Der Sputnik-Schock

Die Dramatik von Krieghbaums Schlußwort muß im Zusammenhang mit einem für die Großmacht USA einschneidenden Ereignis gesehen werden:

7 "Orientation to science news seems to serve the broader functions of making sense of the world and helping manage one's relations to it. The practical implication of this generalization for the science writer is to present science in its context." (Davis 1958: 178)

Am vierten Oktober 1957 gelingt es der UdSSR, vor den USA einen Satelliten in eine Erdumlaufbahn zu befördern. In seiner Untersuchung der damaligen Berichterstattung kommt Lule zu dem Schluß, daß die öffentliche Reaktion in den USA einer Hysterie gleichkam: "'[G]aps' were suddenly discovered in everything from missile production to the teaching of arithmetic at the preschool level." (LaFeber 1985: 195; zitiert nach Lule 1991: 77, Anm. 3) Der Sputnik-Schock wird sogar mit einem zweiten Pearl Harbor verglichen (vgl. Lule 1991: 78). Eine der Hauptauswirkungen ist die grundsätzliche Reflexion kultureller Werte, und hier vor allem die Fokussierung auf Defizite im Bildungssystem. "Education, especially in science, became a means to explain the U.S. defeat and also, importantly, a means by which the United States might recapture prominence and position." (ebd.: 82)[8]

Der sogenannte Sputnik-Schock festigt die allgemeine Überzeugung, daß die Funktion des Wissenschaftsiournalismus darin bestehe, Wissenschaft zu vermitteln und die öffentliche Akzeptanz von Wissenschaft und Technologie zu sichern. Schon ein halbes Jahr nach dem Sputnik-Start plant die *National Science Foundation* (NSF) ein Programm für 'Public understanding of science', das im Herbst 1959 anläuft (vgl. Lewenstein 1992a: 60 f.).[9] Die Institutionalisierung der Ausbildung von Wissenschaftsjournalisten wird vorangetrieben (vgl. Burkett 1986: 30; Foster 1958; vgl. auch Cohn 1965).[10] 1960 gründet die NASW eine eigene Organisation mit dem Ziel, Quantität und Qualität der Wissenschaftsberichterstattung zu erhöhen. In seinem "Certificate of extension of powers" vertritt dieses *Council*

8 Das "Science Advisory Committe" des amerikanischen Präsidenten schreibt 1959 in seinem Bericht "Education for the age of science": "There is, therefore, no escape from the urgency of providing highgrade and plentiful adult education in science now" (zitiert nach Krieghbaum ^{2}1968a: 5).

9 Seit 1948 schon existierte an der Universität von Wisconsin das erste 'graduate program' zur Weiterbildung von Wissenschaftsjournalisten. Wissenschaftler hätten erkannt, daß nur durch "wider dissemination and greater understanding of the findings, aims, and methods" (Larsen 1956: 720) Wissenschaft schnell zugunsten des menschlichen Wohls angewendet werden könnte. Eine Ausbildung zum Fachjournalisten für spezielle Rezipientengruppen existierte schon weitaus länger. So gab es im Bundesstaat Iowa schon 1905 die erste Klasse für Landwirtschaftsjournalismus (vgl. Beckman/O'Brien/Converse 1937: vii).

10 Hatte die NASW am Ende des Zweiten Weltkrieges erst 63 Mitglieder, war es 1950 schon die doppelte Anzahl. 1957 zählte sie rund 280 Mitglieder. Davon waren 124 Wissenschaftsjournalisten und ungefähr 150 nicht-stimmberechtigte Public-Relations-Arbeiter von Universitäten, medizinischen Instituten und aus der Industrie. 1960 zählte die NASW insgesamt 372 Mitglieder, 1963 573 (193 aktive), 1964 750 und 1982 1100.

for the Advancement of Science Writing (CASW)[11] die Ansicht, daß "(s)uch information would 'heighten the public's understanding and appreciation of scientific enterprise'." (zitiert nach Lewenstein 1992a: 58) Eine Umfrage unter Chefredakteuren ergibt, daß nach dem Sputnik-Start drei Viertel der Tageszeitungen ihren Platz für Wissenschaftsnachrichten um mindestens 50% erhöht haben (vgl. Krieghbaum 1959: 1095).

Die gesellschaftliche Achtung der Wissenschaft läßt sich auch am damaligen Sprachgebrauch ablesen. Der angesehene Wissenschaftler Weinberg vergleicht 1961 die wissenschaftlichen Errungenschaften der Neuzeit mit den Kathedralen des Mittelalters (zitiert nach Krieghbaum [2]1968a: 5). In einem Aufsatz in *Science* weist der Autor zuerst auf die außerordentliche Bedeutung des Wissenschaftlers für die Gesellschaft hin ("useful to society in general"; Thistle 1958: 954) und ermahnt dann die Wissenschaftler, aktiv zur Popularisierung ihrer Arbeit beizutragen. Das Problem, zu einem gewöhnlichen Publikum über außergewöhnliche Dinge zu sprechen, habe es schon früher in der Geschichte der Menschheit gegeben: "Jesus had such a problem." (ebd.: 955) Wie dieser müßten auch die Wissenschaftler in Bildern und Gleichnissen reden, wenn sie zu "fishermen, taxgatherers, publicians, housewives" (ebd.) sprächen.[12]

Ein halbes Jahr nach dem Sputnik-Start gibt die NASW erneut eine Rezipientenstudie in Auftrag (vgl. McLeod/Swinehart 1959; Swinehart/McLeod 1960). Da in der ersten Studie ebenfalls das Rezipientenwissen über Erdsatelliten abgefragt wurde, kann diese zweite Studie Aufschlüsse über den Einfluß des Sputnik-Starts auf den Wissenserwerb des Laienpublikums geben. Die Ergebnisse sind eher enttäuschend: Zwar ist der Anteil derjenigen Amerikaner, die noch nie etwas über Satelliten gehört haben, von 54% im Jahre 1957 auf nunmehr 10% geschrumpft, doch können die Befragten keine genauen Angaben über die wissenschaftlichen Hintergründe dieser Technologie machen. Ein signifikanter Anstieg ergibt sich nur in der Assoziation der Satellitentechnologie mit dem Wettstreit der Großmächte USA und UdSSR: Haben im Jahre 1957 nur 1% der Befragten diesen Zusammenhang gesehen, ist deren Anteil nach dem Sputnik-Start auf 20% ange-

---

11 Im 'board of directors' der CASW sitzen Vertreter der NASW, der AAAS, des *National Academy of Science – National Research Council*, der Journalismusforschung und der Medizin zusammen (vgl. Dornan 1988: 59).

12 Der Vergleich des Wissenschaftlers mit Jesus wird dabei ohne jede Spur von Ironie gebracht. Man beachte, wie die Analogie bis hin zum Publikum des Wissenschaftlers fortgesetzt wird. Krieghbaum ([2]1968a: 181) zitiert diese Passage ebenfalls.

stiegen.[13] Zusammenfassend erklären die Autoren: "[O]ur findings indicate that wide circulation of news about science is not likely to have much effect on reading habits, attitudes toward scientific topics, or use of a scientific frame of reference in interpreting news events." (Swinehart/McLeod 1960: 589)

Diese ernüchternde Feststellung führt nicht zu einer Neubewertung der Funktion des Wissenschaftsjournalismus: Sowohl der Journalismus als nun auch das Publikum selbst werden als Schuldige für die mangelnde Verbreitung wissenschaftlichen Wissens angesehen. Dem Journalismus wird ein "highly inefficient job of communicating technical details of science" und ein fehlendes Verantwortungsgefühl für diese Aufgabe attestiert (Krieghbaum 1959: 1093). Das spezifische Rezeptionsverhalten des Publikums der Wissenschaftsberichterstattung wird als eine zusätzliche Barriere ausgemacht: "Even if the information is presented accurately and without bias, the 'consumers' of a story, broadcast, or television program still may convert and transform it to fit their prejudices and biases." (Krieghbaum 1959: 1094) Weitere Forschung über das gesamte Mediennutzungsverhalten der Rezipienten soll Aufschluß über eine möglichst effiziente Wissenschaftsvermittlung liefern (vgl. Swinehart/McLeod 1960: 589). Es gehört von nun an zum Standardrepertoire der Literatur, über das mangelnde Verständnis (und Verstehen) des Publikums Beschwerde zu führen. Der Vorwurf an den Journalismus, verzerrt, unvollständig und sensationalistisch zu berichten, ist dagegen nicht neu (vgl. z.B. Cohn 1965). Er wird in der Folgezeit durch Studien zu Genauigkeit und Sensationalisierung ausgiebig geprüft und 'bestätigt' (vgl. Kap. 4.2.3).

Die Gleichsetzung von Wissenschaftsaufklärung und Demokratietauglichkeit einer Gesellschaft (Demokratie-Argument) wird zu einem Allgemeinplatz: "Raising the level of scientific literacy in this country is an imperative." (Fraley/Ubell 1963: 22) Gesellschaftliche Entscheidungsprozesse ohne eine wissenschaftlich aufgeklärte politische Führung und ein ebenso aufgeklärtes Bürgertum könnten nicht toleriert werden: "It is essential in a democracy that the citizen know more about science as much for purposes of shaping

---

13 Michael (1960) beschreibt sämtliche verfügbare Umfragen im Zusammenhang mit Sputnik I. Die Einstellung der Amerikaner wird als manchmal widersprüchlich, teilweise gleichgültig und häufig unlogisch charakterisiert. Den Mangel an detailliertem Wissen erklärt sich Michael mit dem Umstand, daß Außenpolitik für die Amerikaner nicht unmittelbar relevant sei (vgl. ebd.: 581 f.). Vani (1990) weist auf die politische Kontextualisierung der damaligen Berichterstattung hin.

public policy as for personal understanding of and adjustment to the culture." (Light 1960: 53 f.) Nicht nur bei Light, zuständig für Öffentlichkeitsarbeit des *U.S. Public Health Service*, mündet diese Forderung unweigerlich in die Diagnose, daß ein großes Publikumsinteresse tatsächlich vorhanden und der Bedarf an wissenschaftlicher Information allgemein anerkannt sei. Der praktische Wert der wissenschaftlichen Arbeit hänge davon ab, ob sie für das Laienpublikum adäquat interpretiert würde. Dem Journalismus wird wiederum die Funktion der Informationsvermittlung und Akzeptanzsicherung für Wissenschaft zugewiesen. Die Argumentation ist dabei die gleiche wie schon bei Hoskins (1925): "The interpreter stands between the layman, whose knowledge of all things is indefinite – and the scientist whose knowledge of one thing is authorative." (zitiert nach Light 1960: 56) Neben der Informationsvermittlung als Garantie demokratischer Ordnung und der kulturellen Orientierung des Individuums sieht Light eine neue Funktion des Wissenschaftsjournalismus: die Rekrutierung neuer Kräfte für die Wissenschaft "in a period of critical manpower shortage" (Light 1960: 56).[14]

4.1.5 Die Hypothese von den zwei Kulturen

Die Diskussion um die gesellschaftliche Bedeutung der Wissenschaft beschränkt sich nach dem Zweiten Weltkrieg nicht mehr nur auf ihre Anwendung als Technologie (vgl. dagegen Beckman/O'Brien/Converse 1937). Wenn Wissenschaft als "keystone of our civilization" (s.o.) bezeichnet wird, schlägt sich darin auch die Überzeugung nieder, daß wissenschaftlicher Rationalität der Status einer kulturellen Errungenschaft zukomme. Diese Ansicht findet ihren nachhaltigsten Ausdruck 1959 in der Schrift "The two cultures and the scientific revolution" des englischen Physikers und Schriftstellers Snow (vgl. Snow 1967).[15] Snow unterscheidet die zwei Kulturen der literarisch Gebildeten und der Naturwissenschaftler, zwischen denen eine "Kluft gegenseitigen Nichtverstehens" existiert (ebd.: 12). Die angeblich noch immer dominierende literarische Kultur wird als beträchtliches Risiko

---

14 Laut Umfragen gelten Wissenschaftler vielen Bürgern als anti-soziale Sonderlinge. Dieser 'Karikatur' soll der Wissenschaftsjournalismus ein realistischeres Bild entgegensetzen. Die Wissenschaftler haben zu diesem Bild allerdings selbst beigetragen (vgl. Shils 1974).

15 Hier zitiert nach der deutschen Übersetzung, die einen Nachtrag Snows von 1963 enthält.

für die zukünftige Entwicklung und Konkurrenzfähigkeit der westlichen Welt interpretiert, erscheint sie doch als 'überkommene' Kultur nicht in der Lage, den zukünftigen Herausforderungen der modernen Industriegesellschaft gewachsen zu sein. "Wenn die Naturwissenschaftler die Zukunft im Blut haben, dann reagiert die überkommene Kultur darauf mit dem Wunsch, es gäbe gar keine Zukunft." (ebd.: 18)[16] Zwar befürwortet Snow durchaus eine Zusammenarbeit der zwei Kulturen, von der er sich schöpferische Impulse erhofft. Um aus der Naturwissenschaft Nutzen zu ziehen, müsse diese aber erst "gleichzeitig mit dem Ganzen unserer geistigen Erfahrung und als wesentlicher Teil davon assimiliert und so selbstverständlich wie alles übrige verwendet werden." (ebd.: 23)

Für Snow erscheint "das wissenschaftliche Gebäude der physikalischen Welt in seiner geistigen Tiefe, Komplexität und Gliederung" als "die schönste und wunderbarste Gemeinschaftsleistung des menschlichen Geistes." (ebd.: 21) Erst durch die wissenschaftlich bedingte Industrialisierung sei es möglich geworden, die Armut in der Welt zu beseitigen.[17] Dieses Argument ist jedoch vordergründig, nicht nur wegen Snows offenkundiger Naivität, die politischen Hintergründe von Armut zu ignorieren (vgl. ebd.: 83). Wenn Snow die Industrialisierung der unterentwickelten Länder betreiben will, dann vor allem "um der westlichen Gesellschaft willen, die das gefährliche Leben der von Armen umgebenen Reichen führt" (ebd.: 53). Im Vordergrund steht hier die politische Vorstellung, mit Hilfe von Wissenschaft und Technologie die wirtschaftliche und politische Konkurrenzfähigkeit des westlichen Machtblocks zu gewährleisten und so die kommunistische Einflußsphäre einzuschränken. Nur vor dem Hintergrund des 'kalten Krieges' zwischen den USA und den UdSSR kann die Radikalität angemessen verstanden werden, mit der die Rationalität der Naturwissenschaften als maßgebliches kulturelles Orientierungswissen favorisiert wird – wobei die Opposition zwischen 'naturwissenschaftlich' und 'literarisch gebildet' eigentlich den Gegensatz zwischen 'naturwissenschaftlich' und '*nicht*-naturwissenschaftlich' meint. In seiner Sorge um den Einflußbereich der westlichen, naturwissenschaftlich revolutionierten Kultur vertritt Snow geradezu sozialdar-

16 "Die Intellektuellen, und ganz besonders die literarisch Gebildeten, sind geborene Maschinenstürmer." (Snow 1967: 28) Als Beispiel für die Zukunftsfeindseligkeit der Intellektuellen wird Orwells "1984" angeführt (vgl. ebd.: 98, Anm. 6).

17 "Denn eine Wahrheit ist unanfechtbar: die Industrialisierung ist die einzige Hoffnung der armen Leute." (Snow 1967: 31) Ursprünglich sollte der Titel "Die Reichen und die Armen" lauten (vgl. ebd., 80).

winistische Positionen: "(W)enn wir es nicht tun, die kommunistischen Länder tun es bestimmt irgendwann. [...] Der Westen ist dann bestenfalls eine Enklave in einer verwandelten Welt [...]. Wollen wir uns damit abfinden? Die Geschichte kennt Versagern gegenüber kein Erbarmen." (ebd.)[18]

Auch die amerikanische Diskussion über das Verhältnis von Wissenschaft und Medien geht von einem Wissenschaftsbegriff aus, der Wissenschaft nicht nur als interessen- und kontextlose Disziplin betrachtet, sondern als heroisches Unternehmen, das apolitische, ahistorische und wahre Ergebnisse zustandebringe. So sieht der Präsident der *National Academy of Science*, Seitz, eine "new phase in the evolution of science and technology where a broader public interest would transcend the purely practical." (zitiert nach Krieghbaum ^{2}1968a: 15) Die alleinige Bewertung der Wissenschaft nach ihrer Praxisrelevanz wird sogar als kontraproduktiv verstanden, da sie nicht eine generelle Anerkennung wissenschaftlicher Rationalität bedeute (vgl. ebd.: 16; Shils 1974). Wenn die Naturwissenschaften wirklich als Kathedralen des 20. Jahrhunderts anzusehen seien, so Krieghbaum, "recognition of and involvement with science by laymen compares with the appreciation of these great churches by individuals who are neither architects nor contractors." (Krieghbaum ^{2}1968a: 15)[19] Auf längere Sicht sei es effektiver, "moving the general public toward truer concepts of science than either its massive applications or the expansive federal appropriations." (ebd.: 17) Snows Zwei-Kulturen-Hypothese, implizit schon längst Bestandteil der amerikanischen Diskussion, findet direkten Eingang in die Literatur zum Wissenschaftsjournalismus: "Scientific understanding is a cultural necessity." (Burkett ^{2}1973)

4.1.6 *Die Institutionalisierung der Forschung*

Der Diskurs über das Verhältnis von Wissenschaft und Journalismus wird lange Zeit außerhalb der Kommunikationswissenschaft – vor allem der

---

18 Snow nimmt 1963 leichte Abstriche vor – er habe "als Engländer und aus einer Erfahrung [gesprochen], die sich hauptsächlich auf englische Verhältnisse gründete" (Snow 1967: 70) – bleibt aber bei seinen Hauptaussagen. Von einer kommenden dritten Kultur der 'Sozialhistoriker' erhofft er sich eine Art Brückenschlag zwischen den literarisch Gebildeten und den Naturwissenschaftlern (vgl. ebd.: 72).

19 Direkte Stellungnahmen wie diese sind selten. Publikationen wie die von Krieghbaum (^{2}1968a) oder Burkett (^{2}1973) sind aus zahlreichen Zitaten kompiliert. Auf die Position der Autoren muß zumeist aus der Selektion der Zitate geschlossen werden.

Journalismusforschung – geführt. Die Thematisierung findet zuerst innerhalb der Wissenschaft statt und wird dann in den 30er Jahren durch die in der NASW organisierten Wissenschaftsjournalisten aufgegriffen (vgl. Dornan 1988: 58). Diese übernehmen von den Wissenschaftlern sowohl die Problem*definition* als auch die Strategien der Problem*lösung*. In den sechziger Jahren kann sich Wissenschaftsjournalismus dann als ein Forschungsgegenstand der Kommunikationswissenschaft etablieren. 1963 bringt die amerikanische Fachzeitschrift *Journalism Quarterly* ein Themenheft Wissenschaftsjournalismus heraus, dessen Beiträge schon überwiegend von Kommunikationswissenschaftlern stammen (Kenneth Johnson, Kearl, Krieghbaum, Robinson); diese kommen zum Teil selbst aus dem Wissenschaftsjournalismus.[20] 1967 wird die erste Monographie zum Thema Wissenschaftsjournalismus veröffentlicht (vgl. Krieghbaum ²1968a). In den Fachzeitschriften erscheinen nun regelmäßig Aufsätze zum Wissenschaftsjournalismus, (wenige) Buchpublikationen folgen.

In der Einleitung zum Themenheft des *Journalism Quarterly* argumentiert Krieghbaum, daß Wissenschaft einen immer größeren Einfluß auf die Gesellschaft gewinne. Aus dieser Feststellung, die schon als Axiom betrachtet werden könne, folgert der Autor: "This is a news story that demands to be told – and told adequately and understandable for the general public. It should – in fact, I would argue, it *must* be reported if our democracy is to have the necessary information on which to make valid public decisions." (Krieghbaum 1963: 291) Auch Ubell verweist auf die Abhängigkeit des wissenschaftlichen Fortschritts von einem "understanding and financially capable public" (Ubell 1963: 293). Auch werde das Publikum erst durch die massenmediale Verbreitung wissenschaftlichen Wissens in die Lage versetzt, politischen Einfluß auf die Forschungsprioritäten zu nehmen. Ubell versteht den Wissenschaftsjournalisten daher als "agent of transmission" (ebd.: 294), der zudem ein quasi symbiotisches Verhältnis zum Wissenschaftler unterhält.[21]

---

20 Krieghbaum (1963), Professor an der New York University, ist der erste aus einer Reihe von Wissenschaftsjournalisten, die an die Universität wechseln und dort ihr elitäres journalistisches Selbstverständnis in der Journalismusforschung verankern. Krieghbaum war früher Präsident der NASW. Neben seiner Mitgliedschaft in der NASW ist er auch Kassenwart des CASW. Mit Ubell (1963), einem früheren Präsident der NASW, kommt der Präsident des CASW zu Wort, Sherburne (1963) arbeitet für die AAAS im Bereich 'Public understanding of science'.

21 "Like lichens [Flechten; MK] clinging to some Arctic rock, science and science writing live together in the 20th century helping each other survive." (Ubell 1963: 293)

Im wesentlichen gründet sich die Argumentation auch in den sechziger Jahren immer wieder auf die drei gleichen Prämissen:

1) Das Wohlergehen der Gesellschaft hängt vom wissenschaftlich-technischen Fortschritt ab. Wissenschaftliches Wissen wird anderen Wissensformen gegenüber als überlegen angesehen.
2) Das Laien-Publikum muß über diesen wissenschaftlichen Fortschritt aufgeklärt und von ihm überzeugt werden.[22] Der Wissensstand des Publikums wird mit den Begriffen 'science literacy' und 'public understanding of science' bezeichnet. 'Public understanding' meint aber nicht nur Verstehen, sondern zusätzlich auch Verständnis, d.h. Einstellungen zur gesellschaftlichen Bedeutung der Wissenschaft.[23] Beide Begriffe beziehen sich auf den Geltungsanspruch wissenschaftlicher Rationalität und die notwendige Akzeptanz wissenschaftlichen Orientierungswissens. Sowohl 'science literacy' als auch 'public understanding of science' gelten als augenblicklich defizitär[24] ; diesen Defiziten soll daher durch Popularisierung von Wissenschaft abgeholfen werden.
3) Die Funktion der Wissenschaftsjournalisten wird darin gesehen, als "advance men of scientists" (Krieghbaum 1940: 16) die Popularisierung von Wissenschaft zu übernehmen. Die Massenmedien gelten als einziges Mittel, ein größeres Publikum über Wissenschaft, Technologie und Medizin zu informieren (vgl. Krieghbaum 1963). Das zugrundeliegende Kommunikationsmodell ist das einer "science communication chain" (Tannenbaum 1963: 580): Information gelangt vom Wissenschaftler (Quelle) über den Journalisten (Vermittler) an den Rezipienten, der als passiver Empfänger eines apolitischen und vom gesellschaftlichen Kontext abgelösten Wissens konzipiert wird. In der Rolle eines Informationsvermittlers ist Journalismus wissenschaftlichen Rationalitätsstandards der Genauigkeit und Vollständigkeit verpflichtet. Wissenschaftsjournalismus soll als edukativer Journalismus auftreten, vor allem aber soll er als Akzeptanzbeschaffer für Wissenschaft fungieren.

---

22 "We are in the age of science, and the people shall know." (Cohn 1965: 750)

23 "Die idealistische Motivierung für die Wissenschaft und die überzeugendste für einen schöpferischen Menschen ist ein intellektueller Wissensdurst: eine Gesellschaft, die diese Motivierung nicht beachtet, würde trotzdem für eine kurze Zeitspanne einen gewissen materiellen Fortschritt erreichen, aber sie würde den Funken tiefsten menschlichen Strebens ersticken." (The President's Science Advisory Committee 1964: 13)

24 "If the understanding of science does not help citizens to make decisions and is not exhibited in their daily actions, then it is not an understanding at all." (Kurtz 1966: 800)

Die Annahme von der Überlegenheit wissenschaftlichen Wissens, die Überzeugung, ein überwiegend passives Publikum über seine Bedürfnisse aufklären zu müssen, und die Betrachtung des Journalismus als eines zuerst der Wissenschaft verpflichteten "agent of transmission" (s.o.) verhindern jede Entwicklung einer anspruchsvollen journalismustheoretischen Erörterung zum Verhältnis von Journalismus und Wissenschaft. Grunig (1980: 172) beurteilt die Forschung zum Wissenschaftsjournalismus daher als "primitive science" – sie sei nicht über die bloße Beschreibung von Phänomenen hinausgekommen. Eine theoretische Betrachtung, ob Journalismus überhaupt in der Lage ist, die postulierte Funktion zu erfüllen, findet nicht statt, im Gegenteil: Der herrschenden Auffassung widersprechende empirische Beobachtungen werden als Defizite – sowohl des Wissenschaftsjournalismus als auch des Publikums – ausgelegt. Die Selektion des Wissenschaftsjournalismus soll sich an normativ bestimmten Relevanzkriterien ausrichten, die durch die Postulate von der hohen gesellschaftlichen Relevanz der Wissenschaft und vom demokratietheoretisch begründeten Aufklärungsbedarf für das Laienpublikum vorgegeben sind (vgl. z.B. Krieghbaum 1956: 707).

Da die Betrachtung des Problems 'Wissenschaft in den Medien' generell aus der Perspektive des Wissenschaftssystems erfolgt, werden auch die Strukturen und die spezifische Operationsweise des Journalismus nur im Hinblick auf das Ideal einer wissenschaftlich exakten und wissenschaftspolitisch angemessenen Wissensvermittlung thematisiert. So werden auch die "pressures" journalistischer Arbeit, wie z.B. die unterschiedlichen Zeithorizonte von Wissenschaft und Journalismus (vgl. Krieghbaum 1956: 708) oder die Notwendigkeit, die Aufmerksamkeit der Rezipienten zu gewinnen, was Wissenschaftler zu oft mit Sensationalisierung und Verzerrung gleichsetzen würden (vgl. Fraley/Ubell 1963: 20 f.; Lessing 1963), nur im Hinblick auf das erstrebte Ideal der Wissenschaftsvermittlung, das "real understanding of science" (Lessing 1963: 23; vgl. Fauman/Sharp 1958: 108), angesprochen. Solche Defizite könnten allerdings durch journalistische Kompetenz und die nachträgliche Korrektur durch den Wissenschaftler weitgehend ausgeglichen werden.[25] Diese Korrektur schließt auch die 'emphasis' mit

25 Vor dem Hintergrund ihres eigenen Selbstverständnisses als Dolmetscher der Wissenschaft geraten vor allem die Wissenschaftsjournalisten in die Zwickmühle, sich gegen zu rigide Ansprüche auf wissenschaftliche Vollständigkeit und Genauigkeit verteidigen zu müssen (vgl. Fraley/Ubell 1963. Krieghbaum (1956: 709) setzt der "scientific accuracy" daher eine "journalistic accuracy" gegenüber: "simply an attempt to convey an accu-

ein, also die Akzentuierung bestimmter Aspekte eines Themas (vgl. Lewenstein 1992a: 57). Als ein Strukturhindernis des Wissenschaftsjournalismus wird die hierarchisch höhere Stellung der Redakteure gegenüber den Wissenschaftsreportern angesehen. Den Redakteuren wird generell die Unfähigkeit vorgehalten, die Relevanz wissenschaftlicher Nachrichten 'richtig einschätzen zu können. Auch die Herausgeber werden für ungenügende Berichterstattung verantwortlich gemacht und als "real censors" bezeichnet (zitiert nach Lee Johnson 1957: 250).

Diese Feststellung mündet in den Vorwurf, die Publikumsbedürfnisse falsch zu beobachten (vgl. Kenneth Johnson 1963; Ubell 1957: 338 A). Paradigmatisch hierfür ist Tannenbaums (1963) Interpretation der durch Publikumsstudien gewonnenen Erkenntnis, daß Rezipienten Wissenschaftsberichterstattung nach eigenen Relevanzkriterien selektieren (vgl. Davis 1958; Krieghbaum 1958) und auch trotz intensiver Berichterstattung weder wissenschaftliche Wahrnehmungskonzepte entwickeln noch detailliertes Wissen wiedergeben können (vgl. Swinehart/McLeod 1960). Zwar zieht Tannenbaum (1963: 583) hieraus das Fazit, daß Journalismus nicht wissenschaftliches Wissen an ein Massenpublikum vermitteln könne[26] ; anstatt aber von neuem über die Funktion der Wissenschaftsberichterstattung nachzudenken, wirft er dem Wissenschaftsjournalismus vor, an dem wirklich für Wissenschaft interessierten Publikum vorbeizuschreiben. Der Versuch, auch für die Nichtleser von Wissenschaftsnachrichten zu schreiben, sei zum Scheitern verurteilt (vgl. ebd.), der Wissenschaftsjournalismus nur für "specialized sub-publics" (zitiert nach Krieghbaum ^{2}1968a: 183) gedacht.[27] Ehe Tannenbaum also vom Ideal einer wissenschaftsorientierten Wissensvermittlung losläßt, will er eher den größten Teil des Publikums – als Nichtleser – ausschließen (vgl. hierzu kritisch Logan 1977: 112 f.). Nicht

---

rate impression or a correct picture of what this scientific development means to the general public."

26 "The success of this effort has been spotty at best, and there is serious doubt that it can ever succeed. Perhaps it would be the best to give up the idea that the mass media can become reliable disseminators of science information, simply because they are not equipped to supply such information and their audience is not equipped to handle it." (Tannenbaum 1963: 583) Diese entscheidende Schlußfolgerung Tannenbaums wurde in der deutschen Übersetzung aus unerfindlichen Gründen ausgelassen (vgl. Tannenbaum 1976: 439).

27 Mann, 1965 Präsident der NASW, widerspricht entschieden: Falls der Wissenschaftsjournalismus sich auf spezialisierte Publika beschränke, würden andere Journalisten das größere Publikum ("those who don't yet know what to know"; zitiert nach Krieghbaum ^{2}1968a: 184) ansprechen.

nur in diesem Beitrag zeigt sich, daß die normative Funktionsbestimmung für den Wissenschaftsjournalismus von der Journalismusforschung nahtlos fortgeschrieben wird.

4.2 Public understanding of science

Die amerikanische Wissenschaftsjournalismus-Forschung wurzelt in der allgemeinen Debatte um das public understanding of science, die Mitte der siebziger Jahre forciert wird. Überwiegend wird die wissenschaftliche und wissenschaftspolitische Bildung der Laien-Bevölkerung (scientific literacy) als unzureichend bewertet (Kap. 4.2.1). Diese These geht als eine zentrale Prämisse in die amerikanische Wissenschaftsjournalismus-Forschung ein; die Funktion des Wissenschaftsjournalismus wird darin gesehen, durch Vermittlung wissenschaftlicher Information das defizitäre public understanding of science abzubauen (Kap. 4.2.2). Sowohl die journalistischen Produktionsbedingungen als auch die Wissenschaftsberichterstattung selbst werden dabei nach Kriterien wissenschaftlicher Rationalität bewertet (Kap. 4.2.3).

Spätestens Mitte der achtziger Jahre wird der traditionelle Begriff von public understanding of science grundlegend in Frage gestellt (Kap. 4.2.4). Auch in der Journalismuswissenschaft wird die theoretische Legitimation der etablierten Forschung zum Wissenschaftsjournalismus hart kritisiert (Kap. 4.2.5). Die amerikanische Wissenschaftsjournalismus-Forschung hat sich mit dieser Kritik allerdings noch nicht ein einziges Mal auseinandergesetzt (Kap. 4.2.6). Aufgrund der offenkundigen Parallelen zur deutschsprachigen Literatur ordnen wir daher auch die angloamerikanische Forschung dem Paradigma Wissenschaftsjournalismus zu (Kap. 4.2.7).

4.2.1 Das Defizit-Modell des public understanding of science

Verschiedene Beobachter des amerikanischen Wissenschaftsjournalismus weisen darauf hin, daß mit dem Ende des amerikanischen Weltraumprogramms auch das Ende der 'goldenen Jahre' für Wissenschaft und Technologie (vgl. Haaf 1976a: 24) eingetreten sei. Wissenschaft und Technologie werden nun zunehmend in ihren sozialen Auswirkungen auf die Entwicklung der amerikanischen Gesellschaft thematisiert (vgl. Dunwoody 1978a; LaFollette 1990: 183; Lear 1970; Nelkin 1987a: 10). Das bedeutet auch, daß die wissenschaftlich-technische Entwicklung als Gegenstand gesellschaftlicher Entscheidungsprozesse und damit auch als Gegenstand von Interessenskonflikten interpretiert wird.[28]

Ungefähr Mitte der siebziger Jahre setzt in den USA eine engagierte Diskussion um das angeblich krisenhafte Verhältnis von Wissenschaft und Öffentlichkeit ein (vgl. Greenberg 1974; Shen 1975). In einem vielbeachteten Kommentar weist der Herausgeber der sozialwissenschaftlichen Zeitschrift *Minerva*, Shils (1974), eindringlich darauf hin, daß sich die Wissenschaftler zu lange auf die Gunst der Politik verlassen und die Popularisierung von Wissenschaft für die Laien-Bevölkerung vernachlässigt hätten. Public understanding sei ausschließlich als "legislator's understanding of science" (ebd.: 156) verstanden worden, die Bevölkerung lediglich als zeitweiliges Instrument zur Erlangung der eigenen politischen Ziele. Jetzt, wo auch die negativen Folgen von Wissenschaft und Technologie wahrgenommen würden, sei es ein erheblicher Fehler, auch weiterhin die Bedeutung zu übersehen, die das öffentliche Vertrauen in die Wissenschaft für die allgemeine Wissenschaftsentwicklung innehabe (vgl. ebd.: 158).[29] Shils scheint unter public understanding eine allgemeine Verbreitung wissenschaftlicher Rationalität zu begreifen, die vor allem auch das Bewußtsein von der "intrinsic dignity" (ebd.) des Wissenschaftsprozesses beinhaltet. An die Wissenschaftler ergeht daher die ausdrückliche Mahnung, Wissenschaft nicht nur unter dem Nutzenaspekt darzustellen: "Did they think that the ordinary citizen has no sense of the value of the purely intellectual accomplishments of science [...]?" (ebd.; vgl. Krieghbaum ^{2}1968a: 16)[30]

---

28 "The critical approach to science and technology in the context of society and politics is the major characteristic of the science writing of the seventies." (Haaf 1976a: 24) Laut Cole (1975) wird Wissenschaft zunehmend als Konfliktthema thematisiert: 1951 habe der Konfliktanteil an der Wissenschaftsberichterstattung bei 16,4% gelegen, 1961 bei 17,6% und 1971 bei 28,3%.

29 "If there is no crisis of confidence in science and technology now, there may be well be one in the near future" (Newspaper Advertising Bureau 1978: 113).

30 Ab Ende der sechziger Jahre wollen auch die Sozialwissenschaftler öffentlich verstanden werden. Ihre Diagnose des public understanding of behavioral sciences kann allerdings nicht gerade Neuigkeitswert beanspruchen: "The public needs information far more than it now possesses." (Yu 1968: vi; vgl. die sonstigen Beiträge in Yu 1968) Vgl. Knowledge into action 1969: vii, xvii u. xviii für den typischen Dreischritt von (1) defizitärem public understanding, (2) Notwendigkeit der Wissensvermittlung und (3) Aufgabenzuweisung für den Journalismus.

Die Notwendigkeit einer verstärkten Diffusion von wissenschaftlichem Wissen wird in der Folgezeit kaum noch mit der "intrinsic dignity", sondern mit der ökonomischen Relevanz und der gesellschaftlichen Orientierungsfunktion der Wissenschaft begründet (vgl. Prewitt 1983: 49; Shortland 1988). Aufgrund der erheblichen gesellschaftlichen Relevanz der Wissenschaft wird ein direkter Zusammenhang zwischen der Wissenschaftsbildung (science literacy) der Bevölkerung und der Möglichkeit, demokratische Entscheidungen über Wissenschaftspolitik zu treffen, behauptet.[31] Wie immer auch der Begriff der science literacy definiert wird[32] – zugrunde liegt stets die Überzeugung, daß die Bevölkerung über ein nicht ausreichendes wissenschaftliches (und wissenschaftspolitisches) Wissen verfügt, um rational an gesellschaftlichen Entscheidungen über Wissenschaft und Technologie partizipieren zu können (vgl. Branscomb 1981; Miller 1983; 1986; Prewitt 1982; 1983; Shen 1975; Public understanding 1986; Shortland 1988). Die *Kombination* des Demokratie-Arguments mit dem Defizit-Modell der science literacy führt zu der Schlußfolgerung, daß die Bevölkerung verstärkt über Wissenschaft und Technologie unterrichtet werden muß.

Theorie und empirische Methodik dieser Forschungsrichtung lassen sich beispielhaft an den Publikationen des amerikanischen Politikwissenschaftlers und Meinungsforschers Miller (1983; 1986; 1987; 1992) verdeutlichen. Miller hat den Begriff der science literacy operationalisiert und umfangreiche Studien über die science literacy der amerikanischen Bevölkerung durchgeführt. Deren Ergebnisse interpretiert er auf der Basis eines Modells gesellschaftlicher Entscheidungsprozesse über Wissenschaft und Technologie. Miller erweitert die traditionellen Dimensionen des "understanding the scientific approach" und des "understanding basic scientific constructs" um das "understanding of science policy issues" (vgl. Miller 1983: 36 ff.). Nur wer in allen drei Dimensionen zugleich ein gewisses Grundwissen vorweisen kann, wird von Miller als 'scientifically literate' eingestuft. Eine Studie aus dem Jahre 1979 kommt zu dem Ergebnis, daß nur sieben Prozent der amerikanischen erwachsenen Bevölkerung diese Bedingungen erfüllen (vgl.

31 So 'bekennt' z.B. ein Gründungsmitglied des 'editorial board' der Zeitschrift *Science Forum*: "We are therefore anxious that the public be suffciently well informed through the press to be able to make popular decisions that ensure that new science and technology are used to enhance our society." (Morrison 1976: 25)

32 "We may define science literacy as an acquaintance with science, technology, and medicine, popularized to various degrees" (Shen 1975: 45 f.). Shen unterscheidet drei Typen von science literacy, Branscomb (1981) führt sogar acht verschiedene Typen auf.

ebd.: 42, Tab. 7), eine weitere Studie aus dem Jahre 1985 weist sogar nur noch fünf Prozent der US-Amerikaner als 'scientifically literate' aus (vgl. Miller 1987: 31, Tab. 1).

Miller, dem es um die Frage geht, wie in einer immer komplexer werdenden Gesellschaft gesellschaftliche Entscheidungsprozesse über Wissenschaft und Technologie ablaufen, kontrastiert diese Ergebnisse mit Angaben über das grundsätzliche Interesse der Bevölkerung für Wissenschaftspolitik. Anhand des erklärten Interesses wird die Bevölkerung in "attentive", "interested" und "nonattentive" publics eingeteilt (vgl. Miller 1986: 57 ff.).[33] Ein 'attentive public' besteht demnach aus denjenigen Individuen, die ein hohes Interesse für einen bestimmten Politikbereich zeigen, über ein funktionales Wissen in diesem Bereich verfügen und zudem gewillt sind, diesen Wissensstand durch aktive Informationssuche zu erhalten (vgl. ebd.: 57). Das 'interested public' zeigt zwar ein relativ hohes Interesse für Wissenschaft und Technologie, verfügt aber nicht über ein funktionales Wissen über den Wissenschaftsprozeß und wissenschaftliche Terminologie.[34] Laut Studien machen diese beiden Publikumssegmente je zwanzig Prozent der amerikanischen Bevölkerung aus (vgl. ebd.: 58, Tab. 4-1). Dieser Kontrast zwischen einem relativ großen an Wissenschaftspolitik interessierten Publikumssegment und der "pervasive scientific illiteracy" (Miller/Barrington 1981: 178; vgl. Miller 1983: 41) der amerikanischen Bevölkerung läßt dem Autor eine verstärkte Wissenschaftskommunikation besonders dringlich erscheinen.[35]

Gerade an Millers elaboriertem Entwurf wird deutlich, wie problematisch es ist, eine angemessene Definition von science literacy zu treffen. Es ist z.B. fraglich, ob das für eine wissenschaftspolitische Diskussion notwendige

---

33 Miller bezieht sich hier auf das von Almond (*The American people and foreign policy*. New York 1950) am Beispiel der Außenpolitik entwickelte Konzept des 'issue specialization process'. Demzufolge führt die Komplexität moderner Gesellschaften notwendigerweise zu selektiver Zuwendung von Aufmerksamkeit für bestimmte gesellschaftliche Entscheidungsprozesse. Das Konzept des 'attentive public' verwendet auch Prewitt (1983). Schon 1959 wurde es von Barber auf die öffentliche Kommunikation über Wissenschaft angewendet.

34 Zwar gibt Miller das Kriterium des funktionalen Wissens zur Bestimmung der Publikumssegmente an, dieses hat er aber gar nicht abgefragt. Um die verschiedenen Publika zu bestimmen, ließ er statt dessen die Testpersonen ihr Interesse für bestimmte, ihnen vorgelegte Themen äußern (vgl. Miller/Barrington 1981: 182; Miller 1987: 38, Discussion).

35 Waren es in der Studie von 1979 annähernd 70 Prozent des attentive public, die noch nicht einmal die Minimalanforderungen an die scientific literacy erfüllten (vgl. Miller 1983: 45), so ist dieser Anteil 1985 schon auf neunzig Prozent gestiegen (vgl. Miller 1987: 34).

Wissen nach wissenschaftlichen Maßstäben bewertet werden darf. Darüber hinaus ist es unverständlich, warum Rezipienten, die sich für Weltraumpolitik interessieren, wissenschaftlich adäquate Kenntnisse über den gentechnischen Begriff der DNA vorweisen müssen (vgl. Miller 1983: 38 ff.). Schließlich ist nicht von vornherein einzusehen, daß Rezipienten eine relativ anspruchsvolle Beschreibung des wissenschaftlichen Erkenntnisprozesses erbringen müssen, damit sie als scientifically literate gelten können (vgl. hierzu ebd.: 48, Anm. 22).[36] Die Folgen einer solchen Methodik, die *politisch* funktionales Wissen nach wissenschaftlichen Genauigkeitskriterien bewertet und zudem nicht themenbezogen abfragt, sondern einen angeblich repräsentativen Querschnitt errechnet, lassen sich am Beispiel des Themas Atomkraft aufzeigen: Zwar interessieren sich 68% der Befragten für Atomkraftpolitik und immerhin 49% können eine sogar nach wissenschaftlichen Kriterien korrekte Definition von Radioaktivität leisten (vgl. ebd.: 40 f., Tab. 3 u. 4) – da aber nur 9% eine korrekte Beschreibung des 'scientific approach' vorbringen können und zudem keine eigene 'nuclear power literacy' aufgeführt wird, werden diese hohen Einzelwerte systematisch unterdrückt.

Was Miller überhaupt nicht in den Blick bekommt, ist die Dynamik gesellschaftlicher Thematisierungsprozesse. So muß er z.B. auf die Schulbildung rekurrieren, um die Entstehung der unterschiedlichen Publikumssegmente erklären zu können. Den Begriff des Rezipienteninteresses benutzt der Autor lediglich, um das Publikum für die Wissenschaftskommunikation genauer spezifizieren und so eine effizientere Informationspolitik betreiben zu können.[37] Eine Differenzierung in unterschiedliche, themenspezifische attentive publics findet nicht statt. Die (politische) Problematik des public understanding of science wird als Problem einer angemessenen science literacy verstanden und damit in ein Wissensvermittlungsproblem umgedeutet: Je höher die Diffusionsrate wissenschaftlichen und wissenschaftsbezogenen Wissens in die nicht-wissenschaftliche Öffentlichkeit, desto hö-

---

36 Dieselbe wissenschaftszentrierte Methodik findet sich auch in der Studie von Durant, Evans und Thomas (1992). Das public understanding der britischen Bevölkerung wird hier mit Quiz-Fragen wie "Alle Insekten haben acht Beine", "Elektronen sind kleiner als Atome" oder "Dreht sich die Erde um die Sonne oder die Sonne um die Erde?" erkundet. Für eine Übersicht über diese und ähnlich gesellschaftsrelevante Fragen vgl. ebd.: 177 ff.; vgl. ebenso Zerges 1992: 127.

37 Schon für das interested public heißt es: "I don't think it would be wise to make a major investment to convey policy-relevant information to this group." (Miller 1986: 67) Für das nonattentive public sieht Miller gar keinen "useful purpose" (ebd.).

her die science literacy und demzufolge auch die Aussicht, ein adäquates public understanding of science zu erzeugen.[38] In Millers statischem Gesellschaftsmodell (vgl. Miller 1986: 57 ff.) kommt den Massenmedien daher auch nur die Rolle eines reinen Informationsvermittlers zu (vgl. ebd.: 66 f.; vgl. auch Branscomb 1981; Public understanding 1986; Shen 1975). Die Funktion des aktuellen Nachrichtenjournalismus beschränkt sich auf die "transmission of policy-relevant information to the attentive public" (Miller 1986: 67).[39]

4.2.2 Public understanding of science und Journalismus

Das Defizit-Modell der science literacy bzw. des public understanding of science kann als die grundlegende theoretische Prämisse der amerikanischen Wissenschaftsjournalismus-Forschung bezeichnet werden.[40] Deren 'Theorie' zum Verhältnis von Wissenschaft und Gesellschaft beschränkt sich auf das Standardargument, daß die gesellschaftliche Relevanz von Wissenschaft und Technologie nach einem angemessenen public understanding of science des Laien-Publikums verlange (vgl. Farago 1976; Friedman 1986; Friedman/Dunwoody 1986: xi ff.; Goodfield 1983; Jerome 1986a: 153; Nelkin 1987a: ix; Perlman 1974).[41] Diese Weichenstellung hat entscheidenden Einfluß auf die journalismustheoretische Konzeption des Wissenschaftsjournalismus: "Thus the mass media are important keys to

38 Eine EU-Studie von 1989 wendet dieselbe Methodik an, um das public understanding der europäischen Bevölkerung zu bestimmen. Daß hier eher die Konformität mit Kriterien wissenschaftlicher Rationalität abgefragt wird, zeigt das überraschende Ergebnis für die Bundesrepublik Deutschland, ein Land, in dem seit den siebziger Jahren Wissenschafts- und Technologiepolitik von gesellschaftlichen Konflikten begleitet wird und die Umwelt- und Friedensbewegung sogar zur Etablierung einer eigenen politischen Partei geführt hat: Die bundesdeutsche Bevölkerung soll dennoch europaweit mit am wenigsten 'attentive' (13%) und 'interested' (11%) für Wissenschaft und Technologie sein (vgl. Zerges 1992: 123, Tab. 5). Zur Unangemessenheit der Methodik vgl. Lévy-Leblond 1992: 18 ff.; Wynne 1992a: 39 ff.; Ziman 1991: 102 f.

39 Miller (1986: 67) spricht zwar von einer Art journalistischer Thematisierungsfunktion im Sinne eines "early warning systems". Themen und Publika der Berichterstattung stehen aber anscheinend schon im voraus fest. Zum komplexen Entstehungsprozeß öffentlicher Themenkarrieren heißt es daher nur lapidar: "When it comes to information about science policy [...]" (ebd.).

40 Vgl. Miller 1986 in Friedman/Dunwoody/Rogers 1986.

41 "Nuclear power... arms control... energy... research on DNA. All require broad public understanding of science if citizens are to influence the decisions of their selected representatives and of other policymakers." (Carter Smith/LaSalle ^{2}1985: Einleitung) Vgl. dieses Argument schon bei Krieghbaum ^{2}1968a: 4; vgl. zudem 1979: 16.

the public understanding of science, for it is primarily through the media that scientists can get functional information into the public domain." (Friedman/ Dunwoody 1986: xii)

Indem der Wissenschaftsjournalismus von vornherein auf das allgemeine Ziel des public understanding of science ausgerichtet wird, wird er prinzipiell aus der Perspektive der Wissenschaftskommunikation betrachtet (vgl. Day 1975; Farago 1976: 1). Dieses normative Zweckprogramm hat zur Folge, daß eine eigenständige journalismustheoretische Position gar nicht erst entwickelt wird. Die Forschung ist vielmehr darauf angelegt, die Bedingungen, unter denen journalistische Wissenschaftsvermittlung stattfindet, zu identifizieren und solchermaßen den Bemühungen um ein verbessertes public understanding of science zu mehr Effizienz zu verhelfen, z.B. indem man nach "scientific barriers to the popularization of science in the mass media" (Dunwoody/Ryan 1985) sucht. Dabei wird prinzipiell unterstellt, daß das public understanding of science als ein gemeinsames Anliegen sowohl der Wissenschaft als auch des Wissenschaftsjournalismus anzusehen ist.[42] So erscheint Friedman und Dunwoody (1986 xii f.) der Begriff der "'symbiosis'" geeignet, um die Bedingungen zu beschreiben, unter denen "diverse entities coexist for mutual benefit." Goodfield (1983: 10 f.) will mit ihrer Abhandlung über Wissenschaft und Medien "klären, welche Wege offenstehen, die Wissenschaft und Medien in Zukunft gemeinsam beschreiten können", um "einer beunruhigten und betroffenen Gesellschaft das sich wandelnde Antlitz der Wissenschaft nahezubringen." Selbst Nelkin, die wiederholt die angeblich unkritische und mystifizierende Wissenschaftsberichterstattung anprangert (vgl. Nelkin 1984; 1987a: 14 ff.; 1991) sieht eine gemeinsame "responsibility to inform the public accurately about science." (Nelkin 1987a: 84)

Auf den ersten Blick scheint die amerikanische Wissenschaftsjournalismus-Forschung dennoch weniger normativ angelegt als in ihren Anfängen. Zum einen liegt dies an der Etablierung einer eigenen kommunikationswissenschaftlichen Forschung. Um sich überhaupt zu legitimieren, ist diese –

42 "It is this kind of quasi-missionary sense about the search for the universe's truth that the communicators of science – be they scientists or reporters – believe is fundamental to a public understanding of science today." (Perlman 1974: 209 f.) Der Autor dieses Beitrags ist Wissenschaftsredakteur, ausgebildeter Wissenschaftler, ehemaliger Präsident der NASW, Mitglied der CASW und des AAAS-*Committee on Public Understanding of Science*. Diese Verquickung mehrerer Funktionen ist für die Befürworter der Popularisierungsfunktion nicht ungewöhnlich (vgl. Lewenstein 1992a).

zumindest terminologisch – bemüht, ihren Forschungsgegenstand Journalismus stärker gegen ein Verständnis von Wissenschaftskommunikation abzugrenzen, das sich von vornherein den Interessen des Wissenschaftssystems verpflichtet. Zum anderen führt die zunehmende gesellschaftliche Kontextualisierung von Wissenschaft und Technologie – vor allem als Produzent erheblicher Risikopotentiale – dazu, daß die alten Konzepte von 'how much to tell the public' (Goodell 1977) revidiert werden müssen. Die Kommunikation von Wissenschaft in die Öffentlichkeit kann nicht weiterhin quasi als Selbstzweck legitimiert werden.

Zumindest aus journalismustheoretischer Hinsicht hat sich die Forschung aber nur scheinbar von ihren normativen Anfängen emanzipiert. "Die Wissenschaft kann heute weder bedingungslosen Glauben noch auch nur eine verständnisvolle Anhörung erhoffen. Das macht die Aufgabe, Wissenschaft zu vermitteln, noch notwendiger, noch wichtiger, und, weil sie umfassend sein muß, noch schwieriger als jemals zuvor." (Goodfield 1983: 25) Goodfields Plädoyer kann als typisch für den 'Sinneswandel' in der amerikanischen Forschung betrachtet werden. Die Einbeziehung auch wissenschaftspolitischer Fragestellungen, die Wahrnehmung der komplexeren gesellschaftlichen Bedingungen, unter denen Wissenschaft 'stattfindet', verpflichtet den Wissenschaftsjournalismus erst recht dazu, 'die' Öffentlichkeit zu einem dem wissenschaftlichen Fortschritt angemessenen Wissenschaftsverständnis zu bringen. Neu ist nur, daß der Begriff des public understanding of science nun auch die science policy umfaßt (vgl. Dunwoody 1978a: 45). Hierunter fallen alle sozialen, nicht nur politischen Entscheidungsprozesse, die Wissenschaft und Technologie betreffen. Die Bedeutung der Wissenschaft als "ein lebenswichtiger Teil unserer Kultur" (Goodfield 1983: 26) bleibt aber weiterhin die Ausgangsprämisse, auf die sich die Funktion des Wissenschaftsjournalismus zu beziehen hat.[43] Wenn Nelkin (1987a: 31) dem Wissenschaftsjournalismus die "idealization of science as an ultimate authority" vorwirft, dann nur, weil eine solche Berichterstattung "creates a distance between scientists and the public that, paradoxically, obscures the importance of science and its effects on our daily lives." (ebd.: 15; vgl. 1994) Mit anderen Worten: Der kritische Impetus in der Forschung richtet sich ausschließlich gegen die relativ plumpen Popularisierungsstrategien der fünfziger und sechziger Jahre, nicht aber ge-

43 "The task of the scientific communicator is therefore to persuade his public to regard science as part of his cultural environment" (Farago 1976: 6).

gen die Wissenschaftszentriertheit an sich, der die Funktionsbeschreibungen für den Wissenschaftsjournalismus auszeichnet.[44]

Die traditionelle Popularisierungsfunktion des Wissenschaftsjournalismus wird daher nicht grundsätzlich in Frage gestellt. Dies hängt mit der journalismustheoretischen Entscheidung zusammen, den Wissenschaftsjournalismus nicht als einen unabhängigen Beobachter des Wissenschaftssystems zu konzipieren. Er wird vielmehr als ein Wissenschaftsvermittler gedacht, der nach wissenschaftsadäquaten Kriterien wissenschaftliches Wissen in den öffentlichen Diskurs einspeist und ihn auf diese Weise zu 'rationalisieren' hilft. So soll die Öffentlichkeit zwar "über Wissenschaft und ihre Konsequenzen unterrichtet" (Goodfield 1983: 123) werden, aber eben nach wissenschaftlichen Maßstäben. Diese beinhalten die Information über "die konkreten Tatsachen wissenschaftlicher Entdeckung und ihre Beziehung zu früheren und sich wandelnden Ideen", die "Auswirkung wissenschaftlicher Ideen auf jene gesellschaftlichen und politischen Fragen, zu denen die Öffentlichkeit abzustimmen hat oder zu denen Bürger ihre Meinung kundtun sollten" und die Unterrichtung "über die tatsächliche Natur des wissenschaftlichen Prozesses, denn dieser muß ebenso begriffen werden wie der Inhalt der Wissenschaft." (ebd.)[45]

Indem sich die Wissenschaftsjournalismus-Forschung eine *wissenschaftszentrierte* Sicht von public understanding zu eigen macht und diese dem Wissenschaftsjournalismus oktroyiert, erscheint auch die Lösung öffentlicher, oft kontroverser Entscheidungsprozesse über Wissenschaft und Technologie (science policy) nur als eine Funktion ausreichend zur Verfügung gestellten wissenschaftlichen Orientierungswissens.[46] Die Auffassung von der hierarchischen Überlegenheit dieses Wissens bedeutet zu-

---

44 Mit Bezug auf Nelkin 1987a und Goodell 1986 urteilt Dornan (1990: 62): "the complaints of Nelkin and Goodell amount merely to a call for the 'toughening' of journalistic standards, not for a wholesale revision of the very foundations of academic discourse on science and the media." – Die traditionellen Vorstellungen, gegen die sich z.B. Nelkin (1987a) wendet, sind übrigens keineswegs obsolet. Noch 1987 spricht Burnham ernsthaft von der "religion of science" (vgl. 21 ff.) und wirft den Massenmedien vor, durch ihre fragmentierende Realitätsdarstellung Irrationalität und Aberglauben zum Sieg über die Wissenschaft verholfen zu haben (vgl. Burnham 1987: 194 - 200 u. 234 - 240). Nelkin (1988) befürchtet angesichts solcher Überzeugungen ein "Retreat of the missionaries".

45 "(W)e seldom read about the scientific issues involved in risk disputes or the methods of risk analysis. Thus we are left with no basis for making meaningful judgements about competing claims." (Nelkin 1987a: 54)

46 Es ist bezeichnend, daß die erste explizite Formulierung der Wissenskluft-Hypothese (aus der sogenannten Minnesota-Gruppe) am Beispiel der Wissenschaftskommunikation entwickelt wurde (vgl. Tichenor/Donohue/Olien 1970).

gleich eine Diskriminierung nicht-wissenschaftlicher Wissensbestände. "Thus, lay theories, while harmless in one sense, constitute bases for acting in the world that can endanger health, safety, and civil liberties. In sum, lay theories are siginificant obstacles to understanding scientific ideas about ubiquitous aspects of daily life." (Rowan 1991: 374) Da auf diese Weise ein "accurate understanding of the world" (ebd.) verhindert werde, entwirft Rowan (1990; 1991; 1992) regelrechte Manipulationsstrategien für Wissenschaftsjournalisten.[47] Diese sollen (1) die Alltagstheorie bewußt machen, die das 'lay understanding' behindert, (2) deren – scheinbare – Plausibilität anerkennen, (3) in der Folge ihre Unangemessenheit aufzeigen, (4) sodann die wissenschaftliche (Ersatz-)Theorie benennen und abschließend deren größere Angemessenheit nachweisen ('establish'; vgl. Rowan 1991: 378 ff.).

4.2.3 The journalist's world

Unter diesem (vgl. Friedman 1986) und ähnlichen Titeln subsumiert die amerikanische Wissenschaftsjournalismus-Forschung ihre Erkenntnisse über die spezifischen Bedingungen (wissenschafts)journalistischer Berichterstattung. Diese journalistischen Produktionsbedingungen werden allerdings stets im Hinblick auf das normativ gesetzte Ziel des public understanding of science interpretiert. Zwar werden die spezifischen Selektions- und Darstellungskriterien journalistischer Wissenschaftsberichterstattung als solche akzeptiert (vgl. ebd.: 38; Friedman/Dunwoody 1986: xii f.; Nelkin 1987a: 11 u. 80; Perlman 1974: 219), sie werden aber nicht respektiert, d.h. nach der möglichen spezifischen Funktion der journalistischen Operationsweise wird nicht gefragt.[48] Statt dessen könnte, wenn die journalistischen Selektionskriterien angesprochen werden, die Überschrift jedesmal lauten: 'Wie journalistische Arbeitsbedingungen eine ideale Wissenschaftsberichterstattung verhindern'.

Journalistische Produktionsbedingungen und speziell die Selektionskriterien gelten als 'constraints', als Zwänge, "die es wissenschaftlichen Ideen

---

47 Rowan hat ihren Ansatz auch auf dem vierten Colloquium Wissenschaftsjournalismus der Robert-Bosch-Gesellschaft vom 18. - 20. Juni 1992 in Berlin vorgestellt.

48 "Die Abbildungsgesetze des Journalismus werden als Medienoptik *hingenommen.*" (Peters 1990a: 71; Hvhg. MK)

außerordentlich erschweren, die sorgfältige Beachtung und ausführliche Behandlung zu finden, die sie von Rechts wegen beanspruchen dürfen." (Goodfield 1983: 35; vgl. Friedman 1986; Goldstein 1986b; Nelkin 1987a: 109 ff.; Singer/Endreny 1986: 309; Stocking/Pease Leonard 1990: 40; Weiss/Singer 1987: 257) Gerade hieran zeigt sich, daß die Autoren die journalistische Funktion in erster Linie als Wissenschaftsvermittlung verstehen. Zugleich wird deutlich, daß Wissenschaftsberichterstattung nach anderen Kriterien gemessen wird als die 'normale' Berichterstattung. Aufgrund der mannigfaltigen 'constraints' sieht Nelkin (1987a: 111) "special problems for those reporting on the complex, uncertain, and often slowly evolving events that characterize science news." Auch Goodfield sinniert nach ihrer Aufzählung der Medienzwänge (vgl. 1983: 34 ff.) über das Problem, "vor das man sich gestellt sieht, wenn man versucht, Wissenschaft oder überhaupt jedes komplizierte Thema so zu vermitteln, *wie es wirklich ist.*" (ebd.: 43) Die Platzbegrenzung sieht Friedman (1986: 21) als "crucial factor. This is because complex subjects need much explanation."[49]

Besonders deutlich wird die Wissenschaftszentriertheit bei Weiss und Singer, gerade weil diese Autoren zuerst zu vergleichsweise neutralen Beschreibungen des Wissenschaftsjournalismus kommen. Aus einer Inhaltsanalyse folgern sie, daß "[*g*]*eneral* criteria of newsworthiness, not those specific to the realm of social science norms, govern *what* social science is reported in the media. And journalistic tradition, rather than social science norms, govern *how* such research is reported." (Weiss/Singer 1987: 253; vgl. 113 u. 206) Die Autoren sprechen abschließend dennoch wieder von den 'constraints' und halten in diesem Zusammenhang sogar die Publikumsorientierung des Journalismus für bedenklich: "But what is interesting to readers and viewers is not necessarily either good science, in the sense of providing valid or reliable knowledge, or important science, in the sense of making a significant contribution to knowledge about social life." (Weiss/Singer 1987: 257)[50]

---

49 Den 'Zwang', den Inhalt von Berichten in Form einer Pyramide zu strukturieren, also die Informationen nach ihrer vermuteten Relevanz anzuordnen, kommentiert Goodfield (1983: 35) folgendermaßen: "Das sind Grundlagen des Journalismus, aber nicht die Art, wie Wissenschaftsjournalismus funktionieren kann."

50 "(J)ournalistic norms and structural constraints, along with certain characteristics of the organization and present state of development of the social sciences themselves, militate against the kind of social science coverage that is routinely true as well as good." (Singer/Endreny 1986: 309)

Daß der Wissenschaftsjournalismus an Kriterien wissenschaftlicher Rationalität gemessen wird, zeigt sich in aller Deutlichkeit in den zahlreichen empirischen Studien zur Wissenschaftsberichterstattung.[51] Den größten Teil machen die Studien aus, in denen der sogenannten accuracy und dem potentiellen Sensationalismus journalistischer Berichterstattung nachgegangen wird. In den accuracy-Studien (vgl. Charnley 1936) wird die Berichterstattung, in der Regel mit Hilfe von Wissenschaftlern, auf ihre – wissenschaftliche – Korrektheit überprüft. "Nevertheless, the scientist whose work is being described in an article stands at a unique point to assess the accuracy of the article." (Tankard Jr./Ryan 1974: 324) Die Autoren der ersten Studie dieser Art (vgl. Tichenor/Olien/Harrison/Donohue 1970) machen insofern eine graduelle Ausnahme, als sie die Artikel erst von Lesern lesen lassen und deren Zusammenfassungen danach Wissenschaftlern zur Bewertung vorlegen. Andere Autoren vergleichen die Berichterstattung mit wissenschaftlichen Originalquellen oder Statistiken (vgl. Freimuth/Greenberg/DeWitt/Romano 1984; Molitor 1993; Singer 1990; Tankard Jr./Showalter 1977), wiederum andere halten sich selbst für kompetent genug, die Beurteilung vorzunehmen (vgl. Burger Jr. 1984; Kristiansen/Harding 1984). Entscheidend ist aber, daß die Bewertung stets nach wissenschaftlichen Kriterien erfolgt: "The criterion under study is communication accuracy, defined as the extent to which a message produces agreement between source and receiver." (Tichenor/Olien/Harrison/Donohue 1970: 673)

Die Ergebnisse der accuracy-Studien fallen aufgrund dieser Methodik recht monoton aus: Die Wissenschaftsberichterstattung gilt generell als "confused and indefinite" (Tankard Jr./Showalter 1977: 298), "superficially" (Kristiansen/Harding 1984: 370) und nicht fähig "to cover science issues in a consistently thorough and objective manner." (Burger Jr. 1984: 59; vgl. zudem Bell 1991; 1994; Broberg 1973; Dunwoody/Scott 1982; Freimuth/Greenberg/DeWitt/Romano 1984; Kovarik 1984; Molitor 1993; Moore/Singletary 1985; Pulford 1976; Singer 1990) Am meisten Anstoß nehmen die Bewerter an der Auslassung ('omission') angeblich unverzichtbarer Informationen und der angeblich falschen oder zumindest verzerrenden Ge-

51 Die amerikanische Wissenschaftsjournalismus-Forschung weist, vor allem wegen der dominierenden empirischen Ausrichtung, einen stark fragmentarischen Charakter auf (vgl. als Überblick und zugleich weiteren Beleg Cronholm/Sandell 1981). Selten finden sich zusammenhängende Erörterungen der Thematik Wissenschaftsjournalismus (vgl. Farago 1976; Goodfield 1983; Nelkin 1987a; vgl. einzelne Beiträge in Friedman/Dunwoody/Rogers 1986).

wichtung der Informationen durch Journalisten ('change in emphasis'). An dieser Stelle wird dann oft der Vorwurf des Sensationalismus vorgebracht, dem zum Teil auch eigene Studien gewidmet werden (vgl. Cordes 1985; Druschel 1991; Glynn/Tims 1982).[52]

Hinter den schillernden, selbst inakkuraten Begriffen von accuracy und Sensationalismus (vgl. hierzu Görke 1996) verbirgt sich die implizite Prämisse, daß die Qualität des Wissenschaftsjournalismus davon abhängt, wie weit er sich an den Maßstäben seines Berichterstattungsobjekts ausrichtet. Dabei geht es am wenigsten um die Genauigkeit einzelner wissenschaftlicher Begriffe. Die Kritik an der Auslassung von Informationen und der verzerrenden Bewertung macht vielmehr klar, daß hier grundsätzlich Anstoß an den journalismusspezifischen Selektions- und Darstellungskriterien[53] genommen wird. So macht z.B. Shepherd (1979; 1981) überhaupt keinen Hehl daraus, daß er die Selektivität journalistischer Berichterstattung als "refraction [Strahlenbrechung]" ansieht, aufgrund derer nur eine "partial rather than perfect reflection of events" (Shepherd 1979: 5) zustandekomme. Bell (1991; 1994) legt seiner Untersuchung bezeichnenderweise das Konzept der "(mis)communication" zugrunde. In ihrem Überblick über die accuracy-Forschung kommt Dunwoody zu dem Schluß, daß sich Wissenschaftler vor allem über die 'subjective inaccuracies' ("defined as errors in meaning") beschweren würden (Dunwoody 1982: 196).

Für Dunwoody beruht zwar manche Kritik bezüglich journalistischer Genauigkeit auf einem "misunderstanding of the journalistic account" (ebd.: 197), zu einer grundsätzlichen Kritik dieses wissenschaftszentrierten Ansatzes gelangt jedoch auch sie nicht. Vielmehr geht die Autorin davon aus, daß Genauigkeit sowohl zu den Prinzipien von Wissenschaft als auch von

52 Das Thema Sensationalismus spielt vor allem eine Rolle in der Risikoberichterstattung, z.B. über Three Mile Island und Tschernobyl. Vgl. hierzu Dunwoody/Peters 1993: 325 f. und vor allem Görkes (1996) detaillierte Abhandlung. Übrigens basiert auch die Feststellung, daß nur geringe oder gar keine Sensationalisierung stattgefunden habe (vgl. Cordes 1985; Druschel 1991; Friedman/Gorney/Egolf 1987; Stephens/Edison 1982; vgl. zusammenfassend Dunwoody/Peters 1993: 322), auf der grundsätzlichen Akzeptanz eines normativen Sensationalismus-Konzepts.

53 Dieses Verständnis liegt auch der readibility- bzw. Verständlichkeitsforschung zugrunde, in der nach Techniken gesucht wird, die Wissenschaftsberichterstattung für's Publikum schmackhaft zu machen (mit dem Ziel "keeping the public informed about science"; Funkhouser 1969; vgl. Funkhouser/Maccoby 1971; 1974). Steinke (1988) mißt z.B. den "average amount of creativity" als ein Maß, um das Leserinteresse zu erwecken, Hunsaker (1979) das "reader enjoyment". Obwohl es eigentlich nur um Verständlichkeit gehen soll, empfiehlt Funkhouser (1969: 721) schließlich – neben einem kurzweiligen Stil – "to write on topics which will interest the reader."

Journalismus gehöre. Daß Journalisten sich gegen eine Überprüfung ihrer Berichterstattung verwehrten und auf ihre Unabhängigkeit pochten, sei eine Norm "established in a world where the vast majority of a journalist's source are *not* scientists and engineers." (ebd.: 198)

4.2.4 About misunderstandings about misunderstandings

Die angloamerikanische Wissenschaftsjournalismus-Forschung hat sich niemals ernsthaft mit ihren zentralen Prämissen, dem Demokratie-Argument und dem Defizit-Modell der scientific literacy, auseinandergesetzt. Dornan (vgl. 1990: 50) weist z.B. darauf hin, daß die Forschung noch keinen Beleg dafür geliefert hätte, daß ein ungenügendes Publikumsverständnis demokratische Entscheidungsprozesse tatsächlich behindert hätte.[54] Darüber hinaus ist festzustellen, daß sowohl das Demokratie-Argument als auch das Defizit-Modell der scientific literacy von Anfang an nicht unumstritten sind. Zumindest ab den achtziger Jahren ist eine kritische Reflexion des klassischen Popularisierungsbegriffs nicht mehr zu übersehen. Diese Diskussion, vornehmlich von europäischen Wissenschaftlern forciert, wird von der Wissenschaftsjournalismus-Forschung allerdings praktisch ignoriert.[55]

Die Kritik am traditionellen Verständnis von Popularisierung basiert auf der Erkenntnis, daß sowohl die Produktion als auch die Kommunikation und Rezeption wissenschaftlichen Wissens nicht als vom gesellschaftlichen Umfeld isolierte Prozesse betrachtet werden können (vgl. grundsätzlich Whitley 1985). Aus wissenschaftssoziologischer Sicht wird daher die isolierte Betrachtungsweise der Wissenschaft als eines elitären, quasi autarken Produzenten von uniformem, widerspruchsfreiem und hierarchisch höherwertigem Wissen, dem ein ungebildetes Publikum gegenüberstehe, scharf kritisiert (vgl. ebd.: 6; Silverstone 1991; Ziman 1991: 100; 1992): "[S]cience is itself far from unproblematic but is instead often partial, temporally contingent, conflicting, and uncertain to a degree that public statements rarely ac-

54 "The suggestion is simply that a laity enthusiastic about science is preferable to one that is wary, indifferent, or ignorant." (Dornan 1990: 50)

55 Das gilt auch für den Bereich der Risikokommunikation-Forschung. Die Erkenntnis, daß von der wissenschaftlich-technischen Entwicklung auch Schäden ausgehen können, führt schon Ende der siebziger Jahre zur Entstehung dieses neuen, interdisziplinären Forschungszweiges (vgl. Starr 1969). Die Bedeutung der journalistischen Thematisierung von wissenschaftlich-technisch erzeugten Risiken wird von der Wissenschaftsjournalismus-Forschung lange Zeit nicht beachtet.

knowledge." (Wynne 1991: 119) Aus wissenssoziologischer Sicht wird die Möglichkeit eines bloß technischen Transfers wissenschaftlichen Wissens bestritten und auf die soziale Transformation wissenschaftlichen Wissens im Kommunikations- und Rezeptionsprozeß hingewiesen (vgl. Lévy-Leblond 1992; Silverstone 1991: 108 ff.; Whitley 1985: 6 ff.; Wynne 1991; Ziman 1991: 101 ff.; 1992). In diesem Zusammenhang wird auch die simplifizierende Gleichsetzung von Nichtwissenschaftlern mit Nichtexperten abgelehnt. "[T]here is no single general knowledge gap between scientists and non-scientists, but there is instead a multitude of specific gaps between specialists and non-specialists in each field." (Lévy-Leblond 1992: 17; vgl. Wynne 1991)

Das traditionelle Defizit-Modell der scientific literacy, nach Wynne (1993: 322) "more an ideological construct than a research model", wird als völlig ungeeignet angesehen, den sozialen Kontext zu erfassen, in den sowohl die Produktion als auch die Verwendung wissenschaftlichen Wissens eingebettet sind (vgl. Lévy-Leblond 1992 18 f.; Felt/Nowotny 1993: 285). Es wird daher durch ein Kontext-Modell ersetzt, in dessen Mittelpunkt die spezifischen Verwendungsbedürfnisse, Selektions- und Rezeptionsmechanismen des Publikums stehen (vgl. Ziman 1992). Aus einer solchen Perspektive erscheint das public understanding of science als ein äußerst komplexer Kommunikationsprozeß, in dem wissenschaftliches Wissen nach unterschiedlichen Relevanzkriterien in schon bestehende Wissensbestände integriert wird. Verschiedene Publikumsstudien (vgl. zusammenfassend Wynne 1991) lassen zudem den Schluß zu, daß Rezeption und Akzeptanz wissenschaftlichen Orientierungswissens nicht primär als eine Frage des intellektuellen Verstehens zu betrachten sind; eine mindestens genauso große Rolle spielen Werturteile über die organisatorischen und institutionellen Konstitutionsbedingungen wissenschaftlichen Wissens (vgl. ebd.: 116 u. 119 f.; 1992b: 281 ff.).

Eine wichtige Konsequenz dieses kritischen wissenschaftssoziologischen Ansatzes liegt in der Fragestellung, welche gesellschaftlichen (Macht-)Interessen dem traditionellen Popularisierungsbegriff zugrunde liegen. Die Autoren kommen zu dem Schluß, daß die Diskriminierung nichtwissenschaftlicher Rationalitätsformen in erster Linie dazu diene, den autoritären Führungsanspruch der Wissenschaft als maßgeblicher Produzent gesellschaftlichen Orientierungswissens zu behaupten. "The way in which the public understanding of science research and policy problematique has been structured so far, can be read as largely a reflection of the social neurosis of science over its authority and public legitimation, and of the gradually deepening crisis of its public credibility and identification under post-modern conditions."[56] (Wynne 1992a: 42; vgl. Fayard 1991; 1992a; Greenberg 1974; Hilgartner 1990; Lévy-Leblond 1992; Lewenstein 1987; 1992a; Wynne 1992b)[57] Aus dieser Sicht wird auch die bisher selbstverständliche Kombination des Demokratie-Arguments mit dem Defizit-Modell der scientific literacy in Frage gestellt. Gerade die fortgesetzte Propagierung des wissenschaftszentrierten Popularisierungsbegriffs erweise sich als ernsthaftes Hindernis für demokratische Entscheidungsprozesse über Wissenschaft und Technologie (vgl. Lévy-Leblond 1992: 20; Wynne 1991: 121).[58]

Da sich die oben vorgestellten Autoren primär mit den Aspekten Wissenschaftskommunikation und public understanding of science beschäftigen, richten sie nur beschränkte Aufmerksamkeit auf die Frage, welche Funktion den Massenmedien bzw. dem Journalismus in diesem Kontext zukommen könnte. Es wird allerdings auf die theoretischen Konsequenzen hingewiesen, die sich aus dem wissenschaftszentrierten Popularisierungsbegriff für die Betrachtung der journalistischen Berichterstattung ergeben: "Formulated as it is in this way, the problem throws all the critical research attention on the public and the media." (Wynne 1992a: 38; vgl. Green 1985)[59] Auf die Strategie der "anxiety-ridden leaders of the scientific community", den Massenmedien Ignoranz gegenüber der Wissenschaft zu bescheinigen, hat schon Mitte der siebziger Jahre Greenberg (1974: 22) auf-

---

56 "In summary, at a cultural level, the dominant view of popularization grants scientists (and others who derive their authority from science) something akin to the epistemic equivalent of the right to print money." (Hilgartner 1990: 534)

57 Lewenstein (1987; 1992a) hat die amerikanische Diskussion um das public understanding of science nach dem Zweiten Weltkrieg untersucht. Er identifiziert vier verschiedene Interessengruppen (Verleger, Wissenschaft, Wissenschaftsjournalisten und staatliche Stellen), die aus unterschiedlichen Motiven alle an einer Propagierung des public understanding of science interessiert waren: "Each definition focused on promoting an appreciation of science, and especially the 'benefits' of science to society." (Lewenstein 1992a: 62; vgl. auch 1993)

58 "In other words, the problem we face is not so much that of a knowledge gap which separates laypeople from scientists, but that of the power gap which puts scientific and technical developments outside of democratic control." (Lévy-Leblond 1992: 20)

59 Green (1985) beschreibt in seiner Fallstudie, wie Wissenschaftler den Sensationalisierungsvorwurf strategisch einsetzen, um ihre Mitverantwortung für wissenschaftliche Falschmeldungen zu kaschieren.

merksam zu machen versucht.[60] In gleicher Weise erklärt auch Hilgartner (1990: 519 f. u. 533) die Verzerrungsvorwürfe gegenüber dem Journalismus und der Laien-Bevölkerung aus der "serious oversimplification" des traditionellen Popularisierungsbegriffs.

4.2.5 Der blinde Fleck der Forschung

Innerhalb der kommunikationswissenschaftlichen Literatur zum Wissenschaftsjournalismus finden sich nur einige wenige Beiträge, die sich kritisch mit dem wissenschaftszentrierten Popularisierungsbegriff und dessen journalismustheoretischen Implikationen beschäftigen. Bereits 1977 hat Logan eine Dissertation vorgelegt, die im wesentlichen die Kritikpunkte der neueren kritischen Diskussion um das public understanding of science vorwegnimmt.[61] Die theoretischen Annahmen des dominierenden Popularisierungsansatzes faßt Logan unter dem Begriff der Informationstheorie zusammen. Im wesentlichen ist damit die schon bekannte Argumentationsfolge gemeint: Ein angeblich verunsichertes und wissenschaftsskeptisches Publikum wird verstärkt mit exakten Wissenschaftsinformationen versorgt und kann auf diese Weise an einem informierten gesellschaftlichen Diskurs über Wissenschaft und Gesellschaft teilnehmen. Diese öffentliche Debatte soll das Vertrauen in die Wissenschaftler stärken und eine verstärkte Akzeptanz der Wissenschaft bewirken (vgl. Logan 1977: 5). Obwohl diese einseitige Informations- oder besser Erziehungsstrategie seit fast sechzig Jahren noch nicht zu einer Reduktion des öffentlichen Skeptizismus geführt habe, werde sie weiterhin unbeirrt verfolgt.

Die Dominanz des traditionellen Popularisierungsansatzes stützt sich laut Logan auf die Eigeninteressen von Wissenschaftlern und Wissenschaftsjournalisten: "Consequently, information theory *is an internalized non-negotiable norm* because it represents the rationale which enables scientists and journalists to save face and to convince themselves that their

60 Mit Verweis auf die Salzburger Tagung der europäischen Wissenschaftsjournalisten (vgl. Europäische Union 1974; vgl. auch 1979; Nöldechen 1993) urteilt Greenberg (1974: 21): "Talk about inadequate scientific coverage is international."

61 Die Dissertation wurde nicht publiziert. Logan hat sein Konzept der Säkularisierung von Wissenschaft später noch einmal am Beispiel des Themas Gesundheit vorgestellt (vgl. Logan 1991; vgl. auch 1985).

work is socially beneficial." (ebd.: 145)[62] In diesem Zusammenhang kritisiert Logan auch die kommunikationswissenschaftliche Forschung, die Wissenschaftskommunikation als "one-way flow of information from scientists to the press to the public" (ebd.: 113) konzipiert habe. Sowohl die accuracy- als auch die readibility-Forschung sei nur darauf ausgerichtet, das Publikum in Wissenschaftsinformationen zugängliche 'learners' und lernunwillige und ungebildete 'non-learners' aufzuteilen. "This is inimical to social order because it serves to remind people what they do *not* have in common rather than what they do have in common." (ebd.: 125)[63] Der Popularisierungsansatz wird daher als völlig ungeeignet abgelehnt: "[T]he 'popularization' of science is, at best, arrogant and, at worst, is not democratically inclined (because it neglects secular interests)." (ebd.: 142)

Logan schlägt statt dessen das Modell der 'secularization' vor[64], in dem es nicht mehr um die Information, sondern um die Kommunikation über Wissenschaft geht. "The understanding of science facts depends as much upon understanding the subjective nature of science and the societal contexts under which scientists work as the results of scientific work." (Logan 1977: 224) Die Säkularisation von Wissenschaft ist hiernach als ein öffentlicher Diskurs zu verstehen, in dem es um einen gegenseitigen Ausgleich unterschiedlicher und gleichberechtigter Rationalitäts- und Wertesysteme geht.[65] Diesen öffentlichen Diskurs zu unterstützen, sieht Logan als vordringliche Aufgabe des Wissenschaftsjournalismus (ebd.: 226 f.). Zwar wird auch diese Funktionsbestimmung von der übergeordneten Fragestellung bestimmt, welchen Beitrag Journalismus zur Integration von Wissenschaft und Gesellschaft leisten kann[66]; hervorzuheben ist aber, daß Logan den

62 Zu diesen Ergebnissen gelangt unabhängig von Logan auch Lewenstein (vgl. 1992a: 52 ff.).

63 Vgl. in diesem Zusammenhang Millers (1986) Konzept der attentive vs. nonattentive publics (vgl. Kap. 4.2.1) und die Publikumsdifferenzierungen in den NASW-Studien (vgl. Kap. 4.1.3).

64 Dieses Konzept wurde wahrscheinlich zuerst von Stephenson entwickelt, auf dessen Kommunikationstheorie (*The play theory of mass communication*; 1967) sich Logan maßgeblich stützt. Stephensons (1977) unveröffentlichtes Manuskript *Secularization of science news* enthält exakt Logans Argumentationsgang.

65 "[P]artizipation and dialogue are a prerequesite for social learning and interest, not vice versa." (Logan 1991: 57)

66 Im Mittelpunkt der journalismustheoretischen Erörterungen Logans steht die integrative, ausgleichende Funktion des Journalismus: "So, the mass communication of science should reflect an interest in providing mutual understandings of the schemata at issue in science and society." (Logan 1977: 132) "Indeed, the ultimate purpose of journalism is to help maintain social order by a free exchange of ideas and experience". (ebd.: 230)

Wissenschaftsjournalismus von seiner normativen Ausrichtung an ein wissenschaftszentriertes public understanding of science löst und ihm statt dessen eine eigenständige gesellschaftliche Funktion zuweist, die sich grundsätzlich an den Interessen des nicht-wissenschaftlichen Publikums ausrichtet.[67]

Während Logan (1977) seine Kritik des Popularisierungsansatzes überwiegend auf die Wissenschaft und den Wissenschaftsjournalismus selbst münzt, hat sich der amerikanische Journalismuswissenschaftler Dornan (1988; 1989; 1990) mit der Wissenschaftsjournalismus-Forschung auseinandergesetzt. In seiner Analyse der frühen Diskussion (bis 1965) vertritt Dornan die These, daß der akademische Diskurs über 'Wissenschaft und Medien' von Anfang an ein ideologisch geprägtes Unterfangen gewesen sei, mit dem Ziel "to promulgate the classical understanding of science as a heroic intellectual enterprise whose findings are apolitical, ahistorical and necessarily true." (Dornan 1988: 55) Aufgrund dieser normativen Prämisse seien die Massenmedien ausschließlich als Instrumente zur Wissenschaftserziehung eines angeblich ungebildeten Laienpublikums betrachtet worden (vgl. ebd.: 62). Die Funktion des Wissenschaftsjournalismus hätten die Autoren darin gesehen, die notwendige Akzeptanz des Wissenschaftssystems und der wissenschaftlich-technischen Entwicklung sicherzustellen (vgl. ebd.: 67).

In seinem Überblick über die – nunmehr kommunikationswissenschaftlich etablierte (vgl. Kap. 4.1.6) – Forschung von 1967 bis 1987 erneuert Dornan seine scharfe Kritik: "In that regard, the dominant concern has served to advance an essentially positivist portrayal of science as a heroic, apolitical, and inherently rational endeavor; it has indeed insisted, that 'good' science writing should promulgate just this portrayal for popular consumption. In the end, it has served those interests that have found in science a vehicle for the legitimation of the prevailing social order." (Dornan 1990: 50 f.; vgl. 1989: 101) Laut Dornan habe die Wissenschaftsjournalismus-Forschung nie ihre gesellschaftstheoretischen Annahmen wie z.B. das

67 Noch deutlicher tritt Stephenson (1977) der Auffassung entgegen, daß die Wissenschaftsberichterstattung ursächlich vom Journalisten initiiert werde. Stephenson sieht gerade in der Publikumsorientierung des Journalismus den Grund für die wachsende Wahrnehmung der gesellschaftlichen Relevanz von Wissenschaft und Technologie: "To suppose that professional science writers, or the wire services, were responsible for this burgeoning interest would be to put the cart before the horse, and surely overlooks the public's own basic contribution to discourse" (Stephenson 1977: 8).

Demokratie-Argument belegen können (vgl. Dornan 1990: 49 ff ; 1988: 60 f.).[68] Zudem vernachlässige sie wesentliche Erkenntnisse der Wissenschaftssoziologie und -philosophie zur sozialen Konstitution des wissenschaftlichen Erkenntnisprozesses (vgl. Dornan 1990: 65).[69] Wir verzichten an dieser Stelle darauf, Dornans detaillierte Abhandlungen, u. a. über die empirischen Studien und das Publikumsverständnis der Forschung, ausführlicher wiederzugeben. Insgesamt bestätigen sie unsere eigene Analyse der angloamerikanischen Wissenschaftsjournalismus-Forschung.

4.2.6 Zur Kontinuität der 'landläufigen Annahmen'

"Eine weitere – wohl mehr theoretische als empirische – Lücke besteht darin, daß unsere Forscher es versäumt haben, sich mit landläufigen Annahmen in unserer Kultur über die Rolle der Massenmedien bei der Wissenschaftsvermittlung an die breitere Öffentlichkeit zu beschäftigen." Zu dieser Einschätzung kommt die US-amerikanische Wissenschaftsjournalismus-Forscherin Sharon Dunwoody (1985a: 73) in einem Vortrag anläßlich des zweiten Colloquiums Wissenschaftsjournalismus der Robert-Bosch-Stiftung 1984 in Stuttgart. In diesem Zusammenhang hält es Dunwoody für klärungsbedürftig, ob die Massenmedien "ausreichend Informationen über jedes anfallende wissenschaftliche Thema [liefern], so daß rationale Urteilsbildung möglich wird". Obwohl sie damit die Frage nach der Funktion der Massenmedien schon implizit beantwortet hat, fragt Dunwoody sich zudem, ob "die Medien überhaupt verantwortlich dafür sein [sollten], daß wir über

---

68 Dornan (1990: 49 ff.) beruft sich in diesem Zusammenhang auf Trachtmans (1981) des öfteren zitierte Kritik des Demokratie-Arguments. Trachtman, der das gesamte Vorhaben der Wissenschaftspopularisierung als "missionary activity" (ebd.: 10) bezeichnet, vertritt unter anderem die Ansicht, daß wissenschaftliches Wissen aufgrund seiner Komplexität die Unsicherheit von Entscheidungen noch erhöhe. Dornan übersieht allerdings, daß Trachtman den Wissenschaftsjournalismus immer noch aus der Perspektive eines wissenschaftszentrierten Verständnisses von public understanding of science bewertet. Aufgrund der Unsicherheit wissenschaftlichen Wissens – vor allem in der Risikokommunikation – wünscht sich Trachtman, daß der Journalismus am besten *gar nicht* über strittige Themen berichte. Auch Trachtman befürchtet nämlich die "creation and perpetuation of public misunderstanding of the nature, structure, and character of science." (ebd.: 13)

69 "[A]ny critical analysis of popular science must have at its core a sensitivity to the links between knowledge and power (or, indeed, to the action of knowledge *as* power)" (Dornan 1989: 117).

wissenschaftliche Themen erfahren, was wir wissen müssen, um vernünftige Entscheidungen treffen zu können" (ebd.).

Es sind genau diese Fragen, auf die sich die angloamerikanische Wissenschaftsjournalismus-Forschung nie ernsthaft eingelassen hat. Von Anfang an besteht ihre zentrale journalismustheoretische Prämisse in der normativen Funktionszuweisung, daß der Wissenschaftsjournalismus vor allem eine wissenschaftlich angemessene Wissenschaftsvermittlung zu leisten habe.[70] Ungeachtet aller journalismuswissenschaftlichen Modifikationen kann nicht übersehen werden, daß der Wissenschaftsjournalismus stets nur als ein Glied in der Wissenschaftskommunikation, d.h. in der Kommunikation vom Wissenschaftssystem in die Öffentlichkeit, konzipiert wird. Oberstes Ziel war und ist, das public understanding of science eines angeblich wissenschaftlich und wissenschaftspolitisch ungebildeten Laienpublikums zu erhöhen, und zwar nach Kriterien wissenschaftlicher Rationalität. Indem die Forschung sich von vornherein an der Problemstellung des Defizit-Modells der scientific literacy orientiert, verzichtet sie darauf, eine eigene journalismustheoretische Perspektive zu entwickeln.

Die Literatur zum Wissenschaftsjournalismus ist daher auch eher als ein Bestandteil der übergeordneten Diskussion um das public understanding of science anzusehen, denn als eine selbständige Forschungsrichtung.[71] So rechnet sich z.B. Dunwoody (1992) explizit zu den "scholars of popularized science communication". Zwar lehnt sie es ab "to promote the infusion of scientific information through the public domain" (1992: 12), indem sie aber die Funktion des Wissenschaftsjournalismus weiterhin als Wissensvermittlung auffaßt[72], distanziert sie sich eben nicht von einer solchen Auffassung, im Gegenteil: Dunwoody betrachtet den Wissenschaftsjournalismus sogar als paradigmatisches Forschungsfeld für journalistische Wissensvermittlung schlechthin (vgl. ebd.: 14). In diesem Sinne stellt der von Peters (1990a: 68) für die amerikanische Wissenschaftsjournalismus-Forschung

70 "The popularization and diffusion of expert knowledge in a form intelligible to non-experts must be recognized as a major function of the mass media in a democratic society." (Shepherd 1981: 129 f.)

71 Dornan (1990: 64) merkt an, daß die etablierte Wissenschaftsjournalismus-Forschung "enjoyed extensive links with organizations devoted to the advancement of science's interest and the improvement of ist public image." Vgl. für Belege ebd.: 66, Anm. 5.

72 "Mass media science writers are information specialists within organizations that are information generalists." (Dunwoody 1992: 12) Und weiter: "The perceived complexity of scientific and technological information contrasts sharply with such journalistic norms as 'inform, don't educate'." (ebd.: 14)

konstatierte "Übergang von einem Popularisierungs-Paradigma zu einem Orientierungs-Paradigma" keinen ernsthaften Trendwechsel dar. Hervorzuheben ist vielmehr, daß die amerikanische Forschung durch eine ungebrochene Kontinuität ihrer normativen Prämissen (vgl. Kap. 4.1.6) gekennzeichnet ist. So ist nicht nur Dornans (vgl. 1988: 67) Diagnose zuzustimmen, daß die Problemdefinition der späten fünfziger Jahre in den folgenden 30 Jahren unverändert blieb; selbst Hoskins' (1925) "Advice of a scientist" (vgl. Kap. 4.1.1) würde in der heutigen Wissenschaftsjournalismus-Forschung nicht als Anachronismus auffallen.

Zumindest seit Ende der achtziger Jahre werden diese zentralen theoretischen Prämissen der Wissenschaftsjournalismus-Forschung grundsätzlich in Frage gestellt. Diese kritische Diskussion um die Begriffe der Wissenschaftspopularisierung, der scientific literacy und des public understanding of science weist (noch) keine direkten journalismustheoretischen Bezüge auf.[73] Spätestens mit den Arbeiten von Dornan werden aber auch innerhalb der Journalismuswissenschaft deutliche Bedenken gegen die theoretische Legitimation der etablierten Wissenschaftsjournalismus-Forschung geäußert. Deren Vertreter haben sich allerdings bislang noch nicht ein einziges Mal mit der gravierenden Kritik auseinandergesetzt.[74] Diese Zurückhaltung läßt sich am besten mit einem Zitat aus dem Sammelband *Scientists and journalists* illustrieren: "This is *not* an unbiased text. It is important to remember that the editors and all the contributors think it is crucial for scientists and journalists to interact, that scientific information belongs in the public domain, and that scientists must be a major and active part of the process. Obviously, there are individuals who would disagree. They do not appear in this volume." (Friedman/Dunwoody 1986: xvii)

4.2.7 *Fazit: Das doppelte Paradigma*

Vergleicht man die angloamerikanische, vornehmlich die US-amerikanische Wissenschaftsjournalismus-Forschung, mit der deutschsprachigen Litera-

---

73 Eine Entwicklung zu einer eigenständigen journalismustheoretischen Perspektive zeigt sich vor allem in den Arbeiten von Hansen. Vgl. Hansen 1991; 1992; 1994; Hansen/Dickinson 1992; vgl. auch Broks 1993.

74 In der "Annotated bibliography of research on mass media science communication" (vgl. Dunwoody/Baldrica/Long 1993) sind von den in Kapitel 4.2.5 erwähnten Autoren nur Dornan 1988 u. 1990, Hansen 1991, Hilgartner 1990 und Lewenstein 1992a erfaßt.

tur, kann man nicht nur von Ähnlichkeiten sprechen – die beiden Forschungslinien gelangen zu nahezu identischen Funktionszuweisungen für den Wissenschaftsjournalismus. Das sollte allerdings nicht zu dem Schluß verleiten, die deutsche Wissenschaftsjournalismus-Forschung, die sich ja erst zehn Jahre später etabliert, als einen bloßen Reflex auf die amerikanische Forschung zu interpretieren. Es ist vielmehr davon auszugehen, daß wir es hier mit unabhängigen Forschungstraditionen zu tun haben.

Dafür spricht zum einen, daß in der deutschsprachigen Forschung die Rezeption der amerikanischen Literatur relativ spät einsetzt und zudem nicht über eine gelegentliche Illustration der eigenen Argumentation hinausgeht.[75] Zum anderen ist auch im deutschen Sprachraum eine längere vorkommunikationswissenschaftliche Diskussion um die Wissenschaftsberichterstattung nachzuweisen, die einen erheblichen Einfluß auf die kommunikationswissenschaftliche Forschung ausgeübt hat: Ihre zentralen Prämissen sind von der deutschsprachigen Wissenschaftsjournalismus-Forschung uneingeschränkt übernommen worden.

Ungeachtet der eigenständigen Entwicklung schreiben sowohl die amerikanische als auch die deutsche Forschung dem Wissenschaftsjournalismus eine Akzeptanz- und Vermittlungsfunktion für das Wissenschaftssystem zu. Wegen dieser offenkundigen Parallelen scheint es gerechtfertigt, auch die amerikanische Wissenschaftsjournalismus-Forschung dem Paradigma Wissenschaftsjournalismus zuzuordnen.

---

75 Da der US-amerikanische Wissenschaftsjournalismus weitaus effizienter als der bundesdeutsche sei, gelten die USA als 'gelobtes Land' (vgl. Hömberg 1984a; 1984b; Ruß-Mohl 1984c; 1985b), von der man in der "Diaspora" (Ruß-Mohl 1984c; 1985b) nur lernen könne.

5 Wissenschaftsjournalismus-Forschung: Zwecke als Programm

Ziel dieses Kapitels ist es, das im Paradigma Wissenschaftsjournalismus favorisierte Modell von Wissenschaftsjournalismus aus einer journalismustheoretischen Perspektive kritisch zu diskutieren. Dabei geht es uns um die Frage, welche Konsequenzen sich aus diesem Modell für Journalismus als gesellschaftlichen Beobachter von Wissenschaft, Technologie und Medizin ergeben. Im Mittelpunkt unserer Überlegungen steht die These, daß die Wissenschaftsjournalismus-Forschung ein normatives Zweckprogramm *Wissenschaftspopularisierung* für den Wissenschaftsjournalismus aufstellt. Diese Zweckprogrammierung zielt darauf ab, den Wissenschaftsjournalismus einseitig auf die Partialinteressen und die Partialrationalität des Wissenschaftssystems auszurichten.

Zuerst werden wir die Genese dieses Zweckprogramms Wissenschaftsjournalismus rekapitulieren, d.h. wir werden uns kritisch mit den gesellschaftstheoretischen und wissenssoziologischen Überlegungen auseinandersetzen, die zu seiner Entstehung geführt haben (Kap. 5.1). Danach wenden wir uns ausführlicher den journalismustheoretischen Konsequenzen zu, die sich aus einer Zweckprogrammierung journalistischer Beobachtung von Gesellschaft, hier speziell des Wissenschaftssystems ergeben (Kap. 5.2). Am Schluß unserer Ausführungen steht eine Kritik des Modells Wissenschaftsjournalismus, so wie es im Paradigma Wissenschaftsjournalismus konzipiert worden ist. Insbesondere sind wir der Ansicht, daß die Erklärungskraft der bisherigen Konzeption von Wissenschaftsjournalismus nicht ausreicht, um die journalistische Beobachtung von Wissenschaft theoretisch adäquat zu beschreiben. Einen wesentlichen Grund hierfür sehen wir in der mangelnden Reflexivität der Forschung, vor allem im Hinblick auf ihre normativen Prämissen (Kap. 5.3).

5.1 Das Zweckprogramm Wissenschaftsjournalismus

Die Genese des Zweckprogramms Wissenschaftsjournalismus läßt sich in drei Schritte unterteilen: Die zunehmenden Wechselwirkungen zwischen Gesellschaft und Wissenschaft führen auch zu Problematisierungen dieses Verhältnisses. Das Zweckprogramm Wissenschaftsjournalismus begreift diesen Prozeß der kulturellen Normalisierung aber einseitig als eine Akzeptanzkrise der Wissenschaft (Kap. 5.1.1). Dieser Entwicklung soll durch die Popularisierung von Wissenschaft entgegnet werden. Der Begriff der Aufklärung wird als Legitimationshilfe bemüht; er kann aber nicht verdecken, daß es darum geht, den hierarchischen Führungsanspruch der Wissenschaften zu verteidigen (Kap. 5.1.2). Der Wissenschaftsjournalismus soll hierbei Schützenhilfe leisten; ihm wird folglich eine Vermittlungs- und Akzeptanzfunktion für das Wissenschaftssystem zugewiesen. Journalismustheoretisch handelt es sich bei dieser Funktionsbestimmung um eine Zweckprogrammierung, d.h. um eine normative Ausrichtung des Journalismus an journalismusexternen Wirkungsabsichten (5.1.3).

5.1.1 Die Krise der Wissenschaft

Wir haben bei unserer Darstellung der Forschungsliteratur stets darauf geachtet, welche Gründe für die Beschäftigung mit der journalistischen Wissenschaftsberichterstattung angeführt werden, um auf diese Weise den konkreten Problembezug und damit gleichzeitig auch die Legitimierung der jeweiligen Diskussions- oder Forschungsphase zu identifizieren. Versucht man, diese verschiedenen Begründungen auf einen gemeinsamen Nenner zu bringen, so wird deutlich, daß die gesamte Diskussion um den Wissenschaftsjournalismus ihren Ausgangspunkt in der Thematisierung des Verhältnisses von Wissenschaft und Gesellschaft nimmt. Seien es das neue Zeitalter der Technik oder die steigende gesellschaftliche Bedeutung von Wissenschaft und Technik, seien es die wirtschaftlichen, (militär)politischen und demokratietheoretischen Konsequenzen der wissenschaftlich-technischen Entwicklung oder seien es die konkreten Auswirkungen von Harrisburg, Tschernobyl und Bhopal – stets sind es die offenkundigen Wechselwirkungen von Wissenschaft, Technologie und Gesellschaft, die die Frage nach der Funktion der Wissenschaftsberichterstattung laut werden lassen und ihr zu einem sicheren Platz auf der kommunikationswissenschaftlichen Themenagenda verhelfen.

Für die spätere Ausprägung des Paradigmas Wissenschaftsjournalismus ist es von Bedeutung, daß die Fortschrittsfunktion der wissenschaftlich-technischen Entwicklung von Anfang an im Vordergrund der Diskussion steht. Betont werden vor allem die wirtschaftlichen und politischen Vorteile. die sich für die jeweilige nationale Gesellschaft aus der wissenschaftlich-technischen Entwicklung ergeben. Die Apostrophierung dieses Prozesses zu einer quasi schicksalhaften, kulturellen Entwicklung, der sich die restliche Gesellschaft anzupassen habe, erklärt sich durch die hohe Bedeutung, die man Wissenschaft und Technologie als gesellschaftlichen Problemlösungsinstanzen zuweist. Ihren ersten Höhepunkt erlebt die Debatte dann auch vor dem Hintergrund der weltweiten Wirtschaftskrise, die im Deutschland der Weimarer Republik noch durch die Folgen des verlorenen Weltkriegs verstärkt wird. Zumindest in der deutschen Diskussion wird vehement auf die wirtschaftliche und darüber hinaus nationalpolitische Bedeutung des wissenschaftlich-technischen Fortschritts hingewiesen. Einen zweiten Höhepunkt findet die Diskussion in der Zeit des Kalten Krieges. Die von Snow beschworene naturwissenschaftliche Kultur erscheint als entscheidende Ressource in der Auseinandersetzung zwischen den beiden großen politischen Machtblöcken. Ab Mitte der sechziger Jahre finden auch die innergesellschaftlichen Folgeprobleme, die durch die "Produktivkraft" Wissenschaft (Knipping 1967: 40) aufgeworfen werden, größere Aufmerksamkeit. Diese betreffen den Einfluß der Wissenschaft auf gesellschaftliche Wissensstrukturen (Verwissenschaftlichung der Gesellschaft) als auch die soziale Inanspruchnahme und Beeinflussung der Wissenschaft durch gesellschaftliche Interessengruppen (Vergesellschaftung der Wissenschaft) (vgl. Vowe 1984: 24).[1] Erste Anzeichen sind in der Technokratie-Debatte, der Diskussion um die Hochschulreform und den Reformkonzepten einer kritischen Öffentlichkeit zu notieren.[2]

1 "Verwissenschaftlichung und Vergesellschaftung ändern den Status und das Ansehen von Wissenschaft. Sie verliert das Fraglose, Selbstverständliche und wird gemessen an ihrer Problemlösungskapazität, an ihrer Technisierbarkeit und Instrumentalität." (Vowe 1984: 31; vgl. Luhmann 1992a: 641)

2 Schon in den fünfziger Jahren gab es eine Debatte um die Folgen der Automation (vgl. Schelsky 1957a; 1957b), die sich aber bis auf eine kurze Anmerkung bei Dovifat ([5]1967: 97) nicht in der Diskussion um den Wissenschaftsjournalismus niedergeschlagen hat.

In den USA wird die Diskussion um das Verhältnis von Gesellschaft und Wissenschaft bis Ende der sechziger Jahre, in Deutschland bis Ende der siebziger Jahre noch als eine reine Nutzendiskussion geführt. In der Folgezeit schärft sich aber auch der Blick für die Risiken, die als unerwünschte, aber gleichzeitig auch als in Kauf zu nehmende Begleiterscheinungen der wissenschaftlich-technischen Entwicklung auftreten. Die am deutlichsten wahrnehmbare Konfliktlinie zwischen Wissenschaft und Gesellschaft ist in dieser Entwicklung zur sogenannten Risikogesellschaft (vgl. Beck 1986) auszumachen, in der die ungleiche soziale Veneilung von wissenschaftlich-technisch produzierten Risiken- und Chancenpotentialen problematisiert wird. Hatten die Protagonisten eines uneingeschränkten wissenschaftlichen Fortschrittsgedankens bisher kaum mit ernsthaften Akzeptanzproblemen in der Bevölkerung zu tun gehabt, werden sie nun mit einer zunehmenden Politisierung und damit Konflikthaftigkeit wissenschaftsbezogener Entscheidungen konfrontiert (vgl. Braczyk 1986).

Die zunehmende Problematisierung der gesellschaftlichen Auswirkungen, die die wissenschaftlich-technische Entwicklung nach sich zieht, wird von den Vertretern des Paradigmas Wissenschaftsjournalismus als eine manifeste oder doch zumindest potentielle Krise der Wissenschaft interpretiert. Das Ende der 'goldenen Jahre' für Wissenschaft und Technologie (vgl. Haaf 1976a: 24) wird dahingehend gedeutet, daß die gesellschaftliche Institution Wissenschaft an Ansehen und Einfluß verliere und ein bedenklicher Akzeptanzverlust gegenüber dem Orientierungsanspruch wissenschaftlicher Rationalität stattfinde. Der gesellschaftliche Widerstand gegen die Begleiterscheinungen des Verwissenschaftlichungsprozesses wird zunächst als eine Reaktion der überkommenen literarischen Kultur abgetan, dann, als er z.B. in Form sozialer Bewegungen (vgl. Roth/Rucht 1987) größere gesellschaftliche Kreise erfaßt, pauschal als Fortschritts- und Technikfeindlichkeit diskriminiert.[3]

Die für die westlichen Industriegesellschaften immer drängender werdenden Folgen, die aus der Verwissenschaftlichung der Gesellschaft und

3 Wie solch ein Urteil empirisch 'belegt' werden kann, dafür gibt die Studie von Noelle-Neumann und Hansen (1988) ein aufschlußreiches Beispiel. Als Technikfeindlichkeit gilt hier schon ein distanziert-pragmatischer Umgang mit Technik und deren gesellschaftlichen Folgen. Mit der Behauptung, daß eine positive Korrelation zwischen Persönlichkeitsstärke und Technikakzeptanz bestehe, wird eine distanzierte Einstellung zur Technik mit Charakterschwäche gleichgesetzt (vgl. ebd.: 58 ff.).

aus der Vergesellschaftung der Wissenschaft resultieren, werden im Paradigma Wissenschaftsjournalismus ausschließlich aus der Perspektive des um seine Autonomie und seinen Autoritätsanspruch besorgten Wissenschaftssystems problematisiert. Aus dieser Perspektive werden sie auf ein bloßes Akzeptanzproblem der Wissenschaft verkürzt. Diese Diagnose verdankt sich weniger einer differenzierten Analyse des Verhältnisses von Wissenschaft und Gesellschaft, sondern vielmehr der Überzeugung, daß sich die gesellschaftlichen Konflikte um wissenschaftspolitische Entscheidungen allein auf ein Rationalitätsgefälle zwischen Wissenschaft und Gesellschaft zurückführen lassen. Eine solche wissenschaftszentrierte Sichtweise muß sich allerdings die Frage gefallen lassen, ob sie nicht die komplexen Bedingungen gesellschaftlicher Kommunikation über wissenschaftsbezogene Entscheidungsprozesse, gerade unter den Bedingungen *politischer* Auseinandersetzungen über die Machbarkeit und vor allem *Wünschbarkeit* der zukünftigen wissenschaftlich-technischen Entwicklung, in unzulässiger Weise simplifiziert Die Fokussierung auf ein bloßes Akzeptanzproblem wissen schaftlichen Wissens abstrahiert von der Komplexität des sozialen Kontex tes, in dem die Verwendung wissenschaftlichen und technologischen Wissens angesiedelt ist.[4]

So übersehen die Vertreter des Paradigmas Wissenschaftsjournalismus unter anderem, daß gerade die angestrebte kulturelle Normalisierung der Wissenschaft, nämlich die exponentielle Steigerung der kognitiven und sozialen Wechselwirkungen zwischen Gesellschaft und Wissenschaft, auch zu Problematisierungen dieses Verhältnisses führt. In dem Maße, in dem wissenschaftliches Wissen in bestenende gesellschaftliche Strukturen eingreift und dabei seine Orientierungsfunktion reklamiert, setzt es sich sowohl dem Widerstand etablierter Wissens- als auch Wertestrukturen aus. "Forschung und Wissenschaft werden als kognitive Systeme in ihrem Einfluß auf Weltauffassung problematisiert." (Vowe 1984: 36) Die so entstehenden Konflikte um das Verhältnis von Wissen und Werten werden dadurch begünstigt, daß die Wissenschaft nur zur Delegitimation von nicht-wissenschaftlichen Rationalitätsformen (z.B. des sogenannten Alltagswissens) beitragen kann: "Sie relativiert, historisiert, exzeptionalisiert die vertrauten Be-

4 Zum Zusammenhang von Verwissenschaftlichung und Risikoproduktion vgl. Schimank 1990; zur Kritik an kontextfreien Konzeptionen der Risikoakzeptanz vgl. Otway/Wynne 1993.

dingungen des Menschenlebens, ohne deren Vertrautheit durch ein funktionales Äquivalent ersetzen zu können." (Luhmann 1992a: 654)

Ihre eigentliche politische Brisanz erfährt die Verwissenschaftlichung der Gesellschaft aber durch den Umstand, daß sowohl wissenschaftliche als auch technologische Innovationen in der Regel an gesellschaftliche Partialinteressen gekoppelt sind und auf diese Weise nicht nur eine ungleiche Verteilung von Nutzen, sondern auch von potentiellen Schäden zur Folge haben (können). Was aus der Sicht von Technikbefürwortern als ein nach dem Nutzen-Kosten-Schema kalkulierbares Risiko erscheint, kann aus der Sicht von nicht-partizipierenden Betroffenen als eine zugemutete und damit inakzeptable Gefahr interpretiert werden: "Das riskante Verhalten der einen wird zur Gefahr für die anderen, und die Differenz von Gefahr und Risiko wird zum politischen Problem." (Luhmann 1990: 161; vgl. 1991a)

Aus der Perspektive der traditionellen Hierarchisierung von wissenschaftlicher Rationalität wird eine solche konflikthafte Entwicklung als Krise der Wissenschaft interpretiert. Weitaus plausibler aber ist es anzunehmen, daß das Verhältnis von Wissenschaft und Gesellschaft eher in einen gesellschaftlichen Zustand der Normalität eingetreten ist.[5] Dies würde allerdings die Zumutung beinhalten, weder zugunsten der wissenschaftlichen Realitätssicht andere Wissensformen zu diskriminieren noch gesellschaftliche Konflikte um Wissenschaft und ihre Anwendungen – auch solche Konflikte, die mit *nicht*-wissenschaftlichen Argumenten operieren – als dysfunktional anzusehen. In der hier zur Diskussion stehenden Literatur zum Wissenschaftsjournalismus wird, anstatt sich auf eine tiefergehende Reflexion des Verwissenschaftlichungsprozesses einzulassen, an einem traditionellen Wissenschaftsbegriff festgehalten, der wissenschaftlichem Wissen den Status einer überlegenen (nämlich wahren oder doch zumindest annähernd

---

5 Für Peters (1994b: 59) "deutet einiges darauf hin, daß gesamtgesellschaftlich betrachtet tatsächlich ein positives Vorurteil zerfällt und sich keineswegs ein negatives Vorurteil gegen Technik aufbaut." Kistler und Jaufmann (1990: 76) resümieren: "Insgesamt kann von einer 'Technikfeindlichkeit' der Bundesdeutschen nicht gesprochen werden". "Zu allererst aufhören muß das Lamento der Techniker und Naturwissenschaftler, die vielfach in fast narzistischer Sicht die Medien, die Journalisten und die unverständlichen (sich!) und die unverständigen Geisteswissenschaftler für schuld an einer angeblichen Technikfeindschaft erklären." (Kistler/Jaufmann 1990: 90; vgl. Jaufmann/Kistler 1988; Jaufmann/Kistler/Jänsch 1989)
Die Ausrufung einer Krise verweist immer auf eine bestimmte Beobachterperspektive und damit auch Eigeninteressen. Zum Begriff der Krise als beobachterabhängige Unterscheidung vgl. Kohring/Görke/Ruhrmann 1996.

wahren) Konstruktion von Realität zubilligt. Die Diagnose von der gesellschaftlichen Akzeptanzkrise der Wissenschaft, die sich offenkundig aus der Beobachterperspektive des Wissenschaftssystems ableitet, wird zum entscheidenden Movens für die Konzeption der wissenschaftsjournalistischen Funktion.

5.1.2 Popularisierung von Wissenschaft

Die Vertreter des Paradigmas Wissenschaftsjournalismus reagieren auf die von ihnen diagnostizierte Akzeptanzkrise der Wissenschaft, indem sie den Primat der wissenschaftlichen Orientierungsfunktion verstärkt betonen und die politische und kulturelle (Werte-)Dimension der Technologie-Konflikte als einen Konflikt zwischen wissenschaftlichem und damit vermeintlich rationalem Expertenwissen und nicht-wissenschaftlichem und damit oft als irrational bewertetem Laienwissen[6] deuten. Aus dieser Sicht weist die übrige Gesellschaft gegenüber der Wissenschaft einen Rationalitätsrückstand auf, den es nur auszugleichen gilt, um das konflikthafte Verhältnis wieder in ein harmonisches Miteinander – unter Ägide der Wissenschaft – zu überführen.

Die Vertreter des Paradigmas Wissenschaftsjournalismus verstehen die Auswirkungen des Verwissenschaftlichungsprozesses daher primär als ein Problem der Vermittlung von Wissenschaft in die nicht-wissenschaftliche Öffentlichkeit. Unter Vermittlung wird dabei der einseitige Transfer von wissenschaftlichem Wissen verstanden. Ziel dieser Wissensvermittlung ist die wissenschaftlich angeleitete Rationalisierung der gesellschaftlichen Kommunikation über Wissenschaft.[7] Für dieses Ziel finden sich in der Literatur mannigfache Umschreibungen, wie z.B. public understanding of science, science literacy oder Wissenschaftsbewußtsein. Popularisierung von Wissenschaft bedeutet nicht nur die bloße Vermittlung von wissenschaftlichem Wissen; sie postuliert zugleich auch die gesellschaftliche Relevanz dieser Wissensbestände. In diesem Sinne läuft der im Paradigma Wissenschaftsjournalismus vertretene Popularisierungsbegriff darauf hinaus, die gesell-

6 Zur historischen Genese des Begriffs 'Laie' als herabsetzende Bezeichnung für Ungebildete vgl. Haß 1989: 211 ff.

7 Dagegen definiert z.B. Vowe (1984: XII) die Vermittlungsstruktur zwischen Wissenschaft und Gesellschaft erheblich umfänglicher, nämlich als das Ergebnis wechselseitiger Beziehungen in kognitiver, sozialer, zeitlicher und räumlicher Hinsicht.

schaftliche Akzeptanz für den Orientierungsanspruch der Wissenschaft – und mithin die wissenschaftlich-technische Entwicklung insgesamt – einzuwerben.

Die Vertreter der Paradigmas Wissenschaftsjournalismus sehen ihr Popularisierungskonzept in einer Linie mit dem historischen Aufklärungsbegriff. Ein solches Selbstverständnis der Wissenschaft mag vor dem gesellschaftlichen Hintergrund des 18. Jahrhunderts seine Berechtigung, zumindest aber seinen Erfolg gehabt haben – damals wie heute liegt einem solchen Aufklärungsbegriff allerdings das Konzept einer einseitigen, hierarchisch strukturierten Kommunikationsbeziehung zwischen Wissenschaft und Gesellschaft zugrunde. Wer 'aufklärt', verfügt – und zwar qua eigener Bestimmung – über das 'richtige' Wissen und bestimmt als Autorität, wer sich ebenfalls als aufgeklärt betrachten darf: "Der einzelne kann zwar lernen, aber Aufklärung ist eine Operation, die man am anderen durchführt." (Luhmann ^{2}1991c: 40)[8] Schon die Tatsache, daß jede Information eine von Relevanzzuschreibungen abhängige Selektion darstellt, verbietet es, von objektiver und neutraler bzw. wertfreier Aufklärung zu sprechen. Da ein Informationsbegriff, der die Möglichkeit objektiver und wertfreier Informationen postuliert, nicht aufrechterhalten werden kann, muß somit auch die Vorstellung von einer neutralen Aufklärung oder Popularisierung von Wissen zurückgewiesen werden.

Dennoch bleibt diese Auffassung solange unproblematisch, wie es nicht zu einer öffentlichen Problematisierung des Verwissenschaftlichungsprozesses kommt. Mit dessen Einsetzen, vornehmlich als Kommunikation über die Risiken der wissenschaftlich-technischen Entwicklung, werden Wissenschaft und Technologie zum Gegenstand gesellschaftlicher Kontroversen, die gerade durch ihren nicht-wissenschaftlichen Ursprung gekennzeichnet sind. Der naive Aufklärungsgedanke, durch die bloße Vermittlung wissenschaftlichen Wissens eine wissenschaftsfreundliche Bevölkerung zu erzeugen, wird zudem durch Studien widerlegt, die keinen eindeutigen Zusammenhang zwischen wissenschaftlicher Bildung und Wissenschaftsakzeptanz nachweisen können.[9] Besonders augenfällig wird dies an der Etablie-

8 Verstehen kann man sich nämlich nicht selbst bescheinigen – es wird immer durch andere zugeschrieben (vgl. Rusch 1992; 1994).

9 "Denn die Diagnose ist unzutreffend, die Akzeptanzproblematik bei der breiten Bevölkerung beruhe im wesentlichen auf einem Wissensdefizit." (Peters 1994b: 65; vgl. Hennen/Peters 1990: 21 - 24; Vowe 1984: 48; Peters 1991: 14 f.)

rung sogenannter wissenschaftlicher Gegenexperten, die sich gerade mit dem Inventar wissenschaftlicher Erkenntnisproduktion gegen einzelne Trends der wissenschaftlich-technischen Entwicklung wenden. Es ist gerade die "*Verwissenschaftlichung von Kontroversen*" (Vowe 1984: 43), die gegen eine eindeutige Korrelation von Wissensstand und Akzeptanz spricht. Indem wissenschaftliches Wissen als Legitimationsressource in gesellschaftlichen Konflikten eingesetzt wird, und zwar auf *allen* Seiten, kann es gar keine Neutralität und übergeordnete Autorität mehr beanspruchen.

In der Risikokommunikationsforschung, deren Entstehen sich ja gerade den Konflikten um die Verwissenschaftlichung der Gesellschaft verdankt, hat diese Problematik mittlerweile zur Anerkennung unterschiedlicher Rationalitätsformen geführt. Gesellschaftliche Konflikte, vor allem um die Einführung industrieller Großtechnologien, lassen sich demnach nur durch die Integration von wissenschaftlicher Expertenrationalität und der Rationalität von Laien bzw. Alltagsexperten (vgl. Peters 1993: 295) beilegen, nicht aber durch die einseitige Beschränkung auf eine angeblich überlegene wissenschaftliche oder technologische Orientierungsfunktion.[10] Wir können an dieser Stelle nicht weiter auf die neueren Ansätze in der Risikokommunikations- und Konfliktforschung eingehen.[11] Festzuhalten ist, daß der traditionelle Popularisierungsbegriff auf die gesellschaftliche Problematisierung der Verwissenschaftlichung der Gesellschaft mit einer Strategie reagiert, die mittels Popularisierung von Wissenschaft auf eine weitere Verwissenschaftlichung von Gesellschaft aus ist. Eine solche Strategie erscheint geradezu paradox. Indem die klassischen Popularisierungsbemühungen weiterhin in der kognitiven Dimension auf die komplexitätsreduzierende Orientierungsfunktion wissenschaftlichen Wissens und in der sozialen Dimension auf die

10 "Kein Verfahren zur Risikobewertung kann *ex kathedra* die Akzeptabilität eines mit einer bestimmten Technik verbundenen Risikos bestimmen." (Renn 1993: 196) Zur neueren Entwicklung in der Risikokommunikationsforschung, die statt auf Experten-Aufklärung auf die gesellschaftliche Kommunikation über unterschiedliche Risikowahrnehmungen setzt, vgl. exemplarisch die Sammelbände von Bayerisch Rück 1993; Jungermann/Rohrmann/Wiedemann 1990; Krohn/Krücken 1993; Schütz/Wiedemann 1993. Vgl. zudem Clausen/Dombrowsky 1990; Dombrowsky 1991; Görke 1996; Jasanoff 1993; Luhmann 1991a; Otway 1990; Otway/Wynne 1993; Peters 1993; 1994a; 1994b; Ruhrmann 1996. Zu den Konsequenzen für staatliche Risikokommunikation bei Katastrophen und technologischen Großunfällen vgl. Ruhrmann/Kohring 1996.

11 Eine umfassende Kritik der Risikokommunikationsforschung im Hinblick auf die journalistische Risiko-Berichterstattung liefert Görke (1996). Eine profunde Kritik des in der Kommunikationsforschung verwendeten Konfliktbegriffs, auch im Hinblick auf die Auseinandersetzung um Risiken von Großtechnologien, wird von Hug (1996) vorgelegt.

Interessenneutralität und Einheit 'der' Wissenschaft setzen[12], forcieren sie gerade die Tendenzen, die zu einer konflikthaften Auseinandersetzung zwischen Wissenschaft und deren gesellschaftlicher Umwelt führen.

Der Versuch, die gesellschaftspolitische Dimension des Verhältnisses von Wissenschaft und Gesellschaft einzufangen, indem man den Begriff des public understanding of science um den der science policy erweitert, bedeutet insofern keine entscheidende Änderung, als auch dieser Begriff nach dem Maßstab wissenschaftlicher Rationalität modelliert wird. Gerade hieran entzündet sich die Kritik der neueren Forschung zum öffentlichen Wissenschaftsverständnis (vgl. Kap. 4.2.4). Die Entscheidung, demokratische Willensbildungsprozesse an die Bedingung einer wissenschaftszentrierten Aufklärung zu koppeln, läßt auch das traditionelle Demokratie-Argument fragwürdig erscheinen. Wenn nicht-wissenschaftliche Bewertungskriterien für wissenschaftspolitische Entscheidungen potentiell abqewertet werden, und zwar zugunsten einer Verabsolutierung der Expertenrationalität, findet nämlich gerade eine Beschränkung demokratischer Willensbildung statt. Das im Paradigma Wissenschaftsjournalismus verwendete Demokratie-Argument zeigt somit deutliche Parallelen zu technokratischen Vorstellungen von Wissenschaftspolitik. Aus einer demokratietheoretischen Sicht erscheint es sogar als eher kontraproduktiv daß als Maßstab für die gesellschaftliche Bewertung eines Systems ausgerechnet dessen eigene Kriterien herangezogen werden sollten.

In diesem Zusammenhang ist hervorzuheben, daß auch die Vertreter des traditionellen Popularisierungsverständnisses generell auf *nicht*-wissenschaftliche Bewertungskriterien angewiesen sind, wenn sie die Akzeptanz der wissenschaftlich-technischen Entwicklung einfordern. *In* der Wissenschaft ist die Akzeptanz wissenschaftlicher Kommunikation nämlich sichergestellt – und zwar ungeachtet spezifischer Anschauungen und Positionen.[13] Erst im Hinblick auf die Umwelt der Wissenschaft wird die Anerken-

12 Die Beschränkung der Diskussion auf die öffentlich finanzierte (universitäre) Forschung erklärt Dornan (vgl. 1988: 57 f.) mit der Nicht-Öffentlichkeit von Industrie- und Militärforschung. Eine solche Beschränkung erlaubt es den Diskutanten aber vor allem, auf die scheinbar gesamtgesellschaftliche Nutzenfunktion der Wissenschaft hinzuweisen. Ihre wirtschaftliche, politische und militärische Instrumentalisierung tritt demgegenüber zurück.

13 Aus Sicht der Systemtheorie wird die Identität des Systems Wissenschaft durch das generalisierte Kommunikationsmedium der 'Wahrheit' garantiert. Der Bezug auf 'Wahrheit' sichert die Anschlußfähigkeit wissenschaftlicher Kommunikation und erlaubt es, alle an-

nung wissenschaftlicher Rationalität zu einem 'Problem' und muß durch den Verweis auf außerwissenschaftliche Bewertungskriterien wie z.B. Wirtschaftlichkeit oder Erleichterung politischer Planung legitimiert werden. Dieser Umstand geriet solange nicht in den Blick, wie Wissenschaft pauschal mit gesellschaftlichem Fortschritt gleichgesetzt wurde, eine Vorstellung, die heutzutage kaum noch ernsthaft vertreten werden dürfte (aber auch davor war Wissenschaft nicht nützlich, *weil* sie Wissenschaft war).

Angesichts der offenkundigen Ambivalenz der wissenschaftlich-technischen Entwicklung kann Wissenschaft sich nicht mehr allein mit dem Verweis auf ihre Wissenschaftlichkeit legitimieren. Die Vertreter des althergebrachten Begriffs des public understanding of science bzw. des öffentlichen Wissenschaftsbewußtseins blenden dieses Legitimationsproblem entweder aus, indem sie wie selbstverständlich auf die "intrinsic dignity" (Shils 1974: 158; vgl. Kap. 4.2.1) des wissenschaftlichen Wissens setzen, oder sie verweisen explizit auf die gesellschaftliche, z.B. volkswirtschaftliche Nützlichkeit von Wissenschaft und Technologie, d.h. sie rekurrieren auf außerwissenschaftliche Bewertungskriterien. Diese sind aber (wie wissenschaftliche 'Wahrheiten' auch) kontingent, können also nicht als unveränderbare Strukturen betrachtet werden (sozialer Wandel). Dies belegen die – relativ neuartigen – Konflikte um die Risiken moderner Industriegesellschaften. Der traditionelle Popularisierungsbegriff ignoriert aber nicht nur die Kontingenz der gesellschaftlichen Beobachtung und Beurteilung von Wissenschaft und Technologie; er bestreitet auch die Angemessenheit dieser Bewertungen, sobald sie sich von den positiven Fortschrittsversionen distanzieren, an die sich das Wissenschaftssystem sozusagen gewöhnt hatte.

Hinter dieser – logisch betrachtet – schizophrenen Strategie verbirgt sich die Ideologisierung des wissenschaftlich-technischen Fortschritts. Der Popularisierungsbegriff muß sich notwendigerweise auf außerwissenschaftliche, nämlich externe positive Bewertungen der Wissenschaft berufen; indem er diese aber quasi mit dem 'Wesen der Wissenschaft verschmilzt und somit diesen Bewertungszusammenhang unsichtbar macht, kann er negative oder auch nur unterschiedliche Bewertungen der wissenschaftlich-technischen Entwicklung ausgerechnet mit dem Argument disqualifizieren, daß sie außerwissenschaftlich bedingt und somit nicht angemessen seien.

---

deren Kommunikationen als zur Umwelt des Wissenschaftssystems gehörig zu identifizieren (vgl. Luhmann 1992a: 271 ff.; vgl. Kap. 6.1.3).

Nur dieser 'Trick' erlaubt es den Vertretern des Paradigmas, das was sie selbst ständig exerzieren, dem Wissenschaftsjournalismus als unzulässiges Selektionsverhalten vorzuwerfen. In diesen theoretischen Zusammenhang ist der Großteil der Betrachtungen zum Begriff des public understanding of science einzuordnen.[14] Dieser traditionelle, wissenschaftszentrierte Popularisierungsbegriff wird in der neueren Forschung zum public understanding of science und insbesondere in der neueren Risikokommunikationsforschung scharf kritisiert und durch anspruchsvollere, multidimensionale Konzepte der gesellschaftlichen (Konflikt-)Kommunikation über Wissenschaft und Technologie abgelöst.

5.1.3 Die Zweckprogrammierung des Journalismus

Die Überzeugung von der maßgeblichen gesellschaftlichen Relevanz der Wissenschaft und die gleichzeitige Wahrnehmung einer Krise der Wissenschaft, sowie die strategische Entscheidung, diesem angeblichen Akzeptanzverlust mit Hilfe öffentlicher Popularisierungsbemühungen entgegenzutreten, gehören zu den zentralen theoretischen Prämissen des Paradigmas Wissenschaftsjournalismus. Um die Frage zu beantworten, welchen Einfluß sie auf die theoretische Modellierung journalistischer Wissenschaftsberichterstattung nehmen, erinnern wir noch einmal an die Beschreibung der Problemkreise, die in der Ausschreibung des ZiF für die Forschungsgruppe *Journalismus und Wissenschaft* formuliert werden (vgl. Einleitung zu Kap. 3). Dort werden zum einen das Verhältnis von Journalismus und Wissenschaft, zum anderen die Kommunikation der Wissenschaft mit ihrer Umwelt angesprochen. Während die zweite Problemstellung auf die Perspektive der Wissenschaft selbst verweist, wird in der ersten (auch) die Perspektive des Journalismus eingenommen. In diesem Zusammenhang wird die Frage aufgeworfen, ob die journalistische "Vermittlungsfunktion gerade von einer bestimmten Resistenz gegen spezialisierte Erkenntnisformen ab[hängt]" (Studiengruppe 1975: 197). Die nachfolgende Wissenschaftsjournalismus-

---

14 "The traditional popularization approach follows the agenda and relevance structure of science. Scientists want to tell the public what they think the public should know. But this selection of relevant knowledge is guided by implicit perspectives of scientists which may not be shared by the public." (Peters 1993: 294)

Forschung hat gerade diese Fragestellung außer acht gelassen, und zwar deshalb, weil sie die angesprochene Vermittlungsfunktion nie aus einer eigenständigen Perspektive des Journalismus zu bestimmen versucht hat.

Statt dessen trifft die Forschung eine journalismustheoretisch weitreichende normative Setzung: nämlich daß die Massenmedien bzw. der Journalismus – diese Begriffe werden für gewöhnlich nicht unterschieden – für die zuvor geforderte Popularisierung von Wissenschaft zuständig seien. Diese Schlußfolgerung wird mit dem Argument bekräftigt, daß die Öffentlichkeit nur über die Massenmedien zu erreichen sei. Die Wissenschaftsjournalismus-Forschung erklärt damit das Popularisierungsproblem der Wissenschaft zum Popularisierungsproblem des *Journalismus*. Die Funktion des Wissenschaftsjournalismus wird vorrangig als eine Vermittlungs- und Akzeptanzfunktion für das Wissenschaftssystem definiert. Anders ausgedrückt: Dem Wissenschaftsjournalismus wird normativ die Funktion zugewiesen, die positive Relevanz des sozialen Konstrukts 'wissenschaftliches Wissen' zu thematisieren. Erst danach wird eine Kritik- und Kontrollfunktion erwähnt, deren Angemessenheit aber ebenfalls nach den Maßstäben des Wissenschaftssystems beurteilt wird.

Diese Funktionsbestimmung wird aus der Perspektive eines um seinen gesellschaftlichen Orientierungsanspruchs besorgten Wissenschaftssystems getroffen. Genauso gut könnte man das problematisch gewordene Verhältnis von Wissenschaft und Gesellschaft aber auch als ein Kontrollproblem betrachten (vgl. Kärtner 1972). Aus dieser Perspektive müßte man zu einer gänzlich anderen, konträren Funktionsbestimmung des Journalismus gelangen. Zwar wird der Wissenschaftsjournalismus gelegentlich als "Agent des Publikums" (Hömberg 1980: 46; vgl. aber 1990a: 144 f.) bezeichnet, es wird also eine umgekehrte Kommunikationsrichtung angedeutet. Wie wir am Beispiel der Kritik- und Kontrollfunktion (vgl. Kap. 3.2.3) verdeutlichen konnten, bleibt es allerdings bei dieser Andeutung. In der hier diskutierten Literatur wird noch nicht einmal ansatzweise in Erwägung gezogen, daß sich die Funktion journalistischer Wissenschaftsberichterstattung auch *gegen* die Teilinteressen des von ihr beobachteten Gesellschaftsbereichs richten könnte.[15] Es gibt wohl kaum ein anderes kommunikations-

15 Langenbucher (1987a) spricht in diesem Zusammenhang von einer 'ethisch berechtigten Unfairneß': "Kurzum, wenn ein Journalist als jemand erscheint, der Vertreter der Wissenschaft oder der Industrie nur aufs Kreuz legen will, dann würde ich gerne unter-

wissenschaftliches Forschungsgebiet, in dem so offen und einmütig gefordert wird, daß sich der Journalismus an den Interessen und Kriterien seines Berichterstattungsgegenstandes auszurichten habe.[16]

Journalismustheoretisch läßt sich dieses Vorgehen als eine *Zweckprogrammierung* beschreiben. Hierunter verstehen wir eine Ausrichtung des Journalismus an journalismusexternen Wirkungsabsichten, die als invariantes Ziel gesetzt werden: "Diese Zweckprogrammierung soll den Ausstoß jener journalistischen Themen regeln, mit denen bestimmte Wirkungen bezweckt werden sollen." (Rühl 1980: 408) Journalismus wird also mit Aufgaben- oder Funktionserwartungen aus seiner gesellschaftlichen Umwelt, hier des Wissenschaftssystems, konfrontiert, die er in entsprechende journalistische Programme umsetzen soll. Von dieser Output-Programmierung kann mit Rühl eine sogenannte Input-Programmierung unterschieden werden, bei der Journalismus mit den ihm eigenen Entscheidungsprogrammen auf bestimmte Umweltreize (Ereignisse) reagiert. Gemäß dieser Vorstellung entwickelt ein System Routineprogramme, mit deren Hilfe es autonom, d.h. nach Maßgabe *eigener* Kriterien, über die Reduktion von Komplexität entscheiden kann (vgl. ebd.: 403 ff.). Im Unterschied zu einer solchen Betrachtungsweise orientiert eine Zweckprogrammierung den Journalismus ausschließlich an journalismusexternen Kriterien der Beobachtung und damit auch Selektion von gesellschaftlichen Ereignissen.

---

suchen, ob er das nicht moralisch, gesellschaftlich, politisch legitimiert als Treuhänder anderer Interessen tut." (ebd.: 147)

16 Eine analoge Forderung wäre, daß ein 'Religionsjournalismus' für die gesellschaftliche Akzeptanz metaphysischer Orientierungsangebote zuständig sei. Oder, aus Sicht eines anderen Gesellschaftssystems: daß die Funktion des Wirtschaftssystems normativ darauf festgelegt würde, die Produktion von wissenschaftlichem und technologischem Wissen zu finanzieren.

5.2 Konsequenzen der Zweckprogrammierung

Die Zweckprogrammierung des Wissenschaftsjournalismus bleibt nicht ohne (zum Glück nur theoretische) Folgen für die journalistische Beobachtung der Wissenschaft. Journalismustheoretisch betrachtet, diskriminiert sie die von der Forschung selbst empirisch beobachtete Eigenrationalität des Journalismus als dysfunktional, anstatt zumindest die Frage nach deren möglicher Funktionalität zu stellen (5.2.1). Dies führt nicht nur zum Verlust der journalistischen Autonomie, sondern auch der des journalistischen Publikums. Die Gleichsetzung von Wissenschaftsjournalismus mit Wissenschaftsvermittlung ordnet die Selektivität von Journalismus und Publikum statt dessen den Expansionsbestrebungen des Wissenschaftssystems unter (5.2.2). Eine konsequente Umsetzung dieses Zweckprogramms in die Praxis würde darauf hinauslaufen, eine unabhängige journalistische Beobachtung von Wissenschaft zu verhindern (5.2.3).

5.2.1 Die Frage nach der journalistischen Funktion

Die journalismustheoretisch bedeutsame Konsequenz einer Zweckprogrammierung offenbart sich in der Frage nach der Funktion journalistischer Beobachtung von Gesellschaft. Als Ausgangspunkt für eine Theorie des Journalismus dient nämlich nicht die besondere Operationsweise dieses gesellschaftlichen Teilsystems· maßgeblich sind vielmehr die spezifischen Erwartungen von Systemen aus seiner Umwelt. Die Zweckprogrammierung des Wissenschaftsjournalismus ist ein besonders prägnantes Beispiel dafür, wie die 'eigentümliche' Operationsweise des Journalismus marginalisiert und journalismusexternen Funktionserwartungen untergeordnet wird. Von vornherein wird damit auf die Möglichkeit verzichtet, den Journalismus als einen autonomen gesellschaftlichen Kommunikations- bzw. Handlungsbereich mit einer eigenen Rationalität zu betrachten.

Dies ist um so erstaunlicher, als sich durchaus des öfteren Hinweise finden lassen, daß Journalismus als ein abgegrenzter Kommunikationsbereich mit eigenen Sinnstrukturen begriffen wird. So spricht z.B. Hömberg (^{2}1987a: 95) von den "Bauprinzipien der Medienrealität" und erklärt zudem, daß die wissenschaftlichen "Zugriffsweisen auf die Wirklichkeit [..] von ganz anderer

Art [sind]." (ebd.: 93) Ruß-Mohl (1983a: 17) bezeichnet Wissenschaft und Journalismus sogar als "Konkurrenzsysteme, die jedoch durch sehr unterschiedliche Erfolgskriterien gesteuert werden." In diesem Zusammenhang verweist er auf den Prozeß der Ausdifferenzierung moderner Gesellschaften und auf den dadurch entstehenden Pluralismus von gesellschaftlichen Wirklichkeitskonstruktionen. Als eine Folge gebe es "gerade bei der Analyse gesellschaftlicher Phänomene die *eine* Wahrheit gar nicht mehr und kann es auch nicht geben. Es gibt allenfalls Wahrheiten, die sich aus unterschiedlichen Blickwinkeln, Selektionsleistungen, methodischen Ansätzen und Interessenlagen ergeben." (ebd.) In seinem Entwurf zu einer Wissenschafts-Journalistik erklärt Ruß-Mohl (vgl. 1985a 267) den Wissenschaftsjournalismus selbst zu einem eigenen System. Auch in den anderen Publikationen zum Wissenschaftsjournalismus – das gleiche haben wir schon für die deutsche Diskussion bis 1974 herausgestellt (vgl. Kap. 2.3) – wird zumindest implizit anerkannt, daß die Massenmedien bzw. der Journalismus als eigenständige gesellschaftliche Operationsbereiche zu begreifen sind.

Diese 'Eigenständigkeit' des Journalismus wird jedoch nie auf ihre mögliche Funktionalität hin befragt. Vielmehr wird sie in geradezu frappierender Einmütigkeit als *Beeinträchtigung* einer idealen Wissenschaftsberichterstattung interpretiert. Journalismustheoretische Beobachtungen finden im Paradigma Wissenschaftsjournalismus auf einer bloß phänomenologischen Ebene der Deskription journalistischer Arbeitsbedingungen und vor allem Selektionskriterien statt. Alleiniger Zweck dieser Deskription scheint es zu sein, die grundsätzliche Unangemessenheit vor allem der Selektionsmechanismen aufzuzeigen, die Journalismus zur Reduktion von gesellschaftlicher Komplexität verwendet. Die Beharrlichkeit, mit der – trotz immerwährender 'empirischer Enttäuschungen' – diese grundsätzliche Kritik journalistischer Selektivität vorgebracht wird, ist nur dadurch zu erklären, daß die Vertreter des Paradigmas Wissenschaftsjournalismus gerade darauf aus sind, die *Dysfunktionalität* der journalistischen Operationsweise nachzuweisen.

Die einzige annähernd journalismustheoretisch zu verstehende Aussage zur Funktion des Journalismus erschöpft sich in der Feststellung, daß eine größere Öffentlichkeit nur durch die Massenmedien über Wissenschaft informiert werden könne. Dieser allgemeine Hinweis auf die Informationsfunktion des Journalismus verweist aber nur auf die strategische Bedeutung, die die Forschung der journalistischen Wissenschaftsberichterstattung im Hinblick auf die gesellschaftliche Akzeptanz der Wissenschaft zumißt. Mit der abstrakten Formel von der journalistischen Informationsfunktion läßt sich kaum das besondere Verständnis von Wissenschaftsjournalismus begründen, das im Paradigma Wissenschaftsjournalismus vertreten wird. Dieses Argument kann nämlich für *jede* Berichterstattungsforderung an den Journalismus in Anspruch genommen werden. Es entbehrt daher nicht nur der theoretischen Begründungskraft, sondern verweist – wohl eher unfreiwillig – vielmehr gerade auf das grundlegende Problem der Komplexität, mit dem Journalismus konfrontiert ist[17]: Wenn nämlich generell gelten soll, daß eine größere Öffentlichkeit nur durch den Journalismus über Teilbereiche der Gesellschaft informiert werden kann, bezieht sich diese Aussage auf potentiell *alle* Kommunikationen und Handlungen der Gesellschaft. Allein mit diesem Argument kann also kaum die Forderung legitimiert werden, *daß* Journalismus auch tatsächlich über jeden Bereich der Gesellschaft berichten soll.

Dasselbe gilt für das immer wieder bemühte Demokratie-Argument. Auch wenn man es aus demokratietheoretischer Sicht für wünschenswert hält, die Entscheidungen der Politik einer ständigen Beobachtung zu unterziehen und mit den (Ein)Sichten anderer Gesellschaftssysteme zu konfrontieren, gilt diese Forderung wiederum für alle politischen Entscheidungsprozesse. Sie läßt sich also nicht nur für Wissenschafts- und Technologiepolitik, sondern mit der gleichen Berechtigung auch für z.B. Wirtschafts-, Bildungs- und Kulturpolitik aufstellen.[18] Wie bei dem allgemeinen Postulat der Informationsfunktion steht Journalismus damit vor der Notwendigkeit, gesellschaftliche Komplexität auf ein überschaubares Maß zu reduzieren.

---

17 Wie überhaupt jede Zweckprogrammierung als Reaktion auf eben dieses Komplexitätsproblem und damit die Notwendigkeit von Selektion verstanden werden kann (vgl. Kap. 5.3.1).

18 Ruß-Mohl (1983a) selbst erwähnt den Prozeß der gesellschaftlichen Ausdifferenzierung, mit dem moderne Gesellschaften auf das Problem wachsender Komplexität (oder auch: Unübersichtlichkeit) reagieren. Angesichts dieser Spezialisierungstendenzen mutet es etwas naiv an, noch die Vorstellung einer umfassend informierten Öffentlichkeit zu kultivieren, also im Prinzip wieder von der Möglichkeit einer Einheitsgesellschaft auszugehen. Mit dieser Integrationsforderung wird vor allem Journalismus immer noch konfrontiert, auch in der neueren Journalismustheorie (vgl. Kap. 6.2). Den Protagonisten einer solchen Maximalforderung fällt es dann denkbar einfach, Defizite journalistischer Berichterstattung anzuprangern.

Aus kommunikationswissenschaftlicher Sicht liegt der zentrale theoretische Bezugspunkt dabei in eben diesem Komplexitätsproblem, das jeder Beobachter von Gesellschaft, und somit auch Journalismus (und natürlich auch Wissenschaft), zu lösen hat.[19] Dieses Problem stellt sich nur dann nicht, wenn man Journalismus von vornherein exklusiv auf die Eigeninteressen anderer gesellschaftlicher Systeme verpflichten will, in der Regel mit dem Argument, daß diese Eigeninteressen gesamtgesellschaftliche Interessen repräsentieren.[20] Eben diesen 'Lösungsweg' schlägt die Wissenschaftsjournalismus-Forschung ein, indem sie die nicht weiter spezifizierte Informationsfunktion des Journalismus normativ auf journalismusexterne Selektionskriterien festlegt. Diese werden aus den spezifischen Erwartungen des Wissenschaftssystems abgeleitet, die wir unter dem Begriff der Wissenschaftspopularisierung zusammengefaßt haben.

5.2.2 Der Verlust journalistischer Autonomie

Die Vertreter des Paradigmas Wissenschaftsjournalismus befinden sich in einem eigenartigen Widerspruch: Zum einen erkennen sie durchaus an, daß der Journalismus ein distinkter gesellschaftlicher Kommunikations- und Handlungsbereich ist, zu erkennen an seinen komplexen Organisationsformen und seiner spezifischen Operationsweise. Zum anderen sind sie aber nicht bereit, die spezifische Rationalität dieser Operationsweise anzuerkennen und auf eine eventuelle eigenständige Funktionalität hin zu befragen. Im Prinzip betrachtet die Forschung die Massenmedien bzw. den Journalismus nur als Organisationen, die für die Vermittlung von (vorselektierten) Informationen an eine größere Öffentlichkeit zuständig sind. Die für normative Funktionszuweisungen strategische Bedeutung einer solchen allgemeinen, den Journalismus zu einem bloßen Verbreitungsinstrument degradierenden Funktionsbeschreibung ergibt sich im Zusammenspiel mit dem Kommuni-

19 Zu dieser Einsicht kommt auch Ruß-Mohl (1983a: 17), allerdings ohne daraus erkennbare journalismustheoretische Konsequenzen abzuleiten: "Beide Systeme, also Wissenschaften und Massenmedien, stehen, in Luhmanns Sprache formuliert, vor dem Problem der Komplexitätsreduktion."

20 In Analogie zu einem solchen Journalismuskonzept wäre zu fragen, wie die Wissenschaft reagieren würde, falls man ihr zumutete, sich theoretisch und methodisch an den Partialinteressen anderer Systeme auszurichten. Jede Forderung dieser Art würde mit dem Hinweis auf Artikel 5, Absatz 3 des Grundgesetzes abgelehnt werden.

kations- und Informationsbegriff, der im Paradigma Wissenschaftsjournalismus vertreten wird. Da Kommunikation als ein Austausch an sich unveränderbarer Informationen begriffen wird, erscheint die journalistische Berichterstattung als bloßer Transport von Informationen Die häufig verwendete Metapher des Informationsflusses impliziert, daß Massenmedien und Journalismus nur die Kanäle darstellen, durch die gesellschaftliche Systeme wie z.B. die Wissenschaft ihre Informationen an die sogenannte 'breite Öffentlichkeit' durchschleusen.[21] Die Bedeutung journalistischer Selektivität wird demzufolge ausschließlich danach beurteilt, wie effizient und 'wirklichkeitsgerecht' sie diese Aufgabe der Informationsvermittlung zu leisten imstande ist. Für diese Beurteilung werden die Rationalitätskriterien und Erwartungen jeweils des Systems herangezogen, das diese Informationen 'produziert' hat, in diesem Falle also hauptsächlich des Wissenschaftssystems, bisweilen auch der Systeme, die von der wissenschaftlich-technischen Entwicklung profitieren, wie z.B. Politik und Wirtschaft.

Aus journalismustheoretischer Sicht besteht das zentrale Manko der gesamten Wissenschaftsjournalismus-Forschung in der Entscheidung, den journalistischen Selektions- und Darstellungsprogrammen keine autonome Funktionalität zuzugestehen. Mit der unreflektierten *Gleichsetzung von Wissenschaftsjournalismus mit Wissenschaftsvermittlung* wird Journalismus statt dessen eindeutig den Expansionsbestrebungen des Wissenschaftssystems untergeordnet. Aus dieser Position muß die spezifische Operationsweise des Journalismus, ersichtlich vor allem an seinen Selektionskriterien, zwangsläufig in den Mittelpunkt der Kritik rücken, bis hin zur Forderung, diese Selektionskriterien zu modifizieren oder sogar aufzuheben und durch 'bessere' zu ersetzen. An die Stelle dieser nur 'bedingt tauglichen Faustregeln' (vgl. Ruß-Mohl 1985a: 273) treten *statt dessen* die Selektionskriterien des Wissenschaftssystems. Dieses Vorgehen kann nur durch die Prämisse legitimiert werden, daß mit Hilfe wissenschaftlicher Kriterien per se eine bessere Reduzierung von Komplexität geleistet werden kann, und zwar auch – dies ist ein wesentliches Argument im Paradigma Wissenschaftsjournalismus – im Hinblick auf die Beobachtung des Wissenschaftssystems durch dessen gesellschaftliche Umwelt. Mit anderen Worten: Auch die – ja zumeist von Wissenschaftlern selbst vorgenommene – Bewertung der ge-

21 Vgl. zum Gebrauch dieser und ähnlicher Metaphern für die Beschreibung von Kommunikationsprozessen Krippendorff 1994.

sellschaftlichen Relevanz von Wissenschaft und Technologie soll Verbindlichkeit für die journalistische Berichterstattung besitzen. Für die Protagonisten einer normativen Funktionszuweisung scheint es daher gerechtfertigt, Wissenschaftsjournalismus auf die 'angemessenen' Selektionskriterien hinzuweisen, um so den 'spezifischen Problemen' abzuhelfen, die ihm in seiner angeblichen Funktion als bloßer Informationsvermittler begegnen.

Gerade im Angesicht der durch die Wissenschaft erzeugten 'Informationsfluten' so die Überlegung, bedürfe Journalismus einer solchen Selektionsberatung. Bei der von Wissenschaftlern gern diagnostizierten Informationsüberflutung handelt es sich aber in erster Linie um ein Selektionsproblem der Wissenschaft selbst. Nur die Annahme, daß Journalismus diese wissenschaftliche Realität zu repräsentieren habe, erlaubt es den Vertretern des Paradigmas Wissenschaftsjournalismus, dieses Selektionsproblem auch auf den Journalismus zu übertragen. Dabei wird übersehen, daß es Journalismus generell mit dem Problem der Reduktion von Komplexität zu tun hat und daher nicht nur der "Wissenschaftsjournalismus auf besonders leistungsfähige Kriterien der Nachrichtenselektion angewiesen" ist (Ruß-Mohl 1985a: 273). Es geht den Vertretern des Paradigmas Wissenschaftsjournalismus daher auch gar nicht darum, die Leistungsfähigkeit eines eigenständig seligierenden Journalismus zu erhöhen. Mit der grundsätzlichen Abwertung journalistischer Selektivität wird Journalismus gerade diese Leistungsfähigkeit *abgesprochen*, um ihn so auf wissenschaftszentrierte Kriterien der Informationsvermittlung verpflichten zu können. Nur aus der Perspektive dieser normativen Funktionszuweisung ergeben sich die von Ruß-Mohl (1985a: 268) und den anderen Autoren des Paradigmas Wissenschaftsjournalismus beklagten 'spezifischen Probleme' journalistischer Wissenschaftsberichterstattung. Es handelt sich hierbei auch gar nicht um spezifische Probleme der *Wissenschafts*berichterstattung. Vielmehr müßte jede Journalistik diese 'Probleme' notieren, wenn sie die Funktion journalistischer Berichterstattung zu einseitig an den Partialinteressen und der Partialrationalität eines bestimmten gesellschaftlichen Systems festmachte.

Die Zweckprogrammierung des Wissenschaftsjournalismus ist aber nicht nur darauf angelegt, der journalistischen Selektivität keine eigene Rationalität zuzugestehen. Wie die Studien zum public understanding of science zeigen, wird auch die Rezeption des journalistischen Publikums nur nach dem Grad ihrer wissenschaftlichen 'Aufgeklärtheit' beurteilt.[22] Daß auch die Selektivität des journalistischen Publikums als potentiell dysfunktional gilt, erklärt sich aus dem gesellschaftlichen Orientierungsanspruch wissenschaftlicher Erkenntnisproduktion, der im Paradigma Wissenschaftsjournalismus behauptet wird. Aufgrund dessen werden Wissens- und Rationalitätsformen in der Umwelt des Wissenschaftssystems abgewertet – sowohl die des Journalismus, der nur als ein Instrument für Wissenschaftspopularisierung gilt, als auch die des journalistischen Publikums, das ausschließlich als ein Publikum für eine wissenschaftliche Aufklärung konzipiert wird.

Für eine Zweckprogrammierung ist es eine unerläßliche Voraussetzung, die Publikumsorientierung des Journalismus aufzuheben; ansonsten könnte journalistische Berichterstattung nicht auf die Selektionskriterien eines anderen gesellschaftlichen Systems ausgerichtet werden. Auf diese Weise werden gleichzeitig sowohl die Selektivität des Journalismus als auch des journalistischen Publikums auf die Kriterien des Wissenschaftssystems verpflichtet.[23] Die Diskriminierung einer eigenständigen Publikumsselektivität ist somit nicht nur die Konsequenz aus einer Zweckprogrammierung des Journalismus; sie kann gleichzeitig auch als Ursache angesehen werden, warum Journalismus überhaupt einer solchen unterworfen wird – schließlich ist es ja die 'breite' Öffentlichkeit, an die sich die Popularisierungsbemühungen des Paradigmas Wissenschaftsjournalismus richten.

An der Literatur des Paradigmas Wissenschaftsjournalismus kann exemplarisch gezeigt werden, daß eine normative Zweckprogrammierung die Autonomie des Journalismus prinzipiell in Abrede stellen *muß*. Wenn die Funktion der Wissenschaftsberichterstattung von vornherein festgelegt ist, bleibt kein Platz mehr für eine alternative Betrachtung der journalistischen Operationsweise. Mit der grundsätzlichen Diskriminierung journalistischer Selektivität steht und fällt vielmehr die gesamte Konzeption des Wissenschaftsjournalismus im Paradigma. Es ist bemerkenswert, daß Journa-

22 Auch hier zeigt sich, daß das Demokratie-Argument im Grunde auf einer undemokratischen Diskriminierung nicht-wissenschaftlich fundierter Publikumskriterien beruht. Vgl. in diesem Zusammenhang noch einmal Rowans Ansatz, ineffiziente Alltagstheorien durch wissenschaftliche Theorien ersetzen zu lassen (vgl. Rowan 1990; 1991; 1992; Kap. 4.2.2).

23 Daß beides für nötig gehalten wird, bestätigt übrigens implizit die Annahme neuerer journalismustheoretischer Arbeiten, das Publikum als Bestandteil des Systems Journalismus bzw. Publizistik bzw. Öffentlichkeit zu konzipieren (vgl. Kap. 6.2.2; Kap. 7.3).

lismuswissenschaftler eine Theorie des Wissenschaftsjournalismus ausgerechnet mit der Entscheidung einleiten, ihrem genuinen Forschungsgegenstand die Autonomie abzusprechen.

5.2.3 *Die Verhinderung einer unabhängigen Beobachtung von Wissenschaft*

Die Zweckprogrammierung des Wissenschaftsjournalismus begegnet dem Problem der Komplexität gesellschaftlicher Kommunikation mit einer dreifachen Ignorierung von Selektivität:

1) Um das Zweckprogramm überhaupt zu legitimieren, wird die Selektivität des wissenschaftlichen Erkenntnisprozesses ausgeblendet bzw. normativ dessen gesamtgesellschaftliche Verbindlichkeit proklamiert.
2) Da der Wissenschaftsjournalismus auf die Dauerbeobachtung des Wissenschaftssystems verpflichtet wird, betrachtet man auch seine Selektivität nur im Hinblick auf die angemessene Erfüllung dieser Funktionszuweisung. Damit wird Journalismus von der Orientierung an seinem Publikum sozusagen suspendiert.
3) Die Ent-Autonomisierung des Journalismus geht Hand in Hand mit einer Diskriminierung der Selektionsprozesse, die dem journalistischen Publikum bzw. der sogenannten breiten Öffentlichkeit zugerechnet werden. Diese Mißachtung ist als Folge der Entscheidung zu betrachten, die wissenschaftszentrierte Realitätssicht zur gesellschaftlich verbindlichen zu erklären.

Diese der gesamten Konzeption des Wissenschaftsjournalismus zugrundeliegende Ignorierung bzw. Diskriminierung nicht-wissenschaftlicher Selektivität läuft darauf hinaus, eine unabhängige Beobachtung des Wissenschaftssystems durch die Umwelt des Wissenschaftssystems zu diskreditieren. Dies gilt im besonderen für die journalistische Beobachtung des Verhältnisses von Wissenschaft und Gesellschaft. Die Zweckprogrammierung des Wissenschaftsjournalismus hat zum Ziel, die journalismusspezifischen Selektionsstrukturen außer Kraft zu setzen und die Selektivität des Wissenschaftsjournalismus einer externen Steuerung zu unterwerfen. Zur Maßgabe für die journalistische Beobachtung von Wissenschaft wird damit die Perspektive des Wissenschaftssystems selbst (so wie sie im Paradigma

Wissenschaftsjournalismus formuliert wird). Die Gleichsetzung von Wissenschaftsjournalismus mit Wissenschaftsvermittlung kann daher als eine versuchte Entdifferenzierung von Wissenschaft und Journalismus interpretiert werden. In diese Richtung weist schon die Vorstellung, daß Wissenschaftsjournalismus zur wissenschaftlichen Außenkommunikation zu rechnen sei (vgl. Hömberg/Roloff 1974/1975: 431; Hömberg 1980: 42; 1990a: 16 ff.), genauso wie die zahlreichen Äußerungen zur wünschenswerten Partnerschaft von Wissenschaftlern und Journalisten, die schon immer zum festen Bestand der Diskussion gehörten.

An der neueren Debatte zur Wissenschafts-PR (vgl. Kap. 3.4) läßt sich zeigen, wie schwer es fällt, innerhalb des Paradigmas Wissenschaftsjournalismus überhaupt noch sinnvoll zwischen der von wissenschaftlichen Organisationen betriebenen und der journalistischen Darstellung von Wissenschaft zu unterscheiden.[24] Es ist jedenfalls theoretisch inkonsequent, einem auf Wissenschaftsvermittlung verpflichteten Journalismus einerseits generell die Angemessenheit und damit Eigenberechtigung seiner Beobachtungskriterien abzusprechen und andererseits die Gegensätze zwischen Öffentlichkeitsarbeit der Wissenschaft und Wissenschaftsberichterstattung zu betonen (vgl. Ruß-Mohl 1985a: 273; 1990b: 12). Genauso wenig läßt sich begründen, warum Wissenschaftsjournalismus einerseits zur gesellschaftlichen Akzeptanz der Wissenschaft beitragen soll (vgl. Hömberg 1980: 42), andererseits aber den Wissenschaftsjournalisten eine zu "enge Orientierung am Wissenschaftssystem, die bis zur persönlichen Identifikation geht" (ebd.: 45), vorgeworfen wird. Ebenso abwegig erscheint es, trotz der eindeutigen Diskreditierung der spezifischen journalistischen Operationsweise immer noch bisweilen die Vorstellung einer journalistischen Kritik- und Kontrollfunktion ins Feld zu führen.[25] Eine unabhängige Kontroll-

---

24 Da dieser Unterschied theoretisch nicht begründet werden kann, muß, um dem 'Wildwuchs' zu begegnen, die ethische Verantwortlichkeit des einzelnen Journalisten bemüht werden. So bedürfe der Wissenschaftsjournalist "gefestigter moralischer Grundsätze" (Krüger/Ruß-Mohl 1989: 413), um seiner Verantwortung gerecht zu werden. Dieser Rekurs auf eine rein individualistische Handlungsethik beschwört im Prinzip wieder einen individuumzentrierten journalistischen Praktizismus (vgl. hierzu Rühl 1980: 25 ff.).

25 Diese soll sich vor allem für den Fall bewähren, daß die Popularisierung von Wissenschaft zu eindeutig kommerziellen Interessen verpflichtet ist (vgl. Ruß-Mohl 1990b: 14), oder, wie bei der Auseinandersetzung um die Risiken der wissenschaftlich-technischen Entwicklung, eine zu einseitige journalistische Orientierung an wissenschaftlichen Positionen zu einer widersprüchlichen und damit wissenschaftliche Glaubwürdigkeit gefährdenden Darstellung des wissenschaftlichen Erkenntnisprozesses führen würde (vgl. Nelkin 1987a; 1994).

funktion steht nämlich in krassem Gegensatz zur präferierten Vermittlungs- und Akzeptanzfunktion des Wissenschaftsjournalismus. Sie dürfte im Paradigma Wissenschaftsjournalismus wohl auch kaum ernsthaft angestrebt sein, wenn man dem potentiellen Kontrolleur nicht nur die Angemessenheit, sondern auch die Legitimität seiner Beobachtungskriterien abspricht.[26]

Würde die Zweckprogrammierung des Wissenschaftsjournalismus tatsächlich konsequent umgesetzt werden, so fielen journalistische Beobachtung und Selbstbeobachtung des Wissenschaftssystems in eins zusammen. Wenn auf diese Weise eine unabhängige journalistische Beobachtung des Verhältnisses von Wissenschaft und Gesellschaft verlorengeht, so ist das die zwangsläufige Konsequenz einer Theorie des Wissenschaftsjournalismus, die sich in ihren zentralen Prämissen an den Partialinteressen und der Partialrationalität des Wissenschaftssystems ausrichtet und auf die spezifische Operationsweise des Journalismus keinerlei Rücksicht nimmt. Für die Umwel des Wissenschaftssystems bedeutete das, sich in ihrer Beobachtung der wissenschaftlich-technischen Entwicklung und deren gesellschaftlichen Auswirkungen hauptsächlich auf die Perspektive des Wissenschaftssystems selbst verlassen zu müssen (vgl. Kap. 6.3.1). Diese Konsequenz ist kein Nebenprodukt, sie ist das erklärte Ziel des Paradigmas Wissenschaftsjournalismus. Zwar scheinen einigen seiner Vertreter die journalismustheoretischen Konsequenzen, die sich aus der normativen Funktionsbestimmung für den Wissenschaftsjournalismus ergeben, nicht vollständig bewußt zu sein; dies ändert jedoch nichts daran, daß die Zweckprogrammierung des Wissenschaftsjournalismus auf nichts anderes hinausläuft, als eine *unabhängige journalistische Beobachtung des Wissenschaftssystems zu verhindern.*

---

26 Die Inkompatibilität dieser Funktionszuweisungen wird dabei immer wieder übersehen. Vgl. als nur ein Beispiel Gruhns (1979: 77) Funktionsbeschreibung: Der Wissenschaftsjournalist "muß [..] sowohl die Interessen der Wissenschaft vertreten, [...] also generell um Unterstützung für die Wissenschaften werben, als auch die Erwartungen und Befürchtungen der breiten Bevölkerung artikulieren".

5.3 Zweckprogrammierung und Journalismustheorie

Jede Theorie des Journalismus steht vor dem Problem, die journalistische Beobachtung von Gesellschaft zu beschreiben und wenn möglich auch zu erklären. Wie wir gesehen haben, versucht die Wissenschaftsjournalismus-Forschung, dieses Problem durch eine normative Zweckprogrammierung des Wissenschaftsjournalismus zu lösen. Dieser Ansatz kann in zweierlei Hinsicht kritisiert werden: Zum einen sind – unter den Bedingungen moderner, ausdifferenzierter Gesellschaften – normative Zweckprogrammierungen ein unzureichendes Instrument, um Journalismus für die Beobachtung gesellschaftlicher Komplexität auszurüsten (Kap. 5.3.1). Zum anderen sind Zweckprogrammierungen theoretisch völlig ungeeignet, um die spezifische Operationsweise eines gesellschaftlichen Teilsystems zu beschreiben (Kap. 5.3.2).

Aus einer journalismustheoretischen Perspektive, die die Funktion journalistischer Beobachtung von Wissenschaft zu beschreiben versucht, ist die im Paradigma Wissenschaftsjournalismus vertretene Theorie des Wissenschaftsjournalismus als theoretisch ungenügend zu bewerten. Daß sie trotz ihrer journalismustheoretischen Defizite dennoch die gesamte Wissenschaftsjournalismus-Forschung dominiert, führen wir auf die mangelnde Reflexivität dieses Teilbereichs der Journalismuswissenschaft zurück. Damit ist zum einen die unzureichende Reflexion der gesellschafts- und journalismustheoretischen Prämissen angesprochen, vor allem aber die mangelnde Reflexion der eigenen Interessengebundenheit (Kap. 5.3.3).

5.3.1 Zweckprogrammierung und Komplexitätsproblem

Wenn wir im Folgenden von Zwecken sprechen, verstehen wir diese nicht als natürlich vorgegebene Seinskategorien, die Handlungen einen quasi ontisch vorgegebenen Sinn vermitteln. Wir entscheiden uns statt dessen für eine soziologisch-systemtheoretische Auslegung, die Zwecke als prinzipiell offene Ergebnisse gesellschaftlicher Selektionsprozesse begreift und nach der Funktion von Zwecksetzungen für die Reduzierung gesellschaftlicher Komplexität fragt (vgl. Luhmann ^{5}1991e: 11 ff.). Die Beobachtungsperspektive wechselt damit – nicht mehr die Frage nach der unbezweifelbaren Wahrheit von Zwecken steht im Vordergrund, sondern die funktionale Analyse von Zwecken als Systemstrukturen, die Selektionsmöglichkeiten einschränken und auf diese Weise konkrete Entscheidungen ermöglichen. (wobei Zwecksetzungen natürlich nur eine Möglichkeit darstellen, Komplexität zu reduzieren.)

Wir gehen davon aus, daß in den heutigen, pluralistisch organisierten Gesellschaften keine Möglichkeit mehr existiert, ex cathedra gesamtgesellschaftlich verbindliche Zwecke festzusetzen Die arbeitsteilige Ausdifferenzierung moderner Gesellschaften (vgl. Luhmann [5]1984d: 149 - 150; [2]1988a: 35 ff.; 256 ff.; 1992a: 659 - 661) führt vielmehr zu einer Multiperspektivität und zur "Erosion aller Vorstellungen von unbestreitbarer, weil gesamtgesellschaftlicher Rationalität und sie verwaltenden Instanzen, Autoritäten, Wissenszentren, Aufklärern." (Luhmann 1992a: 660) Die Setzung von Zwecken ist daher jeweils mit einer bestimmten Problemperspektive, d.h. einer bestimmten gesellschaftlichen Beobachterperspektive, gekoppelt. Aus einer anderen Beobachterperspektive mögen die Auswirkungen einer solchen Zwecksetzung als nützlich, vielleicht aber auch als irrelevant und eventuell sogar als schädlich erscheinen. In diesem Falle führen Zwecksetzungen zu Konflikten, die eben auf diese unterschiedlichen Beobachterperspektiven – im Endergebnis Interessen – zurückzuführen sind. Wenn die Funktion von Zwecksetzungen also allgemein als "Absorption von Komplexität und Veränderlichkeit" (Luhmann [5]1991e: 179) beschrieben werden kann, so ist stets die Frage nach dem Systembezug mitzudenken. In der Systemtheorie werden Zweckprogrammierungen daher auch als system*interne* Strukturen zur Reduzierung von Komplexität aufgefaßt, d.h. als eine mögliche Form der *Selbst*programmierung eines gesellschaftlichen Systems (vgl. Rühl 1980: 400 ff.; Luhmann [5]1991e).[27] In diesem Sinne müssen systeminterne Zwecksetzungen von solchen unterschieden werden, die als Erwartungen aus der Umwelt an ein System herangetragen werden (vgl. Luhmann [5]1991e: 192).

Wir haben die Funktionsbeschreibung der Wissenschaftsjournalismus-Forschung als eine derartige journalismus*externe* Zweckprogrammierung identifizieren können. Wir haben zudem festgestellt, daß die Setzung des

---

27 "Ein Programm ist ein Komplex von Bedingungen der Richtigkeit (und das heißt: der sozialen Abnehmbarkeit) des Verhaltens." (Luhmann [2]1988a: 432) Programme legen damit wie Rollen die Bedingungen für die Richtigkeit von Selektionen fest (vgl. Luhmann [2]1988b: 91), allerdings auf einer Ebene, die vom einzelnen Rollenträger abstrahiert.

Zweckes 'Akzeptanz von Wissenschaft' aus der Perspektive des Wissenschaftssystems getroffen wird. Sowohl die Wahrnehmung einer Krise der Wissenschaft (statt z.B. einer Krise der übrigen Gesellschaft) als auch die weiterführende Problematisierung als ein generelles Akzeptanzproblem wissenschaftlichen Wissens (statt z.B. als ein politisches Problem der Kontrolle von wissenschaftlicher Forschung) sind auf die Perspektive dieses gesellschaftlichen Teilsystems zurückzuführen. Aus journalismustheoretischer Sicht besteht der zentrale Einwand gegen eine solche Zweckprogrammierung darin, daß die mögliche Funktionalität der journalistischen Selektivität ignoriert wird (vgl. Kap. 5.3.2). Aus heuristischen Gründen stellen wir diesen wesentlichen Einwand erst einmal zurück, um zu zeigen, daß eine journalismusexterne Zweckprogrammierung keinen Gewinn für die Lösung des Komplexitätsproblems verspricht, das sich dem Journalismus als einem Beobachter von Gesellschaft stellt.

Ein Grund ist darin zu sehen, daß Zweckprogrammierungen dieses Komplexitätsproblem nur in die Zuständigkeit anderer Gesellschaftssysteme verlagern. Journalismus werden damit sozusagen Selektionsprogramme aus fremder Hand zur Verfügung gestellt, so als könnten andere Systeme das Problem gesellschaftlicher Komplexität besser lösen (oder hätten es sogar schon gelöst). Pluralistische Gesellschaften sind aber gerade durch die Vielfalt und damit Kontingenz von Beobachterperspektiven gekennzeichnet. Das heißt, daß in modernen Gesellschaften keine Position existiert, von der aus sich einzig richtige Bedingungen (Programme) für die Reduzierung von Komplexität formulieren ließen.[28] Hinter jedem Argument der 'besseren Selektion', mit dem man Journalismus auf die Selektivität eines anderen gesellschaftlichen Teilsystems verpflichten möchte, lassen sich Interessen vermuten, und schon allein, daß solche Vermutungen möglich sind, spricht für die Annahme, daß Geltungsansprüche jederzeit als kontingent problematisiert werden können.

Wenn man also die Vorstellung von einer gesellschaftlich autorisierten Beobachterposition fallen lassen muß, dann gibt es potentiell ebenso viele Zweckprogrammierungen für Journalismus, wie Beobachterperspektiven in

28 Dies gilt auch für das Wissenschaftssystem: "Wissenschaft kann sich nicht länger als Repräsentant der Welt, wie sie ist, begreifen und muß daher auch den Anspruch, andere über die Welt belehren zu können, zurücknehmen." (Luhmann 1992a: 714; vgl. 666 ff.)

seiner Umwelt existieren – eine Feststellung, die sich empirisch mühelos belegen läßt. Journalismus wird aber nicht nur mit einer Vielzahl von externen Zweckbestimmungen konfrontiert; er hat es zudem auch mit einander widersprechenden Zwecken zu tun. Der Versuch, diesem Katalog von Leistungserwartungen auch nur annähernd gerecht zu werden, würde Journalismus zur Entscheidungsunfähigkeit verurteilen. Die Entscheidung für ein *bestimmtes* Zweckprogramm stellte demgegenüber einen erheblichen Varianz-Verlust journalistischer Umweltbeobachtung dar, da andere Positionen, Interessen und Sichtweisen tendenziell ignoriert werden. Eine solche Entscheidung stieße nicht nur auf (berechtigten) Widerspruch, sie gefährdete vor allem auch nachhaltig die Glaubwürdigkeit journalistischer Berichterstattung.

Die potentielle Inflationierung von normativen Funktionsbeschreibungen konfrontiert Journalismus damit *erneut* mit der Notwendigkeit von Selektion. Es dürfte klar sein, daß das Problem der 'richtigen' Auswahl von Zweckprogrammen nicht durch die Aufstellung weiterer (Meta-)Zweckprogramme gelöst werden kann. Journalismusexterne Zweckprogrammierungen versprechen aus diesem Grunde nicht den geringsten Effizienzgewinn für die journalistische Reduzierung von Komplexität. Schon für die Entscheidung, dieses Problem *jeden* gesellschaftlichen Beobachters in die Zuständigkeit anderer Systeme zu verlagern, findet sich kein plausibles Argument. Wenn man zudem bedenkt, daß das Problem anschließend wieder an den Journalismus zurückverwiesen wird – denn welchem Zweckprogramm soll er nun folgen? –, muß man erst recht zu der Überzeugung gelangen, eine Zweckprogrammierung als ein völlig unzulängliches Instrument anzusehen, um Journalismus für die Beobachtung gesellschaftlicher Komplexität auszurüsten.

Wir wenden uns damit nicht gegen eine wertende, gesellschaftliche Normen berücksichtigende Beurteilung und Kritik journalistischer Berichterstattung. Journalismus ist wie jedes andere System der Gesellschaft auf derartige Irritationen aus seiner Umwelt angewiesen, um sich auf veränderte Umweltbedingungen, d.h. auch Erwartungen aus seiner Umwelt, einzustellen. Wir halten es aus journalismustheoretischer Sicht nur für wenig konstruktiv, die gesellschaftliche *Funktion* journalistischer Kommunikation unter Bezugnahme auf normative Programme seiner gesellschaftlichen Umwelt zu bestimmen. Für den Journalismus und damit auch für eine wissenschaftliche Theorie des Journalismus wird – wir haben schon einmal darauf hingewiesen – der *Umgang mit Komplexität* zu einem zentralen theoretischen Problem. Eine externe Funktionsbestimmung des Journalismus, die unbeirrt an normativ vorgegebenen Zwecken festhält, läuft Gefahr, dieses Komplexitätsproblem moderner Gesellschaften zu verkennen, vor allem, wenn sie sich als nicht flexibel genug erweist, aus der Enttäuschung ihrer Erwartungen zu lernen.

5.3.2 Zweckprogrammierung als Journalismustheorie

Während der vorangegangenen Überlegungen haben wir den – aus journalismuswissenschaftlicher Sicht – zentralen Einwand gegen die normative Zweckprogrammierung des Wissenschaftsjournalismus vorübergehend zurückgestellt: Zweckprogrammierungen sind ihrem Wesen nach präskriptiv und eignen sich daher nicht zur Beschreibung oder sogar Erklärung gesellschaftlichen Handelns. Genau hierin liegt die Schwäche einer Theorie des Wissenschaftsjournalismus, die sich von Anfang an normativ gibt. Indem die Forschung eine normative, aufgrund journalismusexterner Kriterien gewonnene Funktionsbeschreibung an den Anfang ihrer Theorie vom Journalismus stellt, kann sie die empirisch beobachtbare Operationsweise des Systems Journalismus nur noch im Hinblick auf die Erfüllung, in der Regel aber Nicht-Erfüllung dieser Funktion beschreiben. Eine so verstandene (Wissenschafts-)Journalistik beschränkt sich nicht nur darauf, quasi nur noch normative Leistungsanforderungen zu verwalten; sie entwickelt vor allem keine theoretisch adäquate Beschreibung, *warum* Journalismus Gesellschaft so beobachtet, wie er sie beobachtet.

Zwar bezeichnet die Forschung den Journalismus als ein eigenständiges gesellschaftliches System; sie stellt – vor allem im Vergleich zur Wissenschaft – dessen unterschiedliche Operationsweise heraus, die sie an den journalistischen Zeit- und Relevanzstrukturen festmacht; sie verweist ständig auf die gesellschaftliche Bedeutung journalistischer Berichterstattung, kurzum: Sie zeichnet, wenn auch unsystematisch, das Bild eines äußerst komplexen Handlungssystems auf einer hochentwickelten Organisationsstufe. Dennoch scheint ihr nichts ferner zu liegen, als die komplexe Struktur und die spezifische Operationsweise dieses Systems als Ausdruck einer distinkten gesellschaftlichen Funktion zu beschreiben. Indem die Forschung – als Wissenschaft vom Journalismus – eine solche theoretische

Beschreibung unterläßt, verzichtet sie auf eine eigenständige Theorie ihres genuinen Forschungsgegenstandes. Statt dessen stellt sie – journalismustheoretisch ohne jede Notwendigkeit – die Autonomie des Journalismus explizit in Abrede, um ihn so einer normativen Zweckprogrammierung unterwerfen zu können.

Mit der Zweckprogrammierung des Wissenschaftsjournalismus folgt die Forschung einer Tradition in der Kommunikationswissenschaft, die Funktionen der Massenkommunikation und damit auch des Journalismus hinsichtlich definierter gesellschaftlicher Bedürfnisse normativ zu bestimmen. Werden diese journalismusexternen Erwartungen nicht eingelöst bzw. treten andere Effekte als die erhofften auf, werden diese unter dem Begriff der Dysfunktion verbucht. Eine solche Betrachtungsweise läuft leicht Gefahr, zu stark normativ zu werden und den Journalismus als ein bloßes Vermittlungs- oder Verbreitungsinstrument zu konzipieren. Die Wissenschaftsjournalismus-Forschung steht für beides. Nicht nur konzentriert sie sich für eine funktionale Analyse der Wissenschaftsberichterstattung viel zu sehr auf die Eigeninteressen des Wissenschaftssystems; sie nimmt in ihrer Funktionsbestimmung zudem keine Rücksicht auf die Operationsmöglichkeiten, die dem journalistischen System zur Verfügung stehen.[29]

Eine solche Strategie ist schon aus rein theoretischer Sicht als äußerst heikel zu bezeichnen: Eine Theorie des Wissenschaftsjournalismus, die dessen Autonomie grundlegend in Frage stellt, läuft – ein einziges Mal konsequent zu Ende gedacht – darauf hinaus, ihren eigenen Gegenstand zu eliminieren. Das Vorgehen der Wissenschaftsjournalismus-Forschung erscheint um so erstaunlicher, als sich ihre normative Funktionsbeschreibung auch in praktischer Hinsicht als völlig unangemessen erweist. Aus dem Blickwinkel einer funktionalen Analyse hat es die Forschung mit einer nicht abreißenden Kette von Dysfunktionen zu tun. Seit nunmehr rund achtzig Jahren sieht sie sich mit den immer gleichen 'Defiziten' der Wissenschaftsberichterstattung konfrontiert. Obwohl zumindest die offenkundige Unangemessenheit der eigenen Funktionsbestimmung den Anstoß dazu geben müßte, entwickelt die Wissenschaftsjournalismus-Forschung keine alternativen Erklärungsmöglichkeiten. Diese erstaunliche Resistenz gegenüber

---

29 Mit Blick auf Ruß-Mohls Entwurf kritisiert Weischenberg (1992: 67; vgl. 1990: 50), daß "einer so beschriebenen Journalistik [..] noch die theoretische Stringenz wie die praktische Relevanz [fehlt]."

den (selbst erhobenen) empirischen Ergebnissen läßt auf einen erheblichen Mangel an Reflexivität schließen, und das, obwohl Ruß-Mohl (1985a: 265) erklärt, daß "der Blick für Optionen und Alternativen offen bleiben [muß], wenn Journalistik nicht schon bald zu einer verkrusteten 'herrschenden Lehre' des Journalismus verkümmern soll."[30]

5.3.3 *Zum Selbstverständnis der Forschung*

Das grundsätzliche Manko der bisherigen Wissenschaftsjournalismus-Forschung ist darin zu sehen, daß sie die übergeordnete Debatte um das Verhältnis von Wissenschaft und Gesellschaft nicht als Anlaß für eine eigenständige Theorie des Wissenschaftsjournalismus begreift, sondern in die Kommunikationswissenschaft importiert und dort weiterführt. Eine eigenständige Theorie des Wissenschaftsjournalismus zu entwickeln hieße, die spezifischen Bedingungen journalistischer Beobachtung von Gesellschaft zum Ausgangspunkt der theoretischen Überlegungen zu machen und auf dieser Basis einer *allgemeinen* Journalismustheorie nach der Funktion journalistischer Wissenschaftsberichterstattung zu fragen. Die bisherige Wissenschaftsjournalismus-Forschung verfolgt eine genau entgegengesetzte Strategie: Als ihren theoretischen Ausgangspunkt – und nicht eben nur *Anlaß* ihrer journalismustheoretischen Überlegungen – setzt sie das ihrer Ansicht nach problematisch gewordene Verhältnis von Wissenschaft und Gesellschaft, für das sie nach Lösungsansätzen sucht und in dem Konzept der Wissenschaftspopularisierung auch findet. Die Aufgabe dieser Wissenschaftspopularisierung wird dem Journalismus, der erst jetzt ins Spiel kommt, normativ als Funktion zugewiesen.

Abgesehen davon, daß die Forschung damit die sehr fragwürdige Konzeption eines wissenschaftszentrierten Popularisierungsbegriffs übernimmt, muß sie sich die Frage gefallen lassen, inwiefern diese Funktionsbeschreibung überhaupt eine eigenständige journalismustheoretische Fundierung beinhaltet. Die Antwort auf diese Frage fällt aus unserer Sicht recht ernüch-

30 Zur Diagnose, daß die Wissenschaft vom public understanding of science nicht nur einen gravierenden Mangel an Reflexivität aufweist, sondern zugleich auch noch die Reflexivität nicht-wissenschaftlicher (Alltags-)Wissensformen unterschätzt, vgl. Wynne 1993.

ternd aus. Es scheint nicht zum Selbstverständnis der hier vorgestellten Kommunikationsforschung zu gehören, eine Funktionsbeschreibung der Wissenschaftsberichterstattung vorzulegen, die sich *nicht* von vornherein an normativen Leistungserwartungen aus der Umwelt des Journalismus, also vor allem des Wissenschaftssystems, orientiert. Dieses forschungslogisch erstaunliche Vorgehen kann nur dadurch erklärt werden, daß sich der hier vorgestellte Forschungszweig primär als Wissenschaft von der Wissenschaftskommunikation oder vom öffentlichen Wissenschaftsverständnis (public understanding of science) definiert, nicht aber als Wissenschaft vom Journalismus. Vor allem die einseitige Ausrichtung auf einen hierarchischen Begriff von Wissenschaftspopularisierung belegt, daß sich die Autoren des Paradigmas Wissenschaftsjournalismus in erster Linie als Interessenvertreter des Wissenschaftssystems begreifen. Diese Einstellung ist für sich genommen zwar völlig legitim, wird allerdings dann zum Problem, wenn sie nicht genügend reflektiert und dergestalt in den Forschungsprozeß miteinbezogen wird. Diese Reflexionsfähigkeit ist gerade bei der hier anstehenden Thematik gefordert, geht es doch in der Wissenschaftsjournalismus-Forschung um die wissenschaftliche Beobachtung der journalistischen Beobachtung von Wissenschaft. Es muß als ein grundlegendes Defizit der hier behandelten Forschungsliteratur gelten, daß sie diese Reflexivität nicht aufbringt.[31]

Wenn sich so eine komplette Forschungsrichtung vor der reflexiven Kontrolle ihrer impliziten theoretischen Prämissen schützt, wirft das unweigerlich die Frage nach den dahinterstehenden Interessen auf. Unserer Ansicht nach besteht dieses Interesse in der normativen Gleichsetzung von Wissenschaftsjournalismus mit Wissenschaftspopularisierung. Diese erlaubt es, Journalismus wie selbstverständlich, d.h. ohne eine Reflexion der dahinterstehenden gesellschafts- und journalismustheoretischen Voorannahmen, auf die Eigeninteressen des Wissenschaftssystems auszurichten. Diese Zweckprogrammierung nimmt die Wissenschaftsjournalismus-Forschung sozusagen als Stellvertreter des Wissenschaftssystems vor. Wie wirkungsmächtig das Postulat der Fortschrittsfunktion von Wissenschaft

31 Die einzige – allerdings unbeachtete – Ausnahme bildet die Zwischenbilanz zum Berliner Projekt *Recherchefeld Wissenschaft* (vgl. Kap. 3.3.6), in dem die Autoren sich äußerst kritisch mit den normativen Prämissen des Projekts befassen, die "unhinterfragt als Ausgangspunkt akzeptiert" (Jarren/Vowe 1991: 116) worden seien.

und Technologie auf die kommunikationswissenschaftliche Modellierung der journalistischen Wissenschaftsberichterstattung ist, läßt sich an der internationalen Entwicklung des Paradigmas Wissenschaftsjournalismus aufzeigen. Es hat sich nicht nur in der deutschsprachigen und angloamerikanischen Journalismusforschung unabhängig voneinander durchsetzen können, sondern ebenso auch in der materialistischen Journalismusforschung der DDR, die wir als repräsentativ für die Forschung in den sozialistischen Ländern vorgestellt haben.

Auch die Journalismusforschung selbst wird auf das Ziel der Wissenschaftspopularisierung verpflichtet: Zur Aufgabe der Wissenschaftsjournalistik wird erklärt, "zu erforschen, weshalb bestimmte Themenfelder vernachlässigt werden" (Ruß-Mohl 1985a: 270). Zudem soll sie den Journalismus im Hinblick auf die Popularisierung von Wissenschaft "bei der Hilfe geeigneter Selektionsraster [..] unterstützen" (ebd.: 274). Die Etablierung einer eigenen Wissenschaftsjournalistik wird mit der Feststellung zu legitimieren versucht, daß man es beim Wissenschaftsjournalismus mit "spezifischen Problemen" zu tun habe, "die sich nicht auch ähnlich in anderen journalistischen Arbeitsfeldern stellen." (ebd.: 268) Mit diesem Kunstgriff löst Ruß-Mohl die Forschung über Wissenschaftsjournalismus von den Erkenntnissen der übrigen Journalismusforschung ab. Gleichwohl wird behauptet, daß die so entwickelte Wissenschaftsjournalistik als wegweisend für die Wissenschaft vom Journalismus selbst anzusehen sei (vgl. ebd.)

Betrachtet man allerdings die journalismuswissenschaftlichen Erkenntnisse, die dieser Forschungszweig bislang zusammengetragen hat, kann man diesen optimistischen Anspruch nicht teilen. Zweifellos hat die Wissenschaftsjournalismus-Forschung auf empirischem Gebiet erhebliche Anstrengungen unternommen. Sie hat es allerdings versäumt, diese Daten in einen erklärungskräftigen gesellschafts- und vor allem journalismustheoretischen Rahmen zu stellen. Gesellschaftstheorie und Journalismustheorie beschränken sich im Paradigma Wissenschaftsjournalismus in der Regel auf die unreflektierte Setzung normativer Prämissen. Indem sich die Forschung mit solchen 'landläufigen Annahmen' (Dunwoody 1985a: 73) begnügt, verzichtet sie auf den Versuch, die journalistische Berichterstattung über Wissenschaft aus einer journalismuswissenschaftlichen Perspektive zu erklären. Statt dessen mißt sie den Wissenschaftsjournalismus ausschließlich am Ideal eines wissenschaftszentrierten Popularisierungsbegriffs.

In ihrem Journalismusverständnis gleichen die Vertreter des Paradigmas Wissenschaftsjournalismus damit jenen Gelehrten, die Groth vor nunmehr fast siebzig Jahren beschrieben hat: "Sie konstruieren sich ein Bild von den Aufgaben der Presse nach ihrem Kopfe. In grober Verkennung des Wesens der Zeitung und der sich daraus ergebenden Arbeitsmethoden und -mittel glauben die Gelehrten, der Zeitung die Gesetze der Wissenschaft vorschreiben zu dürfen." Und weiter: Sie "begegnen ihr großenteils mit Geringschätzung, wenn sie die Inobjektivität, Einseitigkeit und Leidenschaftlichkeit der Presse wieder einmal festgestellt haben. Sie beweisen aber damit nur ihre eigene – Unwissenschaftlichkeit." (Groth 1928: 178)

6 Journalismus als autonomer Beobachter

Wir sehen es als den zentralen Mangel der Wissenschaftsjournalismus-Forschung an, daß sie auf eine Theorie des Journalismus verzichtet, die journalistisches Handeln aus der Perspektive eines autonomen Systems Journalismus zu beschreiben versucht. Obwohl die Wissenschaftsjournalismus-Forschung Journalismus und Massenmedien durchaus als von anderen gesellschaftlichen Systemen abgrenzbare Handlungszusammenhänge mit eigenen Strukturen und Prozessen versteht, hat sie diese Abgrenzung journalismustheoretisch bislang nicht ernst genommen. Wie wir zeigen konnten, bietet sie aber auch keine theoretische Alternative an, um die journalistische Beobachtung von Wissenschaft beschreiben und in ihrer spezifischen Ausprägung erklären zu können. Journalistische Strukturen und Prozesse handelt die Forschung auf einer bloß phänomenologischen Ebene ab; daß und wie Journalismus selektiert, wird als Medienoptik hingenommen statt zu erklären versucht.

Die Forschung begnügt sich damit, die Ergebnisse journalistischer Selektionen mit den normativ gesetzten, an der Beobachterperspektive des Wissenschaftssystems orientierten Erwartungen abzugleichen. Wenn man hier überhaupt von einer Theorie des Wissenschaftsjournalismus sprechen will, dann von einer Art Negativtheorie: Aus der Literatur zum Wissenschaftsjournalismus läßt sich vor allem entnehmen, was Journalismus alles *nicht* ist. Ein solches Vorgehen ist aus journalismuswissenschaftlicher Sicht wenig befriedigend, da es nicht zum Verständnis einer journalismusspezifischen Beobachtung von Wissenschaft beiträgt.[1] Dieses journalismuswissenschaftliche Defizit ist eindeutig dem normativen Ansatz des Paradigmas Wissenschaftsjournalismus zuzuschreiben – anstatt die Funktion der journalistischen Operationsweise zu erklären, schreibt die Forschung sie vor.

1 Den gleichen Erklärungswert hätte analog eine Theorie der Wissenschaft, die den Wert wissenschaftlicher Aussagen ausschließlich daran bemißt, ob sie religiöse Überzeugungen bestätigen oder nicht. Eine solche 'Wissenschaftstheorie' würde ebenfalls keinen Beitrag zu einem anspruchsvolleren Verständnis der wissenschaftlichen Operationsweise leisten können.

Diese Vorgehensweise führt nicht nur theoretisch in die Sackgasse, sie hat sich auch in empirischer Hinsicht als untauglich erwiesen. Wir wählen daher einen theoretisch entgegengesetzten Ausgangspunkt: Anstatt die lange Reihe kommunikationswissenschaftlicher Defizit-Feststellungen zum Wissenschaftsjournalismus fortzuschreiben, versuchen wir zunächst, die Funktion journalistischer Beobachtung von Gesellschaft zu identifizieren. Erst von dieser allgemeinen Theorie des Journalismus aus kommen wir dann auf die journalistische Beobachtung von Wissenschaft zu sprechen.[2] Weder isolieren wir damit eine spezielle Theorie des Wissenschaftsjournalismus von einer allgemeinen Journalismustheorie, noch berufen wir uns auf journalismusexterne Erwartungen an journalistische Berichterstattung. Das soll nicht bedeuten, daß Journalismus autark von den Erwartungen seiner Umwelt operieren würde – er ist auf sie angewiesen, um überhaupt Publika rekrutieren zu können. Wir gehen vielmehr von der theoretischen Vorstellung aus, daß Journalismus in eigener Regie darüber entscheidet, in welcher Weise er sich mit seiner Umwelt arrangiert, und daß diese journalistische Eigenselektivität Sinn macht, sowohl für die Gesellschaft als auch für den Journalismus selbst. Journalistische Selektion wäre nämlich überfordert, müßte sie sich ständig an einem – stets erweiterbaren – Katalog von Erwartungen aus der Umwelt des Journalismussystems orientieren.

Wir siedeln daher das Problem einer Funktionsbeschreibung journalistischer Beobachtung von Gesellschaft auf einer abstrakteren Ebene an: Es ist nicht in einer Aneinanderreihung diskreter Leistungen zu suchen, die Journalismus aus der Teilperspektive einzelner Gesellschaftssysteme erfüllt oder erfüllen soll, sondern in der grundlegenden Relation zwischen Journalismus und Gesellschaft. Gefragt wird also nach der gesellschaftlichen Funktion journalistischer Kommunikation. Das Ziel dieses Kapitels ist es, Journalismus bzw. Öffentlichkeit als ein autonomes gesellschaftliches Funktionssystem zu beschreiben. Als theoretisches Rüstzeug wird uns dabei die funktional-strukturelle Systemtheorie dienen. Kap. 6.1 führt in die Denkweise dieser Theorie ein und stellt einige zentrale Begriffe vor, die wir sowohl für die anschließende Diskussion bisheriger systemtheoretisch

---

2 Im Unterschied zu einem solchen deduktiven Verfahren geht die Wissenschaftsjournalismus-Forschung induktiv vor: Sie will die journalistische Beobachtung von Wissenschaft zur Grundlage einer allgemeinen Theorie des Journalismus machen (vgl. Dunwoody 1992: 14; Ruß-Mohl 1985a: 266 u. 277).

orientierter Theorieentwürfe zum Journalismus (Kap. 6.2) als auch für die eigene journalismustheoretische Skizze (Kap. 6.3) benötigen.

6.1 Gesellschaftliche Komplexität und Systemtheorie

Zuerst erläutern wir die grundlegende Ausgangsfrage funktionaler Analyse und funktional-struktureller Systemtheorie und beschreiben die Bildung sozialer Systeme als Reaktion auf die Komplexität der Welt (Kap. 6.1.1). Von zentraler Bedeutung ist weiterhin der dreistufige Kommunikationsbegriff, der dem Verstehensakt des 'Empfängers' den gleichen Stellenwert zuweist wie dem Mitteilungshandeln des 'Senders' (Kap. 6.1.2). Abschließend beschreiben wir die funktionale Differenzierung moderner Gesellschaften als eine besonders effektive, aber auch riskante Strategie der Komplexitätsreduktion. Eine wesentliche Folge ist der Verlust eines gesellschaftlichen Standpunktes, von dem aus gesamtgesellschaftlich verbindliche Entscheidungen getroffen werden können (Kap. 6.1.3).

6.1.1 Die Möglichkeit sozialer Ordnung: Systembildung

Die funktional-strukturelle Systemtheorie, so wie sie maßgeblich von Luhmann entwickelt wurde, geht von der grundsätzlichen Frage nach der Möglichkeit sozialer Ordnung aus (vgl. Luhmann 1981: 195 ff.). Soziale Ordnung, so normal sie im Alltagsleben erscheint, wird erst einmal als unwahrscheinlich begriffen, da sie auf sehr voraussetzungsreichen Bedingungen beruht. Die strukturell-funktionale Systemtheorie hatte soziale Systeme mit bestimmten Strukturen als gegeben vorausgesetzt und ihre Fragestellung im Bestandserhalt dieser Systeme gesehen. Die funktional-strukturelle Systemtheorie rückt dagegen das Komplexitätsproblem in den Vordergrund. Die Bildung von Systemen mit bestimmten Selektionsstrukturen wird als eine kontingente Lösung dieses Komplexitätsproblems angesehen, d.h. sie wäre auch anders möglich gewesen. Strukturen gelten deshalb auch nicht als unveränderbar; sie erfüllen ihre Funktion nur im Hinblick auf das übergeordnete Problem der Komplexitätsreduktion.[3]

3 Der gegen die strukturell-funktionale Systemtheorie erhobene Vorwurf des Konservatismus wird auch noch vereinzelt gegen die funktional-strukturelle Systemtheorie ins Feld

Oberstes Bezugsproblem der von Luhmann präferierten funktionalen Analyse ist damit die Komplexität von Welt und die Frage, wie angesichts dieser Weltkomplexität soziale Ordnung möglich wird. Die funktionale Analyse (vgl. Luhmann [5]1984a) fragt nach den "Bedingungen der Möglichkeit" (Luhmann [2]1988a: 165) gemeinsamer Selektionsstrukturen, die als *Erwartungen* fungieren und so ein abgestimmtes soziales Handeln ermöglichen. Als Theoriemodell für die Methode der funktionalen Analyse dient die Systemtheorie, die auf die Frage, wie soziale Ordnung möglich ist, mit dem Begriff der Systembildung antwortet: "Soziale Systeme haben die Funktion der Erfassung und Reduktion von Komplexität." (Luhmann [5]1984c: 116; vgl. [2]1988a: 236) Den Grund für die Bildung sozialer Systeme sieht Luhmann in der "sehr geringen, aus anthropologischen Gründen kaum veränderbaren Fähigkeit des Menschen zu bewußter Erlebnisverarbeitung." (Luhmann [5]1984c: 116) Dieser Umstand führt zur Notwendigkeit von Selektion und damit gleichzeitig zu einer Grenzziehung, die eine Differenz von innen und außen stabilisiert.

Mit Hilfe dieser Unterscheidung von System und Umwelt kann dann bestimmt werden, was zum System gehört und was zu seiner Umwelt. Die Stabilisierung sozialer Systeme gilt dabei als Problem, das diese Systeme im Verhältnis zu ihrer "rücksichtslosen Umwelt" (Luhmann [5]1984b: 39) zu lösen haben. Systeme bauen mit Hilfe der Grenzziehung und weiterer, interner Strukturen eine Eigenkomplexität auf die es ihnen ermöglicht, die Weltkomplexität auf Bestimmtes zu reduzieren. Von dieser Eigenkomplexität des Systems hängt es auch ab, wie komplex die Weltsicht ist, die es entwickeln kann. Mit steigender Eigenkomplexität ist das System in der Lage, das Problem der Weltkomplexität in Systemprobleme zu übersetzen und es sozusagen nur noch in seiner eigenen Sprache auszudrücken. Dies gilt zumindest für solche sozialen Systeme, die sich auf ein bestimmtes Problem funktional spezialisiert haben. Wir werden diesen Aspekt etwas später wiederaufgreifen.

Der Vorgang der Systembildung läßt sich schon bei Interaktionen beobachten. Schon die wechselseitige Wahrnehmung zweier Personen konstituiert ein soziales System, da eine Selektion aus einer Reihe von anderen Wahrnehmungsmöglichkeiten stattfindet. Da eine solche Systembildung al-

geführt. Er verkennt die Umstellung auf Funktionsorientierung, die vorhandene Strukturen gerade nicht mehr als normativ vorgegeben erachtet. Auch sozialer Wandel kann so systemtheoretisch modelliert werden (vgl. Luhmann [2]1988a: 470 ff.).

lein auf dem Kriterium der Anwesenheit beruht, werden solche Interaktionssysteme auch als einfache Systeme bezeichnet (vgl. Luhmann [3]1986b). Eine weitere Selektionsleistung solcher Systeme – nach der erfolgten Grenzziehung – ist in der Wahl von gemeinsamen Themen der Kommunikation zu sehen. Themen dienen als Strukturen: Sie schränken die potentiell unendliche Ereignisvielfalt ein und machen bestimmte Ereignisse erwartbar. Themen dienen somit als Mechanismen der Eigenselektivität, um die systemexterne Komplexität weiter reduzieren und gleichzeitig die systeminterne Komplexität erhöhen zu können. Ein Thema ist in diesem Sinne als, wenn auch relativ schwach ausgeprägte, Generalisierung von Verhaltenserwartungen zu betrachten: Sobald ein Gesprächsthema ausgewählt ist, können nicht mehr beliebige Beiträge beigesteuert werden, eine Erfahrung, die sich im Alltagsleben mühelos nachvollziehen läßt.

Am Beispiel der verhältnismäßig wenig komplexen Interaktionssysteme läßt sich noch ein weiterer Mechanismus der Reduktion von Komplexität aufzeigen: der Vorgang der Differenzierung. Je komplexer und vielfältiger die Erwartungshaltungen werden, desto unwahrscheinlicher ist es, daß sie alle noch in einem einzigen System erfüllt werden können. Als Folge kommt es zur Ausdifferenzierung von Subsystemen, die sich wiederum mit Hilfe einer Innen-außen-Differenz gegen die nicht mehr faßbare Komplexität ihrer Außenwelt abgrenzen. In größeren Interaktionssystemen – auch dies lehrt die Alltagserfahrung – geschieht dies normalerweise durch die Wahl verschiedener Themen.[4]

6.1.2 Der systemtheoretische Kommunikationsbegriff

Wir haben bisher einen wesentlichen Aspekt ausgeklammert: die Frage, woraus soziale Systeme eigentlich bestehen. Als Letztelement sozialer Systeme gilt nicht der Mensch und auch nicht Handlungen, sondern Kommunikation (vgl. Luhmann [2]1988a: 192; 1992a: 11 ff.; 1995b). Diese Theorieentscheidung hat viel Befremden ausgelöst, weil sie scheinbar den Menschen aus sozialem Geschehen eliminiert. Im Prinzip wird aber nur das Verhältnis von Mensch – wir sprechen im Folgenden vom psychischen System oder vom Bewußtsein – und sozialen Systemen trennschärfer konzi-

4 Am Beispiel einer Party, deren Gäste erst nach und nach eintreffen, läßt sich dieser Gedankengang leicht nachvollziehen.

piert. Grundlage dieser Theorieentscheidung ist die strikte Unterscheidung von Bewußtseinssystemen und sozialen Systemen. Aufgrund ihrer operationalen Geschlossenheit sind Bewußtseinssysteme nicht in der Lage, untereinander direkten Kontakt aufzunehmen. Eine direkte und identische Übertragung von Informationen ist daher nicht möglich. Zwischen Bewußtseinssysteme tritt statt dessen Kommunikation. Durch die Beobachtung von Kommunikation läßt sich aber nicht auf Bewußtseinsinhalte schließen, genauso wenig wie sich Bewußtsein durch Kommunikation determinieren läßt.[5] Der Kommunikationsbegriff Luhmanns abstrahiert daher von jeder psychischen Systemreferenz.

Kommunikation gilt als ein eigener Prozeß, als das von Bewußtseinssystemen abgekoppelte Prozessieren von drei notwendig aufeinander bezogenen Selektionen, nämlich Information, Mitteilung und Verstehen (vgl. Luhmann ²1988a: 193 ff.; 1992a: 23 ff.; 1995b: 115 ff.). Zuerst muß eine Information selektiert werden, die in den Kommunikationsprozeß eingehen soll, sodann muß eine Form der Mitteilung gewählt werden. Erst diese Differenz von Information und Mitteilung macht die dritte Selektionsstufe möglich, das Verstehen. Ohne diese Unterscheidung wüßte ein Gegenüber gar nicht, daß es verstehen 'soll'. Auch Verstehen läßt sich wiederum nicht direkt im Bewußtseinssystem, sondern nur kommunikativ, in nachfolgenden Anschlußkommunikationen beobachten. Dabei bezieht sich Verstehen nur auf den mitgeteilten Sinn einer Selektionsofferte, nicht auf ihre Akzeptanz, also darauf, daß man diese Information zur Grundlage des eigenen Verhaltens macht. Eine solche Entscheidung stellt eine weitere Selektionsstufe dar, die aber unabhängig von dem vorangegangenen Kommunikationsprozeß erfolgt (vgl. Luhmann ²1988a: 203 ff.).

Dieser dreistellige Kommunikationsbegriff vermeidet eine einseitige Reduzierung von Kommunikation auf das Mitteilungshandeln, die die Selektivität sowohl der Informationsselektion als auch der Verstehensselektion unterschlägt. Eine Reduzierung auf die Mitteilungshandlung (einer Person) verliert vor allem aus dem Blick, daß es mindestens *zwei* Bewußtseinssysteme braucht, um Kommunikation in Gang kommen zu lassen, und aus einer Mitteilungshandlung daher nicht automatisch auf Verstehen geschlos-

5 Daß man von Kommunikation nicht auf Bewußtsein schließen kann, erklärt die Bedeutung des Faktors Glaubwürdigkeit bzw. Vertrauen in Kommunikationsprozessen; daß man Bewußtsein nicht durch Kommunikation determinieren kann, erklärt das Bestreben, effizientere Mitteilungstechniken (Rhetorik; Manipulationsstrategien) zu entwickeln, um die Eintrittswahrscheinlichkeit einer erwünschten Verstehensleistung zu erhöhen.

sen werden kann. Wenn Kommunikation das Letztelement sozialer Systeme darstellt, dann müssen auch Handlungszuschreibungen als Ergebnis kommunikativer Prozesse gedeutet werden. Der Handlungsbegriff nimmt gleichwohl, was oft nicht gesehen wird, eine zentrale Stelle in der Theorie sozialer Systeme ein (vgl. Luhmann [2]1988a: 225 ff.). Handlungen dienen in Systemen als ein Mechanismus der Selbstbeschreibung, da sie leichter zu erkennen sind als Kommunikationen und ein zeitliches Asymmetrisieren sozialer Beziehungen erleichtern. Handlungszuschreibungen dienen als unverzichtbare Anknüpfungspunkte weiterer Kommunikation (vgl. Luhmann 1992a: 38). Die Zuschreibung von Kommunikationen auf Handlungen ist daher ein unverzichtbarer Selektionsmechanismus für soziale Systeme: "Auf die Frage, woraus soziale Systeme bestehen, geben wir mithin die Doppelantwort: aus Kommunikationen und aus deren Zurechnung als Handlung. Kein Moment wäre ohne das andere evolutionsfähig gewesen." (Luhmann [2]1988a: 240) Bei der Beschreibung von sozialen Systemen als Handlungssystemen handelt es sich allerdings immer um eine Simplifikation. Die dreistufige Selektivität von Kommunikationsprozessen sollte daher stets im Auge behalten werden, um nicht von einer bloßen Mitteilungshandlung auf Verstehen kurzzuschließen.[6]

Aus den oben angeführten Gründen wird ersichtlich, daß Bewußtseinssysteme zur Umwelt sozialer Systeme zu zählen sind. Soziale Systeme sind selbstverständlich notwendig auf Bewußtseinssysteme angewiesen, um überhaupt existieren zu können (vgl. Luhmann 1992a: 38). Gleichwohl sind Bewußtseinssysteme aufgrund ihrer operationalen Geschlossenheit nicht *Bestandteil* von sozialen Systemen. Nur ein geringer Teil der von ihnen prozessierten Gedanken geht als selektierte Information in Kommunikationsprozesse ein. Bewußtseinssysteme können Kommunikation nur irritieren, aber nicht determinieren und steuern. Aus Sicht eines Beobachters kann nur Kommunikation weitere Kommunikation erzeugen. Vor diesem Hintergrund wird verständlich, warum Luhmann schreiben kann: "Der Mensch kann nicht kommunizieren; nur die Kommunikation kann kommunizieren." (Luhmann 1992a: 31)

---

6 Hieraus ergeben sich zum einen weitreichende Konsequenzen für das Verhältnis von Journalismus und journalistischem Publikum, zum anderen wird die kommunikationstheoretische Unzulänglichkeit eines einseitig nur auf die *Mitteilung* von Information konzipierten Aufklärungsbegriffs deutlich, der den aktiven Verstehensakt ignoriert bzw. in seinem Sinne voraussetzt.

6.1.3 *Funktionale Differenzierung*

Wir haben uns bisher auf das Beispiel einfacher sozialer Systeme beschränkt, da sich an diesen Interaktionssystemen systemtheoretische Grundbegriffe relativ anschaulich demonstrieren lassen. Neben Interaktionssystemen unterscheidet die Systemtheorie noch Organisationssysteme, die eine Generalisierbarkeit von Verhaltenserwartungen über Mitgliedschaft sicherstellen, und den Typus des Gesellschaftssystems, definiert als "das umfassende Sozialsystem, das alles Soziale in sich einschließt und infolgedessen keine soziale Umwelt kennt." (Luhmann [2]1988a: 555) Infolgedessen gehören auch Interaktions- und Organisationssysteme zur Gesellschaft.

Gesellschaft ist aber mehr als deren bloße Summierung, sie ist ein gänzlich anderer Typus von System. Die Grenzen der Gesellschaft sind "die Grenzen möglicher und sinnvoller Kommunikation, vor allem Grenzen der Erreichbarkeit und der Verständlichkeit" (Luhmann [3]1986a: 11; vgl. [2]1988a: 574 ff.).[7] Im Gegensatz zu Interaktionssystemen setzt das Gesellschaftssystem Anwesenheit nicht voraus, ja es muß in der Lage sein, auch die Kommunikationen von Abwesenden mit zu berücksichtigen.[8] Dieses Problem steigert sich mit der zunehmenden Abstraktheit gesellschaftlicher Differenzierungsprozesse: In archaischen Gesellschaften erfolgt Differenzierung nach dem Prinzip der Segmentierung, der Teilung in funktional Gleiches (z.B. Stämme). Sie wird in hochkulturellen Gesellschaften abgelöst durch die stratifikatorische Differenzierungsform, der Teilung in funktional ungleiche Systeme, die aber untereinander in einem streng hierarchischen Verhältnis stehen. Ungefähr Mitte des 19. Jahrhunderts kann man den Übergang zu einer funktionalen Differenzierung ansetzen, der Unterteilung von Gesellschaft in funktional ungleiche *und* autonome Teilsysteme (vgl. Luhmann [5]1984d; [3]1986c: 136; 1992a: 608 f.).

---

7 Am Beispiel des ausdifferenzierten Gesellschaftssystems Wissenschaft läßt sich dieser Gedanke nachvollziehen: Wissenschaftliche Kommunikation ist nicht hinreichend beschrieben, wenn man sie als *Addition* von Interaktionen (Gesprächen) und Organisationen (Universitäten, Forschungsinstituten) verstehen wollte, denn damit wäre immer noch nicht klar, was wissenschaftliche Kommunikation z.B. von politischer (und auch: journalistischer) Kommunikation unterscheidet. Eben diese Unterscheidung ist aber notwendige Bedingung für die nicht zu bestreitende Grenzziehung zwischen Wissenschaft und deren Umwelt.

8 Ebenso ist Gesellschaft keine Organisation, da man nicht aus ihr ein- oder austreten kann. Organisationssysteme bilden sich innerhalb hochentwickelter Sozialsysteme aus. So ist z.B. die Organisation Universität ein Bestandteil des Wissenschaftssystems.

"Eine Gesellschaft kann als funktional differenziert bezeichnet werden, wenn sie ihre wichtigsten Teilsysteme im Hinblick auf spezifische Probleme bildet, die dann in den jeweils zuständigen Funktionssystemen gelöst werden müssen." (Luhmann 1987b: 34) Funktionssysteme haben sich auf ein bestimmtes, gesamtgesellschaftlich relevantes Problem spezialisiert, dessen Bearbeitung sie exklusiv übernehmen. So liegt es allein im Zuständigkeitsbereich des Rechtssystems, über Recht oder Unrecht zu entscheiden, und es ist allein die Funktion des Wissenschaftssystems, neues, kognitiv geprüftes Orientierungswissen zu produzieren. Der Komplexitätsgewinn, der sich aus einer solchen Differenzierungsform ergibt, liegt in der von der restlichen Gesellschaft abgekoppelten Operationsweise solcher Systeme: Funktionssysteme sind operativ geschlossen, d.h. sie bearbeiten Umweltkomplexität nur gemäß ihrer eigenen Unterscheidung, mit deren Hilfe sie die Grenzziehung zu ihrer Umwelt vornehmen. Das Rechtssystem behandelt alle Ereignisse nur nach seinem eigenen Code 'Recht vs. Unrecht', nicht aber nach Kriterien des politischen Machterhalts, der ökologischen Umweltverträglichkeit oder wissenschaftlicher Wahrheit. Genauso gut fragt die Wissenschaft nicht danach, ob durch ihre Erkenntnisse Wahlen entschieden werden können oder ein Wirtschaftsunternehmen einen Gewinneinbruch zu erleiden hat. Damit ist nicht gemeint, daß Funktionssysteme autark wären. Gerade aufgrund ihrer funktionalen Spezialisierung sind sie von Ressourcen ihrer Umwelt besonders abhängig. So muß Wissenschaft finanziert werden, und das kann auch zuweilen dazu führen, daß Wahrheiten käuflich sind. Dennoch kann im Wissenschaftssystem ein Streit um gegensätzliche Theorie-Aussagen nicht mit dem Argument geführt werden, daß die eine Aussage besser als die andere bezahlt würde. Wissenschaftliche Kommunikation kann sich nur auf wissenschaftliche Kommunikation beziehen. Nur auf diese Weise können Funktionssysteme ihre eigene System/Umwelt-Grenze stabilisieren.[9]

Diese die Komplexitätsverarbeitung steigernde – wörtlich zu verstehende – Eigensinnigkeit führt zu einer gesellschaftstheoretisch bedeutsamen Konsequenz: dem Verlust gesellschaftlicher Einheit. Sorgte in stratifikatori-

9 Wir wollen nicht den Eindruck vermitteln, daß soziale Systeme Absichten hätten oder handeln würden. Die Komplexität sozialer Systeme ist allerdings nicht über das Handeln einzelner Personen zu erklären, noch können soziale Systeme durch Handlungen einzelner Personen gesteuert werden. In der Literatur ist diese Anonymität sozialer Systeme schon früh zum Thema geworden, lange bevor die Systemtheorie sie zu beschreiben wußte. Man denke z.B. an Kafkas *Der Prozeß* oder *Das Schloß*.

schen Gesellschaften noch eine Zentralinstanz wie z.B. Religion für die unverrückbare Ordnung der Gesellschaft, so sind funktional differenzierte Gesellschaften gerade dadurch gekennzeichnet, daß eine solche übergeordnete Ordnungsinstanz nicht mehr vorhanden ist. Es existiert kein für die gesamte Gesellschaft zuständiger Beobachterstandpunkt mehr, der noch allgemeinverbindliche Sinndeutungen vornehmen kann. Die funktionale Spezialisierung von gesellschaftlichen Teilsystemen führt zu einer Vielfalt möglicher Beobachterperspektiven die, das ist entscheidend, nicht mehr hierarchisch angeordnet sind "An die Stelle einer solchen Rangordnung, wie sie im indischen Kastensystem oder auch in spätmittelalterlichen Ständeordnungen vorgesehen war, tritt die Regel, daß jedes Funktionssystem der eigenen Funktion den Primat gibt und von diesem Standpunkt aus andere Funktionssysteme, also die Gesellschaft im übrigen, als Umwelt behandelt." (Luhmann 1987b: 35) Gesellschaftsbeschreibung ist damit immer Gesellschaftsbeschreibung aus einer bestimmten Beobachterperspektive.

Wir hatten am Beispiel einfacher sozialer Systeme, d.h. Systeme mit 'Anwesenheitspflicht', den Vorgang der Grenzziehung und der Generalisierung von Verhaltenserwartungen beschrieben. Funktionssysteme sind sowohl in sachlicher (Komplexität und Vielfalt von Themen), zeitlicher (Dauer) als auch sozialer Hinsicht (Interaktionsfreiheit) auf weitaus komplexere Mechanismen angewiesen, um ihre Grenzen dauerhaft stabilisieren zu können. Sie haben, mit anderen Worten, das ständige Problem, Anschlußkommunikationen in ihrem Sinne zu motivieren, denn andernfalls hören soziale Systeme auf zu existieren.[10] Die Systemtheorie fragt nach der Möglichkeit sozialer Ordnung; von daher ist es ihr nicht selbstverständlich, daß Kommunikation – als ständiges Prozessieren von Selektionen – fortgesetzt wird.[11] Statt dessen geht sie gleich in dreierlei Hinsicht von der Unwahrscheinlichkeit der Kommunikation (vgl. Luhmann [2]1991b: 26 f.) aus: Zum ersten ist Verstehen unwahrscheinlich, d.h. das Finden eines gemeinsamen Kontextes, innerhalb dessen Verstehen möglich wird. Zum zweiten ist das Erreichen von Empfängern unwahrscheinlich, sobald diese nicht anwesend sind. Zum dritten ist der kommunikative Erfolg unwahrscheinlich, d.h. die Wahr-

---

10 Wenn ein Thema langweilig wird, bricht das Gespräch ab, und da es zumeist schwer erträglich ist, bloß anwesend zu sein, zerfällt auch das soziale System.

11 Übrigens auch nicht, daß Kommunikation überhaupt beginnt (vgl. hierzu Luhmann [2]1988a: 148 ff.).

scheinlichkeit, daß ein Empfänger eine Information zum Anlaß nimmt, die Kommunikation fortzusetzen.

Luhmann schlägt zur Lösung dieser Probleme einen ebenfalls dreigeteilten Medienbegriff vor. Dieser Vorschlag zielt darauf ab, den Begriff des Mediums "auf das *Problem* der Unwahrscheinlichkeit im Kommunikationsprozeß zu beziehen und ihn damit *funktional* zu definieren" (Luhmann ²1991b: 28). Das erste Problem des gemeinsamen Verstehenskontextes wird durch die Sprache (als ein konsentierter Zeichenvorrat) gelöst, das Problem der Erreichbarkeit durch Verbreitungsmedien (Schrift, Druck, Funk). Für das Problem der Fortführung von Kommunikation, d.h. der Motivation zur Anschlußkommunikation, stellt die funktional-strukturelle Systemtheorie den Begriff des symbolisch generalisierten Kommunikationsmediums zur Verfügung (vgl. ebd.: 28 f.; ²1988a: 220 f.). Kommunikationsmedien wie z.B. 'Geld', 'Wahrheit' oder 'Recht' dienen in den jeweiligen Systemen dazu, "reduzierte Komplexität übertragbar zu machen und für Anschlußselektivität auch in hochkontingenten Situationen zu sorgen" (Luhmann ³1986d: 174), also in diesem Fall – trotz vieler anderer Möglichkeiten – gerade weitere wirtschaftliche, wissenschaftliche oder rechtliche Kommunikation anzuregen. Mit Hilfe dieser symbolisch generalisierten Kommunikationsmedien – man könnte sagen: mit dem so erfolgten Hinweis auf die gesellschaftliche Problemrelevanz einer spezifischen Kommunikation – sichern Funktionssysteme also den Fortbestand ihrer jeweiligen Kommunikationen (und damit auch Handlungen).

Dabei besteht ein direkter Zusammenhang zwischen dem symbolisch generalisierten Kommunikationsmedium und dem Vorgang der System/Umwelt-Differenzierung. Generalisierte Kommunikationsmedien treten in der Form binärer Codes auf (vgl. Luhmann ³1986d: 177 ff.; 1992a: 184 f.). Diese binären Codes stellen die primären und damit Leit-Unterscheidungen eines Funktionssystems dar, mit Hilfe deren es sich gegen seine Umwelt abzugrenzen und so seine Identität zu begründen vermag. Alles, was sich mit dem Code nicht erfassen läßt, wird als Drittes aus der Zuständigkeit des Systems ausgeschlossen. Mit Hilfe dieser grundlegenden Operation konzentriert sich das Funktionssystem auf ein ganz bestimmtes Problem, für dessen Bearbeitung es um so mehr Eigenkomplexität zur Verfügung stellen kann. Das Wissenschaftssystem mit seinem hohen Grad an interner Ausdifferenzierung, d.h. kognitiver Spezialisierung auf immer neue Probleme, gibt hierfür ein gutes Beispiel.

Der Code selbst sorgt aber nur für die Grenzziehung, für die grundsätzliche, z.B. wissenschaftliche statt politische Kontextualisierung einer Kommunikation – er nennt nicht die Kriterien, unter welchen Bedingungen man sich für einen bestimmten Wert des Codes zu entscheiden hat. Diese Funktion übernehmen die Programme eines Systems. Sie stellen mehr oder weniger strikt ausformulierte Regeln für die Richtigkeit einer Selektion dar (vgl. Luhmann ²1988b: 90 f.). Im Rechtssystem sind es die Gesetze, die als Programme die Zuordnung des Codes 'Recht vs. Unrecht' regeln, im Wirtschaftssystem vor allem die Preise, die über die Zuordnung des Codes 'zahlen vs. nicht zahlen' entscheiden (vgl. ebd.: 124 ff. u. 101 ff.). Wenn man also in einer ersten Selektion das symbolisch generalisierte Kommunikationsmedium Geld akzeptiert und sich damit entschieden hat, im Wirtschaftssystem zu kommunizieren, bleibt einem immer noch die Wahl, zwischen den zwei Werten 'zahlen' und 'nicht zahlen' zu entscheiden. Ein Code muß daher so formuliert sein, daß er einem die grundsätzliche *Entscheidungsfreiheit* darüber beläßt, welche seiner beiden Seiten man auszuwählen gedenkt.[12] Während der Code das System nach außen abgrenzt und für eine unwandelbare Identität des Systems garantiert, sorgen die Programme für eine Öffnung des Systems. Programme sind wandelbar; mit ihrer Hilfe kann ein System auf die Erwartungen seiner Umwelt reagieren und sie als Strukturen in seine Selektionsmechanismen einbauen. Auf der Ebene der Programme findet in diesem Sinne sozialer Wandel statt.[13]

Wir können an dieser Stelle keine weiterführende Diskussion der systemtheoretischen Theoriekonzeption leisten. Uns ging es vor allem darum, einige zentrale Begriffe einzuführen und eine Vorstellung von gesellschaftlichen Funktionssystemen zu vermitteln. Funktionssysteme entstehen, so können wir zusammenfassen, in Reaktion auf bestimmte, gesellschaftlich relevante Problemlagen. Sie spezialisieren sich exklusiv auf eine bestimmte gesellschaftliche Funktion, indem sie mit Hilfe eines binären Codes eine Grenze installieren, die die Differenz von System und gesellschaftlicher

---

12 So kann man im Wirtschaftssystem die Programme (Preise) nicht nur prüfen und vergleichen, um den bestmöglichen Kauf zu tätigen, sondern auch, um sich *gegen* den Kauf zu entscheiden.

13 Dies zeigt sich z.B. an der wandelnden Rechtsprechung (was früher Recht war, ist heute Unrecht, und umgekehrt) und an den ebenso wandelbaren wissenschaftlichen Wahrheiten. Hieraus läßt sich aber – nach der Gleichung: Unverläßlichkeit gleich Nicht-Vertrauenswürdigkeit – kein Argument gegen die Akzeptanz rechtlicher oder wissenschaftlicher Aussagen ableiten; die Wandelbarkeit der Programme garantiert im Gegenteil, daß diese Systeme ihre gesellschaftliche Funktion erfüllen können.

Umwelt begründet. Dadurch sind sie in der Lage, sich auf ihre spezifische Kommunikation zu konzentrieren. Um trotz dieser hohen Selektivität die Weiterführung ihrer Kommunikation sicherzustellen, verfügen sie über ein generalisiertes Kommunikationsmedium, das die Erwartbarkeit von Anschlußselektionen zu garantieren sucht. Mit Hilfe von Programmen regeln Funktionssysteme die jeweilige Zuordnung ihres binären Codes; auf der strukturellen Ebene von Programmen können die Funktionssysteme zudem auf sich ändernde Erwartungen ihrer Umwelt reagieren. Da Funktionssysteme zuallererst aus Kommunikation bestehen, sind ihre Grenzen als kommunikativ hergestellte Sinngrenzen anzusehen.

Funktionsspezifische Kommunikation ist so weder auf die Anwesenheit von Personen noch auf feste Regeln der Mitgliedschaft notwendig angewiesen. Funktionssysteme können allerdings nur dann einen eigenständigen Beitrag zur Reduzierung gesellschaftlicher Komplexität leisten, wenn sie ihre Operationen autonom durchführen. Nur so entlasten Funktionssysteme die Gesellschaft – gerade in der Autonomie dieser Kommunikationssysteme liegt aus evolutionstheoretischer Sicht die Steigerung gesellschaftlicher Komplexitätsbearbeitung begründet. Diese prinzipielle Autonomie führt zu einer Vielfalt *einander ausschließender* gesellschaftlicher Beobachterperspektiven. Damit entfällt eine hierarchische Ordnung dieser Perspektiven – prinzipiell gibt es dadurch so viele Möglichkeiten der Gesellschaftsbeschreibung, wie bestimmte Beobachterstandpunkte existieren. Kein Funktionssystem kann eine quasi natürliche Autorität für seine spezifische Konstruktion der Gesellschaft beanspruchen.[14] Hierin ist das entscheidende Merkmal moderner bzw. pluralistischer Gesellschaften zu sehen.

---

14 Das bedeutet natürlich nicht, daß diese Autorität nicht beansprucht würde. Dieser Anspruch wird aber höchstwahrscheinlich nicht ohne Widerspruch bleiben. Konflikte gehören daher zum 'täglichen Brot' moderner Gesellschaften und sind keineswegs als dysfunktional zu bewerten (vgl. Hug 1996).

6.2 Journalismuswissenschaft und Systemtheorie

Unser Ziel ist es, auch Journalismus bzw. Öffentlichkeit als ein autonomes Funktionssystem der Gesellschaft zu beschreiben (vgl. Kap. 6.3). Dabei kann es nicht darum gehen, eine nur einigermaßen vollständige systemtheoretisch orientierte Journalismustheorie vorzulegen. Zwar hat Rühl (1969) schon vor rund 25 Jahren eine dementsprechende Umorientierung journalismuswissenschaftlicher Forschung vorgeschlagen und auch gleich selbst eine systemtheoretisch inspirierte Untersuchung der Zeitungsredaktion vorgelegt (vgl. Rühl ²1979); die Journalismuswissenschaft ist diesem Vorschlag allerdings eher zögerlich gefolgt. Bis Anfang der neunziger Jahre blieb Rühls (1980) Habilitationsschrift über *Journalismus und Gesellschaft* der einzige vollständige Entwurf einer systemtheoretischen Journalismustheorie. Mit dem Funkkolleg *Medien und Kommunikation. Konstruktionen von Wirklichkeit* (vgl. Merten/Schmidt/Weischenberg 1994) erfuhr die funktional-strukturelle Systemtheorie, zusammen mit dem sogenannten Radikalen Konstruktivismus (vgl. Schmidt ²1988), dann allerdings eine verstärkte Beachtung in der Kommunikationswissenschaft. In den Folgejahren erschienen mehrere Studien und Aufsätze, die Journalismus bzw. Massenmedien bzw. Publizistik als gesellschaftliches Funktionssystem konzipieren (vgl. Blöbaum 1994; Luhmann 1995c; Marcinkowski 1993; Rühl 1993; Spangenberg 1993; Weischenberg 1994; vgl. zudem aus konstruktivistischer Sicht Schmidt 1992; 1994: 260 ff.).[15]

Die systemtheoretisch orientierte Journalismustheorie ist aufgrund ihrer recht kurzen Reifezeit allerdings noch nicht soweit fortgeschritten, als daß man sich schon auf abgesicherte Erkenntnisse stützen könnte (vgl. Görke/Kohring 1996). Dennoch läßt sich durch die Diskussion systemtheoretisch inspirierter Arbeiten aufzeigen, daß es journalismustheoretisch gewinnbringend ist, Journalismus als einen autonomen gesellschaftlichen Handlungsbereich zu konzipieren. Dazu werden wir zuerst prüfen, wie in diesen Studien die journalistische Funktions- bzw. Problemorientierung beschrieben wird (Kap. 6.2.1). Danach beschäftigen wir uns mit den Vorschlägen für ein symbolisch generalisiertes Kommunikationsmedium und den dazugehörigen Code. Dabei geht es um die Frage, wie sich das System Journalismus gegenüber seiner Umwelt abgrenzt und mit Hilfe von generalisierten Verhal-

15 Vgl. für eine kurze Übersicht über systemtheoretisch orientierte Journalismusforschung Marcinkowski 1993: 20 ff.

tenserwartungen seine Kommunikation auf Dauer zu stellen vermag. Da die Kennzeichnung von Medium und Code ganz entscheidend davon abhängt, wie konkret die grundlegende Problemorientierung benannt ist, werden wir uns hierbei vor allem auf den Entwurf von Marcinkowski (1993) konzentrieren (Kap. 6.2.2).

6.2.1 Die Problemorientierung des Journalismus

Gesellschaftliche Funktionssysteme, so haben wir ausgeführt, haben sich exklusiv auf eine bestimmte gesellschaftliche Problemlage spezialisiert. Funktionsorientierung kann mit Problemorientierung gleichgesetzt werden (vgl. Rühl 1969: 193; 1980: 128 f.). Eine systemtheoretische Journalismuskonzeption muß daher angeben können, auf welches Problem die Gesellschaft mit der Ausdifferenzierung eines spezialisierten Journalismussystems reagiert hat. Die Beschreibung der Funktion stellt dann im Prinzip nur noch eine Kurzbeschreibung dieses – für das System stets aktuellen – Problems dar. In den meisten systemtheoretisch orientierten Entwürfen zu Journalismus wird diese Problemidentifizierung allerdings gar nicht oder zumindest nicht sorgfältig genug vorgenommen. Wenn man sich den theoretischen Zusammenhang zwischen Problemfokussierung und Funktionsbeschreibung vergegenwärtigt, ist es fast zwangsläufig, daß die so gewonnenen Funktionsbeschreibungen nicht differenzfähig genug sind, ein Kommunikationssystem Journalismus von anderen Systemen abzugrenzen.

Am deutlichsten fällt dies in der umfangreichen Studie von Blöbaum (1994) auf. Blöbaum vermutet die Ausdifferenzierung von Journalismus in der bürgerlichen Gesellschaft des 18. und 19. Jahrhunderts, kommt aber nicht entscheidend über die Diagnose hinaus, daß die Entstehung von Journalismus (unter anderem) etwas mit verdichteter Kommunikation, Modernisierung und Informationsbedürfnis einer bürgerlichen Öffentlichkeit zu tun habe (vgl. ebd.: 93 - 126, 261, 270 ff.). Letztlich läuft die Problemdefinition auf einen steigenden Informationsvermittlungsbedarf zwischen den gesellschaftlichen Teilsystemen hinaus. Warum dies aber eine Problematik sein könnte, die von den anderen Funktionssystemen nicht selbst gelöst werden kann und darum die Ausdifferenzierung eines eigenen Systems Journalismus bedingt, wird nicht klar. Angesichts dieser diffusen Problemdefinition kann es nicht verwundern, daß auch Blöbaums (vgl. ebd.: 261) Funktionsbeschreibung[16] sich nicht dazu eignet, eine spezifische journalistische Kommunikation abzugrenzen, sondern nicht mehr als eine allgemeine Beschreibung des Kommunikationsprozesses selbst darstellt (vgl. Görke/Kohring 1996).

Die Plausibilität der Annahme, daß Journalismus ein eigenständiges System sei, wird in Arbeiten wie der von Blöbaum über eine umfangreiche Deskription journalistischer Organisationen, Arbeitsabläufe und Produkte zu legitimieren versucht. Diese Strategie hat durchaus ihre Berechtigung, führt aber ohne die theoretische Leitperspektive 'Problemorientierung' doch des öfteren zu einer ungenügenden Differenzierung zwischen zentralen Begriffen wie Journalismus, Massenmedien, Massenkommunikation, Publizistik und Öffentlichkeit. Dieses Phänomen findet sich auch in anderen systemtheoretisch orientierten Entwürfen. Luhmann (1995c) konzipiert von vornherein die Massenmedien als Funktionssystem, während Spangenberg (1993) sich weder für Massenkommunikation noch für Massenmedien entscheiden kann. Auch diese Autoren diskutieren nicht die funktionale Notwendigkeit solcher Systeme. Die Hinweise auf eine Synchronisationsfunktion (vgl. Spangenberg 1993: 71), die Produktion öffentlicher Meinung (vgl. ebd.: 76) oder eine gesellschaftliche Unruhe-Funktion (vgl. Luhmann 1995c: 22, Anm. 43; 64 f.) sind unseres Erachtens jedenfalls zu allgemein, um journalistisches Handeln unverwechselbar zu identifizieren. Dies gilt besonders dann, wenn man wie Luhmann Nachrichtenjournalismus, Werbung und Unterhaltung funktional gleichsetzt. Es ist bemerkenswert, daß gerade Luhmann den Unterschied zwischen Verbreitungstechnologien und symbolisch generalisierten Kommunikationsmedien (vgl. Kap. 6.1.3) nicht beachtet. Wir werden hierauf unter dem Aspekt der Grenzziehung zurückkommen (vgl. Kap. 6.2 2).

Auch Rühl (1980) und Weischenberg (1994) gehen nicht konkret darauf ein, welche spezifische gesellschaftliche Problematik zur Ausdifferenzierung eines Funktionssystems Journalismus geführt haben könnte. Beide Autoren trennen aber sorgfältig zwischen den Begriffen Journalismus und Massenmedien und leiten ihre Funktionsbestimmung aus einer Interpretation der umfangreichen empirischen Journalismus- und Rezipientenfor-

---

16 Wir beziehen uns auf die von Blöbaum selbst hervorgehobene Funktionsbeschreibung. Wie schon das Problem der Ausdifferenzierung von Journalismus wird auch die Funktionsbeschreibung an den verschiedensten Stellen paraphrasiert oder sogar neu formuliert. Insgesamt wird die Arbeit ihrem selbst gestellten Anspruch, Journalismus als Funktionssystem der Gesellschaft zu beschreiben, nicht gerecht.

schung ab. Für Rühl (1980: 323) besteht die funktionale Besonderheit des Journalismus in der "*Herstellung und Bereitstellung von Themen zur öffentlichen Kommunikation.*" Hinweise auf die zugrundeliegende Problemorientierung bleiben aber eher unbestimmt und werden vorzugsweise an den Begriff der Öffentlichkeit delegiert.[17] Journalismus entlaste "die Gesellschaft von dem Übermaß der Weltereignisse" (ebd.: 338; vgl. 326), er versuche, "für komplexe gesellschaftliche Probleme Aufmerksamkeit zu wecken" (ebd.: 337), öffne die Grenzen teilsystemischer (z.B. wirtschaftlicher oder politischer) Kommunikation und mache die aus den Prozessen der Verwissenschaftlichung, Technisierung, Industrialisierung und Bürokratisierung resultierenden Interessen und Konflikte "planerisch zu Gegenständen öffentlicher Kommunikation" (ebd.: 343).

Eine solche Charakterisierung journalistischer Kommunikation ist eher als eine Beschreibung von Einzelphänomenen aufzufassen und als solche nicht geeignet, ein System Journalismus trennscharf von anderen Systemen abzugrenzen. Wie wir in Kap. 6.1 zeigen konnten, entlastet jedes Funktionssystem seine Umwelt durch die exklusive Übernahme eines bestimmten gesellschaftlichen Problems. Jedes System kann zudem versuchen, Aufmerksamkeit für Probleme zu wecken und Interessen und Konflikte zu thematisieren. Auch der Bezugspunkt der Öffentlichkeit ist zu vage definiert, um hier Klarheit zu schaffen. So können nach Rühl unter anderem auch Presse- und Informationsstellen von Behörden und Wissenschaftsorganisationen, Vereinszeitschriften und Public-Relations-Agenturen journalistische Themen her- und bereitstellen (vgl. ebd.: 327; 129). In einer späteren Publikation wird auch Public Relations als ein System bezeichnet, das Themen für die Öffentlichkeit her- und bereitstellt, um auf diese Weise "*öffentliche Interessen (Gemeinwohl) und das soziale Vertrauen der Öffentlichkeit zu stärken – zumindest das Auseinanderdriften von Partikularinteressen zu steuern und das Entstehen von Mißtrauen zu verhindern.*" (Ronneberger/Rühl 1992: 252) Spätestens hier wird deutlich, daß Rühls Definition nicht differenzierungsfähig genug ist.

---

17 Dies übersieht Marcinkowski in seiner scharfen Kritik der Rühlschen Thematisierungsfunktion. Im Laufe seiner Diskussion reduziert er Rühls Funktionsbeschreibung auf die bloße 'Her- und Bereitstellung von Themen' (vgl. Marcinkowski 1993: 46 mit 48). Dies ist um so erstaunlicher, als Marcinkowski selbst den Begriff der Öffentlichkeit (Publizität) in den Mittelpunkt seiner Analyse stellt. Zu kritisieren ist bei Rühl eher die zu allgemeine Begriffsbestimmung von Öffentlichkeit als einem *potentiellen* Publikum für journalistische Informationsangebote. Öffentlichkeit stellt in diesem Sinne nichts anderes dar als die Umwelt des Journalismus (vgl. Rühl 1980: 232 - 240).

Weischenberg (1994: 429) sieht die Funktion des Journalismus darin, Themen für die öffentliche Kommunikation zur Verfügung zu stellen, "die Neuigkeitswert und Faktizität besitzen und an sozial verbindliche Wirklichkeitsmodelle und ihre Referenzmechanismen gebunden sind." Vor dem Hintergrund einer ausdifferenzierten, von Teilperspektiven bestimmten Gesellschaft ist auch diese Definition als plausibel zu bezeichnen. Sie erweitert zudem Rühls Thematisierungsbegriff um den Aspekt der Sozialverbindlichkeit, der zum einen auf eine mögliche Integrationsfunktion verweist, zum anderen auf die Relevanz (Verbindlichkeit) journalistischer Kommunikation für zukünftige Selektionsentscheidungen des journalistischen Publikums. Diesen Aspekt werden wir später wiederaufgreifen (vgl. Kap. 6.3.1). Die Kriterien dieser Sozialverbindlichkeit, betont Weischenberg, sind eigene Kriterien des Journalismus. Wenn Journalismus also "Zusammenhänge her-[stellt], die durch die Ausdifferenzierung der modernen Gesellschaft verlorengegangen sind" (ebd.: 436), tut er dies nicht als Agent ('Relaisstation') anderer Sozialsysteme, sondern als autonomes, mit einer eigenen Rationalität ausgestattetes System.

Den nach Rühl (1980) umfassendsten Entwurf einer systemtheoretischen Journalismustheorie hat Marcinkowski (1993) vorgelegt. Marcinkowski führt die Ausdifferenzierung von Publizistik auf das Ansteigen gesellschaftlicher Komplexität zurück. Weder das Rechts-, noch das Politik- und Religionssystem seien in der Lage gewesen, alle potentiell möglichen Ereignisse in Gewißheit zu überführen. Dadurch sei Zukunft als kontingent und gleichzeitig riskant betrachtet worden. Diese Kontingenz hängt mit der funktionalen Differenzierung von Gesellschaft und der Entstehung divergierender Beobachterperspektiven zusammen. Die notwendig gewordene Beobachtung dieser Sonderperspektiven übernimmt laut Marcinkowski das System Publizistik: "die Selektion von Ereignissen aus einer Welt unendlicher Kontingenz in Form von Themen öffentlicher Kommunikation war entwicklungsgeschichtlich genau in dem Augenblick unvermeidlich, als diese Ereignisse nicht mehr irrelevant für das Operieren anderer Sozialsysteme waren. In dem historischen 'Moment' also, als die Orientierung von Handlungen an anderen Handlungen, Ereignissen, Sachverhalten oder Zuständen zur notwendigen Bestandsvoraussetzung gesellschaftlicher Funktionsbereiche wurde, nämlich im Zuge der Umstellung auf funktionale Differenzierung, mit ihren vielfältigen Verflechtungen aller Sozialsysteme untereinander." (ebd.: 40)

Als Primärfunktion des Systems Publizistik gibt Marcinkowski daher die "Ermöglichung der Selbstbeobachtung moderner Gesellschaften" (ebd.: 118) an. Diese Funktion präzisiert er am Beispiel der riskante Nebenfolgen erzeugenden wissenschaftlichen Beobachterperspektive: Publizistik erfülle die Funktion "eines sozialen Korrektivs gegen solche Sonderperspektiven gesellschaftlicher Reflexion." (ebd.: 128) Eine solche Formulierung impliziert die Vorstellung einer gesamtgesellschaftlichen Kontrollfunktion und damit eine gewisse *hierarchische* Vorrangstellung des Publizistiksystems. Dieser Eindruck bestätigt sich durch Marcinkowskis "sehr weitreichende These", daß das Publizistiksystem im günstigsten Falle "in der Lage [sei] die dynamisch auseinanderdriftenden Funktionsbereiche der Gesellschaft wieder einzufangen und durch publizistische Kommunikationen aneinanderzuknüpfen." (ebd.: 130) Publizistik würde damit – als "der Bildschirm, auf dem die Sonderperspektiven zusammengeführt werden" (ebd.: 128) – zur Bedingung für die "Riskanz" einer funktional ausdifferenzierten Gesellschaftsordnung (vgl. ebd.: 130). Wir werden darauf in Kap. 6.3.4 zurückkommen.

6.2.2 *Die System/Umwelt-Differenz des Journalismus*

Die Frage, wie ein Kommunikationssystem generalisierte Verhaltenserwartungen erzeugt (die ein Fortlaufen seiner Kommunikation sichern sollen), hängt unmittelbar mit seiner Problem- bzw. Funktionsorientierung zusammen. Im Prinzip verweist das symbolisch generalisierte Kommunikationsmedium auf die fortgesetzte Notwendigkeit der Problembearbeitung.[18] Wenn also, wie wir festgestellt haben, in der bisherigen systemtheoretisch orientierten Forschung diesem Aspekt entweder nicht genügend Achtung geschenkt wird oder die Vorschläge nicht überzeugen können, ist es fast zwangsläufig, daß auch die genannten Medien und dazugehörigen Codes (vgl. Kap. 6.1.3) nicht sonderlich differenzierungsfähig sind. Von den bisher gemachten Vorschlägen scheint uns nur Marcinkowskis Problemformulierung einigermaßen plausibel zu sein. Wir werden uns daher im folgenden vor allem mit diesem Theorieentwurf beschäftigen, der als einziger explizit ein symbolisch generalisiertes Kommunikationsmedium nennt. Bis auf Mar-

18 So heißt das symbolisch generalisierte Kommunikationsmedium des Rechtssystems, das zur Annahme weiterer Kommunikation in diesem System motivieren soll, Gerechtigkeit.

cinkowski begnügen sich alle Autoren damit, nur einen Code zu benennen.[19] Dies ist erstaunlich, da der Code das symbolisch generalisierte Kommunikationsmedium 'nur' in eine Form gießt und somit ein unauflösbarer Zusammenhang zwischen Medium und Code besteht.

Den Code des Massenmediensystems sieht Luhmann (1995c: 17) in der "Unterscheidung von Information und Nichtinformation". Luhmann nennt zwei weitere Kriterien, um das System Massenmedien abzugrenzen: Die erste Bedingung sieht er in der "maschinelle[n] Herstellung eines Produktes als Träger der Kommunikation", die zweite Bedingung ist, daß "*keine Interaktion unter Anwesenden zwischen Sender und Empfänger stattfinden kann*" (ebd.: 6). Nach systemtheoretischer Lesart müßte der Code selbst aber schon differenzfähig genug sein, um ein System ohne weitere Bedingungen von seiner Umwelt abzugrenzen. In Anlehnung an Luhmann[20] wählt auch Blöbaum (1994: 272 ff.) den Informationscode, ohne allerdings die Abgrenzungskraft einer solchen Unterscheidung nachweisen zu können. Spangenberg (1993: 72) erklärt zuerst den Code 'aktuell vs. nicht-aktuell' zur Leitdifferenz von Massenkommunikation. Da er merkt, daß diese Unterscheidung nicht genügend Erklärungskraft besitzt, führt er zusätzlich das Kriterium der sogenannten Kommunikationsqualität ein (vgl. ebd.: 77 ff.), das nun erklären soll, wie die Aufmerksamkeit des Publikums gebunden wird.[21] Rühl sieht die Grenze seines Systems Publizistik durch den Code 'zahlen vs. nicht zahlen' gesichert (vgl. Rühl 1993: 145). Obwohl Rühl neben monetären auch von nicht-monetären Zahlungen (z.B. Zeit) spricht, wird nicht deutlich, wo hier noch die Abgrenzung zum Wirtschaftssystem gegeben sein soll. Zumindest in der vorliegenden Ausarbeitung versprechen die oben genannten Vorschläge keinen Gewinn für die Charakterisierung einer spezifischen, d.h. von allen anderen Systemkommunikationen unterscheidbaren journalistischen Kommunikation (vgl. Görke/Kohring 1996).

---

19 Da Weischenberg (1994) in seinem Aufsatz keinen systemtheoretischen Theorieentwurf anstrebt, führt er seine Funktionsbeschreibung nicht weiter aus. Ein möglicher Code wäre 'aktuell sozial verbindlich vs. nicht aktuell sozial verbindlich' (vgl. Kap. 6.3.1).

20 Blöbaum zitiert aus der ersten (1993) von zwei Manuskript-Fassungen des Luhmann-Textes, der erst 1995 publiziert wurde.

21 Den Qualitätsbegriff gibt es auch in anderen Systemen. Er gehört auf die Programmebene, d.h. zu den Selektionsregeln, die die Auswahl eines Codewertes steuern. So kann z.B. die Qualität eines Wirtschaftsprodukts für den Kaufkunden relevanter sein als der Preis.

Die bislang unzureichende Unterscheidung zwischen Journalismus, journalistischem Publikum und Öffentlichkeit hebt Marcinkowski dadurch auf, daß er nicht Journalismus selbst, sondern den übergeordneten Begriff der Öffentlichkeit zum Funktionssystem erklärt. Dieses Funktionssystem bezeichnet er als Publizistik, um sich von einem politisch orientierten Öffentlichkeitsbegriff, wie er von Luhmann (1971; 1992b) vertreten wird, abzugrenzen. Journalismus fällt in diesem Funktionssystem Publizistik die Rolle eines organisierten Leistungssystems zu. Die Etablierung von Leistungsrollen und Publikumsrollen ist eine system*interne* Binnendifferenzierung, die der Steigerung der eigenen Komplexitätsverarbeitung dient (vgl. Luhmann 1992a: 347).[22] In Funktionssystemen werden die wichtigsten Leistungsrollen durch Organisationen ausgeübt. Wenn man sich das dreistufige Kommunikationsmodell (vgl. Kap. 6.1.2) vor Augen führt, wird deutlich, daß Leistungsrollen auf den beiden ersten Stufen der Informationsselektion und Mitteilung angesiedelt sind. Sie steigern dadurch die Selektions- und Mitteilungskompetenz eines Kommunikationssystems.[23] Die Leistungsrolle allein genügt also nicht, um publizistische Kommunikation zustande kommen zu lassen. Verstehen – als dritte Selektionsstufe von Kommunikation - kann nur das Publikum.

Marcinkowskis entscheidende Modifikation vorheriger Journalismus-Modelle besteht also in der Entscheidung, das Publikum in das System hineinzunehmen (vgl. ebenso Weischenberg 1994: 430). Publizistische Kommunikation kommt nur dadurch zustande, daß auch eine – selektive! – Verstehensleistung des Publikums erfolgt. Dies muß besonders betont werden, da Marcinkowskis Code-Begriff genau diese Publikumsselektivität vernachlässigt. Für den Autor besteht der Code des Systems Publizistik in der Unterscheidung von 'veröffentlicht vs. unveröffentlicht' oder auch 'öffentlich vs. nicht öffentlich' (vgl. Marcinkowski 1993: 65). Alles was öffentlich bzw. veröffentlicht ist, wird dem System Publizistik zugerechnet. Das generalisierte Kommunikationsmedium 'Publizität' soll zur Annahme dieser öffentlichen Kommunikation bewegen: "[Man stellt] sein Handeln auch gegen ursprüngli-

22 In der Wirtschaft entspricht dem die Unterscheidung von Produzent und Konsument.

23 Diese wird durch weitere interne Differenzierung der Leistungsrolle nochmals gesteigert. Auf der Stufe der Informationsselektion sind natürlich zuerst die Redaktionen zu nennen, aber auch die Nachrichtenagenturen. Auf der Stufe der Mitteilung werden z.B. professionelle Sprecherrollen ausgebildet, also Nachrichtensprecher und, als nochmalige Spezialisierung, sogenannte *anchor men* wie z.B. 'Mr. Tagesthemen' Hanns Joachim Friedrichs.

che Intentionen auf Kommunikationsinhalte ein, wenn sie als allgemein bekannt unterstellt werden müssen." (ebd.: 56) Dieser Umsetzung der – grundsätzlich einleuchtenden – publizistischen Problemorientierung in ein konkretes Kommunikationsmedium und einen dazugehörigen Code ist aus drei Gründen zu widersprechen:

1) Nicht genügend beachtet wird die Unterscheidung von Akzeptanz einer Kommunikation und der Konsequenz für das eigene Handeln. Man kann sich dazu bereit finden, ein Thema im System Publizistik wahrzunehmen (z.B. indem man einen Artikel liest); das bedeutet aber noch lange nicht, daß man sein Handeln tatsächlich darauf ausrichtet. Zwar weist auch Marcinkowski auf diesen Unterschied hin; seine Beispiele illustrieren jedoch, daß er von der Veröffentlichung eines Themas auch auf konkrete Handlungskonsequenzen schließt: "Aber die Publikation eines Themas im publizistischen System zwingt dazu, ihn [sic!] vom nächsten Moment an als allgemein bekannt zu unterstellen, und das ist ein äußerst wirkungsmächtiger Umstand." (Marcinkowski 1993: 56)
   Der Autor vertritt damit die gleichen Wirkungsannahmen, die er kurz zuvor noch der traditionellen Massenmedienwirkungsforschung vorwirft. Wenn tatsächlich *jede* veröffentlichte Publikation eine solche potentielle Wirkung hätte, müßte *alles*, was gelesen, gehört und gesehen würde, zur Grundlage allgemeiner Verhaltenserwartungen werden. Es ist äußerst fraglich, worin der Selektivitätsgewinn einer solchen Theorieentscheidung liegen sollte, zumal sie den Ergebnissen der Rezipientenforschung eklatant widerspricht. Wir erinnern hierzu nur an die Studien der Wissenschaftsjournalismus-Forschung, in denen ja gerade das mangelnde Publikumsverständnis nachhaltig beklagt wird. Es ist daher davon auszugehen, daß nicht jede Publikation nach ihrer Lektüre sofort zur Änderung von Verhaltenserwartungen führt. Der Code muß es vielmehr ermöglichen, daß diese Option auch abgelehnt werden kann.
   Hierin liegt der Theoriefehler von Marcinkowskis Code 'veröffentlicht vs. unveröffentlicht'. Er erlaubt nicht, nach Prüfung bestimmter Programmregeln (vor allem Relevanzkriterien), eine rezipierte Publikation als 'nicht-öffentlich' einzustufen. Der Codewert 'nicht-öffentlich' liegt bei Marcinkowski *außerhalb* des Systems Publizistik (in der Logik der Theorie ein 'Ding der Unmöglichkeit'; vgl. Kap. 6.1.3). Wenn auf diese Weise kein Negationswert zur Verfügung steht, ist alles, was vom Publikum rezipiert wird, automatisch öffentlich. Dem Publikum bleibt also kei-

ne Entscheidungsfreiheit mehr, außer der Entscheidung zu lesen oder nicht zu lesen, einzuschalten oder nicht einzuschalten. Im Wirtschaftssystem entspräche dies dem Zwang zu kaufen, ohne die Produkte vorher prüfen zu können und ohne die Preise zu kennen. Die *Gleichsetzung von veröffentlicht mit öffentlich* ist daher, so ungewöhnlich diese Schlußfolgerung klingen mag, nicht zulässig. Sie reduziert Kommunikation wieder auf das Mitteilungshandeln und ignoriert die Selektivität des Publikums Verlorengegangen ist dabei offensichtlich die spezifische Problemorientierung des Publizistiksystems.

2) Die Gleichsetzung von 'öffentlich' mit 'veröffentlicht' zeigt eine weitere Schwäche von Marcinkowskis Code auf: Sie identifiziert Publizistik mit *Publizierung*. Wenn jede Veröffentlichung zum System Publizistik gehören soll, wird publizistische Kommunikation nicht mehr über ein symbolisch generalisiertes Kommunikationsmedium, sondern – wie z.B. auch bei Luhmann (1995c) – über technische Verbreitungsmedien definiert. Hierdurch entstehen gravierende Abgrenzungsprobleme, denn auch z.B. die Publikationen des Wissenschaftssystems, gegen dessen Sonderperspektive Publizistik doch ein Korrektiv bilden sollte (s.o.), gehören demnach ins System Publizistik.
Zahlreiche Beispiele aus dem Text belegen, daß der Autor tatsächlich fast jede Veröffentlichung zum publizistischen System zählt: Spielfilme (vgl. Marcinkowski 1993: 87, 94 f., 106), Groschenromane (50), Werbung (49, 51, 85, 131), das Bundesgesetzblatt (130) und auch Wissenschaftspublizistik (85, 139). Diese wird aber definiert als Veröffentlichung wissenschaftlicher Kommunikation. So heißt es in bezug auf Luhmanns Veröffentlichungen: "Wird eine Theorie immer wieder neu publiziert, wird sie durch das öffentliche Nacherzählen gleichsam immer wieder neu bestätigt." (ebd.: 130) Wissenschaftspublizistik dient auf diese Weise dem Gewinn von Reputation im wissenschaftlichen System (vgl. ebd.: 144). Parteizeitungen, kirchliche Presse, Bürger- und Vereinsblätter und Schülerzeitungen zählen dagegen nicht zum Publizistiksystem (vgl. ebd.: 108).
Nicht nur muß eine solche Einteilung als willkürlich bezeichnet werden; die Grenzziehung insgesamt ist äußerst fragwürdig, es sei denn, man hielte es für sinnvoll, z.B. einen wissenschaftlichen Aufsatz *nicht* dem System Wissenschaft zuzuordnen. Sie umfaßt das Gesamt (fast) aller publizierten Informationen und widerspricht Marcinkowskis eigenem Po-

stulat, daß die Grenze des Systems zwischen "öffentlichen und nicht-öffentlichen (*bzw. systemöffentlichen*) Themen" (ebd.: 53; Hvhg. MK) verlaufen soll. Marcinkowskis Code verwischt eben diese Unterscheidung zwischen publizistischer Öffentlichkeit und anderen Systemöffentlichkeiten. Der Autor umgeht die Problematik einer solchen Abgrenzung, indem er die Operationsweise seines Systems ausschließlich am Beispiel des klassischen Nachrichtenjournalismus erörtert.[24]

3) Ein dritter Kritikpunkt bezieht sich auf die Motivationskraft des Mediums 'Publizität'. Daß man von Publikation auf Bekanntheit schließen kann, soll nicht bestritten werden, und auch nicht, daß eine solche Erwartung Einfluß auf gesellschaftliche Kommunikation hat. Mit Unterstellbarkeit von Bekanntheit muß aber auch schon in Interaktionssystemen gerechnet werden, so daß wir es hier nicht mit einer Besonderheit von publizierter Kommunikation zu tun haben. Dieses Argument macht vielmehr deutlich, daß der Verweis auf die Unterstellbarkeit von Bekanntheit für Kommunikation *generell* gilt, also wohl kaum in der Lage ist, zu einer *spezifischen* (wie z.B. journalistischen) Kommunikation zu motivieren. Jedes Funktionssystem steht vor dem Problem, seine Kommunikation auch unter Abwesenheit von Personen aufrechtzuerhalten. Dieses Erreichbarkeitsproblem (vgl. Kap. 6.1.3) löst es unter Zuhilfenahme technischer Verbreitungsmedien, d.h. durch Publikation. Die *Annahme*, d.h. die Akzeptanz eines bestimmten Sinnhorizonts (z.B. wissenschaftliche statt wirtschaftliche Kommunikation), wird aber mit Hilfe des jeweiligen symbolisch generalisierten Kommunikationsmediums hergestellt, *und nicht* durch die Tatsache der Publikation als solcher. Publizierung allein ist nicht hinreichend, um einen potentiellen Rezipienten zur Lektüre zu motivieren.[25] Angesichts der immer wieder beschworenen Informationsfluten kann es auch kaum als sinnvoll bezeichnet werden, auf jede publizierte Kommunikation eingehen zu müssen.

---

24 Zudem versucht Marcinkowski dem selbstverursachten Dilemma dadurch zu entkommen, daß er Publizistik als "eine Konstruktion oder Beobachtung 'zweiter Ordnung'" (1993: 119) definiert, da Publizistik ja aus schon in anderen Systemen konstruierten Themen selektiere. Beobachtungen zweiter Ordnung können aber von jedem System durchgeführt werden, so daß die Frage offen bleibt, nach welchem (publizistischem) Code denn diese Beobachtungen zweiter Ordnung durchgeführt werden.

25 "Mit all diesen Entwicklungen von Sprach- und Verbreitungstechnik wird erst recht zweifelhaft, welche Kommunikation überhaupt Erfolg haben, das heißt zur Annahme motivieren kann." (Luhmann [2]1988a: 221)

Die Motivationskraft eines generalisierten Kommunikationsmediums liegt in seinem aktuellen Verweis auf die Problemorientierung der zugehörigen Systemkommunikation (vgl. Kap. 6.1.3). Publizität verweist zwar auch auf ein bedeutsames Problem, nämlich das, Kommunikation unter Abwesenheit zu ermöglichen – ein solcher Hinweis ist aber für sich genauso pauschal wie die Aussage, daß Kommunikation ohne Sprache nicht möglich sei. Er gibt vor allem keinen Hinweis auf eine spezifische Sinndimension. Dieses Dilemma ist – wie auch bei Luhmann (1995c) – auf die mangelnde Unterscheidung und nachfolgende Verquickung der Begriffe Verbreitungsmedium und Kommunikationsmedium zurückzuführen, die sich z.B. auch in der beliebten, aber gleichwohl unzulässigen Gleichsetzung von Massenmedien mit Journalismus ausdrückt.

Wir schließen unsere Diskussion bisheriger systemtheoretischer Journalismuskonzeptionen an dieser Stelle. Unsere kritische Auseinandersetzung sollte vor allem die Schwierigkeiten aufzeigen, die sich einer Konstruktion des Journalismus als gesellschaftliches Funktionssystem in den Weg stellen. Es ist daher ausdrücklich zu betonen, daß wir die bisherigen Studien als unerläßliche Voraussetzung für unseren eigenen Entwurf ansehen. Daß sie aus unserer Sicht noch Schwächen aufweisen, kann angesichts der kurzen Zeitspanne einer systemtheoretisch orientierten Journalismusforschung nicht ernsthaft kritisiert werden, im Gegenteil: Wir sind der Überzeugung, vor allem im Hinblick auf die Arbeiten von Rühl (1980) und Marcinkowski (1993), daß jetzt schon wichtige Grundlagen für die Konzeption eines Funktionssystems Journalismus bzw. Öffentlichkeit gelegt wurden. Wir nennen hier nur einige hervorstehende Aspekte:

1) Die funktionale Methode ermöglicht einen neuen, nicht durch normative oder ontische Prämissen verstellten Zugang zur gesellschaftlichen Relevanz journalistischer Kommunikation.
2) Die funktional-strukturelle Systemtheorie liefert die Begrifflichkeit, um den Forschungsgegenstand Journalismus schärfer zu konturieren und besser als bislang von anderen Formen gesellschaftlicher Kommunikation bzw. Handelns abzugrenzen.
3) Der dreistufige Kommunikationsbegriff ermöglicht einen neuartigen Blick auf die empirisch längst bestätigte Bedeutung der Publikumsselektivität. Dabei wird deutlich, daß das Publikum nicht zur Umwelt des Journalismussystems gehört, sondern dessen integraler Bestandteil ist.

4) Die Unterscheidung von Verbreitungsmedien und symbolisch generalisierten Kommunikationsmedien erlaubt die theoretische Begründung, daß strikt zwischen den Begriffen Journalismus und Massenmedien zu unterscheiden ist. Nicht alles, was in den Massenmedien zu lesen, zu hören und zu sehen ist, kann als Journalismus gelten.

5) Die Unterscheidung von Codierung und Programmierung gibt die theoretische Handhabe, um sowohl die grundsätzliche Abgrenzung des Journalismussystems (Identität durch Geschlossenheit) als auch die Möglichkeiten seiner Reaktion auf gesellschaftliche Erwartungen (Offenheit für Wandel) zu beschreiben.

Zum großen Teil handelt es sich hierbei um systemtheoretische Reformulierungen von Erkenntnissen der Journalismusforschung, so z.B. die grundsätzliche Anerkennung einer journalistischen Autonomie, die Beschreibung journalistischer Selektions- und Organisationsstrukturen oder die Ablehnung eines ontisch-hierarchischen Wirkungsverständnisses: "Die Bestände sind nicht widerspruchsfrei, und ihre theoretische Gültigkeit mag anfechtbar sein; auf jeden Fall sind sie aber reichhaltiger, plausibler und gesicherter, als insbesondere die publizistische Praxis vermutet." (Weischenberg 1990: 54; vgl. 1989) Neu ist die Möglichkeit, bislang oft unvermittelt nebeneinanderstehende Erkenntnisse theoretisch integrieren zu können. Vor diesem Hintergrund werden wir im folgenden Abschnitt versuchen, Öffentlichkeit – und darin eingeschlossen Journalismus – als ein Funktionssystem der Gesellschaft zu beschreiben.

6.3 Öffentlichkeit als Funktionssystem – eine Skizze

Ziel der folgenden Skizze einer systemtheoretischen Journalismustheorie ist es, die These von der gesellschaftlichen Funktionalität einer autonomen journalistischen Beobachterperspektive mit einer Anfangsplausibilität zu versehen. Dazu werden wir uns zuerst noch einmal mit der Frage beschäftigen, wie sich die grundlegende Problem- bzw. Funktionsorientierung journalistischer Kommunikation beschreiben läßt. Auf der Basis dieser Überlegungen kommen wir zu dem Schluß, daß in einer funktional ausdifferenzierten Gesellschaft die Beobachtungen von Ereignissen für die Ausbildung wechselseitiger gesellschaftlicher Umwelterwartungen durch ein eigenes

Funktionssystem übernommen wird. Dieses Funktionssystem bezeichnen wir als Öffentlichkeit (Kap. 6.3.1).

Als organisiertes Leistungssystem des Funktionssystems Öffentlichkeit fungiert Journalismus. Journalismus reduziert die Komplexität der möglichen Ereignisse unter dem Gesichtspunkt, ob sie zur Ausbildung von gegenseitigen gesellschaftlichen Umwelterwartungen beitragen können (Kap. 6.3.2). Vor diesem Hintergrund befassen wir uns mit dem Aspekt journalistischer Selektivität (Kap. 6.3.3). Abschließend kommen wir auf einige journalismustheoretische Konsequenzen zu sprechen, die sich aus diesem Journalismus-Modell ableiten lassen (Kap. 6.3.4).

6.3.1 Die Problemorientierung der Öffentlichkeit

Um die Frage nach der Problem- oder Funktionsorientierung des Journalismus beantworten zu können, greifen wir auf Marcinkowskis Definition zurück und versuchen, sie weiter zu spezifizieren. Laut Marcinkowski (1993: 40) entsteht als Folge der funktionalen Ausdifferenzierung von Gesellschaft ein zunehmender Orientierungsbedarf zwischen den einzelnen Systemen. Spezialisierung auf eine einzige Funktion bedeutet zwar Zuwachs an Unabhängigkeit, gleichzeitig aber auch eine größere Abhängigkeit von den anderen Funktionssystemen: "Das Risiko der Indifferenz gegenüber anderen gesellschaftlichen Funktionen, das in den Einzelmechanismen zu übernehmen ist, steigt, und es steigen die Folgelasten, die in jeweils anderen Bereichen der Gesellschaft zu tragen sind, zum Beispiel der Notwendigkeit der Anpassung an Veränderungen, die durch Spezialisierung und Abstraktion der Mechanismen ein immer rascheres Tempo gewinnen." (Luhmann ^{5}1984d: 147; vgl. ^{2}1988b: 86 f.) Soziale Systeme. darauf ist noch einma hinzuweisen, sind nicht autark. Gerade die hochspezialisierten Funktionssysteme sind ständig auf Ressourcen aus ihrer Umwelt angewiesen. Sie müssen zudem stets auf Irritationen aus ihrer Umwelt gefaßt sein, die ihre eigene Operationsweise stören und sogar gefährden können.

Wir wollen dies an einem Beispiel verdeutlichen. Das Wirtschaftssystem ist funktional auf die "zeitliche Sicherung von Bedürfnisbefriedigungen" (Luhmann ^{5}1984e: 208) ausgerichtet. Die Verhaltenserwartungen im Wirtschaftssystem werden über das symbolisch generalisierte Kommunikationsmedium Geld gesteuert: "Zahlen oder Nichtzahlen – das ist, ganz streng gemeint, die Seinsfrage der Wirtschaft." (Luhmann ²1988b: 104) Infolge dieser operativen Geschlossenheit ist die Wirtschaft prinzipiell indifferent gegenüber ihrer gesellschaftlichen Umwelt. Der moralische Hinweis auf die industriell bedingte Naturzerstörung wird sie zunächst nicht dazu bewegen, keine Giftsäure mehr in der Nordsee zu verklappen. Der politische Appell, Arbeitsplätze zu sichern, wird Unternehmen nicht davon abhalten, in die sogenannte Dritte Welt (z.B. nach Bhopal) abzuwandern, um dort aus Kostengründen mit weit heruntergefahrenen Sicherheitsstandards zu produzieren. Dies sind eher spektakuläre Beispiele für die riskanten Nebenfolgen, die das eigensinnig operierende Wirtschaftssystem seiner Umwelt zumutet. Andererseits muß auch das Wirtschaftssystem ständig auf externe Beeinträchtigungen seiner Operationsweise gefaßt sein. Die Politik kann per Gesetz die Preisentwicklung beeinflussen (z.B. Mietbindung) oder über Steuern und Subventionen die Wettbewerbsbedingungen verändern. Das Rechtssystem kann entscheidenden Einfluß auf z.B. das Vertrags-, Arbeits- und Besitzrecht nehmen. Das Erziehungssystem kann eine ganze Generation von Schulabgängern auf den Markt bringen, die aus Sicht des Wirtschaftssystems genau die falschen Qualifikationen aufweisen. Und erst jüngst hat die *Greenpeace*-Kampagne gegen die Versenkung der *Brent Spar* (eine Ölbohrinsel des *Shell*-Konzerns) gezeigt, welchen Einfluß auch moralisch motivierter Protest auf Entscheidungen im Wirtschaftssystem zeitigen kann.

Man kann diese Überlegungen (natürlich auch in Hinsicht auf positive Nebenfolgen) fortschreiben und jede mögliche Wechselwirkung zwischen den Systemen zu erfassen suchen, die für eines dieser Systeme handlungsrelevant sein könnte. Man wird dann feststellen, daß zwischen den gesellschaftlichen Funktionssystemen äußerst komplizierte wechselseitige Abhängigkeits- bzw. Ergänzungsverhältnisse bestehen. Man wird zudem die These formulieren können, daß die gesellschaftlichen Kommunikationssysteme diese wechselseitigen nützlichen oder schädlichen Irritationen in ihrer Operationsweise berücksichtigen müssen. Sie sind darauf angewiesen, sie mit Hilfe von Umwelterwartungen in soziale Ordnung überführen zu können. Diese Umwelterwartungen dienen den Systemen dann als Selektionsstrukturen, um die eigene Operationsweise auf die Operationsweise von Kommunikationssystemen in ihrer Umwelt einstellen zu können. Funktionale Differenzierung ist nur dann möglich, wenn sich die einzelnen Funktionsbereiche sozusagen auf ihre Umwelt verlassen können. Dies wird um so unwahrscheinlicher, als es keine Beobachterperspektive gibt, die hierfür allgemeinverbindliche Verhaltenserwartungen vorgeben könnte. Das Problem besteht also darin, Strukturen bereitzustellen, die die "Orientierung von Handlungen an anderen Handlungen, Ereignissen, Sachverhalten oder Zuständen" (Marcinkowski 1993: 40) ermöglichen. Genauer formuliert: Lösungsbedürftig ist – unter den Bedingungen hoher gesellschaftlicher Interdependenz – das Problem der *Ausbildung wechselseitiger Umwelterwartungen*, die den einzelnen Teilsystemen eine Orientierung in ihrer von verschiedenen Beobachterperspektiven geprägten (pluralistischen) gesellschaftlichen Umwelt ermöglichen.

Damit ist grundsätzlich das Rationalitätsproblem moderner Gesellschaften angesprochen. Pationalital meint hier allerdings keine alles übergreifende Vernunft oder einen allgemeingültigen Tugendkatalog, sondern die Vergewisserung der eigenen Operationsweise. Auf der Ebene der einzelnen Systeme bedeutet das, "daß sie sich selbst durch ihre Differenz zur Umwelt bestimmen und dieser Differenz in sich selbst operative Bedeutung, Informationswert, Anschlußwert verleihen müssen." (Luhmann ^{2}1988a: 640 f.) Durch diese Selbstbeobachtung kann das System wissen, daß seine Operationsweise nur eine unter vielen ist; es ist in der Lage, über die Kontingenz seiner Handlungen zu reflektieren und die von ihm ausgehende Irritation seiner Umwelt zu antizipieren. Dennoch ist es fraglich, ob diese Reflexionsfähigkeit allein geeignet ist, das oben beschriebene Risiko einer operativ geschlossenen Operationsweise zu kompensieren. Auch Reflexion wird in den Einzelsystemen nur im Hinblick auf die Stabilisierung der eigenen Systemgrenze durchgeführt. So kann man beobachten, daß z.B. reflexive Mechanismen der Selbstkontrolle erst dann angeregt werden, wenn ein System ernsthafte Irritationen aus seiner Umwelt zu befürchten hat.[26] Reflexive Mechanismen befreien die Umwelt des Systems also nicht von der Notwendigkeit, dessen Operationsweise einer ständigen Beobachtung zu unterziehen.

Verlagert man das Rationalitätsproblem vom einzelnen System auf die gesellschaftliche Ebene, würde gesellschaftliche Rationalität also bedeuten, "daß die durch die Gesellschaft ausgelösten Umweltprobleme, soweit sie

26 Drohenden gesetzlichen Eingriffen wird dann das Angebot einer 'freiwilligen' Selbstkontrolle entgegengehalten. Solche Selbstverpflichtungen gehen allerdings nur so weit, wie eine gesetzliche Festlegung von Systemstrukturen gerade noch verhindert werden kann. Von Freiwilligkeit kann also kaum gesprochen werden.

die Gesellschaft rückbetreffen, im Gesellschaftssystem abgebildet, das heißt in den gesellschaftlichen Kommunikationsprozeß eingebracht werden." (Luhmann ²1988a: 643) Es dürfte klar sein, daß man sich auch hier nicht auf die Kommunikation von Selbstbeobachtungen der jeweiligen Einzelsysteme verlassen kann. Ein Funktionssystem ist zwar grundsätzlich in der Lage, sich auch mit 'den Augen der anderen' zu sehen, d.h. sich selbst in die Rolle eines externen Beobachters zu versetzen; es kann aber zum einen nie die Komplexität anderer Systeme simulieren, zum anderen wird auch diese Form der Selbstbeobachtung immer noch strategisch auf den eigenen Code ausgerichtet sein. Zwar ist Public Relations laut ihrem Selbstverständnis auf das Allgemeinwohl der Gesellschaft ausgerichtet; man darf aber aus soziologischer Sicht nicht von Selbstbeschreibungen auf Funktionen schließen. Public Relations – es wäre unredlich, daraus einen Vorwurf abzuleiten – ist immer auf die Eigeninteressen eines Systems ausgerichtet. Die Möglichkeit, sich für die Ausbildung von gegenseitigen Umwelterwartungen an die Selbstbeobachtungen der jeweiligen Einzelsysteme zu halten, scheidet damit aus.

Wenn also von Selbstbeobachtung auf *Fremdbeobachtung* umgeschaltet werden muß, läge es auf den ersten Blick nahe, daß *jedes einzelne* System Beobachtungsstrukturen für seine Umwelt ausbildet. Die auf diese Weise getroffenen Beobachtungen könnten dann systemintern kommuniziert werden und als Grundlage allgemeiner Umwelterwartungen dieses Systems dienen.[27] Es entstünden sozusagen 'Systemzeitungen'. Eine solche Beobachtungsarbeit müßte allerdings auch der Reflexivität von Umwelterwartungen gerecht werden: Umwelterwartungen eines Systems können die Umwelterwartungen eines anderen Systems beeinflussen, diese Erwartungserwartungen haben wiederum eventuell Einfluß auf die Erwartungen eines dritten Systems. Es entsteht auf diese Weise ein *zirkulärer Prozeß* von aufeinander bezogenen Umwelterwartungen, der ebenfalls von den Sy-

27 "Die Beobachtung eines Systems durch ein anderes System, wir nennen das im Anschluß an Humberto Maturana 'Beobachtung zweiter Ordnung', kann auch die Beschränkungen beobachten, die dem beobachteten System durch seine eigenen Operationsweise auferlegt sind. Es kann erkennen, daß die Umwelt des beobachteten Systems zwar nicht durch *Grenzen*, wohl aber durch *Beschränkungen* konstituiert ist. Es kann die Horizonte des beobachteten Systems so beobachten, daß erkennbar wird, was sie ausschließen. Und es kann daraufhin die Wirkungsweise des beobachteten System/Umwelt-Verhältnisses in einer Art 'Kybernetik zweiter Ordnung' sich selbst vor Augen führen." (Luhmann ²1988b: 53)

stemen mit beobachtet werden muß.[28] Diese Mitbeobachtung wird dadurch erheblich erschwert, daß die Umwelterwartungen der einzelnen Systeme nur systemintern kommuniziert werden und aus strategischen Gründen auch der Geheimhaltung unterliegen können.

Die oben skizzierten Beobachtungsverhältnisse sind schon bei dem in der Anmerkung 28 ausgeführten Beispiel von einer derartigen Komplexität, daß die einzelnen Systeme erhebliche Anstrengungen unternehmen müßten, um diese Beobachtungen noch durchführen zu können. Dieses Komplexitätsproblem wächst angesichts der ungeheuren Menge potentiell relevanter Ereignisse, die in diesem Prozeß der Ausbildung von Umwelterwartungen berücksichtigt werden müßten. Eine solche Beobachtungsleistung würde in zeitlicher (ständige Aktualisierung), sozialer ('man-power') und sachlicher (Themenvielfalt) Hinsicht einen derart hohen Aufwand erfordern, daß die Systeme erhebliche Ressourcen von ihrer eigentlichen Problemorientierung abziehen müßten.[29] Zum Vergleich: Ein ähnlicher Aufwand würde entstehen, wenn alle Systeme jeweils für sich die Erarbeitung kognitiv geprüften Orientierungswissens übernehmen müßten, ein Problem, das ihnen durch die Ausdifferenzierung eines eigenen Funktionssystems Wissenschaft abgenommen wird. Wir gelangen damit zu der entscheidenden Schlußfolgerung, daß die Funktionssysteme der Gesellschaft grundsätzlich *überfordert* wären, müßten sie ihre Umwelt ständig auf Ereignisse hin beob-

28 Ein Beispiel: Das Wirtschaftssystem gelangt aufgrund seiner Umweltbeobachtung zu dem Schluß, daß das Religionssystem grundlegende Einwände gegen die industrielle Nutzung der Gentechnologie formulieren könnte. Diese Erwartung kann 'nur' durch die Fortschreibung bisheriger Irritationen durch das Religionssystem (also von konkreten Ereignissen) entstehen. Das Politiksystem wird dies beobachten und grundlegende Beeinträchtigungen der internationalen Wettbewerbsfähigkeit befürchten, die ihm als wirtschaftspolitisches Versagen zugeschrieben werden könnten. Das Wirtschaftssystem mag diese Erwartung wiederum als strategischen Vorteil für seine eigenen Interessen deuten. Es könnte allerdings zugleich befürchten, daß das Wissenschaftssystem zu Erkenntnissen kommen könnte, die die Einwände des Religionssystems unterstützten. Zugleich muß es auch damit rechnen, daß Protestbewegungen entstehen oder die Einschaltung des Rechtssystems erfolgt. All dies beobachtet von neuem die Politik, die nun nicht mehr nur noch auf die Interessen des Wirtschaftssystems zu achten, sondern es nun auch mit einer 'öffentlichen Meinung' zu tun hat. Und dann mag es noch ein bisher ausgeschlossenes System geben, das von diesen – als Ereignissen – prozessierten Umwelterwartungen potentiell betroffen sein könnte und deshalb ständig 'mitbeobachten' muß.

29 Man denke nur an das immense Ausmaß der Stasi, die der politische Apparat der DDR dazu einsetzte, eine direkte und möglichst vollständige Beobachtung der Gesellschaft durchzuführen. Auch die Geheimdienste stellen solche Beobachtungsorganisationen des politischen Systems dar.

achten, die ihnen als Grundlage zur Ausbildung gegenseitiger Umwelterwartungen dienen können.

Im Anschluß an die obigen Überlegungen formulieren wir unsere zentrale These: Auf das Problem, in einer funktional ausdifferenzierten, von divergierenden Beobachterperspektiven gekennzeichneten Gesellschaft eine *ständige Beobachtung von Ereignissen für die Ausbildung gegenseitiger Umwelterwartungen gewährleisten* zu müssen, die *nicht auf der Selbstbeobachtung* der jeweiligen Systeme basiert, reagiert die Gesellschaft mit der Ausdifferenzierung eines eigenen Funktionssystems. Dieses Funktionssystem nennen wir *Öffentlichkeit*. Die Funktion des Öffentlichkeitssystems besteht in der Generierung und Kommunikation von Beobachtungen über die Interdependenz, d.h. die wechselseitigen Abhängigkeits- und Ergänzungsverhältnisse einer funktional ausdifferenzierten Gesellschaft. Wir widersprechen damit Luhmanns (vgl. ²1988: 645) Einschätzung, daß eine solche Beobachtungsleistung zwar gesellschaftlich wünschenswert, aber nicht durchführbar sei. Den schillernden Begriff der Öffentlichkeit haben wir bewußt gewählt. Wir halten ihn für einen, wenn nicht den zentralen Begriff der Publizistik- und Kommunikationswissenschaft. Seine oft unreflektierte und diffuse Verwendung begreifen wir daher – wie auch andere Autoren – als Herausforderung, vermehrte Anstrengung in eine wissenschaftlich präzisere Begriffsarbeit zu investieren.

Im Funktionssystem Öffentlichkeit werden Ereignisse ausschließlich unter dem Gesichtspunkt thematisiert, ob sie auf die Ausbildung von Umwelterwartungen in der *gesellschaftlichen Umwelt dieses Ereignisses* zu beziehen sind. Unter Ausbildung verstehen wir dabei nicht nur die Etablierung neuer, sondern ebenso die Änderung oder Bestätigung schon vorhandener Erwartungshaltungen eines Systems in bezug auf seine Umwelt. Die Funktion des Öffentlichkeitssystems, darauf ist ausdrücklich hinzuweisen, besteht *nicht* in der Ausbildung dieser Umwelterwartungen selbst. Seine Funktion besteht darin, die Vielfalt der gesellschaftlichen Ereignisse zu beobachten und solche Ereignisse zu kommunizieren, die *für* die Ausbildung von gesellschaftlichen Umwelterwartungen herangezogen werden können.[30] Es

30 In diesem Sinne können journalistische Themen als "Auswahl zur Orientierung konkreten Kommunikationshandelns in der und durch die Öffentlichkeit" (Rühl 1980: 325) beschrieben werden. Öffentliche Kommunikation kann zwar auch konkrete Orientierungsanweisungen für Umweltverhalten anbieten, z.B. in Form von 'Ratschlägen' – dies sind aber *zusätzliche* Leistungen, die sich nicht zwangsläufig aus der Funktionsorientierung

geht also um die Beobachtung von Ereignissen, die nicht nur in dem beobachteten System selbst zu (systeminterner) Anschlußkommunikation führen können, sondern auch und vor allem in der Umwelt dieses Systems.

Solche Ereignisse, die in mehr als einem System kontextualisiert werden können und auf diese Weise jeweils systemspezifische Anschlußkommunikationen zu erzeugen in der Lage sind, bezeichnen wir als Ereignisse mit Mehrsystemzugehörigkeit. Diese Mehrsystemzugehörigkeit von Ereignissen ist eine Folge der von uns beschriebenen Interdependenzverhältnisse in funktional ausdifferenzierten Gesellschaften. Sie ist es, die Systeme vor die Notwendigkeit stellt, Umwelterwartungen auszubilden, um die eigenen Systemgrenzen in der Abstimmung auf die Umwelt stabilisieren zu können. In diesem Sinne, so können wir unsere Funktionsbeschreibung spezifizieren, tut das Öffentlichkeitssystem nichts anderes, als *über die Mehrsystemzugehörigkeit von Ereignissen zu kommunizieren.*[31]

Diese Funktionsbeschreibung ist vereinbar mit bisherigen Vorschlägen zur Funktion der Publizistik, der Massenmedien oder des Journalismus (vgl. Kap. 6.2.1). So sieht Marcinkowski (1993: 118) "die publizistische Primärfunktion in der Ermöglichung der Selbstbeobachtung moderner Gesellschaften". Publizistik reduziere dadurch Weltkomplexität auf beobachtbare Themenstrukturen und werde damit "zur Voraussetzung für sinnhafte Orientierung in dieser Welt." (ebd.: 120) Luhmann (1995c: 64) sieht die Funktion der Massenmedien "im Dirigieren der Selbstbeobachtung und Selbstbeschreibung des Gesellschaftssystems", leitet daraus allerdings nicht wie Marcinkowski (vgl. 1993: 128 u. 130) die Hoffnung auf eine Integrationsfunktion ab; die Funktion der Massenmedien liege vielmehr "in der ständigen Erzeugung und Bearbeitung von Irritation" (Luhmann 1995c: 65).[32] Weischenberg (1994: 429) weist darauf hin, daß journalistische

---

des Öffentlichkeitssystems ergeben. Unter diese zusätzlichen Leistungen fällt übrigens auch die Kommunikation wissenschaftlichen Orientierungswissens (vgl. Kap. 7.1 u. 7.2).

31 "Eine besondere Leistung der Beobachtung besteht vor allem darin, *Ereignisse mit Mehrsystemzugehörigkeit als Einheiten identifizieren zu können.* Man muß sich klar machen, was dies bedeutet in einer Welt, in der Ereignisse durch operativ geschlossene Systeme reproduziert werden und in der alle lebenden Systeme (Zellen, Immunsysteme, Gehirne etc.) nur ihre eigenen Zustände erkennen können. [...] Solche Ereignisse sind zwar artifizielle Konstruktionen. Sie haben keine einheitliche Vergangenheit und keine einheitliche Zukunft. Sie führen Geschichte zusammen und wieder auseinander. Sie integrieren und desintegrieren die unterschiedlichsten Systeme, aber alles nur für den Moment in dem die Operation Beobachtung sich aktualisiert." (Luhmann 1992a: 88 f.)

32 "Nur von den Massenmedien erwarten wir dieses Sonderleistung jeden Tag, und nur so ist es möglich, die moderne Gesellschaft in ihrem Kommunikationsvollzug endogen un-

Wirklichkeitskonstruktionen an "sozial verbindliche Wirklichkeitsmodelle und ihre Referenzmechanismen gebunden sind." In ähnlicher Weise spricht Rühl (1980: 325) von der Erzeugung einer "*symbolische*[*n*] *Wirklichkeit*" durch die Her- und Bereitstellung von Themen zur öffentlichen Kommunikation.

Die von uns im Anschluß an die bisherige systemtheoretisch orientierte Journalismustheorie entwickelte Funktionsbeschreibung stellt unseres Erachtens eine weitere Spezifizierung dieser Funktionsbeschreibungen dar: Sie macht zum einen deutlich, worin die Besonderheit dieser besonderen Selbstbeobachtung von Gesellschaft liegt[33] und sie spezifiziert die Art und Weise der Erzeugung von Irritation und der Sozialverbindlichkeit. Des weiteren haben wir versucht, öffentliche Kommunikation über Sinngrenzen zu definieren und nicht, wie Luhmann und letztlich auch Marcinkowski, über ihre Bindung an technische Verbreitungsmedien. Schließlich betrachten wir im Gegensatz zu Weischenberg nicht Journalismus selbst, sondern die Öffentlichkeit als Funktionssystem. Zur Öffentlichkeit können auch Kommunikationen zählen, die nicht von journalistischen Organisationen erzeugt werden, wie z.B. Klatsch, Gerüchte, Mundpropaganda, öffentliche Versammlungen und Gespräche.[34] Auf die besondere Funktion des Journalismus im Öffentlichkeitssystem werden wir in Kap. 6.3.2 eingehen.

So wie das Wissenschaftssystem seine Kommunikationen als 'wahr' oder 'unwahr' auszeichnet und dadurch seine internen Anschlußkommunikationen steuert, so muß auch das Öffentlichkeitssystem über einen zweiwertigen Code verfügen, mit dem es sich gegenüber seiner Umwelt abgrenzen kann. Ein zusätzliches Erfordernis für die Kennzeichnung eines Funktionssystems besteht in der Benennung eines symbolisch generalisierten Kommunikationsmediums, mit dessen Hilfe systemspezifische Anschlußkommunikationen motiviert werden (vgl. Kap. 6.1.3). Dabei müssen sowohl das Medium als auch der Code aus der grundlegenden Problemorientierung des Funktionssystems abgeleitet werden. Das Öffentlichkeitssystem gewinnt seine operative Geschlossenheit, indem es seine Kommunikatio-

---

ruhig einzurichten wie ein Gehirn und sie damit *an einer allzu starken Bindung an etablierte Strukturen zu hindern*." (Luhmann 1995c: 65; Hvhg. MK)

33 Jedes Funktionssystem führt anhand seines Codes eine spezifische Selbstbeobachtung von Gesellschaft durch. Es ist also zu allgemein, Öffentlichkeit bzw. Publizistik nur die Funktion der Selbstbeobachtung von Gesellschaft zuzuweisen.

34 Vgl. zu einer solchen Unterscheidung verschiedener Öffentlichkeitsebenen Gerhards 1994: 84.

nen entweder als 'mehrsystemzugehörig' oder 'nicht mehrsystemzugehörig' auszeichnet. Die Anschlußfähigkeit seiner Kommunikation versucht es, mit Hilfe des symbolisch generalisierten Kommunikationsmediums 'Mehrsy stemzugehörigkeit' zu motivieren.

Der Code 'mehrsystemzugehörig vs. nicht mehrsystemzugehörig' verleiht dem symbolisch generalisierten Kommunikationsmedium 'Mehrsystemzugehörigkeit' einen positiven und einen negativen Wert. Wenn man sich also erst einmal durch das Medium hat motivieren lassen, im Öffentlichkeitssystem zu kommunizieren, kann man sowohl über die Zuordnung eines dieser beiden Werte entscheiden als auch weitere thematische Beiträge hierzu absetzen. Die Anschlußfähigkeit von Kommunikationen im Öffentlichkeitssystem wird dadurch hergestellt, daß sie die potentielle Zugehörigkeit von Ereignissen in einem beobachteten System zu *anderen Systeme in dessen Umwelt* thematisieren. Die Motivationskraft einer solchen Kommunikation liegt darin, daß Ereignisse mit Mehrsystemzugehörigkeit zur Ausbildung, d.h. Generierung, Modifikation oder Bestätigung, gegenseitiger Umwelterwartungen führen. Auf die existenzielle Notwendigkeit einer solchen Ausbildung von Umwelterwartungen für spezialisierte Funktionssysteme haben wir weiter oben hingewiesen.

Wenn über Ereignisse unter diesem Gesichtspunkt der Mehrsystemzugehörigkeit kommuniziert wird, kann man von *öffentlicher* Kommunikation sprechen. Diese Kommunikation ist nicht wissenschaftlich (sie stellt nicht Wahrheit zur Disposition), sie ist nicht rechtlich (sie entscheidet nicht über Gerechtigkeit) und sie ist auch nicht politisch in dem Sinne, daß sie mit Hilfe von Macht kollektiv verbindliche Entscheidungen herstellt. Die gesellschaftliche Funktionalität öffentlicher Kommunikation erweist sich vielmehr in der hochselektiven Auswahl und Thematisierung von Ereignissen, die als Grundlage für die Ausbildung gegenseitiger gesellschaftlicher Umwelterwartungen dienen können.

6.3.2 *Journalismus als Leistungssystem der Öffentlichkeit*

Kein Funktionssystem könnte seine Funktion ohne weitere systeminterne Strukturierungen erfüllen. Es kommt daher fast zwangsläufig zur Bildung von organisierten Leistungsrollen (Leistungssystemen). Im Funktionssystem Öffentlichkeit – so unsere These – *übernimmt Journalismus diese Lei-*

stungsrolle. Wir wählen diese Bezeichnung deshalb nicht für das gesamte Funktionssystem, weil das klassische Verständnis des Nachrichtenjournalismus bei weitem nicht alles mit einbezieht, was einem Funktionssystem Öffentlichkeit zugeordnet werden kann. Zu öffentlicher Kommunikation müssen aller Wahrscheinlichkeit nach auch Kommunikationsformen wie Klatsch, Mundpropaganda, Gerüchte usw. gerechnet werden. Journalistische Kommunikation ist also immer öffentliche Kommunikation, öffentliche Kommunikation aber nicht immer journalistische. Im Folgenden werden wir uns auf Journalismus, als Leistungssystem des Öffentlichkeitssystems, beschränken.

Wenn Journalismus seine Umwelt beobachtet, unterscheidet er alle Ereignisse danach, ob sie zur Ausbildung gesellschaftlicher Umwelterwartungen beitragen können oder nicht, d.h. ob sie als Ereignisse mit Mehrsystemzugehörigkeit zu betrachten sind. Journalismus übernimmt damit eine Funktion, die andere Funktionssysteme bei weitem überfordern würde. Der Vorteil für die Gesellschaft besteht darin, daß sie zur Ausbildung eigener Umwelterwartungen – immer im Hinblick auf ihre jeweilige gesellschaftliche Umwelt – sich hauptsächlich auf die Beobachtung journalistischer Berichterstattung stützen kann.[35] Man kann dann immer noch entscheiden, ob man die Informationen des Journalismus wirklich zum Anlaß nimmt, seine Umwelterwartungen zu ändern. Und falls man die Mehrsystemzugehörigkeit eines Ereignisses für gegeben erachtet, wird man in aller Regel eigene Beobachtungen anschließen, um sich seiner Bedeutung zu vergewissern und eine exaktere Abstimmung seiner Umwelterwartungen vorzunehmen. All dies ist aber ohne die Selektionsleistung des Journalismus nicht möglich.[36] Je länger die Karriere eines journalistischen Themas andauert[37], desto wahrscheinlicher wird es sein, daß sich die Umwelt des Journalismus davon beeindrucken läßt und ihre jeweiligen gesellschaftlichen Umweltwar-

35 Wir wenden uns damit gegen die Vorstellung, daß *nur* Öffentlichkeit bzw. Journalismus über die Mehrsystemzugehörigkeit von Ereignissen kommunizieren können: "*Journalismus hat kein Monopol für die Thematisierung öffentlicher Kommunikation. Er verfügt allerdings über den gesellschaftlich konsentierten Primat, Themen zur öffentlichen Kommunikation herzustellen und bereitzustellen.*" (Rühl 1980: 329) Vgl. ebenso Luhmann 1995c: 65.

36 Natürlich wird es auch weiterhin vorkommen, daß Systeme von sich aus Umweltbeobachtungen anregen, um sich von ihrer Umwelt ein 'Bild zu machen'. Als Beispiel ist hier die Demoskopie zu nennen. Allerdings wird Journalismus auch dies beobachten, so daß die anderen Systeme Erwartungen darüber aufbauen können, mit welchen Erwartungen das wissenschaftlich angeregte System nun die Zukunft plant.

37 Zum Begriff der Themenkarriere vgl. Luhmann 1971.

tungen darauf abstellt. Umgekehrt hängt aber auch die Karriere eines Themas davon ab, ob Journalismus weitere öffentliche Kommunikation hierzu erzeugen kann. Journalismus wird also beobachten, ob und wie seine öffentliche Kommunikation 'ankommt', d.h. in welcher Weise sie in seiner Umwelt Anschlußkommunikation auslöst. Eben diese Anschlußkommunikation wird er wiederum danach beurteilen und selektieren, ob sie als Ereignis mit Mehrsystemzugehörigkeit zur Ausbildung weiterer gesellschaftlicher Umwelterwartungen geeignet ist.

Journalismus selbst richtet sich nicht direkt an andere Kommunikationssysteme oder reicht in sie hinein. Dies ist aufgrund der operativen Geschlossenheit des Systems Öffentlichkeit nicht möglich. Funktionssysteme sind nicht Teile eines Ganzen, in dem Sinne, daß jedes Funktionssystem einen bestimmten Teil der Gesellschaft ausmachte. Aus ihrer Perspektive gibt es nur eine mögliche Sicht von Gesellschaft, und das ist ihre eigene. So schließt das Politiksystem potentiell alle wahlberechtigten Bürger ein, also z.B. auch Wissenschaftler, Richter und Journalisten. Die Zugangsbedingungen zum Öffentlichkeitssystem sind noch weniger streng. Man muß im Prinzip nur Sprache oder Schrift beherrschen, um hier Kommunikationen absetzen zu können.[38] Die Grenzen von Kommunikationssystemen sind Sinngrenzen, die einander ausschließen. Bewußtseinssysteme können daher nicht gleichzeitig im Politiksystem und im Öffentlichkeitssystem kommunizieren.[39] Sie können aber stets ihre Zugehörigkeit zu einem System wechseln. Man kann noch eben wissenschaftlich disputiert haben, im nächsten Moment einkaufen gehen, an einer Gemeinderatssitzung teilnehmen und dann im Öffentlichkeitssystem über das letzte Urteil des Verfassungsgerichts reden.

All dies sind bestimmte Selektionsentscheidungen, die auch hätten anders ausfallen können. Kommunikationssysteme existieren nur, wenn sie solche Entscheidungen motivieren können. Das bedeutet für Journalismus daß er stets Publika für seine Informationsangebote gewinnen muß. Für diese Publika liegt die Bedeutung journalistischer Informationsangebote darin begründet, daß sie auch in anderen Gesellschaftssystemen kommuni-

38 Strenggenommen können also nicht-wahlberechtigte Ausländer nicht am Politiksystem partizipieren. Sie können nur über Politik reden – im Öffentlichkeitssystem.

39 Aus systemtheoretischer Sicht können Bewußtseinssysteme nicht kommunizieren. Wir haben aber schon ausgeführt, daß Kommunikationsprozesse nur dann beschreibbar sind, wenn sie als Handlungen zugerechnet werden (vgl. Kap. 6.1.2).

zieren müssen[40] Die potentielle Mehrsystemzugehörigkeit journalistisch thematisierter Ereignisse wird sie dazu bewegen, an der öffentlichen Kommunikation teilzunehmen. Entscheidend dafür ist, daß sie die journalistischen Informationsangebote im Hinblick auf die Unterscheidung von 'mehrsystemzugehörig vs. nicht mehrsystemzugehörig' kontextualisieren, nicht aber z.B. im Hinblick auf die Unterscheidung von 'wahr vs. unwahr' oder 'Recht vs Unrecht'.[41] Öffentliche Kommunikation entsteht also *nicht* schon dadurch, daß man einen Zeitungsbericht liest oder die Fernsehnachrichten verfolgt. Publikation allein ist 'nur' eine Voraussetzung, allerdings eine entscheidende, um öffentliche Kommunikation auch unter Abwesenheit zu ermöglichen. Erst wenn man diese Informationsangebote mit Hilfe des Codes 'mehrsystemzugehörig vs. 'nicht mehrsystemzugehörig' in den spezifischen Kontext der möglichen Ausbildung von Umwelterwartungen in einer interdependenten Gesellschaft stellt, bewegt man sich im System Öffentlichkeit.[42]

Diese Verstehensleistung kann sofort zu Anschlußkommunikation im Öffentlichkeitssystem führen (man diskutiert mit anderen *über* das neue Gesetz zum Schwangerschaftsabbruch), sie kann auch sofort zu Anschlußkommunikationen in der Umwelt des Öffentlichkeitssystems führen (man wechselt in das Rechtssystem über und reicht eine Verfassungsklage ein). Genauso wahrscheinlich ist aber auch, daß man das Informationsangebot des Journalismus annimmt, ohne dies sofort zu kommunizieren. Auf diese Weise läßt sich das Verstehen im Medium 'Mehrsystemzugehörigkeit' nicht beobachten, da Verstehen nur in Anschlußkommunikation festgestellt werden kann. Es kann somit nur unterstellt werden. Diese Unterstellung von Bekanntheit ist aber keine spezifische Besonderheit des Systems Öffentlichkeit. Auch in anderen Funktionssystemen muß man unterstellen, daß systeminterne Ereignisse, vor allem dann, wenn sie publiziert wurden, eventuell selektiert werden. So ist es z.B. im Wissenschaftssystem jederzeit

40 Im Abschnitt "Umweltkontakt und Intersystembeziehungen der Publizistik" erwähnt Marcinkowski (1993: 136) einmal, daß das Publikum "den Inhalt der publizistisch mitgeteilten Kommunikationen sofort auf seine Verwendbarkeit für Kommunikationen in anderen Funktionsrollen hin überprüfen" wird. Wir sehen hierin einen – allerdings nicht weiter verfolgten – Hinweis auf unsere Funktionsbeschreibung, daß Öffentlichkeit über Ereignisse mit Mehrsystemzugehörigkeit kommuniziert.

41 Natürlich kann man das Ereignis auch in diesen Kontext stellen, aber erst *nachdem* man ihm Mehrsystemzugehörigkeit zugesprochen hat.

42 Wenn man dagegen Zeitungsartikel nur deshalb liest, um sie für eine wissenschaftliche Inhaltsanalyse auszuwerten, bewegt man sich in einem gänzlich verschiedenen Kontext. Das gleiche gilt übrigens – darauf sei hier schon einmal hingewiesen – auch für das Verfahren, Wissenschaftsberichterstattung nach *wissenschaftlichen* Kriterien zu bewerten.

möglich, daß auch ältere Publikationen reaktualisiert werden und (von neuem) in die wissenschaftliche Kommunikation eingehen. Die potentielle Nicht-Beobachtbarkeit der Verstehensleistungen des journalistischen Publikums wird vor allem in der kommunikationswissenschaftlichen Wirkungsforschung, die von journalistischen Informationsangeboten auf kausale gesellschaftliche Wirkungen schließt, zum Problem. Daß sie diesen Zusammenhang herstellt, sehen wir übrigens als eine Bestätigung unserer Funktionsbeschreibung für Journalismus an.[43] Da journalistische Informationsangebote sowohl im Öffentlichkeitssystem verstanden werden können als auch – in ihrer Umwelt – zur Änderung gesellschaftlicher Umwelterwartungen führen können, ohne sofortiges Anschlußhandeln auszulösen, können sie auch mit zeitlicher Verzögerung noch 'wirksam' werden.[44]

6.3.3 Journalistische Selektivität

Die mögliche Auszeichnung eines Ereignisses als 'mehrsystemzugehörig' oder 'nicht mehrsystemzugehörig' sagt noch nichts darüber aus, nach welchen Kriterien Journalismus diesen Code zuweist. Prinzipiell eignen sich alle Ereignisse dazu, auch in anderen Systemen kontextualisiert zu werden. Journalismus muß daher über Programme (Regeln für die Richtigkeit einer Selektion) verfügen, die ihm die Zuordnung des Codes zu bestimmten Ereignissen ermöglichen. Aus journalistischer Sicht bemißt sich der Wert eines Ereignisses an seiner Potenz, entweder in möglichst vielen Kommunikationssystemen als Ereignis behandelt werden zu können, oder in einem System möglichst hoch bewertete und strukturell fest verankerte gesellschaftliche Umwelterwartungen zu tangieren.

Dies erklärt zum einen die journalistische Präferenz für Neues, da bevorzugt Neuigkeiten zur Änderung von Umwelterwartungen führen. Es erklärt

---

43 Um dann diese Wirkungen trotz Nicht-Beobachtbarkeit der Verstehensleistung herzustellen, werden oft sehr gewagte Gedankengebäude konstruiert. So unterscheidet z.B. Kepplinger (1992: 181 f.) nicht nur zwischen tatsächlicher und Publikumsrealität; der Autor versucht zudem, die geringe Erklärungskraft seiner Wirkungsvariablen mit dem Rekurs auf die unbewußten Konstruktionsleistungen des Publikums zu kompensieren.

44 Wir vermuten, daß sich auf diese Weise auch Phänomene wie der sogenannte Sleeper-Effekt (vgl. Hovland 1954) erklären lassen können. Zudem können einmal rezipierte Informationen im Laufe der Zeit umcodiert werden: Was man bei der Rezeption noch nicht als relevant für sein gesellschaftliches Handeln erachtete, mag einige Zeit später genau umgekehrt bewertet werden. Dies macht es um so problematischer, sogenannte Wirkungen noch kausal auf einzelne, zeitlich isolierte journalistische Themen zu beziehen.

zum anderen die bevorzugte Auswahl von Ereignissen, die etablierten Umwelterwartungen eines Kommunikationssystems zuwiderlaufen. Die journalistische (öffentliche) Relevanz von Ereignissen bemißt sich nach ihrer vermuteten Irritationskraft für ihre gesellschaftliche Umwelt (nicht für das beobachtete System selbst!). Beide Faktoren, Neuigkeit und journalistische Relevanz, müssen – als journalistische Aktualität – zusammenkommen, damit Journalismus ein Ereignis als öffentliches Thema auszeichnet.[45] Hierin liegt der Grund, warum journalistische Kommunikation Diskontinuitäten wie Krisen, Konflikten und Katastrophen einen hohen Selektionswert einräumt. Zugleich kann er aber nicht ausschließlich über derartig gravierende Diskontinuitäten kommunizieren, um ein nicht zu großes Irritationspotential freizusetzen.

Die Kriterien Neuigkeit und Relevanz sind auf der Programmebene des Journalismus anzusiedeln. Sie erlauben es, über die Zuordnung des Codes zu disponieren. Programme sind prinzipiell veränderbar. Sie ermöglichen es dem Journalismus, sich auf veränderte Umweltbedingungen einzustellen und auf diese Weise flexibel zu bleiben. Als Regeln für die Richtigkeit von Selektionen sind die Kriterien Neuigkeit und Relevanz aber noch zu allgemein. Auch in anderen Systemen gibt es Neues und Relevantes. Es stellt sich daher die Frage, in welcher Weise Journalismus seine Programmstrukturen ausbildet. Wir vermuten, daß Journalismus eine sehr ausgeprägte Vorstellung von seiner Umwelt entwickelt, und zwar als einer differenzierten Umwelt (vgl. Luhmann ^{2}1988a: 256). Journalismus hat eine konkrete Vorstellung davon, daß es noch andere Systeme außer ihm gibt. Er erkennt zudem (vielleicht besser als die anderen Systeme[46]), daß sich die Kommunikationen dieser anderen Systeme unterscheiden und ist in der Lage, einzelne Kommunikationen bestimmten Systemen zuzuordnen.

Wir nehmen des weiteren an, daß Journalismus auf der Ebene seiner Programme eine relativ stark vereinfachte Simulation anderer Systemperspektiven vornimmt.[47] Wenn er also z.B. ein Ereignis beobachtet, das er

---

45 Wir beziehen uns hier auf den Aktualitätsbegriff von Merten (1973), der Aktualität als das Produkt von Überraschung und Relevanz definiert.

46 Das heißt aber nicht, daß er über eine höhere Rationalität (vgl. Kap. 6.3.1) verfügt, sich also seiner Kontingenz bewußt wäre und sie besser auf Gesellschaft abstimmen könnte. Journalismus nutzt dieses Wissen vielmehr strategisch für sich aus. Es ist daher wenig plausibel, vom ihm eine größere Integrationskraft als von anderen Systemen zu verlangen (vgl. Kap. 6.3.4).

47 So wie wir hier im Wissenschaftssystem eine eher komplexe Simulation der journalistischen Perspektive erzeugen.

dem Rechtssystem zurechnet (das Kruzifix-Urteil des Bundesverfassungsgerichts), wird er es jeweils aus der Perspektive anderer ihm bekannter Systeme auf seine Neuigkeit und seine Relevanz hin prüfen. Er wird dann feststellen, daß dieses Urteil im System Religion sowohl einen hohen Neuigkeitswert besitzt als auch relativ stark strukturell abgesicherte gesellschaftliche Umwelterwartungen in Frage stellt (man denke nur an den Vergleich mit dem Nationalsozialismus), also für dieses System hochrelevant ist. Journalismus wird zudem aus seiner Kenntnis politischer Kommunikation die Vermutung ableiten, daß zumindest Teilbereiche der Politik (die christlichen Parteien, vor allem die CSU) höchstwahrscheinlich auf diese Irritationen reagieren werden.[48] Er wird also zu dem Codewert 'mehrsystemzugehörig' tendieren und dieses Ereignis als journalistisches Thema kommunizieren. Die gleichen Kriterien wird er auf die Anschlußkommunikationen anwenden, sowohl auf die im eigenen System (Publikumsbeobachtung) als auch auf die in seiner Umwelt (Politik, Religion). Bei Fortsetzung der Themenkarriere des 'Kruzifix-Urteils' wird er auch die anderen Kommunikationssysteme nicht aus dem Blick verlieren, hier vor allem das Rechtssystem, dessen gesellschaftliche Umwelterwartungen durch die teilweise scharfen Angriffe auf die Autonomie des Bundesverfassungsgerichts ebenfalls erheblich tangiert werden.[49]

Dieses Beispiel verdeutlicht, daß die normative Setzung von Berichterstattungsnormen ein äußerst ungenügendes Instrument ist, um die Selektivität des Journalismus erfassen zu können. Journalismus gewinnt seine Kriterien von Neuigkeit und Relevanz ieweils in Relation zu der spezifischen Operationsweise derjenigen Kommunikationssysteme, die er der gesellschaftlichen Umwelt des beobachteten Systems zurechnet.[50] Hierin be-

48 Natürlich kann es auch vorkommen, daß Journalismus erst durch die Reaktionen anderer Systeme auf ein bestimmtes Ereignis aufmerksam wird. Dies ändert aber nichts an seiner spezifischen Operationsweise, Ereignisse nur im Hinblick auf ihre Mehrsystemzugehörigkeit zu thematisieren.

49 Vor diesem Hintergrund relativiert sich auch der Vorwurf einer mangelnden Publikumskenntnis als einer Besonderheit des Journalismus. Jedes Funktionssystem, das die Annahme seiner Kommunikation trotz Abwesenheit sicherstellen muß, kennt sein Publikum nicht persönlich. Journalismus lernt über sein Publikum, indem er ständig beobachtet, ob seine Informationsangebote Anschlußkommunikationen auslösen.

50 Auch in Relation zu seiner eigenen Operationsweise: Bei der Berichterstattung 1995 über die Zukunft der *ARD* ging es auch um die gesellschaftlichen Umwelterwartungen des Journalismussystems. Ein interessanter Aspekt ist in diesem Zusammenhang, daß es sich bei der betreffenden Berichterstattung in der *ARD* selbst um *Selbstbeobachtung* handelte und somit *nicht* um journalistische Kommunikation. Über solche Spezialfälle hinaus dürfte die journalistische Beobachtung von Journalismus (z.B. Pressestimmen)

steht der grundsätzliche theoretische Unterschied von journalistischer und PR-Kommunikation. Public Relations gewinnt ihre Kriterien von Neuigkeit und Relevanz zuerst aus der Operationsweise des Systems, über dessen Ereignisse sie kommuniziert, auch wenn sie diese Selektionskriterien aus strategischen Gründen nicht mitteilen wird.

Um publikumsrelevante Selektionskriterien zu gewinnen, berücksichtigt Journalismus z.B. auch Kriterien, die er aus der Beobachtung stratifikatorischer Differenzierung (vgl. Kap. 6.1.3) ableitet, wie z.B. Kriterien der Hierarchie, die in der Nachrichtenwertforschung als Bezug auf Elitepersonen und Bezug auf Elitenationen (vgl. Galtung/Ruge 1965; vgl. Ruhrmann 1989) bekanntgeworden sind. Aus der Beobachtung segmentärer Differenzierungen leitet er die Unterscheidung verschiedener politischer Systeme mit Territorialgrenzen ab.[51] Solche und andere Selektionskriterien werden natürlich nicht täglich neu konstruiert. Sie werden vielmehr als Programme strukturell abgesichert und auf Dauer bereitgestellt. Dadurch sind sie erwartbar und können relativ schnell weitergegeben und erlernt werden. Auch Werte wie z.B. Demokratie und Meinungsfreiheit können als feste Selektionsraster auf dieser Programmebene etabliert werden. Mit Hilfe dieser und anderer systeminterner Strukturen (vgl. Weischenberg 1994: 435 ff.) steigert Journalismus seine Effektivität in zeitlicher (Tagesaktualität), sozialer (Publikumsreichweite) und sachlicher (Themenvielfalt) Hinsicht.

Programme stellen im Prinzip die gesellschaftlichen Umwelterwartungen des *Journalismus* dar. Trotz ihrer strukturellen Absicherung sind sie aber stets offen für Veränderungen, denn nur so kann Journalismus auf Irritationen durch seine Umwelt reagieren (z.B. Auflagenschwund oder Medienkritik). Es ist anzunehmen, daß Journalismus seine in den Selektionsprogrammen institutionalisierten Erwartungen *in Reaktion auf* Ereignisse in seiner Umwelt abändert – im Gegensatz zur Wissenschaft ist er für prognostizierende Aussagen nämlich gar nicht gerüstet. Aus der Reaktivität journalistischer Programmänderungen läßt sich ein erheblicher Einwand gegen Behauptungen ableiten, die Journalismus in der Rolle eines gesellschaftlichen

---

als relativ unproblematisch – im Hinblick auf ihre Unabhängigkeit – bewertet werden. Sie ist möglich, weil auch Journalismus in verschiedene autonome Subsysteme ausdifferenziert ist.

51 Am Beispiel *internationaler* Krisen läßt sich zeigen, wie Journalismus – über die Anschlußkommunikationen seines Publikums im politischen System – ein nationales politisches System dazu bewegen kann, die Krise eines anderen nationalen Politiksystems auch als eigene Krise zu klassifizieren, und damit als ein Ereignis mit Mehrsystemzugehörigkeit (vgl. Kohring/Görke/Ruhrmann 1996).

Vorreiters bei der Ausbildung gesellschaftlicher Umwelterwartungen sehen. Daß Journalismus z.B. in den siebziger Jahren eine Technikfeindlichkeit gegenüber der wissenschaftlich-technischen Entwicklung allein herbeigeschrieben haben soll (vgl. Kepplinger 1989a; Noelle-Neumann/Hansen 1988; 1991a; 1991b; vgl. Kap. 3.1.2, 3.3.4.2), muß dann als äußerst fraglich bezeichnet werden.

Wir nehmen viel eher an, daß die journalistische Beobachtung von Gesellschaft weitaus sensibler auf Änderungstendenzen reagiert als dies z.B. die wissenschaftliche Beobachtung vermag. Dies ist auf den (nicht nur von der Wissenschaftsjournalismus-Forschung ignorierten) spezifischen Prozeßcharakter journalistischer Kommunikation zurückzuführen. Auch die Wissenschaft kann mit Hilfe ihrer empirischen Methoden sehr differenzierte Beobachtungen von Gesellschaft durchführen. Die bekanntesten Methoden sind hier das Interview und die teilnehmende Beobachtung.[52] Zur theoretischen Aufarbeitung dieser empirischen Beobachtungen braucht Wissenschaft aber Zeit, d.h. sie kann diese aufwendigen Operationen nur darum durchführen, weil sie auf eine ständige Beobachtung von Gesellschaft verzichtet. Nur so kann sie die erfaßte Komplexität in sachlicher Hinsicht 'kleinarbeiten' und sie in die Form weniger hypothetischer Aussagen überführen. Diese Aussagen sollen dann möglichst dazu angetan sein, gesellschaftliche Prozesse generalisierend zu beschreiben und sogar, in Form von Prognosen, Grundlagen künftiger gesellschaftlicher Orientierung bereitzustellen. Zugleich ergibt sich aber auch die Frage, woher sie überhaupt wissen kann, daß sie die 'richtigen' Probleme bearbeitet. Auch Wissenschaft kann daher nicht auf die Beobachtung von journalistischen Beobachtungen verzichten wenn sie sich der gesellschaftlichen Relevanz ihrer Problemstellungen vergewissern will.

Der spezifische Prozeßcharakter von Journalismus leitet sich dagegen aus der Notwendigkeit einer ständigen Beobachtung von Gesellschaft ab. Geht es in der Wissenschaft um eine Steigerung der sachlichen Reflexivität, so geht es im Journalismus vor allem um eine Steigerung der zeitlichen

---

52 Die gerade in der Kommunikationswissenschaft populäre Methode der Inhaltsanalyse von journalistischen Produkten ist demgegenüber eine Beobachtung von journalistischer Beobachtung. Es ist daher methodisch unzulässig, sie auf der Grundlage direkter wissenschaftlicher Beobachtungen zu bewerten. Übrigens ist aus denselben Gründen – diesen Hinweis verdanke ich Detlef Hug – auch der Vergleich von journalistischer Selektion und Rezipientenselektion, sofern sich diese auf *schon erfolgte journalistische* Beobachtungen bezieht (vgl. Ruhrmann 1994: 255 f.), methodisch fragwürdig.

Reflexivität von Gesellschaftsbeschreibung. Wir haben die journalistische Operationsweise als eine ständige Beobachtung von Ereignissen im Hinblick auf deren potentielle Mehrsystemzugehörigkeit beschrieben. Journalistische Kommunikation ist ein ununterbrochenes Prozessieren von Kommunikationen über die Auszeichnung von Ereignissen als 'mehrsystemzugehörig' oder 'nicht mehrsystemzugehörig'.[53] In diesem Sinne ist Journalismus ereignisorientiert (vgl. Weischenberg 1994: 430). Strukturen gewinnt das Bild, das Journalismus von Gesellschaft entwirft, daher auch nur in einer kontinuierlichen Beobachtung der Berichterstattung. Wer nur zweimal im Jahr die Zeitung liest, wird sich kaum darauf verlassen können, daß die auf dieser Grundlage ausgebildeten Umwelterwartungen viabel sind.[54]

Natürlich sind auch diese journalistischen Beobachtungen schon durch die Programmstrukturen des Journalismus selbst vorselektiert. Darin, daß diese Selektion dem Journalismus überlassen wird, liegt für die Gesellschaft auch das Risiko Journalistischer Gesellschaftsbeschreibung begründet. Aber auch dies ist keine Besonderheit des Journalismus bzw. des Öffentlichkeitssystems, sondern das grundsätzliche Risiko funktionaler Gesellschaftsdifferenzierung, die die Bearbeitung gesellschaftlicher Problemlagen exklusiv der Selektivität einzelner Funktionssysteme überantwortet. In gleicher Weise sind auch politische Entscheidungen riskant, und daß auch das Wissenschaftssystem gesellschaftliche Risiken erzeugt, zeigt sich schon im Schlagwort von der Risikogesellschaft (vgl. Beck 1986). Je mehr der zeitliche Prozeßcharakter journalistischer Beobachtung von Gesellschaft im Vordergrund steht – wir sagen absichtlich im Vordergrund, da eine Reduktion von journalistischer Kommunikation auf die Unterscheidung von 'neu vs. alt' (vgl. Spangenberg 1993; Blöbaum 1994) den Relevanzaspekt ignoriert – desto geringere Komplexität weist die sachliche und soziale Dimension auf. Rein theoretisch könnte Journalismus natürlich auch in der tagesaktuellen Berichterstattung 'in die Tiefe' gehen – daß er es nicht tut, hängt wohl hauptsächlich damit zusammen, daß dann die Beobachtung journalistischer Beobachtungen durch die Gesellschaft zuviel Zeit erfordern würde. 'Ober-

53 Die Frage nach dem Autopoiesis-Charakter des Öffentlichkeitssystems (vgl. Luhmann [2]1988a: 60 ff.; 1992a: 28 ff.) können wir hier nicht behandeln. Sie wäre ein Thema für eine eigene Untersuchung.

54 Es ist noch einmal darauf hinzuweisen, daß die Ausbildung von Umwelterwartungen schon in der Umwelt des Öffentlichkeitssystems stattfindet.

flächlichkeit' ist damit eher als funktionales Erfordernis tagesaktueller Berichterstattung anzusehen.[55]

Anhand des Verhältnisses von zeitlicher (Schnelligkeit), sachlicher (Hintergrundwissen) und sozialer (Publikumsspezifizierung) Dimension lassen sich auch interne Differenzierungen im Journalismussystem beschreiben. Die funktionale Besonderheit tagesaktueller Berichterstattung ist anscheinend auf den Umstand zurückzuführen, daß gesellschaftliche Umwelterwartungen ständig aktualisiert werden müssen. Merten (1990: 36) bezeichnet dies als "updating-Funktion. Sowie diese erfüllt ist, ist das Nachrichtenwissen wertlos: Nachrichten sind zum Vergessen." Eine nicht auf Tagesaktualität bezogene Berichterstattung konzentriert sich schon mehr auf die sachliche Dimension gesellschaftlicher Umwelterwartungen. Sie kann dies aber nur tun, weil sie in zeitlicher Hinsicht durch die tagesaktuelle Berichterstattung entlastet ist. Das Publikum dieser Berichterstattung ist in der Lage, 'Hintergrundwissen' über gesellschaftliche Umwelterwartungen zu erlangen, die es für potentiell relevant hält. Berichterstattung, die sich in sachlicher Hinsicht auf die Ausbildung gesellschaftlicher Umwelterwartungen in bezug auf nur ein einziges Kommunikationssystem konzentriert, wird in der Literatur als Special-interest-Berichterstattung bezeichnet. Schließlich gibt es noch einen Typus von Journalismus, der gesellschaftliche Ereignisse nur im Hinblick darauf beobachtet, ob sie zur Ausbildung von gesellschaftlichen Umwelterwartungen beiträgt, die für bestimmte gesellschaftliche Rollen handlungsrelevant sein könnten. Hierbei handelt es sich um die sogenannten Zielgruppen-Zeitschriften.[56]

---

55 Eine qualitative Kritik von tagesaktuellem Journalismus sollte daher nicht zu sehr den sachlichen Aspekt in den Vordergrund stellen. Wenn in Form umfangreicher, teilweise wissenschaftlicher Argumentationen (also unter Aufwendung erheblicher Zeitressourcen) nachträglich sachliche Fehler 'bewiesen' werden, wird der zeitliche Prozeßcharakter journalistischer Selektivität völlig verkannt. Vgl. als ein Beispiel in bezug auf die Wissenschaftsberichterstattung Kalt 1992: 223 - 337; Kalt/Hanfeld 1995: 237 - 344.

56 Aus unserer Definition von Öffentlichkeit bzw. Journalismus lassen sich übrigens auch Konsequenzen für den kommunikationswissenschaftlichen Zeitschriften-Begriff ableiten. Fachzeitschriften (z.B. die *Publizistik*), Standes-, Berufs und Verbandszeitschriften, Kunden-, Haus- und Werkzeitschriften sind – anders als es Marcinkowskis (1993) Definition nahelegt (vgl. Kap. 6.2.1) – keine Publikationsorgane des Öffentlichkeitssystems, da sie ausschließlich der jeweiligen systeminternen Kommunikation dienen. Journalismustheoretisch ist es höchst unplausibel, sie mit journalistischer Kommunikation, z.B. mit den sogenannten Publikumszeitschriften, kategorial gleichzusetzen.

6.3.4 Fazit: Zur Autonomie journalistischer Kommunikation

Bevor wir unsere journalismustheoretische Skizze abschließen, wollen wir noch auf drei wichtige Schlußfolgerungen eingehen, die sich aus der Beschreibung des Journalismus als Leistungssystem des gesellschaftlichen Funktionssystems Öffentlichkeit ergeben. Diese betreffen zum ersten die Trennung zwischen den Begriffen Journalismus und Massenmedien, zum zweiten die Frage, ob Journalismus eine Integrationsfunktion zugerechnet werden kann, und zum dritten die Bedeutung journalistischer Autonomie für eine effiziente Funktionserfüllung. Wir werden im folgenden hauptsächlich von Journalismus und nicht von Öffentlichkeit sprechen. Als systemintern ausdifferenziertes Leistungssystem der Öffentlichkeit erfüllt Journalismus die gleiche Funktion wie das Funktionssystem selbst. Dies ist zu beachten, wenn wir im folgenden auch die Funktion des Journalismus erwähnen.

1) Schon Rühl hat darauf hingewiesen, daß "[n]icht alles, was in Zeitungen und Zeitschriften steht, und nicht alles, was im Hörfunk und Fernsehen zu hören und zu sehen ist, [..] sich schon aus diesem Grunde als Journalismus identifizieren [läßt]." (Rühl 1980: 319; vgl. 326 f.) Selbstverständlich haben technische Verbreitungsmedien auch einen Einfluß auf die Art und Weise, wie Journalismus seine Beobachtungen von Gesellschaft mitteilen kann. Sie beeinflussen sogar die Selektion von Informationen. Für den Fernsehjournalismus spricht man z.B. vom Visualisierungszwang: Informationen, für die sich keine Bilder 'finden' lassen, haben es zumindest schwerer, selektiert zu werden (vgl. allgemein zur Entwicklung der Medientechnik Weischenberg/Hienzsch 1994).
   Diese Entwicklungen gibt es aber prinzipiell auch in anderen Funktionssystemen der Gesellschaft – man denke nur an die Konsequenzen der elektronischen Börse für das Wirtschaftssystem. Entscheidend ist, daß journalistische Kommunikation sich nur über Sinngrenzen abgrenzen läßt. Weder ist sie *nur* über die sogenannten Massenmedien möglich, noch ist alles, was mit Hilfe technischer Verbreitungsmedien mitgeteilt wird, als journalistische Kommunikation zu bezeichnen. Es ist eben ein beträchtlicher Unterschied, ob eine Operation per Fernsehen in einen Vortragssaal der Medizinischen Fakultät oder in die Wohnzimmer der gesamten Bevölkerung übertragen wird. Der Unterschied liegt in der *Funktion* dieser Mitteilung. Während es sich im ersten Fall um eine systeminterne Selbstbeobachtung handelt, geht es im zweiten Fall um ei-

ne systemexterne Beobachtung, die der gesellschaftlichen Umwelt des Medizinsystems ermöglicht, ihre Umwelterwartungen gegenüber diesem System zu überprüfen. Es dürfte einleuchten, daß auch Fernsehwerbung und Fernsehjournalismus unterschieden werden müssen, das gleiche gilt aber auch für Bildungssendungen in den Dritten Fernsehprogrammen (z.B. Telekolleg *Mathematik*) oder im Radio (z.B. Funkkolleg *Medien und Kommunikation*).
Die Gleichsetzung von Journalismus mit Massenmedien impliziert die Vorstellung von Journalismus als bloßem Informationsvermittler. An ihre Stelle tritt die strikte Unterscheidung von journalistischer Kommunikation als spezifischer Sinnkonstruktion und technischen Verbreitungsmedien als genereller Voraussetzung für interaktionsfreie Kommunikation.

2) Journalismus als Leistungssystem der Öffentlichkeit kommuniziert ausschließlich über Ereignisse mit Mehrsystemzugehörigkeit. Journalistische Themen führen daher immer wieder neu die komplexen Interdependenzverhältnisse in einer funktional differenzierten Gesellschaft vor Augen. Die Thematisierung eines Ereignisses als mehrsystemzugehörig integriert – oder desintegriert – zwar für einen kurzen Moment bestimmte gesellschaftliche Teilsysteme (vgl. Luhmann 1992a: 89); schon die möglichen Anschlußkommunikationen in den verschiedenen Systemen werden aber wieder nach systemspezifischen, untereinander ausschließenden Leitunterscheidungen durchgeführt.
Einer Interpretation, die Journalismus die Funktion einer gesellschaftlichen Integrationsinstanz zusprechen möchte, ist daher entschieden zu widersprechen. Das Öffentlichkeitssystem entstand weil es keine Position mehr gab, von der aus *gesamt*gesellschaftlich verbindliche Umwelterwartungen festgelegt werden konnten. Das heißt aber auf keinen Fall, daß die Öffentlichkeit bzw. der Journalismus diese vakante Position eingenommen hätten. Wie jedes andere Funktionssystem ist auch die Öffentlichkeit ein operativ geschlossenes System, das nur gemäß seiner Leitdifferenz Kommunikationen herstellt. Sie teilt die Welt in zwei Hälften auf: in Ereignisse, die ihrer Ansicht nach auch in anderen als dem beobachteten System Ereignischarakter gewinnen können, und solche, die sich nicht dafür eignen. Etwas anderes interessiert Öffentlichkeit und damit auch ihr Leistungssystem Journalismus sozusagen nicht.
Zwar kann Journalismus auf der Ebene seiner Programme auf gesellschaftliche Erwartungen und 'Bedürfnisse' reagieren und muß es sogar,

da er nur so Publika rekrutieren kann. Auf die Operationsweise anderer Systeme nimmt er dennoch keine Rücksicht. Er kümmert sich prinzipiell nicht darum, ob seine Berichterstattung wissenschaftlichen Wahrheitskriterien genügt oder religiösen Überzeugungen widerspricht, ob sie gerecht ist oder politisch konstruktiv, wirtschaftlich verheerend oder künstlerisch wertvoll.[57] Auf die spezifischen Erwartungen dieser Systeme geht er nur insoweit ein, als er dadurch Publika gewinnen kann. Darum kann es für Journalismus genauso sinnvoll sein, sich auf die Geschehnisse in europäischen Königshäusern zu konzentrieren als auf die nationale Politik oder auf Sport.

Journalistischer Willkür ist also keineswegs Tor und Tür geöffnet – ein Journalismus, der nicht auf die Erwartungen seiner Umwelt reagiert und somit keine Publika gewinnt, wird vielmehr von selbst die Tore schließen müssen. Aber nur in dieser Hinsicht geht Journalismus auf sein Publikum ein. Es ist genau diese eigensinnige und selbstreferentielle Operationsweise, derentwegen man von Öffentlichkeit und Journalismus keine bessere oder rationalere Beschreibung von Gesellschaft als die anderer Systeme erwarten sollte. In einer funktional differenzierten Gesellschaft kann man sich nicht allein auf ein einziges System verlassen – weder auf Politik noch auf Wissenschaft noch auf Öffentlichkeit. Jedes System muß stets auf die Irritation, vielleicht sogar Gefährdung, durch andere Funktionssysteme gefaßt sein – auch durch Öffentlichkeit und ihr Leistungssystem Journalismus. In diesem Sinne ist Luhmann (1995c: 22) zuzustimmen, wenn er den Massenmedien (wozu er auch den Journalismus zählt) statt einer Integrations- eher eine Unruhefunktion zuschreibt. Hinzu kommt, daß jedes System einem eventuellen Integrationsanspruch des Journalismus seine Sicht der Dinge entgegensetzen wird, und zwar mit dem gleichen Anspruch auf gesamtgesellschaftliche (public) Verbindlichkeit (understanding). Aus den gleichen Gründen, aus denen man von der Hoffnung auf eine Integrationsfunktion des Journalismus – d.h. auf eine Herstellung der gesellschaftlichen

57 Von daher lassen sich auch die Kriterien anderer Systeme nicht auf Journalismus übertragen. Dies gilt auch für den wissenschaftlichen Wahrheits- und Objektivitätsbegriff: "Journalismus und Wissenschaft sind unterschiedliche Handlungssysteme, die auch 'Objektivität' unterschiedlich operationalisieren." (Weischenberg 1992: 53) Rühl (1981) führt die verschiedenen Wirklichkeitsverständnisse von Wissenschaft und Journalismus auf deren unterschiedliche gesellschaftliche Primärfunktion zurück. Dies tut prinzipiell auch Grabowski (1982: 29), allerdings mit einer deutlichen Abwertung des journalistischen Wahrheits- und Objektivitätsbegriffs.

Einheit – Abstand nehmen sollte, sollte man sich aber auch von überzogenen Wirkungsannahmen verabschieden.

3) Journalismus kann seine Funktion nur dann erfüllen, wenn er autonom handeln kann. Autonomie bedeutet, daß er sich bei seiner Kommunikation nicht einseitig auf die Erwartungen eines anderen gesellschaftlichen Systems festlegt. Journalismus leitet seine gesellschaftliche Funktionalität ja gerade aus dem Umstand ab, daß sich die Gesellschaft bei der Beobachtung von Ereignissen mit Mehrsystemzugehörigkeit, die zur Ausbildung von Umwelterwartungen führen, *nicht* auf die Selbstbeobachtung einzelner Systeme verlassen kann (vgl. Kap. 6.3.1). Jede Ausrichtung des Journalismus auf die Kriterien eines bestimmten Systems würde diese journalistischen Beobachtungen für die anderen Systeme wertlos machen. Legitimations- und Glaubwürdigkeitsprobleme des Journalismus können zum einen entstehen, wenn er aufgrund seiner selbstreferentiellen Operationsweise zu wenig auf die Erwartungen der Gesellschaft eingeht, zum anderen, wenn er zu stark auf die Erwartungen eines bestimmten Systems Rücksicht nimmt. In diesem Fall kann es dazu kommen, daß die anderen Systeme von bestimmten Ereignissen überrascht werden, sich also nicht rechtzeitig auf die möglicherweise riskanten Folgen der Operationsweise eines bestimmten Systems einstellen können. So kann die "Versippung der Medienelite mit anderen Machteliten" dazu führen, "daß die von ihnen geleiteten Zeitungen und Sender als Frühwarnsysteme für soziale Krisen ausfallen." (Weischenberg 1994: 441)
Das gleiche gilt für den Fall, daß sich journalistische Selektivität zu sehr an der Selektivität anderer Systeme ausrichtet. Journalismus kann seine Funktion nur erfüllen, wenn er den Spielraum für eigene Entscheidungen behält. Ansonsten wird er – man denke nur an die journalistische Öffentlichkeit in der DDR – zum Verlautbarungsorgan anderer Funktionssysteme. Journalistische Autonomie ist mithin nicht 'bloß' als eine moralische oder demokratietheoretische Forderung anzusehen – aus Sicht einer systemtheoretisch orientierten Journalismustheorie ist sie vielmehr die unverzichtbare Voraussetzung für die gesellschaftliche Funktionalität des Systems Öffentlichkeit und seines Leistungssystems Journalismus.

7 Die journalistische Beobachtung von Wissenschaft

Im vorangegangenen Kapitel haben wir Journalismus als Leistungssystem des gesellschaftlichen Funktionssystems Öffentlichkeit beschrieben. Journalismus, so unsere These, kommuniziert seine Beobachtungen ausschließlich unter dem Gesichtspunkt, ob sie als Ereignisse mit Mehrsystemzugehörigkeit zu betrachten, also für die Ausbildung gegenseitiger gesellschaftlicher Umwelterwartungen geeignet sind. Die gesellschaftliche Notwendigkeit einer solchen Beobachtungsleistung haben wir erläutert; zugleich haben wir darauf hingewiesen, daß die Funktionalität der journalistischen Beobachtung von Gesellschaft davon abhängt, daß sie in Eigenregie durchgeführt wird. Wenn Journalismus sich einseitig an den Kriterien einzelner gesellschaftlicher Kommunikationssysteme ausrichtete, würde die Gesellschaft gerade jenes möglichen Informationsgewinns verlustig gehen, den eine externe Beobachtung interner Systemoperationen verspricht. Die Steigerung gesellschaftlicher Komplexität und deren Verarbeitung beruht ganz wesentlich auf der Autonomie ihrer einzelnen Funktionssysteme. Dies gilt sowohl für z.B. Politik oder Wissenschaft als auch für Öffentlichkeit.

Wir haben unsere journalismustheoretischen Überlegungen mit Absicht auf makrostrukturelle Aspekte beschränkt, d.h. auf das grundlegende Verhältnis von Öffentlichkeit mitsamt Journalismus und Gesellschaft. Die aufgezeigten Defizite der Wissenschaftsjournalismus-Forschung – das hat unsere Diskussion gezeigt – sind in erster Linie darauf zurückzuführen, daß die journalismustheoretisch entscheidende Frage nach der gesellschaftlichen Funktion von Journalismus unzureichend beantwortet wird. Eine dringend notwendige Neukonzeption der Forschung über Wissenschaftsjournalismus muß daher zunächst bei diesen grundlegenden, makrostrukturellen Fragestellungen ansetzen. Über die zusammenfassende Darstellung der Wissenschaftsjournalismus-Forschung hinaus sehen wir den Erkenntnisgewinn unserer Ausführungen vor allem darin, die Notwendigkeit einer solchen Neuorientierung aufzuzeigen.

Im folgenden werden wir diskutieren, welche Konsequenzen sich aus unserer Journalismus-Konzeption für eine zukünftige detaillierte Theorie des Wissenschaftsjournalismus ergeben. Zuerst behandeln wir das Verhältnis von Journalismustheorie und einer Theorie des Wissenschaftsjournalismus (Kap. 7.1). Ausgehend von unseren journalismustheoretischen Überlegungen beschreiben wir dann die Funktion des Wissenschaftsjournalismus (Kap. 7.2). Aus dieser Funktionsbeschreibung leiten wir eine Definition der Wissenschaftsberichterstattung ab (Kap. 7.3). Die von uns vorgeschlagene Funktion des Wissenschaftsjournalismus führt zu der Konsequenz, den Begriff des Wissenschaftsjournalismus grundsätzlich vom Begriff der Wissenschaftspopularisierung abzukoppeln (Kap. 7.4). Abschließend gehen wir auf die Frage ein, an welchen (Qualitäts-)Erwartungen man einen derartig modellierten Wissenschaftsjournalismus messen und kritisieren kann (Kap. 7.5).

7.1 Journalismustheorie und Wissenschaftsjournalismus

Die erste journalismustheoretische Weichenstellung besteht in der Entscheidung, eine Theorie des Wissenschaftsjournalismus nicht von einer allgemeinen Theorie des Journalismus zu isolieren. Die journalistische Beobachtung des Wissenschaftssystems kann nicht als ein Sonderfall der Journalismustheorie verstanden werden. Es ist genau umgekehrt: Eine Theorie des Wissenschaftsjournalismus muß aus einer allgemeinen Theorie des Journalismus abgeleitet werden. Da eine solche allgemeine Theorie den Anspruch erfüllen muß, die vielfältigen Ausdifferenzierungen des Leistungssystems Journalismus theoretisch zu integrieren, besitzt sie zwangsläufig einen hohen Abstraktionsgrad. Zweifellos geht eine systemtheoretisch orientierte Journalismustheorie über ein alltagssprachliches Verständnis hinaus, das die Funktionen bzw. Aufgaben des Journalismus mit Begriffen wie Information, Bildung, Unterhaltung und Kontrolle umschreibt. Aber gerade in dieser Abstraktion liegt der journalismuswissenschaftliche Gewinn einer systemtheoretischen Journalismustheorie. Sie erlaubt zunächst eine genauere Beschreibung dessen, was Journalismus ist und damit überhaupt erst einmal eine Abgrenzung von journalistischer gegenüber anderen Formen gesellschaftlicher Kommunikation; zudem bietet sie einen theoretischen Bezugsrahmen für die Beschreibung der vielfältigen Formen, die die interne Ausdifferenzierung des Journalismus hervorgebracht hat.

Eine dieser journalismusinternen Strukturbildungen liegt in der thematischen Spezialisierung auf die Beobachtung bestimmter gesellschaftlicher Teilsysteme, wie sie sich in den Begriffen Politik-Journalismus, Sportjournalismus oder Wissenschaftsjournalismus ausdrückt. Solche thematischen Schwerpunktsetzungen, d.h. Etablierung bestimmter Selektionsstrukturen, werden in der Regel durch weitere Strukturbildungen abgesichert. Es kommt zur Ausbildung eigener Ressorts oder zumindest Sparten und von spezialisierten Handlungsrollen wie z.B. Hauptstadtkorrespondent, Sportreporter oder eben auch Wissenschaftsjournalist. Die interne Ausdifferenzierung des Journalismus geht natürlich noch viel weiter – sie hat einen solchen Komplexitätsgrad erreicht, daß es einem Beobachter nicht immer leicht fällt, sowohl alle journalistischen Kommunikationen zu identifizieren als sie auch unter einem gemeinsamen theoretischen Gesichtspunkt zu integrieren (als ein Beispiel hatten wir die kommunikationswissenschaftliche Zeitschriften-Forschung angeführt; vgl. Kap. 6, Anm. 56).

Der journalismuswissenschaftliche Gewinn des in Kap. 6 entwickelten Journalismusmodells besteht in eben dieser Integrationsleistung (vgl. Rühl 1969: 192 ff; 1980: 319 ff.), d.h. in der Möglichkeit, verschiedenste journalistische Kommunikationsformen vergleichbar zu machen und sie im Hinblick auf ihre funktionale Gemeinsamkeit zu analysieren. Von diesem Standpunkt aus wäre es als ein Rückschritt zu betrachten, würde man für jede Form journalistischer Ausdifferenzierung eine isolierte Theorie entwickeln, die dieses theoretische Postulat der Vergleichbarkeit außer acht lassen würde. Die im Paradigma Wissenschaftsjournalismus entworfene Theorie des Wissenschaftsjournalismus kann als eine solche isolierte Theorie bezeichnet werden. Sie verzichtet auf eine übergeordnete Funktionsbeschreibung des Journalismus und ersetzt sie durch eine wissenschaftszentrierte Leistungsbeschreibung. Während die Funktion das Verhältnis eines Funktionssystems zur gesamten Gesellschaft bestimmt, bezeichnet der Leistungsbegriff die Beziehung eines Systems zu einzelnen Teilsystemen in seiner Umwelt (vgl. Luhmann 1992a: 633 f.). So können durchaus Teile der journalistischen Wissenschaftsberichterstattung aus der Perspektive des Wissenschaftssystems als Wissenschaftsvermittlung und aus der Sicht des Erziehungssystems als Bildung beschrieben werden. Leistungen entstehen aber als *Folge* der Operationsweise von Funktionssystemen Sie repräsentieren zudem nur einen Teilaspekt der gesellschaftlichen Funktion, die von Funktionssystemen erfüllt wird.[1] Es ist daher nicht plausibel, eine Theorie des Wissenschaftsjournalismus auf nur eine ausgewählte Leistungsbeziehung zu gründen.

Vor diesem Hintergrund erweist sich die Unzulänglichkeit einer Funktionsbeschreibung, die Wissenschaftsjournalismus einseitig in den Dienst einer als Informationstransfer verstandenen Wissenschaftsvermittlung stellt und diese zudem noch nach Kriterien bewertet, die aus den Partialinteressen und der Partialrationalität des Wissenschaftssystems abgeleitet werden. Dabei soll es hier nicht um eine gesellschaftstheoretische Bewertung einer solchen Funktionsbeschreibung gehen. Wir haben aber an anderer Stelle darauf hingewiesen, daß gesellschaftliche Konflikte um die Folgen der wissenschaftlich-technischen Entwicklung als Konflikte zwischen unterschiedlichen Rationalitätsformen zu betrachten sind und durch die einseitige Präferenz für wissenschaftliche Rationalität eher noch verstärkt werden Es ist daher wenig aussichtsreich, in der weiteren Verwissenschaftlichung von Gesellschaft – und darauf läuft ein hierarchisch konzipierter Aufklärungsbegriff hinaus – die Lösung eines Konfliktes zu suchen, der gerade durch diese Verwissenschaftlichungstendenzen verursacht wird (vgl. Kap. 5.1.1 u. 5.1.2).

Es geht uns vielmehr um die journalismustheoretische Unzulänglichkeit der im Paradigma Wissenschaftsjournalismus vertretenen Funktionsbeschreibung. Ihre mangelnde Erklärungskraft ist dadurch bedingt, daß sie den Zusammenhang von journalistischer Selektivität und journalistischer Publikumsorientierung konsequent ignoriert. Wir haben diese doppelte Suspendierung von journalistischer und Publikumsautonomie als eine zwangsläufige Folge der normativen Zweckprogrammierung des Wissenschaftsjournalismus identifiziert (vgl. Kap. 5.2.2). Diese Zweckprogrammierung läuft darauf hinaus, die Selektionskriterien des Journalismus und seines Publikums durch wissenschaftszentrierte Selektionskriterien auszuwechseln. Nur unter dieser Prämisse ist es möglich, die Selektivität des Journalismus und die Verstehensleistungen seines Publikums ausschließlich nach Kriterien einer wissenschaftszentrierten Wissenschaftsvermittlung zu bewerten.

---

1 So mag es z.B. plausibel sein, die Ausarbeitung von Lerntheorien als Leistung des Wissenschaftssystems für das Bildungssystem, den Entwurf von Managementheorien als Leistung für das Wirtschaftssystem und für Verwaltungsorganisationen zu bezeichnen – eine umfassende Theorie der Wissenschaft ließe sich aus solchen Einzelbeobachtungen aber wohl kaum ableiten.

Diese nur selten explizierten Annahmen können aber weder die journalistische Beobachtung von Wissenschaft theoretisch angemessen erklären, noch haben sie eine empirische Bestätigung erfahren. Die Wissenschaftsjournalismus-Forschung läßt dieses ernüchternde Zeugnis aber unbeeindruckt. Ihr geht es um die Setzung von Berichterstattungsnormen und nicht um eine theoretische Erklärung der journalistischen Beobachtung von Wissenschaft. In dieser Hinsicht ist die gesamte Forschung noch nicht wesentlich über die Aussage hinausgekommen, daß der Wissenschaftsjournalismus nicht so ist, wie er sein sollte.

7.2 Die Funktion des Wissenschaftsjournalismus

Um die Funktion der journalistischen Wissenschaftsberichterstattung zu bestimmen, halten wir einen grundlegenden Wechsel der journalismuswissenschaftlichen Beobachterperspektive für erforderlich. Nicht aus der Perspektive des Wissenschaftssystems versuchen wir die Funktion einer journalistischen Beobachtung von Wissenschaft abzuleiten, sondern aus der Perspektive der gesamten Gesellschaft, in der Wissenschaft nur eine mögliche Beobachterperspektive verkörpert. Auch die journalistische Beobachtung des Wissenschaftssystems muß – so unsere These – vor dem Hintergrund der Problemorientierung gesehen werden, vor dem sich ein gesellschaftliches Öffentlichkeitssystem mit seinem Leistungssystem Journalismus ausdifferenziert hat. Damit verbunden ist zum einen die konsequente Ablehnung einer normativen Zweckprogrammierung, die sich aus den Eigeninteressen des Wissenschaftssystems ableitet, zum anderen die grundsätzliche Anerkennung einer Autonomie journalistischer Beobachtung von Gesellschaft.

Die Funktion der Wissenschaftsberichterstattung kann demzufolge folgendermaßen definiert werden: *Wissenschaftsjournalismus beobachtet Gesellschaft – nicht nur das Wissenschaftssystem* (vgl. Kap. 7.3) – *ausschließlich im Hinblick auf Ereignisse, die er als Ereignisse mit Mehrsystemzugehörigkeit für die Ausbildung gesellschaftlicher Umwelterwartungen in der Umwelt des Wissenschaftssystems für geeignet hält.*[2] Journalismus kann sich dabei auf die Umwelterwartungen anderer Systeme gegenüber

2 Wie gesagt verstehen wir unter Ausbildung sowohl die Etablierung neuer als auch die Modifikation oder Bestätigung schon existierender Umwelterwartungen.

dem Wissenschaftssystem selbst beziehen, oder auf solche gesellschaftlichen Umwelterwartungen, die das – von Wissenschaft beeinflußte –Verhältnis dieser anderen Systeme untereinander betreffen. Im ersten Fall geht es um das grundlegende Verhältnis von Gesellschaft zu ihrem ausdifferenzierten Funktionssystem Wissenschaft, im zweiten Fall geht es um den potentiellen Einfluß des Wissenschaftssystems auf die Operationsweise seiner gesellschaftlichen Umwelt. Diese Unterscheidung entspricht ungefähr der Unterscheidung von 'Vergesellschaftung der Wissenschaft' und 'Verwissenschaftlichung der Gesellschaft' (vgl. Vowe 1984: 24; vgl. Kap. 5.1.1). In beiden Fällen handelt es sich um Erwartungshaltungen *in der Umwelt* des Wissenschaftssystems: Journalismus selektiert Ereignisse im Wissenschaftssystem ausschließlich im Hinblick auf ihre potentielle Anschlußfähigkeit in der Umwelt des Wissenschaftssystems.

Legt man diese Funktionsbeschreibung zugrunde und berücksichtigt zudem, daß Journalismus diese Beobachtung autonom durchführt, erweist sich die Haltlosigkeit der zentralen Kritik, die im Paradigma Wissenschaftsjournalismus geübt wird. Gemeint ist die scharfe Kritik an der journalistischen Selektivität, die aus Sicht der Wissenschaftsjournalismus-Forschung zu einer unangemessenen, verzerrten oder sogar falschen Darstellung des Wissenschaftssystems führt. Aus unserer Funktionsbeschreibung ist demgegenüber schlüssig abzuleiten, daß Ereignisse im Wissenschaftssystem *allein* durch ihren Bezug zur Umwelt des Wissenschaftssystems zu journalistischen Themen werden können.[3] Das bedeutet, daß *wissenschaftliche* Kriterien für Neuigkeit oder Relevanz für den Wissenschaftsjournalismus *prinzipiell ohne Bedeutung* sind. Eine Bewertung der Wissenschaftsberichterstattung nach Kriterien wissenschaftlicher Rationalität verfehlt die gesellschaftliche Funktionalität einer journalistischen Beobachtung von Wissenschaft und Gesellschaft. Wie die anderen Funktionssysteme muß auch Wissenschaft es sich gefallen lassen, nach anderen Kriterien als den ihren zum Gegenstand öffentlicher Kommunikation zu werden. Gerade in dieser *Umstellung von Selbstbeobachtung auf Fremdbeobachtung* liegt für die Umwelt des Wissenschaftssystems der Gewinn der journalistischen Wissenschaftsberichterstattung.

3 Natürlich können sich auch Wissenschaftler selbst auf diese Weise über Wissenschaft informieren. Sie gehören in diesem Moment aber nicht dem Wissenschafts-, sondern dem Öffentlichkeitssystem an.

Damit ist selbstverständlich nicht ausgeschlossen, daß in der Berichterstattung auch die Fortschrittsfunktion der wissenschaftlich-technischen Entwicklung herausgestellt wird. Sofern Journalismus dafür Publika rekrutieren kann, ist auch eine Berichterstattung möglich, die sich vor allem auf die Vermittlung (auch komplexer) wissenschaftlicher Erkenntnisse verlegt. Die Existenz der relativ erfolgreichen populärwissenschaftlichen Zeitschriften ist als Beleg dafür anzusehen, daß Journalismus auf diese Publikumsbedürfnisse reagiert. Diese Spezialisierung auf die sachliche Dimension gesellschaftlicher Umwelterwartungen in bezug auf das Wissenschaftssystem wird aber nur dadurch möglich, daß die zeitliche Dimension (Tagesaktualität) in den Hintergrund gestellt wird (vgl. Kap. 6.3.3). Die hohen Verkaufszahlen der populärwissenschaftlichen Zeitschriften (über eineinhalb Millionen Exemplare; vgl. Ruß-Mohl ^{2}1987c: 41), können also gerade nicht als ein Indiz dafür genommen werden, daß der Journalismus die "Wißbegier" (ebd.: 36) des breiten Publikums unterschätzt.

7.3 Zur Definition von Wissenschaftsberichterstattung

Die Ausrichtung an einer wissenschaftszentrierten Definition von journalistischer Wissenschaftsberichterstattung – als Wissenschaftsvermittlung – führt dazu, daß andere Kontextualisierungen von Wissenschaft nicht anerkannt und zudem die journalismusinternen Ausdifferenzierungen in zeitlicher, sachlicher und sozialer Hinsicht nicht berücksichtigt werden (vgl. Kap. 6.3.3). Dem entspricht eine weitgehende Beschränkung der Wissenschaftsjournalismus-Forschung auf die tagesaktuelle Berichterstattung. Gerade unter dem Aspekt der Wissensvermittlung (Bildung) müßten aber die populärwissenschaftlichen Zeitschriften und auch Bücher mit berücksichtigt werden, die nicht der innerwissenschaftlichen Kommunikation dienen. Sobald die Publikumsorientierung des Journalismus zu einer Berichterstattung führt, die nicht dem Ideal des Paradigmas Wissenschaftsjournalismus entspricht, wird sie als dysfunktional bewertet (vgl. Kap. 3.3.5). Entweder wird den Journalisten vorgehalten, daß sie Themen, die 'eigentlich' Wissenschaftsthemen seien, nicht wissenschaftsjournalistisch behandelten (vgl. Ruß-Mohl ^{2}1987c: 36; Kap. 3.3.1), oder es wird sogar behauptet, daß außerhalb der Wissenschaftsressorts gar keine Berichterstattung über Naturwissenschaft, Technik und Medizin existiere (vgl. Ruß-Mohl 1985a: 270).[4]

Im Gegensatz hierzu zählen wir *jedes* journalistische Thema zum Bereich der Wissenschaftsberichterstattung, das ein Ereignis aus dem Wissenschaftssystem zugleich als ein Ereignis in der Umwelt des Wissenschaftssystems auszeichnet. Hierzu zählt sowohl die Berichterstattung über wissenschaftliche Organisationen (z.B. über die 'Abwicklung' ostdeutscher Forschungsinstitute und Universitätssektionen) als auch über neue wissenschaftliche Erkenntnisse (z.B. neue Theorien zu Ursachen des Treibhauseffekts oder zur Krebstherapie). Des weiteren zählt hierzu aber auch jede *Erwähnung* von wissenschaftlichen Erkenntnissen, wissenschaftlichen Organisationen oder einzelnen Wissenschaftlern, auch wenn der Schwerpunkt der Berichterstattung sich nicht auf Ereignisse im Wissenschaftssystem bezieht. Es kommt also nicht darauf an, daß derartige Angaben schon in der Überschrift oder im ersten Absatz erwähnt werden (vgl. Böhme-Dürr/Grube 1989: 450) oder der Anlaß der Berichterstattung auf ein Ereignis im Wissenschaftssystem zurückzuführen ist (vgl. Grabowski 1982: 21). Genauso wenig kann die Wissenschaftsberichterstattung über kommunikatorzentrierte Definitionen bestimmt werden (vgl. Kap. 3.3.1).

Mit dieser Definition von Wissenschaftsberichterstattung knüpfen wir an die Überlegung Kärtners (1972: 180) an, daß eine Beschränkung auf "ausdrücklich der Wissenschaft gewidmete Artikel" nur "ein unvollständiges Bild der Aufmerksamkeit der Öffentlichkeit für die Wissenschaft ergeben würde." In unserer oben getroffenen Definition haben wir zudem betont, daß Wissenschaftsjournalismus nicht nur das Wissenschaftssystem beobachtet (vgl. Kap. 7.2). Wenn wir wie Kärtner sowohl 'Wissenschaftsberichte' als auch iede 'Bezugnahme auf Wissenschaft' als Wissenschaftsberichterstattung verstehen, lautet nämlich die Konsequenz, daß die Berichterstattung z.B. über die Wissenschaftspolitik des Bundes, die ja als journalistische Thematisierung eines Ereignisses im *Politik*system zu verstehen ist, *zugleich auch* als Wissenschaftsberichterstattung gelten muß.

---

4 Dieser Einschätzung hat Ruß-Mohl selbst schon in einer früheren Publikation widersprochen, und zwar ausdrücklich mit Bezug auf die Berichterstattung über Technikfolgen (vgl. Ruß-Mohl 1983a: 20). Schulz (1985: 78) ist der Ansicht, daß Wissenschafts- und Technikjournalismus vor allem im Rahmen der politischen und lokalen Berichterstattung stattfindet. Auch empirisch läßt sich die These von der Nicht-Existenz einer sogenannten breitstreuenden Berichterstattung über Naturwissenschaft und Technik widerlegen. So hat Kepplinger (1989a) das umfangreiche Material für seine Analyse der Technikberichterstattung gerade unter Verzicht auf die Wissenschaftsseiten gewonnen.

Die Aussage, daß ein und derselbe Artikel in einer Zeitung sowohl der Politik- als auch der Wissenschaftsberichterstattung zuzurechnen ist, ist nur auf den ersten Blick widersprüchlich. Wir haben gesagt, daß öffentliche bzw. journalistische Themen dadurch charakterisiert sind, daß sie Ereignisse als mehrsystemzugehörig auszeichnen. Ein Ereignis in einem bestimmten System muß daher in zumindest einem anderen System potentiell anschlußfähig sein, um Eingang in die journalistische Berichterstattung zu finden. Das bedeutet, daß jede journalistische Kommunikation ein Ereignis zumindest zwei Kommunikationssystemen gleichzeitig zuweist. Wenn Journalismus über eine wissenschaftspolitische Entscheidung des Bundeskabinetts berichtet, thematisiert er dieses Ereignis (unter anderem) wegen seiner potentiellen Anschlußfähigkeit im Wissenschaftssystem. Zugleich thematisiert er aber auch, daß es Ereignisse im Wissenschaftssystem gegeben haben muß, die das Politiksystem zu einer Änderung seiner diesbezüglichen Umwelterwartungen bewegt haben. Zudem ist es möglich, daß im gleichen Artikel auch schon über mögliche Reaktionen des Wissenschaftssystems berichtet wird.

Journalistische Berichterstattung thematisiert in diesem Sinne also immer das *Interdependenzverhältnis mindestens zweier Kommunikationssysteme*. Da Journalismus aber nicht alle Ereignisse zugleich beobachten kann, muß er seine Beobachtungen in der zeitlichen Dimension sequenzieren, d.h. nacheinander anordnen. Auf diese Weise avanciert in unserem Beispiel die wissenschaftspolitische Entscheidung zum Anlaß oder 'Aufhänger' der Berichterstattung, von dem aus andere Ereignisse sich als vergangen oder zukünftig einordnen lassen.[5] Gleichwohl wird nicht das Ereignis im Politiksystem an sich thematisiert, sondern nur in bezug auf seine potentielle Anschlußfähigkeit in der Umwelt des Politiksystems – hier vor allem im Wissenschaftssystem. Diese Berichterstattung kann nicht nur zur Ausbildung von Umwelterwartungen in bezug auf das Politiksystem führen, sondern auch in bezug auf das Wissenschaftssystem, und zwar indem man et-

---

5 Indem Öffentlichkeit so Ereignisse in ein Vorher-nachher-Schema einordnet, erzeugt sie eine gemeinsame Gegenwart. In dieser Synchronisierung gesellschaftlicher Ereignisse, d.h. in der "Herstellung gemeinsamer Aktualität", hatte Luhmann (^{2}1991d: 319) schon 1975 einen Ansatzpunkt für eine eigene Primärfunktion (hier: der Massenmedien) gesehen (vgl. auch Spangenberg 1993: 71). Eine solche Synchronisierungsfunktion präferiert aber wiederum nur die zeitliche Dimension öffentlicher Kommunikation und kann daher die gesellschaftliche Funktion des Systems Öffentlichkeit nicht vollständig erfassen. Darüber hinaus ist der Synchronisationsbegriff für sich genommen zu allgemein – prinzipiell ist jedes Thema einer Kommunikation als zeitliche Synchronisierung von Aufmerksamkeit mindestens zweier psychischer Systeme anzusehen.

was darüber erfährt, wie andere Kommunikationssysteme auf das Operieren des Teilsystems Wissenschaft, also auf wissenschaftliche Ereignisse, reagieren.

Wenn wir die Funktion des Öffentlichkeitssystems und seines Leistungssystems Journalismus darin erblicken, über die Interdependenzverhältnisse in pluralistischen Gesellschaften zu kommunizieren, so kann eine Definition der Wissenschaftsberichterstattung nicht auf solche Ereignisse beschränkt werden, die als offensichtliche Aufhänger der Berichterstattung zu identifizieren sind, also ihren 'Ursprung' im Wissenschaftssystem haben (vgl. Grabowski 1982: 21). Abgesehen davon, daß eine solche Identifikation methodisch problematisch ist, würde sie einen beträchtlichen Teil journalistischer Berichterstattung über die Interdependenz von Gesellschaft und Wissenschaft ausschließen. *Zur Wissenschaftsberichterstattung gehört damit jede journalistische Kommunikation, die entweder ein Ereignis im Wissenschaftssystem zugleich auch als ein Ereignis in der Umwelt des Wissenschaftssystems oder ein Ereignis in der Umwelt des Wissenschaftssystems zugleich auch als Ereignis im Wissenschaftssystem auszeichnet.* Nur auf diese Weise ergibt sich für einen Beobachter ein vollständiges Bild der Interdependenzverhältnisse von Wissenschaft und Gesellschaft.

Wir haben zuletzt von journalistischer *Kommunikation* gesprochen. Diese Formulierung verweist darauf, daß die journalistische Thematisierung eines Ereignisses allein noch nicht journalistische Kommunikation ausmacht. Zu den journalistischen Selektionsprozessen der Informationsselektion und der Mitteilung dieser Information muß noch die Verstehensselektion des Rezipienten hinzutreten (vgl. Kap. 6.1.2 u. 6.2.2). Erst wenn der Rezipient eine journalistische Mitteilung ebenfalls unter dem Code 'mehrsystemzugehörig vs. nicht mehrsystemzugehörig' kontextualisiert, kann man von journalistischer Kommunikation sprechen. In bezug auf die Wissenschaftsberichterstattung heißt das, daß es im Ermessen des journalistischen Publikums liegt, ob es die Kontextualisierung eines Ereignisses im Wissenschaftssystem als solche wahrnimmt. Zudem ist es auch durchaus denkbar, daß das Publikum auch journalistische Thematisierungen von anderen Ereignissen auf das Wissenschaftssystem bezieht, also sozusagen ohne direkte Anregung durch den Journalismus seine Umwelterwartungen gegenüber dem Wissenschaftssystem modifiziert. So könnte z.B. ein Bericht, der das Mißlingen einer Krankenheilung mit Hilfe religiöser Rituale schildert, dazu führen, daß sich die Akzeptanz der medizinischen Wissenschaft erhöht.

Die Verstehensleistung des Publikums findet auf der Grundlage unterschiedlichster Erfahrungen, Interessen und Werturteile statt, und zwar als ein aktiver, nicht vom Journalismus zu determinierender Selektionsprozeß.

Es ist daher journalismustheoretisch nicht zulässig, von der journalistischen Wissenschaftsberichterstattung auf das Verstehen des Publikums zu schließen. Dies hat methodische Konsequenzen für die kommunikationswissenschaftliche Empirie. Vor allem die Wissenschaftsjournalismus-Forschung hat sich bislang auf Kommunikatorstudien und Inhaltsanalysen beschränkt und dabei die Rezipientenforschung völlig vernachlässigt. Empirische Studien über das Wissenschaftsverständnis des Publikums kommen aus der Forschung zum public understanding of science, berücksichtigen aber, auch wenn sie nicht mehr dem traditionellen Popularisierungsdogma verpflichtet sind, nicht explizit journalismustheoretische Fragestellungen. Für die Wissenschaftsjournalismus-Forschung besteht daher ein erheblicher Nachholbedarf an empirischen Studien zur Rezeption journalistischer Wissenschaftsberichterstattung. Ebenso wie für die Analyse der Wissenschaftsberichterstattung selbst kann sie sich dabei nicht auf einen Begriff des Wissenschaftsjournalismus stützen, der diesen ausschließlich als Vermittlung wissenschaftlicher Wissensbestände konzipiert und in der Folge nur noch danach fragt, ob das Publikum wissenschaftliche Erkenntnisse 'richtig' verstanden hat. Die neuere, vor allem britische Publikumsforschung zur Diffusion wissenschaftlichen Wissens zeigt deutlich auf, daß dieses nach nicht-wissenschaftlichen Kriterien in schon bestehende Wissensbestände integriert wird (vgl. Kap. 4.2.4).

In die gleiche Richtung gehen auch die – in der Wissenschaftsjournalismus-Forschung bislang nicht genügend beachteten – neueren Überlegungen zur Wahrnehmung wissenschaftlich-technisch bedingter Risiken. Man mag solche (wissenschaftlichen!) Erkenntnisse positiv oder negativ bewerten, als erstrebenswerte Normalisierung des Verhältnisses von Gesellschaft und Wissenschaft begrüßen oder als Verfall der wissenschaftlichen Kultur (was immer dieser Begriff bezeichnen soll) monieren – aus wissenssoziologischer und aus journalismustheoretischer Sicht kann die Diffusion wissenschaftlichen Wissens und die öffentliche Kommunikation über das Verhältnis von Gesellschaft und Wissenschaft nicht auf einen bloßen Informationstransfer von der Wissenschaft in die Gesellschaft reduziert werden, der zudem noch nach wissenschaftszentrierten Selektionskriterien modelliert wird.

In diesem Zusammenhang müssen wir noch auf eine Unterscheidung hinweisen, die wir im bisherigen Verlauf unserer Untersuchung quasi stillschweigend vorausgesetzt haben, weil sie auch in der hier zur Debatte stehenden Forschung nicht thematisiert wird. Es ist dies die Unterscheidung von Wissenschaft und Technologie. Zwar ist die Entwicklung neuer Technologien wie z.B. der Gentechnologie ohne Wissenschaft nicht denkbar, genauso wie Wissenschaft selbst in zunehmendem Maße technologieabhängig geworden ist. Dennoch muß wissenschaftliches und technologisches Wissen prinzipiell unterschieden werden. Wissenschaftliche Kommunikation ist auf die Erklärung und Prognostizierung von Welt ausgerichtet und unterzieht ihre Aussagen hierzu mehr oder weniger strengen Wahrheitsprüfungen. Technologien sind darauf ausgerichtet, zur Erreichung eines definierten Ziels Steuerungswissen zur Verfügung zu stellen. Dabei geht es nicht um die Erklärungsfunktion dieses Wissens, sondern nur um seine Wirksamkeit. Entscheidend ist das fehlerfreie Funktionieren, also das "Wie?", nicht das "Warum?" und das "Wozu?" (vgl. Pieper 1979: 61 ff.).

Journalistische Wissenschaftsberichterstattung umfaßt also nicht automatisch alle Bereiche technologischen Wissens, sondern nur diejenigen Technologien, deren Entwicklung sich auf wissenschaftliches Wissen zurückführen lassen. Indem Journalismus diese Wechselwirkung beobachtet, verdeutlicht er den engen Zusammenhang, der in modernen Industriegesellschaften zwischen Wissenschaft und Technologie besteht. Da es sich bei den heutigen Großtechnologien "mehr und mehr um nachgebaute Wissenschaft" (Luhmann 1992a: 261; vgl. 263 ff.) handelt, ist es für Wissenschaft gleich in zweifacher Hinsicht unvermeidlich, in den gesellschaftlichen Diskurs um die 'Risikogesellschaft' hineingezogen zu werden: Zum einen liefert sie das kognitive Wissen zur Herstellung komplexer Technologien, zum anderen beobachtet sie deren negative Nebenfolgen (und damit indirekt auch die gesellschaftlichen Folgen ihrer eigenen Operationsweise; vgl. Luhmann 1992a: 254).

7.4 Wissenschaftsjournalismus und Popularisierung

Wir haben die Funktion des Wissenschaftsjournalismus als Beobachtung und Thematisierung der Interdependenzverhältnisse zwischen Wissenschaft und Gesellschaft beschrieben und auf die Notwendigkeit hingewiesen, daß diese Beobachtung autonom durchgeführt werden muß. Für eine Theorie des Wissenschaftsjournalismus bedeutet das die *generelle Abkopplung journalistischer Wissenschaftsberichterstattung vom Begriff der Wissenschaftspopularisierung.* Die Forderung nach Popularisierung von Wissenschaft ergibt sich aus der spezifischen Beobachterperspektive des Wissenschaftssystems und basiert auf der Einschätzung, daß der gesellschaftliche Orientierungsanspruch der Wissenschaft in eine Krise geraten sei. Mit Hilfe von Popularisierung soll diesem vermeintlichen Akzeptanzproblem der Wissenschaft abgeholfen werden. Aus dieser spezifischen Problemsicht des Paradigmas Wissenschaftsjournalismus läßt sich aber nicht, wie in der Wissenschaftsjournalismus-Forschung gefordert, eine Verpflichtung des Journalismus ableiten, Wissenschaft bei deren Akzeptanzbemühungen beizustehen.

Wir können keinen zwingenden Zusammenhang zwischen der Verwissenschaftlichung der Gesellschaft und der Forderung nach einer wissenschaftlichen Aufklärung durch den Journalismus erkennen. Mit der gleichen Berechtigung könnte auch das Religionssystem fordern, daß Journalismus für die christliche Missionierung einer vermeintlich gottlosen Gesellschaft zuständig sei. Solche und ähnliche Forderungen laufen darauf hinaus, eine pluralistische, durch ihre Multiperspektivität gekennzeichnete Gesellschaft nachträglich wieder auf eine Einheit stiftende Beobachterposition zu verpflichten. Diese Integration soll ausgerechnet das System leisten, dessen Ausdifferenzierung auf den *Verlust* einer gesamtgesellschaftlich verbindlichen Beobachterposition zurückzuführen ist, und dessen gesellschaftliche Funktionalität sich gerade in der unabhängigen Beobachtung der gesellschaftlichen Ergänzungs- und Abhängigkeitsverhältnisse erweist.

Die Funktion des Wissenschaftsjournalismus auf eine wissenschaftszentrierte Popularisierung von Wissenschaft festzulegen, so wie es im Paradigma Wissenschaftsjournalismus nahegelegt wird, spricht Journalismus die Autonomie seiner Beobachterposition ab. Ein solches Journalismusmodell führte dann tatsächlich zur Wunschvorstellung vieler Public-Relations-Mitarbeiter, daß nämlich Wissenschaftsjournalismus und Wissenschafts-PR an einem Tisch oder in einem Boot sitzen – eine Vorstellung, die wir schlichtweg für falsch halten. Die Konzeption von Wissenschaftsberichterstattung als Wissenschaftspopularisierung führte dazu, daß Journalismus der Umwelt des Wissenschaftssystems nur noch solche Beobachtungen anbieten würde, die *aus Sicht des Wissenschaftssystems* zur Grundlage gesellschaftlicher Umwelterwartungen gegenüber der Wissenschaft werden *sollten*. Damit wäre die gesellschaftliche Beobachtung der Wissenschaft hauptsächlich auf die Selbstbeobachtung des Wissenschaftssystems angewiesen. Da jede Selbstbeobachtung aber auf die Eigeninteressen des jeweiligen Systems ausgerichtet ist, könnte sich die Gesellschaft nicht auf Irritationen aus dem Wissenschaftssystem einstellen und entsprechende Umwelterwartungen ausbilden – sie würde stets aufs neue durch diese Irritationen überrascht werden.

Um nicht die Glaubwürdigkeit seiner Beobachterposition zu gefährden, kann Journalismus es sich prinzipiell gar nicht leisten, zuungunsten anderer Gesellschaftsbereiche die Realitätssicht eines bestimmten Teilsystems der Gesellschaft zu bevorzugen. In der Wissenschaftsjournalismus-Forschung gehört 'Realitätsverzerrung' zu den häufigsten Vorwürfen gegen die journalistische Wissenschaftsberichterstattung. Abgesehen von der Fragwürdigkeit eines Begriffes, der noch auf ontische Realitätsvorstellungen verweist – wenn hier überhaupt von Verzerrung die Rede sein kann, dann wäre dieser Vorwurf gegen eine solche, einseitig auf wissenschaftszentrierte Relevanzkriterien setzende Wissenschaftsberichterstattung zu erheben, wie sie im Paradigma Wissenschaftsjournalismus konzipiert wird.

7.5 Fazit: Erwartungen an Wissenschaftsjournalismus

Die Erwartungen an den Wissenschaftsjournalismus, die im Paradigma Wissenschaftsjournalismus vorgegeben werden, gründen sich auf eine historische Epoche, in der die wissenschaftlich-technische Entwicklung noch als Garant einer gesamtgesellschaftlichen Prosperität angesehen wurde. Diese Vorstellung von einem stetigen wissenschaftlich-technischen *Fortschritt* führte zur Etablierung entsprechender gesellschaftlicher Umwelterwartungen gegenüber dem Wissenschaftssystem. Die wissenschaftlich-technische Entwicklung galt quasi als schicksalhaft, als ein gesellschaftlicher Prozeß mit Sachzwangcharakter und daher auch als nicht-steuerbar. Diese festen Fortschrittserwartungen wurden in den USA erst ab Mitte der sechziger Jahre (vgl. Nelkin 1987a: 10), in der Bundesrepublik Deutschland ab Mitte der siebziger Jahre (vgl. Braczyk 1986) zunehmend in Frage gestellt.

In diese Zeit fällt auch der Anfang einer kontinuierlichen kommunikationswissenschaftlichen Beschäftigung mit der journalistischen Wissenschaftsberichterstattung. Dieser Forschungszweig versteht sich von Anfang an als Wissenschaft vom public understanding of science. Indem er die an die wissenschaftlich-technische Entwicklung geknüpften Fortschrittserwartungen fortschreibt, konzipiert er die gesellschaftlichen Konflikte um Wissenschaft und Großtechnologien als Folge eines Rationalitätsgefälles zwischen Wissenschaft und ihrer Umwelt. Oberstes Ziel ist daher die wissenschaftlich angeleitete Aufklärung der Gesellschaft. Aus dieser Zielsetzung wird, wie wir zeigen konnten, die Funktion des Wissenschaftsjournalismus normativ abgeleitet. Sowohl die Ursache gesellschaftlicher Konflikte um die Folgen der wissenschaftlich-technischen Entwicklung als auch die Nicht-Lösung dieser Konflikte werden aus dieser Perspektive der defizitären Operationsweise des Journalismus zugeschrieben.

Unsere bisherigen Überlegungen zur Funktion journalistischer Kommunikation sollten verdeutlicht haben, warum die Berichterstattungserwartungen des Paradigmas Wissenschaftsjournalismus bislang stets zu desillusionierenden Erfahrungen führten. Im Gegensatz zu den Vertretern des Paradigmas Wissenschaftsjournalismus sehen wir die Ursache aber nicht im Journalismus selbst. Sie ist vielmehr in der Formulierung einer normativen Zweckprogrammierung zu erblicken, die sowohl die gesellschaftstheoretischen Gründe des zunehmend konflikthaften Verhältnisses von Wissenschaft und Gesellschaft nicht erfaßt als auch die spezifische, gesellschaftlich funktionale Operationsweise eines autonomen Journalismus ignoriert. Für eine zukünftige Theorie des Wissenschaftsjournalismus muß sich die Forschung vor allem von Vorstellungen lösen, die im Wissenschaftsjournalismus ein Instrument für die Popularisierung wissenschaftlich-technischer Rationalität erblicken. Erst diese Abkopplung der Wissenschaftsberichterstattung von einem wissenschaftszentrierten Popularisierungsbegriff ermöglicht es, Journalismus als einen autonomen Beobachter von Gesellschaft und damit auch des Wissenschaftssystems zu verstehen. Was aus der Perspektive der heutigen Forschung als permanente Dysfunktionalität des Wissenschaftsjournalismus interpretiert wird, erscheint aus der Sicht unserer journalismustheoretischen Überlegungen – bei aller möglichen Einzelkritik – als Normalfall journalistischer Beobachtung von Wissenschaft.

Dabei geht es uns nicht darum, journalistische (Wissenschafts-)Berichterstattung grundsätzlich von Kritik auszunehmen. Journalismuskritik verweist häufig aber nur auf die Nicht-Kompatibilität journalistischer Berichterstattung mit den sehr spezifischen Erwartungen des Kritikers.[6] Wir sind daher der Ansicht, daß (Qualitäts-)Erwartungen an den Journalismus nicht in bezug auf die Erwartungen *einzelner* Teilsysteme der Gesellschaft formuliert werden sollten, sondern aus seiner *gesellschaftlichen Funktion* abgeleitet werden müssen.[7] Demzufolge bemißt sich der Grad journalistischer Qualität daran, inwieweit Journalismus seine gesellschaftliche Funktion erfüllt. Ein solches Verständnis wissenschaftsjournalistischer Qualität gewinnt zusätzlich Bedeutung unter den Bedingungen der sogenannten Risikogesellschaft, die durch eine zunehmende Problematisierung der Interdependenzverhältnisse zwischen Gesellschaft und Wissenschaft gekennzeichnet ist. Angesichts dieser Entwicklung verpflichten die Paradigma-Vertreter Wissenschaftsjournalismus auf ihre wissenschaftszentrierte 'Sicht der Dinge' und leiten daraus die schon monoton zu nennende Kritik wissenschaftsjournalistischer Defizite ab.[8]

Im Gegensatz hierzu sehen wir es als ein zentrales Qualitätskriterium des Wissenschaftsjournalismus an, sich gerade *nicht* auf eine wissenschaftszentrierte Beobachtung der Wechselwirkungen von Wissenschaft und Gesellschaft einzulassen. Das Verhältnis zwischen den Teilsystemen einer funktional ausdifferenzierten Gesellschaft ist durch die Existenz miteinander konkurrierender Beobachterperspektiven gekennzeichnet. Nur deshalb führt die Operationsweise eines Teilsystems zu potentiell riskanten Irritationen seiner Umwelt, und nur deshalb ergibt sich die Notwendigkeit einer unabhängigen gesellschaftlichen Position, die diese Interdependenzverhältnisse beobachtet und darüber kommuniziert. Für die Umwelt der Wissenschaft ist es daher wichtig, ihre Erwartungen gegenüber diesem System unabhängig von dessen Selbstbeobachtung auszubilden (vgl. Kap. 6.3.1).[9]

6 "Nicht der Inhalt einer Nachricht ist gut oder schlecht, sondern die Tatsache, daß sie nicht unterdrückt wird. 'Objektivität' und 'Qualität' sind zwei Begriffe, die in einem solchen Fall sofort fallen: 'Objektiv' ist das, was der eigenen Meinung entspricht, 'qualitativ hochstehend', was die Gegenseite nicht zu Wort kommen läßt." (Westhoff ^{2}1984: 114)

7 Die Schwierigkeiten, journalistische Qualität ohne eine solche, gesellschaftliche Einzelinteressen *übergreifende* Funktionsbestimmung zu definieren, zeigen sich z.B. in Ruß-Mohls (1992) Ausführungen zur "Qualitätssicherung im Journalismus".

8 Für Peters (1992: 2) ist die "Medienkritik von Experten (und der mit ihnen verbündeten Medienwissenschaftler) als überzogen und vor allem falsch motiviert zu kritisieren." Peters spricht in diesem Zusammenhang von einer 'technokratischen Medienkritik'.

9 Die Expansion von Wissenschaftsjournalismus ist also gerade nicht, wie Blöbaum (1994: 301) meint, als eine "Engerführung der Beziehungen zwischen Wissenschaft und Journalismus" zu interpretieren.

An *dieser* Erwartung kann journalistische Wissenschaftsberichterstattung gemessen, bewertet und kritisiert werden. Sie kann aber nicht an einem Verständnis gemessen werden, das unter dem Motto "Wißt ihr, worüber wir reden?"[10] die Einheit der Gesellschaft immer noch in der wissenschaftlichen Belehrung eines vermeintlich unaufgeklärten Laienpublikums sucht.

10 Dies ist der Titel, unter dem vom 17. bis 19. Februar 1995 eine Tagung zum Thema Wissenschaftsjournalismus veranstaltet wurde. Der Untertitel lautet: "Verständigung zwischen Wissenschaft, Technik und Öffentlichkeit mit Hilfe der Medien".

Literaturverzeichnis

A

Adam (1926): Presse und Volksgesundheit. In: Deutsche Presse 16.3: 21.

Adrian (1934): Wetterkarte, Schulunterricht und Volksbildung. Nochmals: "Der Wetterbericht in der Tagespresse". In: Deutsche Presse 24.52: 8 - 9.

Adrian (1941): Der gestirnte Himmel über dir... Etwas über die astronomischen Monatsberichte in der Tagespresse. In: Deutsche Presse 31: 114 - 115.

Adrian (1942): Sternenhimmel und Frontsoldat. Hinweis auf eine zeitgemäße Aufgabe der Tagespresse. In: Deutsche Presse 32: 168 - 169.

Albrecht, Christoph **u.a.** (**1990**): Journalisten-Weiterbildung an der Freien Universität Berlin. Bilanz nach drei Jahren Regelstudienangebot. Bericht an die Senatsverwaltung für Wissenschaft und Forschung. Berlin.

Alemann, Heine von (**1975**): Organisatorische Faktoren im Wissenschaftstransfer. Eine explorative Untersuchung in den Sozialwissenschaften. In: Stehr, Nico/ König, René (Hrsg.): Wissenschaftssoziologie. Studien und Materialien. Opladen: 254 - 286.

Alexander, Louis (**1966**): Space flight news: NASA's press relations and media reaction. In: Journalism Quarterly 43: 722 - 728.

Altenmüller, Georg Hartmut (**1981**): Aktuelle Probleme des Wissenschaftsjournalismus. In: Hansen, Klaus (Hrsg.): Verständliche Wissenschaft. Gummersbach: 53 - 58.

Altimore, Michael (**1982**): The social construction of a scientific controversy: Comments on press coverage of the recombinant DNA debate. In: Science, Technology, & Human Values 7.41: 24 - 31.

Ammon, Karl (**1931a**): Technische Berichterstattung in der Zeitung. In: Deutsche Presse 21: 103.

Ammon, Karl (**1931b**): Das Mann mit das Dynamo. In: Deutsche Presse 21: 132.

Ammon, Karl (**1931c**): "Der Grubenhund". In: Deutsche Presse 21: 292 - 293.

Amor, Adlai J. (**1986**): Science journalism in Asia. In: Goldstein, Jeffrey H. (Hrsg.): Reporting science: The case of aggression. Hillsdale (New Jersey): 53 - 65.

Anderson, Ray Lynn (**1970**): Rhetoric and science journalism. In: Quarterly Journal of Speech 56: 358 - 368.

Aschaffenburg, G. (**1930**): Gesichtspunkte des Arztes. In: Deutsche Presse 20: 281 - 282.

Asper, Helmut G. (**1979**): Zwischen Bildung und Unterhaltung. Breite und Vielfalt der Wissenschaftssendungen. In: Kreuzer, Helmut/ Prümm, Karl (Hrsg.): Fernsehsendungen und ihre Formen. Typologie, Geschichte und Kritik des Programms in der Bundesrepublik Deutschland. Stuttgart: 348 - 364.

Aswerus, Bernd (**1953**): Zeitung und Zeitschrift, das Zeitgespräch der Gesellschaft. In: Die Zeitschrift 3.8: 2 - 5.

Augst, Gerhard/ **Simon**, Hartmut/ **Wegner**, Immo (Hrsg.) (**1982**): Die Verständlichkeit von Fernsehtexten. Strukturelle und empirische Untersuchungen zur Wissenschaftssendung "Der Jupiter-Effekt". Siegen.

Augst, Gerhard/ **Simon**, Hartmut/ **Wegner**, Immo (**1985**): Wissenschaft im Fernsehen – verständlich? Produktion und Rezeption der Wissenschaftssendung "Fortschritt der Technik – Rückschritt der Menschen?" unter dem Blickwinkel der Verständlichkeit. Frankfurt am Main/Bern/New York.

Ausbildung (1959) für wissenschaftliche Publizistik. In: journalist Nr. 10: 7.

Ausgewählte Probleme (**1977a**) der Wissenschaftsentwicklung. Wissenschafts- und bildungspolitischer Journalismus. Lesematerial, Teil I. Leipzig.

Ausgewählte Probleme (**1977b**) der Wissenschaftsentwicklung. Wissenschafts- und bildungspolitischer Journalismus. Lesematerial, Teil II. Leipzig.

Austermann, Anton (**1985**): Polemische Anmerkungen zur Wissenschaftsberichterstattung in der Lokalpresse einer Universitätsstadt. In: Publizistik 30: 17 - 34.

B

Bacher-Müller, Karin (**1986**): Wissenschaft und Öffentlichkeit – Ein Plädoyer für den Wissenschaftsjournalismus. In: Schanne, Michael (Hrsg.): 'Wissenschaft' in den Tageszeitungen der Schweiz. Zürich (ohne Jahr): 10 - 19.

Bader, Renate G. (**1990**): How science news stories influence newspaper science coverage: A case study. In: Journalism Quarterly 67: 88 - 96.

Bader, Renate G. (**1993**): Was ist publizistische Qualität? Ein Annäherungsversuch am Beispiel Wissenschaftsjournalismus. In: Bammé, Arno/ Kotzmann, Ernst/ Reschenberg, Hasso (Hrsg.): Publizistische Qualität. Probleme und Perspektiven ihrer Bewertung. München/ Wien: 17 - 39.

Badura, Ulrike (**1982**): Wissenschaftsberichterstattung – Impressionen einer Auszählung. In: Soziologie Nr. 1: 17 - 36.

Bäder, Brigitte (**1954**): Medizin und Presse im Wandel der Zeit. Diss., Universität München.

Bäder, Brigitte/ **Cattani**, Paul (**1993**): Presse und Medizin im Spannungsverhältnis. Neudruck zweier Pionierstudien der Medizinkommunikation. Mit einer Bibliographie von Oskar Stodiek. Bochum.

Baerns, Barbara (**1990**): Wissenschaftsjournalismus und Öffentlichkeitsarbeit: Zur Informationsleistung der Pressedienste und Agenturen. In: Ruß-Mohl, Stephan (Hrsg.): Wissenschaftsjournalismus und Öffentlichkeitsarbeit. Stuttgart: 37 - 53.

Baker, Pamela (**1991**): The effects of a television news documentary in enhancing environmental science literacy among viewers. Florida public television crossroads program on the cross Florida barge canal. M.A.M.C., University of Florida.

Balke, Siegfried (**1967**): Begrüßung und Eröffnung (der Jahresversammlung des Deutschen Verbandes technisch-wissenschaftlicher Vereine). In: Deutscher Verband technisch-wissenschaftlicher Vereine/ Technisch-Literarische Gesellschaft (Hrsg.): Wissenschaft und Technik in der deutschen Publizistik. Düsseldorf: 3 - 5.

Ball, Dorothy (**1981**): The audience for science news. M.A., University of Georgia.

Bammé, Arno/ **Kotzmann**, Ernst/ **Reschenberg**, Hasso (Hrsg.) (**1989a**): Unverständliche Wissenschaft. Probleme und Perspektiven der Wissenschaftspublizistik. München.

Bammé, Arno/ **Kotzmann**, Ernst/ **Reschenberg**, Hasso (**1989b**): Verständliche Wissenschaft: eine Utopie? Ein wissenschaftsdidaktisches Experiment. In: Bammé, Arno/ Kotzmann, Ernst/ Reschenberg, Hasso (Hrsg.): Unverständliche Wissenschaft: Probleme und Perspektiven der Wissenschaftspublizistik. München: 13 - 26.

Banjo, Ademola (**1969**): The importance of journalism in the application of science and technology for development. In: German Foundation for Developing Countries/ United Nations Economic Commission for Africa (Hrsg.): Science and mass media. International seminar report. Berlin: 47 - 61.

Banks, Jane/ **Tankel**, David Jonathan (**1990**): Science as fiction. Technology in prime time television. In: Critical Studies in Mass Communication 7: 24 - 36.

Barber, Bernard (**1959**): From utopia to reality: The role of public opinion in the understanding and control of science. Konferenz der Amer. Ass. for Public Opinion, Roundtable "The nature and implications of current attitudes toward science and scientists". Abstract. In: Public Opinion Quarterly 23: 413 - 414.

Bauer, Martin/ **Schoon**, Ingrid (**1993**): Mapping variety in public understanding of science. In: Public Understanding of Science 2: 141 - 155.

Baumann, Harald (**1979**): Aktuell, faßlich, unterhaltend, bildend. Diskussionsbeitrag zum Rundtischgespräch "Wissenschaft massenwirksam darstellen". In: Neue Deutsche Presse 33.12: 7 - 8.

Bayerische Rück (Hrsg.) (**1993**): Risiko ist ein Konstrukt. Wahrnehmungen zur Risikowahrnehmung. München.

Bayertz, Kurt (**1981**): Wissenschaftstheorie und Paradigmabegriff. Stuttgart.

Bayertz, Kurt (**1985**): Spreading the spirit of science: Social determinants of the popularization of science in nineteenth-century Germany. In: Shinn, Terry/ Whitley, Richard (Hrsg.): Expository science: Forms and functions of popularisation. Dordrecht/Boston (Massachusetts)/Lancaster: 209 - 227.

Beal, George M./ **Rogers**, Everett M. (**1958**): The scientist as a referent in the communication of new technology. In: Public Opinion Quarterly 22: 555 - 563.

Beck, Ulrich (**1986**): Risikogesellschaft. Auf dem Weg in eine andere Moderne. Frankfurt am Main.

Becker, Wolfgang (**1990**): Zur Problematik der Weitervermittlung von Ernährungswissen. Kommunikationstheoretische Analyse, empirische Befunde und konzeptionelle Schlußfolgerungen. Frankfurt am Main/Bern/New York/Paris.

Beckman, Frederick W./ **O'Brien**, Harry R./ **Converse**, Blair (**1937**): Technical journalism. Ames (Iowa).

Bell, Allan (**1991**): Hot air: Media, miscommunication and the climate change issue. In: Coupland, Nicolas/ Giles, Howard/ Wiemann, M. John (Hrsg.): "Miscommunication" and problematic talk. Newbury Park/London/New Delhi: 259 - 282.

Bell, Allan (**1994**): Media (mis)communication on the science of climate change. In: Public Understanding of Science 3: 259 - 275.

Bennett, William (**1981**): Science hits the newsstand. There's a whole new batch of science magazines. Why can't they have more bite? In: Columbia Journalism Review 19.5: 53 - 57.

Bericht der Bundesregierung (**1974**) über die Lage von Presse und Rundfunk in der Bundesrepublik Deutschland. Bundestags-Drucksache 7/2104 (15.05.1974).

Berkland, Melva LaFrenze (**1987**): How science information reaches the public: A content analysis of elite newspapers to compare coverage of the news values for two science conferences. M.S., Iowa State University.

Bersch, Hans Jürgen (**1990**): Bildungs- und Studienprogramme im Fernsehen: Gestern und Heute. In: Meutsch, Dietrich/ Freund, Bärbel (Hrsg.): Fernsehjournalismus und die Wissenschaften. Opladen: 47 - 57.

Best, Gordon/ **Dennis**, John/ **Draper**, Peter (**1977**): Health the mass media and the National Health Service. London.

Beste, Dieter (**1989**): Wissenschafts- oder Technikjournalismus. Übersetzen oder werten? In: Bammé, Arno/ Kotzmann, Ernst/ Reschenberg, Hasso (Hrsg.): Unverständliche Wissenschaft: Probleme und Perspektiven der Wissenschaftspublizistik. München: 59 - 73.

Bishop, Walton Burrell (**1983**): Communication from a scientific meeting. M.A., University of Maryland.

Blöbaum, Bernd (**1994**): Journalismus als soziales System. Geschichte, Ausdifferenzierung und Verselbständigung. Opladen.

Blumentritt, Axel (**1981**): Nachdenken über Anforderungen an den Wissenschaftsjournalismus. In: Neue Deutsche Presse 35.1: 20.

Bobach, Günther (**1983**): Wissenschaft und Technik in unserer Wirtschaftsstrategie und unsere journalistischen Aufgaben. In: Neue Deutsche Presse 37.4: 1 - 3.

Bodmer, Walter/ **Wilkins**, Janice (**1992**): Research to improve public understanding programmes. In: Public Understanding of Science 1: 7 - 10.

Böhme-Dürr, Karin (**1992**): Social and natural sciences in German periodicals. In: Communications 17: 167 - 176.

Böhme-Dürr, Karin/ **Grube**, Anette (**1989**): Wissenschaftsberichterstattung in der Presse. In: Publizistik 34: 448 - 466.

Boehmer, Joachim (**1925**): Der Ingenieur als Journalist. In: Deutsche Presse 15.35: 3 - 4.

Boehmer, Joachim (**1927a**): Der technische Redakteur. In: Zeitungs-Verlag 28: Sp. 1705 - 1706.

Boehmer, Joachim (**1927b**): Die technischen Zeitungsbeilagen. In: Zeitungs-Verlag 28: Sp. 1992 - 1994.

Boehmer, Joachim (**1929**): Gegen die Auswüchse der technischen Berichterstattung. Zur Gründung der Technisch-Literarischen Gesellschaft. In: Zeitungs-Verlag 30: Sp. 361 - 364.

Boehmer, Joachim (**1931**): Technische Kongresse im Spiegel der Presse. In: Zeitungs-Verlag 32: 507 - 508.

Boes, Ulf (**1991**): AIDS-Berichterstattung in der Tagespresse. Inhaltsanalytische Untersuchung von 'Frankfurter Allgemeine Zeitung' und 'Welt' im Zeitraum 1982 - 1989. Bochum.

Borchers, Cornelia (Zusammenstellung, unter Mitarbeit von Christiane Kühn) (**1991**): "Morbus Mohl". Das Thema Gesundheit in Medien. Eine Auswahlbibliographie. Projekt Recherchefeld Wissenschaft, pre-print 13. Berlin.

Borman, Susan Cray (**1978**): Communication accuracy in magazine science reporting. In: Journalism Quarterly 55: 345 - 346.

Bostian, Lloyd R. (**1983**): How active, passive and nominal styles affect readibility of science writing. In: Journalism Quarterly 60: 635 - 640, 670.

Bourne, Arthur (**1992**): Science and the media in Europe. Models and case studies. In: Zerges, Kristina/ Becker, Werner (Hrsg.): Science and the media – A European comparison. Berlin: 61 - 78.

Boventer, Hermann (**1987**): Zur Legitimation des Journalisten. Die Anstrengung des ethischen Begriffs. In: Flöhl, Rainer/ Fricke, Jürgen (Hrsg.): Moral und Verantwortung in der Wissenschaftsvermittlung. Mainz: 119 - 130.

Braczyk, Hans-Joachim (**1986**): Konsensverlust und neue Technologien. Zur exemplarischen Bedeutung des Konflikts um die atomare Wiederaufbereitungsanlage für die gesellschaftliche Steuerung technischen Wandels. In: Soziale Welt 37: 173 - 190.

Brandis, Hans Joachim (**1963**): Medizinische Presseberichte vom Standpunkt eines Chirurgen gesehen. In: Zeitungs-Verlag und Zeitschriften-Verlag 60: 35 - 39.

Branscomb, Anne W. (**1981**): Knowing how to know. In: Science, Technology, & Human Values 6.36: 5 - 9.

Bressler, Hannes (**1971**): Naturwissenschaften im Fernsehen. In: Fernsehen und Bildung 5: 66 - 67.

Broberg, Katie (**1973**): Scientist's stopping behavior as indicator of writer's skill. In: Journalism Quarterly 50: 763 - 767.

Broks, Peter (**1993**): Science, media and culture: British magazines, 1890 - 1914. In: Public Understanding of Science 2: 123 - 139.

Brömme, Ilse (**1989**): Gnadenlose Geheimsprache. Zur journalistischen Weitergabe medizinischer Inhalte. In: Bammé, Arno/ Kotzmann, Ernst/ Reschenberg, Hasso (Hrsg.): Unverständliche Wissenschaft: Probleme und Perspektiven der Wissenschaftspublizistik. München: 97 - 104.

Brown, Maynard W./ **Gross**, Gerald G. (^{3}**1953**): The march of science as news. In: Mott, George Fox u.a. (Hrsg.): New survey of journalism. Techniques for the gathering of news and the writing, editing, and producing of newspapers and magazines. Überarbeitete Ausgabe der 3. Auflage von 1950. New York: 156 - 166.

Bruck, Alfred (**1929**): Die Tagespresse im Dienst der hygienischen Volksbelehrung. In: Deutsche Presse 19: 94 - 95.

Bruck, Peter A. (**1989**): Lesern gehen die Augen auf. Die Gesundheitsanstalt – ausgepackt und enthüllt. In: Medien Journal 13: 140 - 148.

Brügmann, Wolf Gunter (**1973**): Wissenschaft und Gesellschaft. In: die feder 22.5: 22 - 25.

Buchholz, Gerhard (**1981**): Arzt, Medizin und Heilmittelwerbung im Spiegel einer deutschen Provinzzeitung, dargestellt am Beispiel des Duisburger Generalanzeigers innerhalb dreier Generationen. Köln.

Buchholz, Gerhard (**1985**): Zur Wissenschaftsgeschichte der Medizinischen Publizistik. In: Buchholz, Gerhard/ Doppelfeld, Elmar/ Fischer, Heinz-Dietrich (Hrsg.): Der Arzt. Profil eines freien Berufes im Spannungsfeld von Gesundheitspolitik, Wissenschaft und Publizistik. Köln: 326 - 335.

Bülow, J. von (**1931**): Ein Schulfall für Sensationsberichterstattung: "Todesnebel". In: Deutsche Presse 21: 19 - 20.

Bungarten, Theo (Hrsg.) (**1986**): Wissenschaftssprache und Gesellschaft. Aspekte der wissenschaftlichen Kommunikation und des Wissenstransfers in der heutigen Zeit. Hamburg.

Burger Jr., Edward J. (**1984**): Health risks: The challenge of informing the public. A case study analysis of print coverage. Washington D.C.

Burger, Hans Georg (**1972**): Universitäre Presse- und Öffentlichkeitsarbeit. In: die feder 21.9: 12 - 15.

Burger, Hans-Georg (**1973**): Wissenschaftsberichterstattung – ärgerlich oder erforderlich? In: Gießener Universitätsblätter 6.2: 68 - 94.

Burger, Hans-Georg (**1974**): Forschungsergebnisse müssen besser vermittelt werden! Thesen zur Verbesserung der Wissenschaftsvermittlung in den Entwicklungsländern. In: Deutsche Universitäts-Zeitung vereinigt mit Hochschul-Dienst Nr. 10: 422.

Burgoon, Judee K./ **Burgoon**, Michael/ **Wilkinson**, Miriam (**1983**): Dimensions of content readership in 10 newspaper markets. In: Journalism Quarterly 60: 74 - 80.

Burkett, David Warren (**²1973**): Writing science news for the mass media. 2., überarbeitete Auflage. Houston (Texas).

Burkett, Warren (**1986**): News reporting: Science, medicine, and high technology. Ames (Iowa).

Burnham, John C. (**1987**): How superstition won and science lost. Popularizing science and health in the United States. New Brunswick/London.

Butenandt, Adolf (**1966**): Die Wissenschaft in der Industriegesellschaft. In: Kosmos 62: 224 - 229.

C

Cannell, Charles F./ **MacDonald**, James C. (**1956**): The impact of health news on attitudes and behavior. In: Journalism Quarterly 33: 315 - 323.

Carey, Frank (**1966**): A quarter century of science reporting. In: Nieman Reports 20.2: 7 - 10.

Carter Jr., **Roy** E. (**1958**): Newspaper "gatekeepers" and the sources of news. In: Public Opinion Quarterly 22: 133 - 144.

Carter Smith, Virginia L./ **LaSalle Alberger**, Patricia (Hrsg.) (**²1985**): Communicating university research. 2., überarbeitete und ergänzte Auflage. Washington D.C.

Cassata, Donald M. (**1980**): Health communication theory and research: A definitional overview. In: Nimmo, Dan (Hrsg.): Communication yearbook 4. New Brunswick (New Jersey)/ London: 583 - 589.

Cattani, Paul (**1913**): Die Medizin in der politischen Presse. Eine social-medizinische Studie. Stans.

Caudill, Edward (**1987**): A content analysis of press views of Darwin's evolution theory, 1860 - 1925. In: Journalism Quarterly 64: 782 - 786, 946.

Caudill, Edward/ **Ashdown**, Paul (**1989**): The New England Journal of Medicine as news source. In: Journalism Quarterly 66: 458 - 462.

Cerutti, Herbert/ **Flöhl**, Rainer (**²1987**): Was ist neu? Was ist wichtig? In: Ruß-Mohl, Stephan (Hrsg.): Wissenschaftsjournalismus. Ein Handbuch für Ausbildung und Praxis. München: 88 - 90.

Charnley, Mitchell V. (**1936**): Preliminary notes on A study of newspaper accuracy. In: Journalism Quarterly 13: 394 - 401.

Clausen, Lars/ **Dombrowsky**, Wolf R. (**1990**): Zur Akzeptanz staatlicher Informationspolitik bei technischen Großunfällen und Katastrophen. Bonn.

Clayton, Abigail/ **Hanckock-Beaulieu**, Micheline/ **Meadows**, Jack: Change and continuity in the reporting of science and technology: A study of "The Times" and the "Guardian". In: Public Understanding of Science 2: 225 - 234.

Cohn, Victor (**1965**): Are we really telling the people about science? Science reporters are not doing well enough – scientists and science agencies often fail to help. In: Science 148: 750 - 753.

Cole, Bruce J. (**1975**): Trends in science and conflict coverage in four metropolitan newspapers. In: Journalism Quarterly 52: 465 - 471.

Collins, Harry M. (**1987**): Certainty and the public understanding of science: Science on television. In: Social Studies of Science 17: 689 - 713.

Cordes, Samuel J. (**1985**): A content analysis of medical news reporting in "The Pittsburgh Press" and the "Pittsburgh Post-Gazette". M.A., Point Park College.

Covello, Vincent T./ **Winterfeldt**, Detlof von/ **Slovic**, Paul (**1987**): Communicating scientific information about health and environmental risks: Problems and opportunities from a social and behavioral perspective. In: Davies, J. Clarence/ Covello, Vincent T./ Allen, Frederick W. (Hrsg.): Risk communication. Proceedings of the National Conference on Risk Communication, held in Washington, D.C., January 29-31, 1986. Washington D.C.: 109 - 134.

Crane, Valerie (**1992**): Listening to the audience: Producer-audience communication. In: Lewenstein, Bruce V. (Hrsg.): When science meets the public. Washington D.C.: 21 - 32.

Cronholm, Margareta/ **Sandell**, Rolf (**1981**): Scientific information: A review of research. In: Journal of Communication 31.2: 85 - 96.

Cronholm, Margareta/ **Sandell**, Rolf (**1987**): Scientific information – a review of research. In: Sjöberg, Lennart (Hrsg.): Risk and society. Studies of risk generation and reactions to risk. London/Boston/Sydney: 219 - 236.

Cube, Alexander von (**1984**): Wissenschafts-Journalismus. In: Dennhardt, Joachim/ Hartmann, Daniela (Hrsg.): Schöne neue Fernsehwelt. Utopien der Macher. München: 154 - 159.

Culbertson, Hugh M./ **Stempel III**, Guido H. (**1984**): Possible barriers to agenda setting in medical news. In: Newspaper Research Journal 5.3: 53 - 60.

Curlin, Patricia S. (**1992**): AAAS Committee on Public Understanding of Science and Technology. In: Lewenstein, Bruce V. (Hrsg.): When science meets the public. Washington D.C.: 153 - 157.

Cyran, Wolfgang (**1965**): Krebsangst durch die Zeitung? In: Deutsches Ärzteblatt 62: 1702.

D

Dahl, Jürgen (**1974**): Zwang zur Kurzweil. Das Fernsehen bietet Mätzchen statt Information. Eine Polemik, nicht nur gegen Wissenschaftssendungen. In: Die Zeit Nr. 12 (15.03.1974): 14.

Daoyi, Zhang (**1988**): Fostering understanding between scientists and the public. In: Impact of science on society 38: 355 - 362.

Das Problem der Darstellung (**1959**). In: IPI Rundschau 7.1: 6 - 9.

Das Problem der Kommentierung (**1959**). In: IPI Rundschau 7.1: 9 - 11.

David, Ernst W. (**1972**): Kommunikation in Weiß. In: journalist Nr. 4: 49 - 50.

Davis, Robert C. (**1958**): The public impact of science in the mass media. A report of a nation-wide survey for the National Association of Science Writers. Ann Arbor, University of Michigan Survey Research Center.

Day, Stacey B. (Hrsg.) (**1975**): Communication of scientific information. Basel u.a.

Debus, W. (**1936**): Von Wetterfröschen und Orkanpropheten. Arabesken um die Kunst der Isobarenwitterung. In: Deutsche Presse 26: 548 - 549.

Deich, Friedrich (**1959**): Die Aufgabe des wissenschaftlichen Fachjournalisten im Dienste der Gesundheitsaufklärung. In: Ärztliche Mitteilungen 44: 1655 - 1658.

Dem Menschen (**1974**) in seiner Verunsicherung helfen. Europäische Wissenschaftsjournalisten tagen in Salzburg. In: Informationsdienst für Bildungspolitik und Forschung/Nachrichten Nr. 2181: 1 - 3.

Deneke, Johann F. Volrad (**1959**): Arzt und Medizin in der Vor- und Frühgeschichte der modernen Publizistik. In: Publizistik 4: 195 - 210.

Deneke, Johann F. Volrad (**1969**): Arzt und Medizin in der Tagespublizistik des 17. und 18. Jahrhunderts. Köln/Berlin.

Deneke, Johann F. Volrad (**1980**): Medizin in der Öffentlichkeit. Thesen – Definitionen – Antinomien. In: Neuhaus, G. A. u.a. (Hrsg.): Pluralität in der Medizin – der geistige und methodische Hintergrund. Frankfurt am Main: 159 - 161.

Deneke, Johann F. Volrad (**1983**): Das Gesundheitswesen der ersten Hälfte des 19. Jahrhunderts im Spiegel der Amts- und Intelligenzpresse. Düsseldorf.

Deneke, Johann F. Volrad (**^{2}1984**): Diagnose vom Medien-Doktor? Der Arzt und der vorinformierte Patient. In: Wagner, Hans/ Starkulla, Heinz (Hrsg.): Medizin & Medien. Krankt die Gesundheit am Journalismus? München: 159 - 166.

Deneke, Johann F. Volrad (**1985**): Aspekte und Probleme der Medizinpublizistik. Bestandsaufnahmen und Analysen zur historischen und aktuellen Präsentation von Medizin in Massenmedien. Bochum.

Deneke, Johann F. Volrad (**1988**): Akzeptanz medizinischer Publizistik für Laien. In: Fischer, Heinz-Dietrich (Hrsg.): Handbuch der Medizinkommunikation. Köln: 261 - 266.

Deneke, Johann F. Volrad (**1992**): Medizinpublizistik und -kommunikation. In: Fischer, Heinz-Dietrich (Hrsg., unter Mitarbeit von Ulrike G. Wahl): Bochumer Publizistik- und Kommunikations-Wissenschaft in den neunziger Jahren. Ein Vierteljahrhundert publizistische Lehre und Forschung an der Ruhr-Universität, 1965/66 - 1990/91. Köln: 81 - 87.

Dennis, Everette E./ **McCartney**, James (**1979**): Science journalists on metropolitan dailies. Methods, values and perceptions of their work. In: The Journal of Environmental Education 10.3: 9 - 15.

Depenbrock, Gerd (**1976**): Journalismus, Wissenschaft und Hochschule. Eine aussagenanalytische Studie über die Berichterstattung in Tageszeitungen. Bochum.

Der Kampf (**1927**) um die Volksgesundheit. Beschluß des Vorstandes des V.D.Z.-V. In: Zeitungs-Verlag 28: Sp. 301 - 302.

Der Wissenschaftler (**1959**) und der Journalist. In: IPI Rundschau 7.1: 5 - 6.

Der Wissenschaftler (**1977**) und der Journalist. Überblick, Problem, Erfahrungen. In: Neue Deutsche Presse 31.19, Beilage Theorie und Praxis Nr. 10: 16 - 19.

D'Ester, Karl (**1928**): Wissenschaft und Presse. In: Kölnische Volkszeitung Nr. 491, Beilage Literarische Blätter der Kölnischen Volkszeitung Nr. 152 (05.07.1928): 1.

Detsch, Ulrich/ **Hömberg**, Walter (**1990**): Berufspolitisch enthaltsam. Journalistische Fachvereinigungen im Bereich Wissenschaft, Technik, Ökologie. In: medium 20.1: 63 - 67.

Dickinson, Roger (**1990**): Beyond the moral panic: Aids, the mass media and mass communication research. In: Communications 15.1/2: 21 - 36.

Die Gestaltung (**1987**) der entwickelten sozialistischen Gesellschaft in der Deutschen Demokratischen Republik. Aus dem Programm der Sozialistischen Einheitspartei Deutschlands. In: Zentralrat der FDJ (Hrsg.): Dokumente zur Kultur- und Kunstpolitik der SED 1971 - 1986. Berlin: 78 - 88.

Die Kluft (**1970**) zwischen Wissenschaft und Öffentlichkeit muß überbrückt werden. In: Deutsche Universitäts-Zeitung vereinigt mit Hochschul-Dienst Nr. 24: 27.

Die öffentliche Meinung (**1973**): Breites Interesse an Informationen über Bildung und Wissenschaft. In: Informationen Bildung Wissenschaft Nr. 3: 27 - 28.

Dieckmann, Alexander (**1934**): Zum Thema: Der Wetterbericht in der Tagespresse. In: Deutsche Presse 24.47: 9.

Dienelt, Otto (**1974**): Ziel: ein wissenschaftspolitisches Magazin. Einige Gedanken zur Sendereihe "Umschau – Aus Wissenschaft und Technik". In: Neue Deutsche Presse 28.4: 6 - 7.

Dietz, David (**1937a**): Science and the American press. In: Science 85: 107 - 112.

Dietz, David (**1937b**): The national association of science writers. In: Science 85: 220.

Diggelmann, Andreas (**1988**): Der SANASILVA-Waldschadenbericht 1986 in den aktuellen Schweizer Massenmedien. Eine inhaltsanalytische Diffusionsstudie. Ohne Ort (Zürich/Birmensdorf) (ohne Jahr).

Diggelmann, Andreas/ **Schanne**, Michael/ **Zwingli**, Marcel (**1988**): Aids in den Medien. Eine inhaltsanalytische Untersuchung der Berichterstattung zum Thema Aids in den Deutschschweizer Tageszeitungen. Schweizer Illustrierte in Zusammenarbeit mit dem Bundesamt für Gesundheitswesen. Zürich.

Diskussion (**1967**) zum Thema "Wissenschaft und Technik in der deutschen Publizistik". In: Deutscher Verband technisch-wissenschaftlicher Vereine/ Technisch-Literarische Gesellschaft (Hrsg.): Wissenschaft und Technik in der deutschen Publizistik. Düsseldorf: 24 - 30.

Dittmar, Peter (**1978**): Soziologie in der Zeitung. In: Soziologie Nr. 1: 55 - 58.

Dixon, Bernard (**1980**): Telling the people: Science in the public press since the second world war. In: Meadows, E. Jack (Hrsg.): Development of science publishing in Europe. Amsterdam/New York/Oxford: 215 - 235.

Dixon, Bernard (**1986**): Books and films: Powerful media for science popularization. In: Impact of science on society 36: 379 - 385.

Dombrowsky, Wolf R. (**1991**): Krisenkommunikation. Problemstand, Fallstudien und Empfehlungen. Jülich.

Donsbach, Wolfgang (**1981**): Journalisten zwischen Publikum und Kollegen. Forschungsergebnisse zum Publikumsbild und zum in-group-Verhalten. In: Rundfunk und Fernsehen 29: 168 - 184.

Doppelfeld, Elmar (**1985**): Johann Friedrich Volrad Deneke – Vita. In: Buchholz, Gerhard/ Doppelfeld, Elmar/ Fischer, Heinz-Dietrich (Hrsg.): Der Arzt. Profil eines freien Berufes im Spannungsfeld von Gesundheitspolitik, Wissenschaft und Publizistik. Köln: 430 - 433.

Dornan, Chris (**1977**): The science writers: Like it or not, most people look to them to demystify science. In: Science Forum 10.4: 8 - 11.

Dornan, Christopher (**1988**): The "problem" of science and the media: A few seminal texts in their context, 1956 - 1965. In: journal of communication inquiry 12.2: 53 - 70.

Dornan, Christopher (**1989**): Science and scientism in the media. In: Science as Culture Nr. 7: 101 - 121.

Dornan, Christopher (**1990**): Some problems in conceptualizing the issue of "Science and the media". In: Critical Studies in Mass Communication 7: 48 - 71.

Dovifat, Emil (**1937**): Technische Schriftleitung. In: Dovifat, Emil: Zeitungslehre. Band II. Berlin/Leipzig: 81 - 82.

Dovifat, Emil ([2]**1944**): Technische Schriftleitung. In: Dovifat, Emil: Zeitungslehre, Band II. 2., neubarbeitete Auflage. Berlin: 83 - 84.

Dovifat, Emil (**1953**): Gesundheit und öffentliches Leben. Referat der öffentlichen Sitzung des Hamburger Ärztetages 1953. In: Hamburger Ärzteblatt 7: 161 - 165.

Dovifat, Emil ([3]**1955**): Die technische Redaktion. In: Dovifat, Emil: Zeitungslehre, Band II. 3., neubearbeitete Auflage. Berlin: 88 - 89.

Dovifat, Emil ([4]**1962**): Die technische Redaktion. In: Dovifat, Emil: Zeitungslehre, Band II. 4., neubearbeitete Auflage. Berlin: 93 - 94.

Dovifat, Emil ([5]**1967**): Die technische Redaktion. In: Dovifat, Emil: Zeitungslehre, Band II. 5., neubearbeitete Auflage. Berlin: 97 - 98.

Dovifat, Emil ([6]**1976**): Die technische Redaktion – Natur und Wissenschaft. In: Dovifat, Emil: Zeitungslehre, Band II. 6., neubearbeitete Auflage von Jürgen Wilke. Berlin/New York: 120 - 121.

Dröge, Franz/ **Wilkens**, Andreas (**1991**): Populärer Fortschritt. 150 Jahre Technikberichterstattung in deutschen illustrierten Zeitschriften. Münster.

Druschel, B. E. (**1991**): Sensationalism or sensivity: Use of words in stories on acquired immune deficiency syndrome by Associated Press videotex. In: Wolf, M. A./ Kielwasser, A. R. (Hrsg.): Gay people, sex, and the media. Binghamton (New York): 47 - 62.

Dubas, Orest/ **Martel**, Lisa (**1975**): Science, mass media, and the public. A research study on science communication (= Media Impact 2). Ottawa.

Dürr, D. (**1934a**): Mehr sachverständige Mitarbeiter! In: Deutsche Presse 24.39: 8 - 9.

Dürr, D. (**1934b**): Der Wetterbericht in der Tagespresse. Eine Entgegnung auf die Vorschläge von Walter Lammert. In: Deutsche Presse 24.49: 3 - 4.

Dürr, Hans-Peter (**1992**): Weniger die Fakten – die prinzipiellen Fragen interessieren. Warum das Informationsangebot der Wissenschaft so schwer zu vermitteln ist. Bescheidenere Haltung gegenüber der Öffentlichkeit. In: Gerwin, Robert (Hrsg.): Die Medien zwischen Öffentlichkeit und Wissenschaft. Stuttgart: 25 - 37.

Dunwoody, Sharon (**1978a**): From a journalist's perspective: Putting context into mass media science writing. In: The English Journal 67.4: 44 - 47.

Dunwoody, Sharon (**1978b**): Science writers at work. Bloomington.

Dunwoody, Sharon (**1979**): News-gathering behaviors of specialty reporters: A two-level comparison of mass media decision-making. In: Newspaper Research Journal 1.1: 29 - 41.

Dunwoody, Sharon (**1980**): The science writing inner club: A communication link between science and the lay public. In: Science, Technology, & Human Values 5.30: 14 - 22.

Dunwoody, Sharon (**1982**): A question of accuracy. In: IEEE Transactions on Professional Communication 25: 196 - 199.

Dunwoody, Sharon (**1985a**): Forschung zum Wissenschaftsjournalismus – ein Überblick. In: Robert-Bosch-Stiftung (Hrsg.): Wissenschaftsjournalismus in den USA. Infrastrukturen, Ausbildungsangebote, Erfolgsgeheimnisse. Stuttgart: 67 - 75.

Dunwoody, Sharon (**1985b**): Wissenschaftsjournalismus-Forschung. Eine annotierte Bibliographie. In: Robert-Bosch-Stiftung (Hrsg.): Wissenschaftsjournalismus in den USA. Infrastrukturen, Ausbildungsangebote, Erfolgsgeheimnisse. Stuttgart: 176 - 193.

Dunwoody, Sharon (**1986a**): When science writers cover the social sciences. In: Goldstein, Jeffrey H. (Hrsg.): Reporting science: The case of aggression. Hillsdale (New Jersey): 67 - 81.

Dunwoody, Sharon (**1986b**): The scientist as source. In: Friedman, Sharon M./ Dunwoody, Sharon/ Rogers, Carol L. (Hrsg.): Scientists and journalists. Reporting science as news. New York: 3 - 16.

Dunwoody, Sharon (**1986c**): Selected bibliography: Research on mass media science communication. In: Friedman, Sharon M./ Dunwoody, Sharon/ Rogers, Carol L. (Hrsg.): Scientists and journalists. Reporting science as news. New York: 296 - 312.

Dunwoody, Sharon (**1992**): The challenge for scholars of popularized science communication: Explaining ourselves. In: Public Understanding of Science 1: 11 - 14.

Dunwoody, Sharon/ **Baldrica**, Christine/ **Long**, Marilee (**1993**): Annotated bibliography of research on mass media science communication. University of Wisconsin-Madison, School of Journalism and Mass Communication, Center for Environmental Communications and Education Studies. Madison (Wisconsin).

Dunwoody, Sharon/ **Peters**, Hans Peter (**1992**): Mass media coverage of technological and environmental risks: A survey of research in the United States and Germany. In: Public Understanding of Science 1: 199 - 230.

Dunwoody, Sharon/ **Peters**, Hans Peters (**1993**): Massenmedien und Risikowahrnehmung. In: Bayerische Rück (Hrsg.): Risiko ist ein Konstrukt. Wahrnehmungen zur Risikowahrnehmung. München: 317 - 341.

Dunwoody, Sharon/ **Rossow**, Marshel D. (**1988**): Science writing. An annotated bibliography of commentary, research and resources. Madison (Wisconsin).

Dunwoody, Sharon/ **Ryan**, Michael (**1983**): Public information persons as mediators between scientists and journalists. In: Journalism Quarterly 60: 647 - 656.

Dunwoody, Sharon/ **Ryan**, Michael (**1985**): Scientific barriers to the popularization of science in the mass media. In: Journal of Communication 35.1: 26 - 42.

Dunwoody, Sharon/ **Ryan**, Michael (**1987**): The credible scientific source. In: Journalism Quarterly 64: 21 - 27.

Dunwoody, Sharon/ **Scott**, Byron T. (**1982**): Scientists as mass media sources. In: Journalism Quarterly 59: 52 - 59.

Durant, John (**1992**): The relationship between Public Relations and journalism. In: Zerges, Kristina/ Becker, Werner (Hrsg.): Science and the media – A European comparison. Berlin: 105 - 112.

Durant, John/ **Evans**, Geoffrey/ **Thomas**, Geoffrey (**1992**): Public understanding of science in Britain: The role of medicine in the popular representation of science. In: Public Understanding of Science 1: 161 - 182.

DVT/TELI 1967 = Deutscher Verband technisch-wissenschaftlicher Vereine/ Technisch-Literarische Gesellschaft (Hrsg.) (1967): Wissenschaft und Technik in der deutschen Publizistik. Gemeinschaftliche Vortragsveranstaltung des Deutschen Verbandes technisch-wissenschaftlicher Vereine (DVT) und der Technisch-Literarischen Gesellschaft (TELI). Düsseldorf.

Dyroff, Adolf (**1926**): Das Verhältnis zwischen Wissenschaft und Presse. In: Deutsche Presse 16.21: 30 - 31.

E

Eine Abwehr (**1929**) und eine Frage. In: Zeitungs-Verlag 30: Sp. 1115 - 1116.

Einsiedel, Edna F. (**1992**): Framing science and technology in the Canadian press. In: Public Understanding of Science 1: 89 - 101.

Elliott, Wiliam R./ **Rosenberg**, William L. (**1987**): Media exposure and beliefs about science and technology. In: Communication Research 14: 164 - 188.

Enke, Christian Georg (**1963**): Wissenschaft und Technik in der Tagespresse. In: Zeitungs-Verlag und Zeitschriften-Verlag 60: 648 - 649.

Enzensberger, Hans Magnus (**1960**): Muß Wissenschaft Abrakadabra sein? Kritische Anmerkung zum Stil unserer wissenschatflichen Publizistik, der als unzureichend empfunden wird. In: Die Zeit Nr. 6 (05.02.1960): 6.

Ermert, Karl (Hrsg.) (**1982**): Wissenschaft – Sprache – Gesellschaft. Über Kommunikationsprobleme zwischen Wissenschaft und Öffentlichkeit und Wege zu deren Überwindung. Tagung vom 18. bis 21. März 1982. Renburg-Loccum.

Espe, Hartmut (**1987**): Waldschadensbericht 1986: Eine Analyse der Pressereaktionen. Berlin (ohne Jahr).

Esser, Carl (**1929**): Praktische angewandte Wissenschaft in der Zeitung. In: Zeitungs-Verlag 30.22, Beilage: 28 - 29.

Europäische Union der Gesellschaften der Wissenschaftsjournalisten (**1974**): Salzburger Deklaration vom 26.04.1974. In: PR-Revue Nr. 3/4: 24 - 25.

Europäische Union der Gesellschaften der Wissenschaftsjournalisten (**1979**): Laxenburger Deklaration. In: PR-Revue Nr. 100/101: 14 - 16.

Evered, David/ **O'Connor**, Maeve (Hrsg.) (**1987**): Communicating science to the public. Papers presented at the Conference on the Communication of Science, held at the Ciba Foundation, London, 14 - 16 Oct. 1986. Chichester.

F

F., D. (**1928**): Journalismus und Luftfahrt. In: Deutsche Presse 18: 497 - 498.

F., P. (**1931**): Siamesischer Katzenzauber. In: Deutsche Presse 21: 54.

Fabris, Hans Heinz (**1974**): Wissenschaft und Öffentlichkeit. Plädoyer für eine öffentliche Wissenschaft. In: Österreichische Zeitschrift für Politikwissenschaft 3: 487 - 510.

Falter, Annegret (**1990**): Prinzip Verantwortung und Problem Vermittlung. Die "Vereinigung Deutscher Wissenschaftler" und der Wissenschaftsjournalismus. In: medium 20.1: 61 - 63.

Farago, Peter (**1976**): Science and the media. London.

Faulseit, Dieter/ **Lade**, Dietrich (^{2}**1987**): Wie man Wissenschaft populär vermitteln kann. 2., durchgesehene Auflage. Berlin.

Fauman, S. Joseph/ **Sharp**, Harry (**1958**): Presenting the results of social research to the public. In: Public Opinion Quarterly 22: 107 - 115.

Fayard, Pierre (**1991**): 'But where are the Cossacks?': An alternative strategy for popularization. In: International Journal of Science Education 13: 597 - 601.

Fayard, Pierre (**1992a**): Let's stop persecuting people who don't think like Galileo! In: Public Understanding of Science 1: 15 - 16.

Fayard, Pierre (**1992b**): The development of science reporting in European daily press. In: Zerges, Kristina/ Becker, Werner (Hrsg.): Science and the media – A European comparison. Berlin: 97 - 104.

Felt, Ulrike/ **Nowotny**, Helga (**1993**): Science meets the public: A new look at an old problem. In: Public Understanding of Science 2: 285 - 290.

Fillies, Fritz (**1936**): Der aufgebrachte Leser oder 34° Wärme in Grönland. In: Deutsche Presse 26: 148 - 150.

Fischer (**1936**): Es ist wirklich eine Quellenfrage. In: Deutsche Presse 26: 46.

Fischer, E. Kurt (**1960**): Grenzen der Bildungsarbeit im Rundfunk. In: Publizistik 5: 375 - 384.

Fischer, Heinz-Dietrich (**1976**): Probleme der 'Vermarktung' von Wissenschaft durch Massenmedien. In: Aus Politik und Zeitgeschichte B 44 (30.10.1976): 9 - 34.

Fischer, Heinz-Dietrich (**1981**): Wissenschaftspublizistik. In: Koszyk, Kurt/ Pruys, Karl Hugo (Hrsg.): Handbuch der Massenkommunikation. München: 347 - 353.

Fischer, Heinz-Dietrich (**1984**): Massenmedien als Transportvehikel der Wissenschaft. Skizzen eines Spannungsverhältnisses. In: Bertelsmann Briefe Nr. 115: 25 - 32.

Fischer, Heinz-Dietrich (**1985**): Medizin und Medien – Partner oder Opponenten? Plädoyer für eine fachzentrierte Kommunikatoredukation. In: Buchholz, Gerhard/ Doppelfeld, Elmar/ Fischer, Heinz-Dietrich (Hrsg.): Der Arzt. Profil eines freien Berufes im Spannungsfeld von Gesundheitspolitik, Wissenschaft und Publizistik. Köln: 410 - 425.

Fischer, Heinz-Dietrich (Hrsg.) (**1988a**): Handbuch der Medizinkommunikation. Informationstransfer und Publizistik im Gesundheitswesen. Köln.

Fischer, Heinz-Dietrich (**1988b**): Grundprobleme der Aus- und Weiterbildung von Medizinpublizisten. In: Fischer, Heinz-Dietrich (Hrsg.): Handbuch der Medizinkommunikation. Informationstransfer und Publizistik im Gesundheitswesen. Köln: 13 - 19.

Fischer, Heinz-Dietrich (**1988c**): Stimulanz für medizinjournalistischen Nachwuchs durch fachpublizistische Ehrenpreise. In: Terheyden, Rolf (Hrsg.): Beruf und Berufung. Zweite Festschrift für Johannes Binkowski. Mainz: 96 - 108.

Fischer, Heinz-Dietrich (Hrsg.) (**1990a**): Publizistikwissenschaftler und Medizinkommunikation im deutschsprachigen Raum. Bochum.

Fischer, Heinz-Dietrich (**1990b**): Kommunikationswissenschaft und Medizin – Skizzen einiger Tendenzen und Interdependenzen. In: Fischer, Heinz-Dietrich (Hrsg.): Publizistikwissenschaftler und Medizinkommunikation im deutschsprachigen Raum. Funde und Befunde aus sieben Jahrzehnten. Bochum: 11 - 23.

Fischer, Heinz-Dietrich (Hrsg.) (**1990c**): Medizinpublizistik. Prämissen – Praktiken – Probleme. Frankfurt am Main/Bern/New York/Paris.

Fischer, Heinz-Dietrich (Hrsg., unter Mitarbeit von Ulrike G. Wahl) (**1992a**): Bochumer Publizistik- und Kommunikations-Wissenschaft in den neunziger Jahren. Ein Vierteljahrhundert publizistische Lehre und Forschung an der Ruhr-Universität, 1965/66 - 1990/91. Köln.

Fischer, Heinz-Dietrich (Hrsg.) (**1992b**): Medizinjournalismus in Massenmedien. Ausbildung – Aufgaben – Ansätze. Konstanz.

Fischer, Heinz-Dietrich (**1992c**): Medizin und Journalismus – symbiotische oder antagonistische Beziehungen? In: Fischer, Heinz-Dietrich (Hrsg.): Medizinjournalismus in Massenmedien. Konstanz: 13 - 45.

Fischer, Max (**1931**): Ein Buch über den Grubenhund. Planmäßige Veralberung der Zeitungen. In: Zeitungs-Verlag 32: 285.

Flack, Harvey (**1959**): Medizinische Nachrichten in der Tageszeitung. In: IPI Rundschau 7.2: 7 - 10.

Fleischer, Lutz-Günther (**1987**): Überlegungen zur Wissenschaftspropaganda. In: Neue Deutsche Presse 41.5: 3 - 4.

Flemming, Hans-Walter (**1961**): Das Verhältnis von Wissenschaft und Presse. In: Mitteilungen des Hochschulverbandes 9: 19 - 27.

Flemming, Hans-Walter (**1963**): Wissenschaft und Presse. In: Zeitungs-Verlag und Zeitschriften-Verlag 60: 1066 - 1069.

Flemming, Walter (**1927**): Tageszeitung und technische Fachzeitschrift. In: Zeitungs-Verlag 28: Sp. 1989 - 1992.

Flemming, Walter (**1928**): Tageszeitung und Technik. In: Zeitungs-Verlag 29: Sp. 153 - 158.

Flöhl, Rainer (**1969**): Wenn die Wissenschaft schweigt. Immer noch völlig unzureichende Informierung über die Forschung durch die Universitäten. In: Frankfurter Allgemeine Zeitung Nr. 30 (05.02.1969): 29.

Flöhl, Rainer (**1974a**): Wissenschaftsfeindlicher Rundfunk? In: Frankfurter Allgemeine Zeitung Nr. 252 (30.10.1974): 23.

Flöhl, Rainer (**1974b**): Uninformierte Öffentlichkeit. In: Frankfurter Allgemeine Zeitung Nr. 61 (13.03.1974): 29.

Flöhl, Rainer (**1977**): Die wissenschaftliche Information und die Öffentlichkeit oder "Die meisten Nachrichten sind falsch". In: Philipp, Franz-Heinrich (Hrsg.): Information und Gesellschaft. Bedingungen wissenschaftlicher Publikation. Frankfurt am Main/Stuttgart: 197 - 206.

Flöhl, Rainer (**1980**): Experten und Öffentlichkeit. In: Neuhaus, G. A. u.a. (Hrsg.): Pluralität in der Medizin – der geistige und methodische Hintergrund. Frankfurt am Main: 162 - 166.

Flöhl, Rainer (**1981**): Bringschuld oder Holschuld? Die Wissenschaftsredaktion: Transmissionsriemen zwischen Forschung und Öffentlichkeit. In: Die Zeitung 9.4: 3.

Flöhl, Rainer (**1982**): Medizin und Journalismus. In: Bremer Ärzteblatt Nr. 11: 14 - 25.

Flöhl, Rainer (**1983a**): "Draußen vor der Tür": Der Wissenschaftsjournalist und die Welt der Wissenschaften. Anmerkungen zur Berufsforschung über den Wissenschaftsjournalismus. In: Robert-Bosch-Stiftung (Hrsg.): Wissenschaftsjournalismus und Journalistenausbildung. Eine Bestandsaufnahme. Stuttgart: 79 - 84.

Flöhl, Rainer (Hrsg.) (**1983b**): Spitzenforschung in Deutschland. Natur und Wissenschaft: eine Bilanz. Stuttgart.

Flöhl, Rainer (**1985**): Amerikanische Impressionen, bundesdeutsche Realitäten. Kommentar zum Beitrag von Patterson. In: Robert-Bosch-Stiftung (Hrsg.): Wissenschaftsjournalismus in den USA. Infrastrukturen, Ausbildungsangebote, Erfolgsgeheimnisse. Stuttgart: 41 - 46.

Flöhl, Rainer (**1987**): Der Konflikt zwischen Wissenschaft und Journalismus – Interessenkollision oder Machtfrage? In: Flöhl, Rainer/ Fricke, Jürgen (Hrsg.): Moral und Verantwortung in der Wissenschaftsvermittlung. Mainz: 131 - 143.

Flöhl, Rainer (**1990a**): Künstliche Horizonte? Zum konfliktreichen Verhältnis zwischen Wissenschaft und Medien. In: medium 20.1: 22 - 28.

Flöhl, Rainer (**1990b**): Wissenschaft und Massenmedien. In: Bredow, Wilfried von (Hrsg.): Medien und Gesellschaft. Auf dem Weg zu einem Analphabetismus für gehobene Ansprüche? Stuttgart: 127 - 139.

Flöhl, Rainer/ **Fricke**, Jürgen (Hrsg.) (**1987**): Moral und Verantwortung in der Wissenschaftsvermittlung. Die Aufgabe von Wissenschaftler und Journalist. Vorträge gehalten anläßlich des Fuschl-Gespräches der Hoechst AG in Österreich am 23./24. April 1982 und 4./5. Mai 1984. Mainz.

fm (**1927**): Das technische Zeitungswesen. Freies Spiel der Kräfte – oder Monopol? In: Zeitungs-Verlag 28: Sp. 1663 - 1665.

Forbes, R. J. (**1955**): What a scientist expects of the press. In: Gazette 1: 191 - 201.

Foster, John (**1958**): Science writing at Columbia. In: Science 127: 960 - 961.

Frahm, Eckart (**1983**): Lernen aus der Zeitung. In: journalist Nr. 9: 26 - 28.

Fraley, Pierre C. (**1963**): The education and training of science writers. In: Journalism Quarterly 40: 323 - 328.

Fraley, Pierre C./ **Ubell**, Earl (**1963**): Science writing: A growing profession. In: Bulletin of the Atomic Scientists Bd. 19. (Dezember): 19 - 22.

Franke, Lutz (**1971**): WRK-Empfehlung zur Öffentlichkeitsarbeit: Muster ohne Wert? In: Deutsche Universitäts-Zeitung vereinigt mit Hochschul-Dienst Nr. 5: 148.

Franke, Lutz (**1979**): Förderer. In: journalist Nr. 5: 39 - 40.

Frankenfeld, Alfred (**1963**): Journalismus und Wissenschaft. In: Publizistik 8: 222 - 230.

Freimuth, Vicki S./ **Greeenberg**, Rachel H./ **DeWitt**, Jean/ **Romano**, Rose Mary (**1984**): Covering cancer: Newspaper and the public interest. In: Journal of Communication 34.1: 62 - 73.

Freund, Alfred (**1929**): Die Technik und technisch-wirtschaftliche Fragen in der Tagespresse. In: Deutsche Presse 19: 15 - 16.

Freund, Bärbel (**1990a**): Verständlichkeit und Attraktivität von Wissenschaftssendungen im Fernsehen: Die subjektiven Theorien der Macher. Siegen.

Freund, Bärbel (**1990b**): Verständlichkeit und Attraktivität von Wissenschaftssendungen im Fernsehen: Die subjektiven Theorien der Macher. In: Meutsch, Dietrich/ Freund, Bärbel (Hrsg.): Fernsehjournalismus und die Wissenschaften. Opladen: 89 - 123.

Freund, Bärbel/ **Meutsch**, Dietrich (**1990**): Audiovision: Theorie und Praxis. In: Meutsch, Dietrich/ Freund, Bärbel (Hrsg.): Fernsehjournalismus und die Wissenschaften. Opladen: 7 - 14.

Friedlander, Michael W. (**1972**): The conduct of science. Englewood Cliffs (New Jersey).

Friedman, Sharon M. (**1985**): Three Mile Island und die Medien – ein Beispiel für die Wissenschaftsjournalismus-Forschung. In: Robert-Bosch-Stiftung (Hrsg.): Wissenschaftsjournalismus in den USA. Infrastrukturen, Ausbildungsangebote, Erfolgsgeheimnisse. Stuttgart: 81 - 93.

Friedman, Sharon M. (**1986**): The journalist's world. In: Friedman, Sharon M./ Dunwoody, Sharon/ Rogers, Carol L. (Hrsg.): Scientists and journalists. Reporting science as news. New York: 17 - 41.

Friedman, Sharon M./ **Dunwoody**, Sharon/ **Rogers**, Carol L. (Hrsg.) (**1986**): Scientists and journalists. Reporting science as news. New York/London.

Friedman, Sharon M./ **Gorney**, Carole M./ **Egolf**, Brenda P. (**1987**): Reporting on radiation: A content analysis of Chernobyl coverage. In: Journal of Communication 37.3: 58 - 79.

Fürst, Artur (**1926**): Mütterchen Technik und Töchterchen Presse. In: Deutsche Presse 16.21: 64 - 65.

Funkhouser, G. Ray (**1969**): Levels of science writing in public information sources. In: Journalism Quarterly 46: 721 - 726.

Funkhouser, G. Ray/ **Maccoby**, Nathan (**1971**): Communicating specialized science information to a lay audience. In: Journal of Communication 21: 58 - 71.

Funkhouser, G. Ray/ **Maccoby**, Nathan (**1973**): Tailoring science writing the general audience. In: Journalism Quarterly 50: 220 - 226.

Funkhouser, G. Ray/ **Maccoby**, Nathan (**1974**): An experimental study on communicating specialized science information to a lay audience. In: Communication Research 1: 110 - 128.

G

G., H. (**1939**): Was ist Technopolitik? In: Deutsche Presse 29: 169 - 170.

Gaensicke, Stefan (**1969**): Science coverage – an editorial problem. In: German Foundation for Developing Countries/ United Nations Economic Commision for Africa (Hrsg.): Science and mass media. International seminar report. Berlin: 70 - 75.

Galtung, Johan/ **Ruge**, Mari Holmboe (**1965**): The structure of foreign news. The presentation of the Congo, Cuba and Cyprus crises in four Norwegian newspapers. In: Journal of Peace Research 2: 64 - 91.

Gamillscheg, Felix (**1969**): Der informierte Staatsbürger. Presse, Funk, Fernsehen – Schaltstellen der Demokratie. Wien.

Gamillscheg, Felix (**1974**): Transparente Wissenschaft! Der Journalist als Übersetzer, Interpret, Kontrollor. In: Information und Meinung 5.2: 13 - 15.

Gamillscheg, Felix (**1975a**): Seit zehn Jahren: "ibf". Ein Versuch wurde zur Schutzmarke der Wissenschaftsjournalistik. In: Informationsdienst für Bildungspolitik und Forschung/Dokumentation Nr. 244: 1 - 5.

Gamillscheg, Felix (**1975b**): Public Relations für die Wissenschaft stecken noch in den Kinderschuhen. Zehn Jahre Informationsdienst für Bildungspolitik und Forschung (ibf) in Österreich. In: PR 5.7: 16 - 18.

Gardner, Carl/ **Young**, Robert (**1981**): Science on TV: A critique. In: Bennett, Tony/ Boyd-Bowman, Susan/ Mercer, Colin/ Woollacott, Janet (Hrsg.): Popular television and film. London: 171 - 193.

Gaschütz, Sabine (**1980**): Wissenschaftler suchen Pressekontakt. Tagung des Deutschen Forschungsdienstes zur Wissenschaftsberichterstattung in der Tagespresse. In: Publizistik 25: 103 - 104.

Geisthövel, Werner (**1961**): Medizinische Presseberichte vom Standpunkt eines Arztes gesehen. Ein kritisches Wort. In: Zeitungs-Verlag und Zeitschriften-Verlag 58: 1089 - 1090.

General discussion (**1987**): Reaching the non-attentive group. In: Evered, David/ O'Connor, Maeve (Hrsg.): Communicating science to the public. Chichester: 80 - 87.

Genug (Zeitungs-)Spalten (**1971**) für Wissenschafts- und Hochschulfragen? Eine Umfrage an 145 Redaktionen – Lückenhaftes Material. In: Deutsche Universitäts-Zeitung vereinigt mit Hochschul-Dienst Nr. 7: 216 - 217.

George, Klaus (**1983**): Wissenschaft und Technik – ein wichtiges Feld für die Arbeit der Massenmedien. In: Neue Deutsche Presse 37.3: 1 - 2.

Gerbner George (**1987**): Science on television. How it affects public conceptions. In: Issues in Science and Technology 3.3: 109 - 115.

Gerbner, George/ **Gross**, Larry/ **Morgan**, Michael/ **Signorielli**, Nancy (**1985**): Television entertainment and viewer's conceptions of science. Philadelphia (Pennsylvania).

Geretschlaeger, Erich (**1979**): Wissenschaftsjournalismus in Österreich. In: Institut für Publizistik und Kommunikationswissenschaft der Universität Wien und Salzburg (Hrsg.): Österreichisches Jahrbuch für Kommunikationswissenschaft. Salzburg: 227 - 237.

Geretschlaeger, Erich (**1980a**): Wissenschaftssendungen im Fernsehen. Wien.

Geretschlaeger, Erich (**1980b**): Wissenschaftsjournalismus als Entwicklungshelfer: Beginn der Diskussion. In: Medien-Journal 4.3: 22 - 23.

Geretschlaeger, Erich (**1981a**): Vor dem Fernsehgerät bleibt es dunkel. Der Konsument wissenschaftlicher Information – das unbekannte Wesen. In: Hansen, Klaus (Hrsg.): Verständliche Wissenschaft. Gummersbach: 89 - 97.

Geretschlaeger, Erich (**1981b**): Wissenschaft ist wieder in. Ein neuer Trend am amerikanischen Medienmarkt. In: Information und Meinung 12.1: 16 - 18.

Geretschlaeger, Erich (**1983**): Blick über die Grenzen. Inhalte und didaktische Formen von Lehrangeboten zum Wissenschaftsjournalismus in Österreich. In: Robert-Bosch-Stiftung (Hrsg.): Wissenschaftsjournalismus und Journalistenausbildung. Eine Bestandsaufnahme. Stuttgart: 71 - 75.

Geretschlaeger, Erich (**1986**): Wie verkaufen populärwissenschaftliche Zeitschriften Wissenschaft? Eine Untersuchung am Beispiel der Zeitschriften Die Umschau; Kosmos; Bild der Wissenschaft; P.M. und Spektrum der Wissenschaften. In: Bungarten, Theo (Hrsg.): Wissenschaftssprache und Gesellschaft. Hamburg: 254 - 271.

Geretschlaeger, Erich/ **Geretschlaeger**, Ingrid (**1978**): Wissenschaftsjournalismus. Annotierte Auswahlbiographie. Salzburg.

Geretschlaeger, Erich/ **Semrau**, Eugen (**1983**): Hochschule und Öffentlichkeit. Bibliographie und Literaturbericht zu einem brisanten Thema. Salzburg/Wien.

Geretschlaeger, Erich **u.a.** (**1979**): Der Fall Schaden und die Publizistik. Eine kommunikationswissenschaftliche Analyse mit einem Ausblick auf die Wissenschaftsberichterstattung in österreichischen Zeitungen. Wien.

Gerhards, Jürgen (**1994**): Politische Öffentlichkeit. Ein system- und akteurstheoretischer Bestimmungsversuch. In: Neidhardt, Friedhelm (Hrsg.): Öffentlichkeit, öffentliche Meinung, soziale Bewegungen. Opladen: 77 - 105.

German Foundation for Developing Countries/ United Nations Economic Commission for Africa (Hrsg.) (**1969**): Science and mass media. International seminar report. Berlin.

Gerwin, Robert (Hrsg.) (**1992a**): Die Medien zwischen Wissenschaft und Öffentlichkeit. Ein Symposium der Karl Heinz Beckurts-Stiftung. Stuttgart.

Gerwin, Robert (**1992b**): Zwischen Wissenschaft und Gesellschaft: Einführung des Herausgebers. In: Gerwin, Robert (Hrsg.): Die Medien zwischen Wissenschaft und Öffentlichkeit. Ein Symposium der Karl Heinz Beckurts-Stiftung. Stuttgart: 7 - 8.

Gesundheitswesen (**1981**). In: Projektteam Lokaljournalismus (Hrsg.): ABC des Journalismus. München: 375 - 407.

Glaser, Ernst (**1965**): Kann die Wissenschaft verständlich sein? Von der Schwierigkeit ihrer Popularisierung. Wien/Düsseldorf.

Gleich, Uli/ **Groebel**, Jo (**1993**): ARD-Forschungsdienst: Wissenschaftsberichterstattung und Wissenstransfer in Fernsehen und Presse. In: Media Perspektiven Nr. 1: 34 - 37.

Gloede, Fritz (**1986**): Technikfeindliche Medien? – Zum Verhältnis von Medienberichterstattung und gesellschaftlicher Technikskepsis. In: Bechmann, Gotthard/ Meyer-Krahmer, Frieder (Hrsg.): Technologiepolitik und Sozialwissenschaft. Frankfurt am Main/New York: 293 - 334.

Glynn, Carroll J./ **Tims**, Albert R. (**1982**): Sensationalism in science issues: A case study. In: Journalism Quarterly 59: 126 - 131.

Göpfert, Winfried (**1990**): Wissenschaftsjournalismus – verlängerter Arm der Öffentlichkeitsarbeit? In: Ruß-Mohl, Stephan (Hrsg.): Wissenschaftsjournalismus und Öffentlichkeitsarbeit. Stuttgart: 23 - 34.

Göpfert, Winfried/ **Peters**, Hans Peter (**1992**): Konzept einer "Sommerschule Wissenschaftsjournalismus" und Erfahrungen bei der Realisierung. In: Publizistik 37: 118 - 120.

Görke, Alexander (**1996**): Risikojournalismus und Risikogesellschaft. Diss., Universität Münster.

Görke, Alexander/ **Kohring**, Matthias (**1996**): Unterschiede, die Unterschiede machen: Neuere Theorieentwürfe zu Publizistik, Massenmedien und Journalismus. In: Publizistik 41: 15 - 31.

Goldsmith, Maurice (**1959**): Fragen der Ausbildung. In: IPI Rundschau 7.1: 10.

Goldstein, Jeffrey H. (Hrsg.) (**1986a**): Reporting science: The case of aggression. Hillsdale (New Jersey).

Goldstein, Jeffrey H. (**1986b**): Social science, journalism, and public policy. In: Goldstein, Jeffrey H. (Hrsg.): Reporting science: The case of aggression. Hillsdale (New Jersey): 1 - 10.

Golovanov, L. (**1977**): Die soziale Rolle des wissenschaftlichen Journalismus. In: Ausgewählte Probleme der Wissenschaftsentwicklung. Wissenschafts- und bildungspolitischer Journalismus. Lesematerial, Teil I. Leipzig: 153 - 160.

Goodell, Rae (**1977**): The visible scientists. Boston/Toronto.

Goodell, Rae (**1980**): The gene craze. In: Columbia Journalism Review 19.4: 41 - 45.

Goodell, Rae (**1986**): How to kill a controversy: The case of recombinant DNA. In: Friedman, Sharon M./ Dunwoody, Sharon/ Rogers, Carol L. (Hrsg.): Scientists and journalists. Reporting science as news. New York: 170 - 181.

Goodfield, June (**1983**): Wissenschaft und Medien. Basel/Boston/Stuttgart.

Gottschlich, Maximilian (**1991**): Universität und Öffentlichkeit – Symptome kommunikativen Verfalls. In: Communications 16: 269 - 282.

Grabowski, Klaus H. (**1979**): Hochschule und Öffentlichkeit – Worte in den Wind? In: Deutsche Universitäts-Zeitung vereinigt mit Hochschul-Dienst Nr. 19: 610 - 612.

Grabowski, Klaus H. (**1982**): Strukturelle Probleme des Wissenschaftsjournalismus in aktuellen Massenmedien. Eine soziologisch-kommunikationswissenschaftliche Untersuchung. Bochum.

Grabowski, Klaus H. (**1983**): Wissenschaftsjournalismus als Fach in der allgemeinen Journalistenausbildung. In: Robert-Bosch-Stiftung (Hrsg.): Wissenschaftsjournalismus und Journalistenausbildung. Eine Bestandsaufnahme. Stuttgart: 35 - 37.

Grabowski, Klaus H. (**1990**): Strukturelle Arbeitsteilung zwischen Wissenschaftsjournalismus und Öffentlichkeitsarbeit. Ein Erfahrungsbericht aus Hohenheim. In: Ruß-Mohl, Stephan (Hrsg.): Wissenschaftsjournalismus und Öffentlichkeitsarbeit. Stuttgart: 127 - 131.

Green, Jeremy (**1985**): Media sensationalisation and science: The case of the criminal chromosome. In: Shinn, Terry/ Whitley, Richard (Hrsg.): Expository science: Forms and functions of popularisation. Dordrecht/Boston (Massachusetts)/Lancaster: 139 - 161.

Greenberg, Daniel S. (**1974**): Let's hear it for science. In: Columbia Journalism Review 13.2: 16 - 23.

Greiner, Josef (**1940**): Technisches Schrifttum. Buch- und Zeitschriftenschau des NS.-Bundes Deutscher Technik. In: Deutsche Presse 30: 247 - 248.

Groebel, Jo (**1986**): Determinants of science reporting in Europe. In: Goldstein, Jeffrey H. (Hrsg.): Reporting science: The case of aggression. Hillsdale (New Jersey): 43 - 51.

Grose, Peter (**1992**): Science, foreign policy, and the news media. In: Technology in Society 14: 55 - 61.

Groth, Otto (**1915**): Die politische Presse Württembergs. Stuttgart.

Groth, Otto (**1928**): Die Zeitung. Ein System der Zeitungskunde (Journalistik). Erster Band. Mannheim/Berlin/Leipzig.

Groth, Otto (**1929**): Die Zeitung. Ein System der Zeitungskunde (Journalistik). Zweiter Band. Mannheim/Berlin/Leipzig.

Groth, Otto (**1948**): Die Geschichte der deutschen Zeitungswissenschaft. Probleme und Methoden. München.

Groth, Otto (**1960**): Die unerkannte Kulturmacht. Grundlegung der Zeitungswissenschaft (Periodik). Band 1: Das Wesen des Werkes. Berlin.

Groth, Otto (**1966**): Die unerkannte Kulturmacht. Grundlegung der Zeitungswissenschaft (Periodik). Band 6: Das Wirken des Werkes, Teil 2. Berlin.

Grube, Anette/ **Böhme-Dürr**, Karin (**1988**): AIDS in international news magazines. In: Journalism Quarterly 65: 686 - 689.

Grubitzsch, Jürgen (**1975**): Die Wissenschaft in der Tageszeitung. In: Theorie und Praxis des sozialistischen Journalismus Nr. 1: 27 - 29.

Grubitzsch, Jürgen (**1977**): Wissenschaftsjournalismus – oder nicht? In: Ausgewählte Probleme der Wissenschaftsentwicklung. Wissenschafts- und bildungspolitischer Journalismus. Lesematerial, Teil II. Leipzig: 189 - 194.

Grubitzsch, Jürgen (**1989**): Wissenschaftsjournalismus vor neuen Herausforderungen. In: Theorie und Praxis des sozialistischen Journalismus 17: 285 - 289.

Gruhn, Werner (**1979**): Wissenschaft und Technik in deutschen Massenmedien. Ein Vergleich zwischen der Bundesrepublik Deutschland und der DDR. Erlangen.

Gruhn, Werner (**1982**): Besonderheiten populärwissenschaftlicher Vermittlung in der DDR. In: Ermert, Karl (Hrsg.): Wissenschaft – Sprache – Gesellschaft. Renburg-Loccum: 179 - 185.

Grunenberg, Nina (**1992**): Noch wirkt das Bild von der Gralsburg nach. Das Informationsbedürfnis der Öffentlichkeit – Realität oder Illusion? Wie Wissenschaft in die Zeitung kommt. In: Gerwin, Robert (Hrsg.): Die Medien zwischen Öffentlichkeit und Wissenschaft. Stuttgart: 15 - 20.

Grunig, James E. (**1974**): Three stopping experiments on the communication of science. In: Journalism Quarterly 51: 387 - 399.

Grunig, James E. (**1980**): Communication of scientific information to nonscientists. In: Dervin, Brenda/ Voigt, Melvin J. (Hrsg.): Progress in communication sciences, Volume 2. Norwood (New Jersey): 167 - 214.

Grunow, Sabine (**1974/1975**): Wissenschaftliche Journalistenausbildung und wissenschaftlicher Journalismus. In: Publizistik 19/20: 440 - 446.

Günther, Harri (**1980**): Positionen zur Theorie und Praxis der populärwissenschaftlichen Literatur. In: Rektor der Karl-Marx-Universität Leipzig (Hrsg.): Erkenntnistheoretische und me-

thodisch-sprachliche Probleme populärwissenschaftlicher Literatur der Gesellschaftswissenschaften. Leipzig: 87 - 106.
Guha, Anton-Andreas (**1978**): Soziologie in der Öffentlichkeit. In: Soziologie Nr. 1: 52 - 55.
Guha, Anton-Andreas (**1988**): Vertrauen ist gut, Kontrolle ist besser. Über das Versagen der Presse. In: Guha, Anton-Andreas/ Papcke, Sven (Hrsg.): Entfesselte Forschung. Die Folgen einer Wissenschaft ohne Ethik. Frankfurt am Main: 152 - 173.
Guha, Anton-Andreas (**1989**): Die öffentliche Verantwortung von Wissenschaft und Journalismus. In: Bammé, Arno/ Kotzmann, Ernst/ Reschenberg, Hasso (Hrsg.): Unverständliche Wissenschaft: Probleme und Perspektiven der Wissenschaftspublizistik. München: 47 - 58.

H

Haacke, Wilmont (**1942**): Aufgaben der deutschen Feuilletonkunde. In: Zeitungswissenschaft 17: 226 - 233.
Haacke, Wilmont (**1943**): Feuilletonkunde. Das Feuilleton als literarische und journalistische Gattung. Band 1. Leipzig.
Haacke, Wilmont (**1960**): Massenmedien und Medizin. In: Publizistik 5: 409 - 417.
Haacke, Wilmont (**1990**): Genealogie medizinjournalistischer Themen. In: Fischer, Heinz-Dietrich (Hrsg.): Publizistikwissenschaftler und Medizinkommunikation im deutschsprachigen Raum. Funde und Befunde aus sieben Jahrzehnten. Bochum: 71 - 84.
Haaf, Günter (**1976a**): Science writing in the American mass media. In: Nieman Reports 30.1: 18 - 24.
Haaf, Günter (**1976b**): Das Monster im Labor. Die Wissenschaftler tragen selbst zu ihrem negativen Image bei. In: Die Zeit Nr. 14 (26.03.1976): 63.
Haaf, Günter (**1976c**): Frankenstein will nicht sterben. Das Vertrauen in die Wissenschaft schwindet – Die aktuelle Kritik an der Forschung und Technik in den USA wird immer stärker. In: Die Zeit Nr. 20 (07.05.1976): 16.
Haaf, Günter (**1985**): Auf dem Weg zum kritischen Wissenschaftsjournalismus. In: Robert-Bosch-Stiftung (Hrsg.): Wissenschaftsjournalismus in den USA. Infrastrukturen, Ausbildungsangebote, Erfolgsgeheimnisse. Stuttgart: 121 - 131.
Haaf, Günter (**1988**): Die Vermittlung sozialwissenschaftlicher Forschungsergebnisse. In: Wiebe, Burckhard (Hrsg.): Zwischen Marktplatz und Elfenbeinturm – Gesellschaft und Sozialwissenschaften. Berlin: 111 - 120.
Haber, Heinz (**1968**): Öffentliche Wissenschaft. In: Bild der Wissenschaft 5: 744 - 753.
Haber, Heinz (**1969**): Public science. In: German Foundation for Developing Countries/ United Nations Economic Commission for Africa (Hrsg.): Science and mass media. International seminar report. Berlin: 3 - 13.
Haber, Heinz (^{2}**1984**): Stichwort: "Öffentliche Wissenschaft". In: Wagner, Hans/ Starkulla, Heinz (Hrsg.): Medizin & Medien. Krankt die Gesundheit am Journalismus? München: 168 - 170.
Habermas, Jürgen (**1964**): Verwissenschaftlichte Politik und öffentliche Meinung. In: Reich, Richard (Hrsg.): Humanität und politische Verantwortung. Erlenbach-Zürich/Stuttgart: 54 - 73.
Habermas, Jürgen (^{14}**1989a**): Technik und Wissenschaft als 'Ideologie'. Frankfurt am Main.
Habermas, Jürgen (^{14}**1989b**): Technik und Wissenschaft als 'Ideologie'. In: Technik und Wissenschaft als 'Ideologie'. Frankfurt am Main: 48 - 103.
Habermas, Jürgen (^{14}**1989c**): Verwissenschaftlichte Politik und öffentliche Meinung. In: Habermas, Jürgen: Technik und Wissenschaft als 'Ideologie'. Frankfurt am Main: 120 - 145.
Habermehl, R. (**1936**): Der Zeitungswetterbericht. In: Deutsche Presse 26: 332 - 334.
Hachtmann, Rüdiger (**1936**): Sind die Techniker Medizinmänner? In: Deutsche Presse 26: 150 - 151.

Hadel, Werner von (**1971**): Die Wissenschaftsberichterstattung hat viel nachzuholen. In: journalist Nr. 3: 22 - 23.

Hagemann, Walter (**1947**): Grundzüge der Publizistik. Münster.

Hagemann, Walter (**1956**): Begriffe und Methoden publizistischer Forschung. In: Publizistik 1: 11 - 25.

Hager, Kurt (**1987**): Zu Fragen der Kulturpolitik der SED. Aus dem Referat auf der 6. Tagung des Zentralkomitees der SED, 6./7. Juli 1972. In: Zentralrat der FDJ (Hrsg.): Dokumente zur Kultur- und Kunstpolitik der SED 1971 - 1986. Berlin: 25 - 77.

Haller, Michael (**1987**): Wie wissenschaftlich ist Wissenschaftsjournalismus? Zum Problem wissenschaftsbezogener Arbeitsmethoden im tagesaktuellen Journalismus. In: Publizistik 32: 305 - 319.

Haller, Michael (**1990**): Warner, Windmacher, Wissenschaftler. Die Karriere einer Hiobsbotschaft offenbart das gestörte Verhältnis zwischen Forschung und Öffentlichkeit. In: Die Zeit Nr. 13 (23.03.1990): 17 - 20.

Haller, Michael (**1992**): Mit großer Pose die tumbe Welt erwecken? Wissenschaft und Journalismus – vom Gegensatz zur Partnerschaft. Die Mittlerrolle des Journalisten. In: Gerwin, Robert (Hrsg.): Die Medien zwischen Öffentlichkeit und Wissenschaft. Stuttgart: 39 - 48.

Hamburger Projektgruppe "Informationstransfer" (HINT) (**1981**): Kommunikative und methodische Probleme des Informationstransfers am Beispiel der Wissenschaftsmagazine des Fernsehens. Eine exemplarische Analyse. In: Fachsprache, Sonderheft Nr. 1: 164 - 183.

Hansen, Anders (**1991**): The media and the social construction of the environment. In: Media, Culture & Society 13: 443 - 458.

Hansen, Anders (**1992**): What if there are multiple intentions? Journalistic practices and science coverage in the British press. Paper presented in the session 'Communicating scientific knowledge to the public: Messages and agendas'. The annual meeting of the American Association for the Advancement of Science, Chicago, 6-11 February 1992.

Hansen, Anders (**1994**): Journalistic practices and science reporting in the British press. In: Public Understanding of Science 3: 111 - 134.

Hansen, Anders/ **Dickinson**, Roger (**1992**): Science coverage in the British mass media: Media output and source input. In: Communications 17: 365 - 377.

Hansen, Klaus (Hrsg.) (**1981a**): Verständliche Wissenschaft. Probleme der journalistischen Popularisierung wissenschaftlicher Aussagen. Gummersbach.

Hansen, Klaus (**1981b**): Verständliche Wissenschaft – eine mitteilsame Kunst. Zur Einleitung. In: Hansen, Klaus (Hrsg.): Verständliche Wissenschaft. Probleme der journalistischen Popularisierung wissenschaftlicher Aussagen. Gummersbach: 7 - 12.

Hartmann, Hans (**1937**): Wissenschaft und Volksgemeinschaft – die Presse als Mittlerin. In: Deutsche Presse 27: 79 - 82.

Hartmann, Siegfried (**1922**): Technik und Tagespresse. In: Deutsche Presse 10.14: 2 - 4.

Hartmann, Siegfried (**1925**): Technik und Presse. In: Deutsche Presse 15.20: 24 - 28.

Hartmann, Siegfried (**1929**): Gefährliche und gangbare Wege in der technischen Berichterstattung. In: Zeitungs-Verlag 30: Sp. 1435 - 1438.

Hartwig, Rudi (**1983**): "Neue Magdeburger Experimente". Durch populärwissenschaftliche Darstellungen in der Zeitung die Wirtschaftsstrategie unterstützen. In: Neue Deutsche Presse 37.6: 4 - 5.

Haß, Ulrike (**1989**): Rückwirkungen der (wissenschafts-)journalistischen auf die wissenschaftliche Arbeit. In: Bammé, Arno/ Kotzmann, Ernst/ Reschenberg, Hasso (Hrsg.): Unverständliche Wissenschaft: Probleme und Perspektiven der Wissenschaftspublizistik. München: 199 - 216.

Hasse, Hans (**1931**): Aprilscherze. In: Deutsche Presse 21: 145.

Haynes, Geoffrey Alan (**1986**): Science writers in the 1980s: Academic training, advanced peeks and accuracy. M.S., Ohio University.

Heilmann, Klaus (**1990**): Die betrogene Gesellschaft. Kommunikation im Informationszeitalter. Zürich/Wiesbaden.

Heilpern, Edmund (**1927**): Der technische Teil der Zeitung. In: Zeitungs-Verlag 28: Sp. 611 - 612.

Heinemann, Gordon J. (**1991**): Wissenschaftstransfer als Vehicel von Universitäts-PR. Zum Problem des Kommunikationsmix für Hochschul-Öffentlichkeitsarbeit. Bochum.

Hellmann, Manfred (**1976a**): Informationsquelle Buch. Ihre Bedeutung für die Wissenschaftsberichterstattung der deutschen Presse. In: Bertelsmann Briefe Nr. 85: 3 - 9.

Hellmann, Manfred (**1976b**): Medizinberichterstattung in der Presse. In: Deutsches Ärzteblatt – Ärztliche Mitteilungen 73: 2877 - 2883.

Helmholtz, Hermann (**1874**): Vorrede (zur deutschen Übersetzung von Tyndall's "Fragments of science"). In: Tyndall, John: Fragmente aus den Naturwissenschaften. Vorlesungen und Aufsätze. Braunschweig: V - XXV.

Hennen, Leo/ **Peters**, Hans Peter (**1990**): "Tschernobyl" in der öffentlichen Meinung der Bundesrepublik Deutschland – Risikowahrnehmung, politische Einstellungen und Informationsbewertung. Jülich.

Hennig, Jörg (**1983**): Wissenschaftliche Journalistenausbildung – Kompromiß zwischen erwünschter Vielseitigkeit und notwendiger Professionalisierung. In: Robert-Bosch-Stiftung (Hrsg.): Wissenschaftsjournalismus. und Journalistenausbildung. Eine Bestandsaufnahme. Stuttgart: 21 - 25.

Hennis, Wilhelm (**1977**): Zum Charakter der modernen Wissenschaft. Folgerungen für ihre medienspezifische Präsentation. In: Zweites Deutsches Fernsehen (Hrsg.): Wissenschaft im ZDF. Mainz: 19 - 23.

Herrmann, Joachim (**1982**): Wie populär kann man Wissenschaft verbreiten? In: Neue Deutsche Presse 36.10: 23.

Hetzel, Helmut (**1981**): Verständliche Wissenschaft als publizistisches Problem. Merkmale eines investigativen Wissenschaftsjournalismus jenseits von Hofberichterstattung und Resultatsjournalismus. In: Hansen, Klaus (Hrsg.): Verständliche Wissenschaft. Gummersbach: 37 - 52.

Heuser, Hedda (**1982**): Medizin und Massenmedien. In: Meyer, Manfred (Hrsg.): Gesundheitserziehung in Fernsehen und Hörfunk. München: 20 - 24.

Heussner Jr., Ralph C./ **Salmon**, Marla E. (**1988**): Warning: The media may be harmful to your health! A consumer's guide to medical news and advertising. Kansas City/New York.

Hilgartner, Stephen (**1990**): The dominant view of popularization: Conceptual problems, political uses. In: Social Studies of Science 20: 519 - 539.

Hill, A. (**1934**): "Eine ideale Lösung". In: Deutsche Presse 24.52: 9.

Hines, Neal O. (**1947**): Atomic energy and the press: Two years after Hiroshima. In: Journalism Quarterly 24: 315 - 322.

Hinkle, Gerald/ **Elliott**, William R. (**1989**): Science coverage in three newspapers and three supermarket tabloids. In: Journalism Quarterly 66: 353 - 358.

Hodapp-Hammer, Eva (**1952**): Die Geschichte des Menschenfluges im Spiegel der deutschen Presse bis zum Beginn des 20. Jahrhunderts. Ein Beitrag zur Entwicklung der technischen Berichterstattung und Illustration. Diss., Universität München.

Hömberg, Walter (**1974**): Wissenschaft und Journalismus. Forschungsprojekt an der Universität Bielefeld. In: Deutsche Universitäts-Zeitung vereinigt mit Hochschul-Dienst Nr. 14: 583.

Hömberg, Walter (**1978**): Soziologie und Sozialwissenschaften in den Massenmedien. Beobachtungen, Fragen, Vorschläge. In: Soziologie Nr. 1: 5 - 23.

Hömberg, Walter (**1979a**): Wissenschaft in den Massenmedien – Eine Bilanz der Defizite. In: die feder 28.7/8: 16 - 17.

Hömberg, Walter (**1979b**): Wissenschaft in den Massenmedien. In: Information und Meinung 10.1: 13 - 14.

Hömberg, Walter (**1980**): Glashaus oder Elfenbeinturm? Zur Entwicklung und zur Lage der Wissenschaftskommunikation. In: Aus Politik und Zeitgeschichte B 28 (12.07.1980): 37 - 46.

Hömberg, Walter (**1982**) (unter Mitarbeit von Werner Degenhardt und Wolfgang Frantz): Wissenschaftsjournalismus als Beruf. Berufsbild, Arbeitsweise und Selbstverständnis der

Wissenschaftsjournalisten in der Bundesrepublik. Unveröffentlichter Forschungsbericht. München.

Hömberg, Walter (**1983a**): Berufsfeld Wissenschaftsjournalismus. Geht die Nähe der Wissenschaftsjournalisten zur Fachkommunikation zu Lasten der Publikumsorientierung? In: Deutsche Universitäts-Zeitung 39.18, Beihefter Transfer Nr. 11: 86 - 88.

Hömberg, Walter (**1983b**): Journalismus in der Nische. Replik zum Beitrag von Flöhl. In: Robert-Bosch-Stiftung (Hrsg.): Wissenschaftsjournalismus und Journalistenausbildung. Eine Bestandsaufnahme. Stuttgart: 85 - 88.

Hömberg, Walter (**1983c**): Ausbildung im Wissenschaftsjournalismus: Angebote, Defizite, Erfahrungen und Planungen. In: Robert-Bosch-Stiftung (Hrsg.): Wissenschaftsjournalismus und Journalistenausbildung. Eine Bestandsaufnahme. Stuttgart: 41 - 56.

Hömberg, Walter (**1983d**): Neuere Veröffentlichungen zum Wissenschaftsjournalismus. Eine Auswahlbibliographie. In: Robert-Bosch-Stiftung (Hrsg.): Wissenschaftsjournalismus und Journalistenausbildung. Eine Bestandsaufnahme. Stuttgart: 129 - 133.

Hömberg, Walter (**1984a**): Internationales Colloquium zur Situation des Wissenschaftsjournalismus. In: Medien-Journal 8.3: 32 - 33.

Hömberg, Walter (**1984b**): Wissenschafts-Journalismus in den Vereinigten Staaten. Gelobtes Land mit Schattenseiten. In: Bulletin Kommunikationswissenschaften Nr. 1: 16 - 18.

Hömberg, Walter (**1985a**): Es bleibt viel zu tun. Aus- und Fortbildung für Wissenschaftsjournalisten in den Vereinigten Staaten und in der Bundesrepublik. In: Robert-Bosch-Stiftung (Hrsg.): Wissenschaftsjournalismus in den USA. Infrastrukturen, Ausbildungsangebote, Erfolgsgeheimnisse. Stuttgart: 133 - 140.

Hömberg, Walter (**1985b**): Umweltinformation – Umweltpolitik – Ökologie. Strukturelle Barrieren bei der Umsetzung in den Medien. In: Akademie für Politische Bildung (Hrsg.): Umwelterziehung durch Medien. Tutzingen (ohne Jahr): 29 - 42.

Hömberg, Walter (^{2}**1987a**): Auswahlkriterien für Wissenschaftsnachrichten. In: Ruß-Mohl, Stephan (Hrsg.): Wissenschaftsjournalismus. Ein Handbuch für Ausbildung und Praxis. München: 90 - 95.

Hömberg, Walter (**1987b**): Journalisten als Mittler der Wissenschaft. Anmerkungen zum sozialen Profil, zur beruflichen Tätigkeit und zum Rollenbild von Journalisten und Wissenschaftsjournalisten. In: Flöhl, Rainer/ Fricke, Jürgen (Hrsg.): Moral und Verantwortung in der Wissenschaftsvermittlung. Mainz: 29 - 38.

Hömberg, Walter (**1987c**): Wissenschaftsjournalismus in den Medien. Zur Situation eines Marginalressorts. In: Media Perspektiven Nr. 5: 297 - 310.

Hömberg, Walter (**1987d**): Wissenschaftsjournalismus: Labor-Versuche. In: journalist Nr. 1: 8 - 11.

Hömberg, Walter (**1989a**): Wissenschaftsjournalismus – ein Berufsfeld mit Zukunft? In: Kreile, Reinhold (Hrsg.): Medientage München '88. Dokumentation. Baden-Baden: 180 - 191.

Hömberg, Walter (**1989b**): Wissenschaftsjournalisten gesucht? Resonanz und Konsequenzen einer Untersuchung zum Stellenwert des Wissenschaftsjournalismus. In: Bammé, Arno/ Kotzmann, Ernst/ Reschenberg, Hasso (Hrsg.): Unverständliche Wissenschaft: Probleme und Perspektiven der Wissenschaftspublizistik. München: 217 - 234.

Hömberg, Walter (**1990a**): Das verspätete Ressort. Die Situation des Wissenschaftsjournalismus. Konstanz.

Hömberg, Walter (**1990b**): Stiefkind. Die Lage des Schwellenressorts Wissenschaftsjournalismus. In: medium 20.1: 28 - 32.

Hömberg, Walter (**1990c**): Gemischte Bilanz I: Ein Rückblick. In: Ruß-Mohl, Stephan (Hrsg.): Wissenschaftsjournalismus und Öffentlichkeitsarbeit. Stuttgart: 185 - 190.

Hömberg, Walter (**1990d**): Veröffentlichungen zum Wissenschaftsjournalismus 1983 - 1988. Eine Auswahlbibliographie. In: Ruß-Mohl, Stephan (Hrsg.): Wissenschaftsjournalismus und Öffentlichkeitsarbeit. Stuttgart: 247 - 262.

Hömberg, Walter (**1991**): Defizite und Entwicklungspotentiale des Ökojournalismus. In: Evangelische Akademie Baden (Hrsg.): Medien und Umwelt. Die gemeinsame Verantwortung von Journalisten und Umweltverbänden. Beiträge einer Tagung der Evangelischen Akademie Baden vom 7. - 9. Dezember 1990 in Bad Herrenalb. Karlsruhe: 7 - 19.

Hömberg, Walter (**1992a**): Statt Sündenbock-Suche die strukturellen Barrieren abbauen. Probleme der wissenschaftlichen Wissenschaftsvermittlung. Hierzulande häufig nur ein Restseiten-Journalismus. In: Gerwin, Robert (Hrsg.): Die Medien zwischen Öffentlichkeit und Wissenschaft. Stuttgart: 57 - 65.

Hömberg, Walter (**1992b**): Stagnation rather than expansion. Science and the mass media in Germany. In: Zerges, Kristina/ Becker, Werner (Hrsg.): Science and the media – A European comparison. Berlin: 79 - 95.

Hömberg, Walter (**1992c**): Medientraining für Wissenschaftler. Modellseminar an der Universität Eichstätt. In: Publizistik 37: 384 - 387.

Hömberg, Walter (**1992d**): Defizite und Entwicklungspotentiale des Ökojournalismus. In: Communicatio Socialis 25: 22 - 31.

Hömberg, Walter (**1992e**): Wissenschaft, Journalismus und Medien. Eine Literaturauswahl. In: Gerwin, Robert (Hrsg.): Die Medien zwischen Öffentlichkeit und Wissenschaft. Stuttgart: 81 - 82.

Hömberg, Walter (**1993**): Ökologie: ein schwieriges Medienthema. In: Bonfadelli, Heinz/ Meier, Werner A. (Hrsg.): Krieg, Aids, Katastrophen... Konstanz: 81 - 93.

Hömberg, Walter (**1994**): Die rasante Karriere einer Sensations-Story. "Bakterien fressen Menschen auf": Kommunikationswissenschaftler Walter Hömberg über die Regeln des Horror-Journalismus. In: Süddeutsche Zeitung Nr. 127 (06.06.1994): 13.

Hömberg, Walter/ **Roloff**, Eckart Klaus (**1974/1975**): Wissenschaftliche Journalistenausbildung aus der Sicht von Wissenschaftsjournalisten. In: Publizistik 19/20: 431 - 439.

Hoetzsch, Otto (**1930**): Wissenschaft und Zeitung. In: Deutsche Presse 20: 290 - 291.

Hoffmann, Hans-Joachim (**1977**): Der widerspenstige Leser. In: Psychologie Heute 4.12: 40 - 46.

Hohenberg, John (**^{2}1969**): The professional journalist: A guide to the practices and principles of the news media. 2., völlig neu bearbeitete Auflage. New York u.a.

Holton, Gerald (**1992**): How to think about the 'anti-science' phenomenon. In: Public Understanding of Science 1: 103 - 128.

Hons, Jörn (**1988**): Die Themenauswahl auf Wissenschaftsseiten. Eine Untersuchung der Wissenschaftsseiten von vier großen überregional verbreiteten Tageszeitungen. Journalistische Hausarbeit Dortmund 1988. Vervielfältigtes Manuskript. Dortmund.

Hoops, Wiklef (**1981**): Wissenschaftsjournalismus oder die Quadratur des Kreises. In: Hansen, Klaus (Hrsg.): Verständliche Wissenschaft. Gummersbach: 98 - 116.

Hoops, Wiklef (**1984**): Das Zeitungskolleg "Drogen". In: Klees, Renate u.a. (Hrsg.): Medien in der Suchtprophylaxe. Weinheim/Basel: 228 - 241.

Hornig, Susanna (**1990a**): Science stories: Risk, power and perceived emphasis. In: Journalism Quarterly 67: 767 - 776.

Hornig, Susanna (**1990b**): Television's NOVA and the construction of scientific truth. In: Critical Studies in Mass Communication 7: 11 - 23.

Hornig, Susanna (**1993**): Reading risk: Public response to print media accounts of technological risk. In: Public Understanding of Science 2: 95 - 109.

Hoskins, Roy G. (**1925**): Advice from a scientist. In: Journalism Quarterly 2.2: 6.

Hovland, Carl I. (**1954**): Effects of the mass media of communication. In: Lindzey, Gardner (Hrsg.): Handbook of social psychology. Vol. 2: Special fields and applications. Reading (Massachusetts)/London: 1062 - 1103.

Hoyle, Fred (**1955**): British scientists also write. In: Saturday Review Nr. 19 (07.05.1955): 30 - 31, 44 - 45.

Hug, Detlef Matthias (**1996**): Konflikte und Öffentlichkeit. Zur Rolle des Journalismus in sozialen Konflikten. Opladen.

Hunsaker, Alan (**1979**): Enjoyment and information gain in science articles. In: Journalism Quarterly 56: 617 - 619.

I

Ickler, Theodor (**1988**): Fachtexte für Laien. Fachexterne Wissenschaftsvermittlung aus der Sicht der Fachsprachenforschung. In: Futura Nr. 2: 26 - 35.

Institut für Demoskopie Allensbach (Auer, Maria) (**1979**): Wissenschaftsjournalismus als Forschungsgebiet. Literaturbericht. Allensbach.

Issing, Ludwig J. (**1990**): Gestaltung, Funktionen und Wirkungen von Bildungssendungen im Fernsehen. In: Schuster, Hermann Josef (Hrsg.): Handbuch des Wissenschaftstransfers. Berlin u.a.: 519 - 537.

J

Jacobi, Daniel/ **Schiele**, Bernard (**1993**): Science in magazines, and its readers. In: Public Understanding of Science 2: 3 - 20.

Janke, Hans (**1975**): Abzieh-Bilder aus der Wissenschaft. Neun Anmerkungen zu den Wissenschafts-Sendungen im Fernsehen. In: medium 5.11: 9 - 11.

Jarrell, Richard A. (**1977**): Why do many Canadians know nothing of Canadian science? In: Science Forum 10.2: 23 - 26.

Jarren, Otfried/ **Vowe**, Gerhard (**1988**): Journalistische Routine und wissenschaftliches Wissen. Start des Projekts "Recherchefeld Wissenschaft" an der FU Berlin. In: Publizistik 33: 140 - 141.

Jarren, Otfried/ **Vowe**, Gerhard (**1991**): Vermittlung von Wissenschaft und Journalismus. Zwanzig Dienstleistungen auf dem Prüfstand. Berlin.

Jasanoff, Sheila (**1993**): Bridging the two cultures of risk analysis. In: Risk Analysis 13: 123 - 129.

Jaufmann, Dieter/ **Kistler**, Ernst (Hrsg.) (**1988**): Sind die Deutschen technikfeindlich? Erkenntnis oder Vorurteil. Opladen.

Jaufmann, Dieter/ **Kistler**, Ernst/ **Jänsch**, Günter (**1989**): Jugend und Technik. Wandel der Einstellungen im internationalen Vergleich. Frankfurt am Main.

Jauslin, Helmut (**1955**): Die Technik im Rahmen der Tageszeitung. In: Neue Zürcher Zeitung 1780 - 1955. Separatabdruck der am 12. Januar 1955 erschienenen Jubiläumsausgabe. Zürich: 83 - 85.

Jebsen-Marwedel, H. (**1967**): Publizität ist keine Schande. Wissenschaft muß werben. In: Deutscher Verband technisch-wissenschaftlicher Vereine/ Technisch-Literarische Gesellschaft (Hrsg.): Wissenschaft und Technik in der deutschen Publizistik. Düsseldorf: 30 - 31.

Jeder Dritte (**1973**) will von Wissenschaft nichts wissen. Bildung und Forschung in den Massenmedien. In: Deutscher Forschungsdienst 20.9, Beilage: 1 - 3.

Jerome, Fred (**1986a**): Gee whiz! Is that all there is? In: Friedman, Sharon M./ Dunwoody, Sharon/ Rogers, Carol L. (Hrsg.): Scientists and journalists. Reporting science as news. New York: 147 - 154.

Jerome, Fred (**1986b**): Prospects for science journalism. In: Goldstein, Jeffrey H. (Hrsg.): Reporting science: The case of aggression. Hillsdale (New Jersey): 91 - 96.

Jerosch, Ernst (**1935**): Das wissenschaftliche Feuilleton. In: Deutsche Presse 25: 149 - 150.

Joel, Kurt (**1926**): Was verdankt die Technik der Presse. [sic!] In: Deutsche Presse 16.21: 65 - 67.

Johnson, **Kenneth** G. (**1963**): Dimensions of judgement of science news stories. In: Journalism Quarterly 40: 315 - 322.

Johnson, **Lee** Z. (**1957**): Status and attitudes of science writers. In: Journalism Quarterly 34: 247 - 251.

Jones, Greta/ **Connell**, Ian/ **Meadows**, Jack (**1978**): The presentation of science by the media. Leicester.

Jungermann, Helmut/ **Rohrmann**, Bernd/ **Wiedemann**, Peter M. (Hrsg.) (**1990**): Risiko-Konzepte, Risiko-Konflikte, Risiko-Kommunikation. Jülich.

Jungk, Robert (**1990**): Wider den Götzendienst am Altar der Forschung. Kritische Wissenschaftsberichterstattung – Erfahrungen aus über vier Jahrzehnten. In: medium 20.1: 41 - 43.

K

Kärtner, Georg (**1972**): Wissenschaft und Öffentlichkeit. Die gesellschaftliche Kontrolle der Wissenschaft als Kommunikationsproblem. Eine Analyse anhand der Berichterstattung des Nachrichtenmagazins "Der Spiegel" und anderer Massenmedien. 2 Bände. Göppingen.

Kalt, Gero (Hrsg.) (**1992**): Schlecht informiert. Wie Medien die Wirklichkeit verzerren. Eine Fallsammlung. Frankfurt am Main.

Kalt, Gero/ **Hanfeld**, Michael (Hrsg.) (**1995**): Schlecht informiert 2. Wie Medien die Wirklichkeit verzerren. Fallbeispiele aus den Jahren 1993 - 1995. Frankfurt am Main.

Kaper, Eitel (**1929**): "Populäre Technik" in den Tageszeitungen. In: Zeitungs-Verlag 30: Sp. 1113 - 1114.

Kapitza, Sergei P. (**1988**): Issues in the popularization of science. In: Impact of science on society 38: 317 - 326.

Kapp, W. (**1929**): Möglichkeiten und Grenzen der Wissenspflege in der Zeitung. In: Zeitungs-Verlag 30.22, Beilage: 25 - 27.

Kappelmeyer, O. (**1928**): Der technische Journalist bei der großstädtischen Zeitung. In: Deutsche Presse 18: 190, 192.

Karpf, Anne (**1988**): Doctoring the media. The reporting of health and medicine. London.

Kastner, Maria (**1994**): Aufmerksamkeit und Relevanz – Das Verhältnis von Wissenschaft und Medien. In: Zentrum für interdisziplinäre Forschung (Hrsg.): Jahresbericht ZiF: 92/93. Bielefeld: 117 - 120.

Kaupp, Peter (**1974**): Lebenshilfe in Illustrierten und Regenbogenpresse? In: Aus Politik und Zeitgeschichte B 6 (09.02.1974): 21 - 29.

Kayser, Curt (**1928**): Presse und hygienische Volksbelehrung. In: Deutsche Presse 18: 558.

Kearl, Bryant (**1963**): Science popularization in the Soviet press. In: Journalism Quarterly 40: 329 - 331.

Kearl, Bryant/ **Powers**, Richard D. (**1961**): Estimating understanding of scientific terms. In: Journalism Quarterly 38: 221 - 223.

Kepplinger, Hans Mathias (**1976**): Öffentlichkeitsnachfrage und Medieninhalte. In: Wissenschaftszentrum Berlin (Hrsg.): Die Vermittlung von sozialwissenschaftlichen Ergebnissen an die Öffentlichkeit. Berlin: 135 - 160.

Kepplinger, Hans Mathias (**1977**): Das Lesen von Wissenschaftsbeiträgen kann Freude bereiten. Eine Stilkunde für Wissenschaftler. In: Psychologie Heute 4.12: 41.

Kepplinger, Hans Mathias (**1988**): Die Kernenergie in der Presse. Eine Analyse zum Einfluß subjektiver Faktoren auf die Konstruktion von Realität. In: Kölner Zeitschrift für Soziologie und Sozialpsychologie 40: 659 - 683.

Kepplinger, Hans Mathias (**1989a**): Künstliche Horizonte. Folgen, Darstellung und Akzeptanz von Technik in der Bundesrepublik Deutschland. Frankfurt am Main/New York.

Kepplinger, Hans Mathias (**1989b**): Kernenergie. Die Kernenergie in der Presse. Eine Analyse zum Einfluß subjektiver Faktoren auf die Konstruktion von Realität. Hrsg. von 'Bürger fragen Journalisten e.V.'. Erlangen.

Kepplinger, Hans Mathias (**1991**): Aufklärung oder Irreführung? Die Darstellung von Technikfolgen in der Presse 1965 - 1986. In: Krüger, Jens/ Ruß-Mohl, Stephan (Hrsg.): Risikokommunikation. Technikakzeptanz, Medien und Kommunikationsrisiken. Berlin: 109 - 143.

Kepplinger, Hans Mathias (**1992**): Instrumentelle Aktualisierung. Grundlagen einer Theorie kognitiv-affektiver Medienwirkungen. In: Schulz, Winfried (Hrsg.): Medienwirkungen: Einflüsse von Presse, Radio und Fernsehen auf Individuum und Gesellschaft. Untersuchungen im Schwerpunktprogramm "Publizistische Medienwirkung". Forschungsbericht, Deutsche Forschungsgemeinschaft. Weinheim: 161 - 189.

Kepplinger, Hans Mathias/ **Ehmig**, Simone Christine/ **Ahlheim**, Christine (**1991**): Gentechnik im Widerstreit. Zum Verhältnis von Wissenschaft und Journalismus. Frankfurt am Main/ New York.

Kepplinger, Hans Mathias/ **Mathes**, Rainer (**1988**): Künstliche Horizonte. Die Darstellung von Technik in Zeitungen und Zeitschriften der Bundesrepublik Deutschland von 1965 bis 1986. In: Scharioth, Joachim/ Uhl, Harald (Hrsg.): Medien und Technikakzeptanz. Kolloquium des Bundesministeriums für Forschung und Technologie am 10. Juli 1987 in Bonn. München: 111 - 152.

Khuon, Ernst von/ **Laupsien**, Hermann (Hrsg.) (**1979**): Forschung – kritisch gesehen. Die TELI erschließt Wissenschaft und Technik von heute und morgen. Düsseldorf/Wien.

Kindt, Hermann (**1934**): Muß der Krebserreger popularisiert werden? Zum Thema Naturwissenschaften und Presse. In: Deutsche Presse 24.38: 5 - 7.

Kirch, Karl M. (**1967**): Vom Elfenbeinturm zum Kiosk. Gedanken zur medizinischen Thematik in der Massenpresse. In: Therapie der Gegenwart 106: 839 - 848.

Kirchner, Hans-Martin (**1988**): Elemente natur- und technikwissenschaftlicher Textgattungen und Darstellungsmittel. Zur Entwicklung des Wissenschafts-Journalismus. In: Wagner, Hans (Hrsg.): Idee und Wirklichkeit des Journalismus. Festschrift für Heinz Starkulla. München: 165 - 173.

Kirsch, Jeffrey W. (**1979**): On a strategie for using the electronic media to improve the public understanding of science and technology. In: Science, Technology, & Human Values 4.27: 52 - 58.

Kirsch, Jeffrey W. (**1981**): Science on film, radio, and television in the People's Republic of China. In: Science, Technology, & Human Values 6.36: 31 - 35.

Kistler, Ernst/ **Jaufmann**, Dieter (**1990**): Konzepte der Öffentlichkeitsarbeit angesichts des Einstellungswandels der Bürger zur Technik: "selling science" oder "communicating science"? In: Zimmerli, Walter Ch./ Sinn, Hansjörg (Hrsg.): Die Glaubwürdigkeit technisch-wissenschaftlicher Informationen. Düsseldorf: 67 - 92.

Klagenfurter (**1989**) Thesen zur Wissenschaftspublizistik. Ein Appell an die Öffentlichkeit. In: Bammé, Arno/ Kotzmann, Ernst/ Reschenberg, Hasso (Hrsg.): Unverständliche Wissenschaft: Probleme und Perspektiven der Wissenschaftspublizistik. München: 313 - 319.

Klein, Eckart (**1959**): Technik und Wissenschaft in der Zeitung von heute. In: die feder 7: 43.

Kluth, Heinrich (**1936**): Der Grubenhund verbellt die Zukunft. In: Deutsche Presse 26: 170 - 171.

Kluth, Heinrich (**1979**): Journalisten über Technik und Wissenschaft. 50 Jahre Technisch-Literarische Gesellschaft. In: Khuon, Ernst von/ Laupsien, Hermann (Hrsg.): Forschung – kritisch gesehen. Düsseldorf/Wien: 15 - 36.

Knipping, Franz (**1967**): Der Einfluß der wissenschaftlich-technischen Revolution in den Massen-Medien In: La formation des journalistes à l'époque des ordinateurs. Colloque international sur les nouveaux courants dans la formation des journalistes. Prague, les 3 et 4 novembre 1967. Prag: 39 - 51.

Knoll, Joachim H. (**1965**): Wissenschaft und Öffentlichkeit. In: Wenke, Hans/ Knoll, Joachim H. (Hrsg.): Festschrift zur Eröffnung der Universität Bochum. Bochum: 385 - 394.

Knott, Brigitte (**1981**): Die wissenschaftlichen Magazine. In: Redaktion der Frankfurter Hefte (Hrsg.): Ökologische Zwischenbilanz. Frankfurt am Main: 199 - 204.

Knowledge into action (**1969**): Improving the nation's use of the social sciences. Report of the Special Commission on the Social Sciences of the National Science Board. Washington D.C.

Koch, Claus (**1976**): Wissenschaftsvermittlung – zu welchem Zweck? In: Wissenschaftszentrum Berlin (Hrsg.): Die Vermittlung von sozialwissenschaftlichen Ergebnissen an die Öffentlichkeit. Berlin: 19 - 33.

Köck, Wolfram K. (**1990**): Wissenschaftstransfer durch Fernsehen: Ein Forschungsprojekt. In: Meutsch, Dietrich/ Freund, Bärbel (Hrsg.): Fernsehjournalismus und die Wissenschaften. Opladen: 131 - 148.

Köhler, Barbara Maria (**1976**): Einleitung. In: Wissenschaftszentrum Berlin (Hrsg.): Die Vermittlung von sozialwiss. Ergebnissen an die Öffentlichkeit. Berlin: 5 - 18.

Koerting, Walther (**1957**): "Presse und Ärzte". Ein Kolloquium in Innsbruck. In: Ärztliche Mitteilungen 42: 190 - 191.

Kohring, Matthias/ **Görke**, Alexander/ **Ruhrmann**, Georg (**1996**): Konflikte, Kriege, Katastrophen: Zur Funktion internationaler Krisenkommunikation. In: Meckel, Miriam/ Kriener, Markus (Hrsg.): Internationale Kommunikation. Eine Einführung. Opladen: 283 - 298.

Kopper, Gerd G. (**1992**): Changes of mass media structures and media markets in Europe – Consequences for science information and communication. In: Zerges, Kristina/ Becker, Werner (Hrsg.): Science and the media – A European comparison. Berlin: 37 - 47.

Korbmann, Reiner (**1976**): Hilft Hering gegen Föhn? In: journalist Nr. 1: 28 - 29.

Korbmann, Reiner (**1992**): Elf Mißverständnisse zwischen Wissenschaft und Medien. Was die Mittlerrolle des Journalismus nicht sein kann. Stichworte zu einem zeitlosen Thema. In: Gerwin, Robert (Hrsg.): Die Medien zwischen Öffentlichkeit und Wissenschaft. Stuttgart: 49 - 55.

Korbmann, Reiner (**1994**): Fußball kontra Forschung. In: bild der wissenschaft Nr. 9: 3.

Kovarik, Bill (**1984**): Science news at the crossroads. M.A., University of South Carolina.

Krämer, Annett (**1986**): Ökologie und politische Öffentlichkeit. Zum Verhältnis von Massenmedien und Umweltproblematik. München.

Krauch, Helmut (**1963**): Technische Information und öffentliches Bewußtsein. Die Chancen einer öffentlichen Diskussion wissenschaftspolitischer Entscheidungen. In: atomzeitalter Nr. 9: 235 - 240.

Krauch, Helmut (**1970**): Prioritäten für die Forschungspolitik. München.

Krautkrämer, Horst (**1988**): Der "Arbeitskreis Medizinpublizisten" – Klub der Wissenschaftsjournalisten. In: Fischer, Heinz-Dietrich (Hrsg.): Handbuch der Medizinkommunikation. Informationstransfer und Publizistik im Gesundheitswesen. Köln: 37 - 40.

Kretschmann, Georg (**1974**): Dolmetscher der Wissenschaft. Zu einigen Aspekten der populärwissenschaftlichen Darstellung naturwissenschaftlich-technischer Stoffe in der Tageszeitung. In: Neue Deutsche Presse 28.6, Beilage Theorie und Praxis Nr. 3: 5 - 8.

Kretschmann, Georg (**1977**): Der zielgerichtete Einsatz der journalistischen Genres bei der populärwissenschaftlichen Darstellung naturwissenschaftlich-technischer Stoffe in der sozialistischen Tageszeitung. In: Ausgewählte Probleme der Wissenschaftsentwicklung. Wissenschafts- und bildungspolitischer Journalismus. Lesematerial, Teil I. Leipzig: 55 - 71.

Krieghbaum, Hillier (**1940**): The background and training of science writers. In: Journalism Quarterly 17: 15 - 18.

Krieghbaum, Hillier (**1956**): What's RIGHT with science news reporting? In: Science 123: 707 - 709.

Krieghbaum, Hillier (**1958**): Science, the news, and the public. A report of the National Association of Science Writers. New York.

Krieghbaum, Hillier (**1959**): Public interest in science news. Two surveys show a direct relationship between science education and assimilation of the news. In: Science 129: 1092 - 1095.

Krieghbaum, Hillier (**1963**): Reporting science information through the mass media. In: Journalism Quarterly 40: 291 - 292.

Krieghbaum, Hillier (**1966**): Two Gemini space flights in two metropolitan dailies. In: Journalism Quarterly 43: 120 - 121.

Krieghbaum, Hillier (**²1968a**): Science and the mass media. London/New York.

Krieghbaum, Hillier (**1968b**): Apollo 8: An effort in mass education. In: Columbia Journalism Review 7.4: 29.

Krieghbaum, Hillier (**1968c**): Dr. Barnard as a human pseudo-event. In: Columbia Journalism Review 7.2: 24 - 25.

Krieghbaum, Hillier (**1979**): Perspectives on science writing. In: The Journal of Environmental Education 10.3: 16 - 20.

Kries, Wilhelm von (**1936**): Mehr Achtung vor dem Leben! In: Deutsche Presse 26: 66 - 67.

Krippendorff, Klaus (**1994**): Der verschwundene Bote. Metaphern und Modelle der Kommunikation. In: Merten, Klaus/ Schmidt, Siegfried J./ Weischenberg, Siegfried (Hrsg.): Die Wirklichkeit der Medien. Eine Einführung in die Kommunikationswissenschaft. Opladen: 79 - 113.

Kristiansen, Connie M./ **Harding**, Christina M. (**1984**): Mobilization of health behavior by the press in Britain. In: Journalism Quarterly 61: 364 - 370, 398.

Krockow, Christian Graf von (**1981**): Universität und Öffentlichkeit. In: Wissenschaft im Dialog (Hrsg.): Wem nützt die Wissenschaft? Beiträge zum Verhältnis von Universität und Gesellschaft. München: 25 - 36.

Krohn, Wolfgang/ **Krücken**, Georg (Hrsg.) (**1993**): Riskante Technologien: Reflexion und Regulation. Einführung in die sozialwissenschaftliche Risikoforschung. Frankfurt am Main.

Krüger, Jens (**1987**): Wissenschaftsberichterstattung in aktuellen Massenmedien aus der Sicht der Wissenschaftler. In: Flöhl, Rainer/ Fricke, Jürgen (Hrsg.): Moral und Verantwortung in der Wissenschaftsvermittlung. Mainz: 39 - 51.

Krüger, Jens (**1989**): Hochschulgebundene Journalistenausbildung – Wege aus dem Hochstapler-Dilemma des Journalismus. In: Bammé, Arno/ Kotzmann, Ernst/ Reschenberg, Hasso (Hrsg.): Unverständliche Wissenschaft: Probleme und Perspektiven der Wissenschaftspublizistik. München: 251 - 262.

Krüger, Jens (**1990**): Ein Platz auf dem Stundenplan! Zur Entwicklung des Lehrangebots in der Bundesrepublik Deutschland. In: Ruß-Mohl, Stephan (Hrsg.): Wissenschaftsjournalismus und Öffentlichkeitsarbeit. Stuttgart: 103 - 109.

Krüger, Jens/ **Flöhl**, Rainer (**1982**): Kein Platz auf dem Stundenplan. Wissenschaftsjournalismus in Forschung und Lehre. In: Deutsche Universitäts-Zeitung 38.6: 18 - 21.

Krüger, Jens/ **Ruß-Mohl**, Stephan (**1989**): Popularisierung der Technik durch Massenmedien. In: Boehm, Laetitia/ Schönbeck, Charlotte (Hrsg.): Technik und Bildung. Düsseldorf: 387 - 415.

Krüger, Jens/ **Ruß-Mohl**, Stephan (**1990**): Presse, Hörfunk und Fernsehen als Transfermedien. In: Schuster, Hermann Josef (Hrsg.): Handbuch des Wissenschaftstransfers. Berlin u.a.: 503 - 517.

Kruse, Uta (**1990**): Regen, Rheuma, Recycling. Verwissenschaftlichung der Tagespresse und Leser-Alltag. Eine empirische Analyse ausgesuchter Zeitungen. Journ. Dipl., Universität Dortmund (ohne Jahr).

Kübler, Andreas (**1995**): Brigitte Bäder/Paul Cattani: Presse und Medizin im Spannungsverhältnis. Neudruck zweier Pionierstudien der Medizinkommunikation. Mit einer Bibliographie von Oskar Stodiek. Rezension. In: Publizistik 40: 117 - 119.

Kühle, Ludwig (**1930**): Pseudowissenschaftliche Sensationen aus dem Auslande. In: Zeitungs-Verlag 31: Sp. 547 - 550.

Kühle, Ludwig (**1936**): Mehr Achtung vor dem Leser! Wissenschaftliche Falschmeldungen verstoßen gegen die Berufsehre des Schriftleiters. In: Deutsche Presse 26: 13 - 16.

Kühn, Rudolf (**1961**): Wissenschaft im Fernsehen. In: atomzeitalter Nr. 5: 114 - 115.

Kuhn, Thomas S. (**1977**): Die Entstehung des Neuen. Studien zur Struktur der Wissenschaftsgeschichte. Frankfurt am Main.

Kuhn, Thomas S. ([2]**1979**): Die Struktur wissenschaftlicher Revolutionen. Frankfurt am Main (engl. [1]1962).

Kurtz, E. (**1966**): Public understanding of science: 133rd AAAS Meeting, Washington, D.C., 26-31 Dezember 1966. In: Science 154: 800 - 801.

Kurzeja, Maria (**1984**): Dr. Markus Welby und seine Kollegen. Eine empirische Untersuchung zur Arztserie im Fernsehen der Bundesrepublik Deutschland. Frankfurt am Main/Bern/ New York/Nancy.

Kwolek, William F. (**1973**): A readability survey of technical and popular literature. In: Journalism Quarterly 50: 255 - 264.

L

La Roche, Walther von (**1983**): Vom Vorrang des Fachstudiums und von der Gefährlichkeit einer separaten Ausbildung für Wissenschaftsjournalisten. In: Robert-Bosch-Stiftung (Hrsg.): Wissenschaftsjournalismus und Journalistenausbildung. Eine Bestandsaufnahme. Stuttgart: 27 - 30.

La Roche, Walther von/ **Buchholz**, Axel (Hrsg.) (**1980**): Radio-Journalismus. Ein Handbuch für Ausbildung und Praxis im Hörfunk. München.

Laetsch, W. M. (**1987**): A basis for better public understanding of science. In: Evered, David/ O'Connor, Maeve (Hrsg.): Communicating science to the public. Chichester: 1 - 18.

LaFeber, Walter (**1985**): America, Russia, and the cold war: 1945 - 1971. New York.

LaFollette, Marcel Chotkowski (**1990**): Making science our own. Public images of science 1910 - 1955. Chicago/London.

LaFollette, Marcel Chotkowski (**1992**): Beginning with the audience. In: Lewenstein, Bruce V. (Hrsg.): When science meets the public. Washington D.C.: 33 - 39.

Laing, Mack (**1986**): Can the mass media help increase developing countries' scientific literacy? In: Impact of science on society 36: 355 - 366.

Lammert, Walter (**1934a**): Der Wetterbericht in der Tagespresse. (Ein weiterer Beitrag zum Thema: "Die Wissenschaft in der Tageszeitung"). In: Deutsche Presse 24.45: 1 - 3.

Lammert, Walter (**1934b**): Erwiderung auf die Ausführungen von D. Dürr. In: Deutsche Presse 24.49: 4 - 5.

Lammert, Walter (**1936**) (gezeichnet mit W. L.): Presse und Wetterwirtschaft. In: Deutsche Presse 26: 263.

Lampe, Rainer (**1981**): Journalisten als Beschleuniger. In: Neue Deutsche Presse 35.9: 3.

Langenbucher, Wolfgang R. (**1983**): Wissenschaftsjournalismus und Journalistenausbildung. Acht Feststellungen und zehn Empfehlungen. In: Robert-Bosch-Stiftung (Hrsg.): Wissenschaftsjournalismus und Journalistenausbildung. Eine Bestandsaufnahme. Stuttgart: 121 - 125.

Langenbucher, Wolfgang R. (**1985**): Bilanzierender Ausblick. In: Robert-Bosch-Stiftung (Hrsg.): Wissenschaftsjournalismus in den USA. Infrastrukturen, Ausbildungsangebote, Erfolgsgeheimnisse. Stuttgart: 141 - 142.

Langenbucher, Wolfgang R. (**1987a**): Verantwortbarer 'Katastrophenjournalismus'? Fragen zum Ergebnis der Tagung. In: Flöhl, Rainer/ Fricke, Jürgen (Hrsg.): Moral und Verantwortung in der Wissenschaftsvermittlung. Mainz: 145 - 148.

Langenbucher, Wolfgang R. (^{2}**1987b**): Ethik und Wissenschaftsjournalismus. In: Ruß-Mohl, Stephan (Hrsg.): Wissenschaftsjournalismus. Ein Handbuch für Ausbildung und Praxis. München: 174 - 185.

Langenbucher, Wolfgang R. (**1990**): Gemischte Bilanz II: Ein Ausblick. In: Ruß-Mohl, Stephan (Hrsg.): Wissenschaftsjournalismus und Öffentlichkeitsarbeit. Stuttgart: 191.

Larsen, James A. (**1956**): Wisconsin's science writing program. In: Science 123: 720.

Laupsien, Hermann (**1967**): Einführung in das Thema. In: Deutscher Verband technisch-wissenschaftlicher Vereine/ Technisch-Literarische Gesellschaft (Hrsg.): Wissenschaft und Technik in der deutschen Publizistik. Düsseldorf: 6 - 7.

Laupsien, Hermann (**1979**): Kritischer Journalismus. In: Khuon, Ernst von/ Laupsien, Hermann (Hrsg.): Forschung – kritisch gesehen. Düsseldorf/Wien: 37 - 50.

Lear, John (**1970**): The trouble with science writing. In: Columbia Journalism Review 9.2: 30 - 34.

Lechleitner, Hans (**1973**): Neun Schwierigkeiten beim Darstellen wissenschaftlicher Themen im Fernsehen. In: Fernsehen und Bildung 7: 314 - 316.

Lechleitner, Hans (**1988**): Talfahrt nach oben. Nachdenkliches über Wissenschaftssendungen im Fernsehen. In: FUNK-Korrespondenz 36.15: 1 - 5.

Lehmann, Martina (**1985**): Die Sozialwissenschaften in den Massenmedien. Literaturbericht und Forschungsmöglichkeiten. Mag., Universität Mainz.

Lennhoff, Rudolf (**1930**): Ärztliche Mitarbeit an [sic!] der Tagespresse? In: Deutsche Presse 20: 617 - 619.

Lessing, Lawrence (**1963**): Science journalism: The coming age. In: Bulletin of the Atomic Scientists Bd. 19 (Dezember): 23.

Lévy-Leblond, Jean-Marc (**1992**): About misunderstandings about misunderstandings. In: Public Understanding of Science 1: 17 - 21.

Lewenstein, Bruce V. (**1987**): Was there really a popular science "boom"? In: Science, Technology, & Human Values 12.2: 29 - 41.

Lewenstein, Bruce V. (**1989**): Magazine publishing and popular science after World War II. How magazine publishers tried to capitalize on the public's interest in science and technology. In: American Journalism 6: 218 - 234.

Lewenstein, Bruce V. (**1992a**): The meaning of 'public understanding of science' in the United States after World War II. In: Public Understanding of Science 1: 45 - 68.

Lewenstein, Bruce V. (Hrsg.) (**1992b**): When science meets the public. Proceedings of a workshop organized by the American Association for the Advancement of Science, Committee on Public Understanding of Science and Technology, February 17, 1991, Washington DC. Washington D.C.

Lewenstein, Bruce V. (**1993**): Industrial life insurance, public health campaigns, and public communication of science, 1908 - 1951. In: Public Understanding of Science 2: 347 - 365.

Leydesdorff, Loet (**1993**): Why the statement: 'Plasma-membrane transport is rate-limiting for its metabolism in rat-liver parenchymal cells' cannot meet the public. In: Public Understanding of Science 2: 351 - 364.

Lickleder, Michael (**1989**): Tabakwerbung und Information über gesundheitliche Schäden durch Rauchen. Ein Analyse deutschsprachiger Zeitschriften. Diss., Universität München.

Lievrouw, Leah A. (**1990**): Communication and the social representation of scientific knowledge. In: Critical Studies in Mass Communication 7: 1 - 10.

Light, Israel (**1960**): Science writing: Status and needs. In: Journalism Quarterly 37: 53 - 60.

Lippold, Günter (**1971**): Wissenschaftlich-technische Revolution und naturwissenschaftlich-technische Bildung durch die Zeitung – Untersuchung über deren Ziele, Inhalt, Methoden, Formen und redaktionelle Praktiken in Presseorganen der DDR und der BRD. Diss., Universität Leipzig.

Löbsack, Theo (**1984**): Zum Problem der Wissenschaftspopularisierung. In: Ruprecht-Karls-Universität Heidelberg (Hrsg.): Wissenschaft in der Öffentlichkeit. Heidelberg: 7 - 20.

Löhr, Paul (**1982**): Gesundheitsprogramme im deutschen Fernsehen und ihr Publikum. In: Meyer, Manfred (Hrsg.): Gesundheitserziehung im Fernsehen und Hörfunk. München: 167 - 184.

Logan, Robert Altman (**1977**): Nothing but the facts. A critical analysis of science reporting in American newspapers. Ph.D., University of Iowa.

Logan, Robert Altman (**1985**): Rationales for investigative and explanatory trends in science reporting. Commentary. In: Newspaper Research Journal 7.1: 53 - 58.

Logan, Robert Altman (**1991**): Popularization versus secularization: Media coverage of health. In: Wilkins, Lee/ Patterson, Philip (Hrsg.): Risky business. New York/Westport (Connecticut)/London: 43 - 59.

Lohmar, Ulrich (**1967**): Wissenschaftspublizistik als Voraussetzung politischer Planung. In: Deutscher Verband technisch-wissenschaftlicher Vereine/ Technisch-Literarische Gesellschaft (Hrsg.): Wissenschaft und Technik in der deutschen Publizistik. Düsseldorf: 10 - 13.

Lohmar, Ulrich (**1968**): Wissenschaftspublizistik als Voraussetzung politischer Planung / Scientific publicity as a prerequisite for political planning. In: Kommunikation 4: 34 - 40.

Lohmar, Ulrich (**1972**): Die Produktivkraft Wissenschaft als publizistisches Problem. In: Aus Politik und Zeitgeschichte B 21 (20.05.1972): 3 - 15.

Long, Marilee Ann (**1991**): An analysis of the organizational structure and explanation content of newspaper science stories. Ph.D., University of Wisconsin-Madison.

Lübbe, Hermann (**1976**): Milliarden für den Mond von hinten. Die Ursachen der zunehmenden Wissenschaftsfeindlichkeit. In: Die Welt Nr. 242 (16.10.1976): 15.

Lübbe, Hermann (**1993**): Wissenschaft – ein Medium der Aufklärung? Öffentlichkeit und Expertenwissen. In: Aviso Nr. 9: 8 - 10.

Luhmann Niklas (**1971**): Öffentliche Meinung. In: Luhmann, Niklas: Politische Planung. Aufsätze zur Soziologie von Politik und Verwaltung. Opladen: 9 - 34.

Luhmann, Niklas (**1981**): Gesellschaftstruktur und Semantik. Studien zur Wissenssoziologie der modernen Gesellschaft., Band 2. Frankfurt am Main.

Luhmann, Niklas (^{5}**1984a**): Funktion und Kausalität. In: Luhmann, Niklas: Soziologische Aufklärung 1. Aufsätze zur Theorie sozialer Systeme. Opladen: 9 - 30.

Luhmann, Niklas (^{5}**1984b**): Funktional Methode und Sytemtheorie. In: Luhmann, Niklas: Soziologische Aufklärung 1. Aufsätze zur Theorie sozialer Systeme. Opladen: 31 - 53.

Luhmann, Niklas (^{5}**1984c**): Soziologie als Theorie sozialer Systeme. In: Luhmann, Niklas: Soziologische Aufklärung 1. Aufsätze zur Theorie sozialer Systeme. Opladen: 113 - 136.

Luhmann, Niklas (^{5}**1984d**): Gesellschaft. In: Luhmann, Niklas: Soziologische Aufklärung 1. Aufsätze zur Theorie sozialer Systeme. Opladen: 137 - 153.

Luhmann, Niklas (^{5}**1984e**): Wirtschaft als soziales System. In: Luhmann, Niklas: Soziologische Aufklärung 1. Aufsätze zur Theorie sozialer Systeme. Opladen: 204 - 231.

Luhmann, Niklas (^{3}**1986a**): Interaktion, Organisation, Gesellschaft. In: Luhmann, Niklas: Soziologische Aufklärung 2. Aufsätze zur Theorie der Gesellschaft. Opladen: 9 - 20.

Luhmann, Niklas (^{3}**1986b**): Einfache Sozialsysteme. In: Luhmann, Niklas: Soziologische Aufklärung 2. Aufsätze zur Theorie der Gesellschaft. Opladen: 21 - 38.

Luhmann, Niklas (^{3}**1986c**): Formen des Helfens im Wandel gesellschaftlicher Bedingungen. In: Luhmann, Niklas: Soziologische Aufklärung 2. Aufsätze zur Theorie der Gesellschaft. Opladen: 134 - 149.

Luhmann, Niklas (^{3}**1986d**): Einführende Bemerkungen zu einer Theorie symbolisch generalisierter Kommunikationsmedien. In: Luhmann, Niklas: Soziologische Aufklärung 2. Aufsätze zur Theorie der Gesellschaft. Opladen: 170 - 192.

Luhmann, Niklas (**1987a**): "Distinctions diretrices". Über Codierung von Semantiken und Systemen. In: Luhmann, Niklas: Soziologische Aufklärung 4. Beiträge zur funktionalen Differenzierung der Gesellschaft. Opladen: 13 - 31.

Luhmann, Niklas (**1987b**): Die Differenzierung von Politik und Wirtschaft. In: Luhmann, Niklas: Soziologische Aufklärung 4. Beiträge zur funktionalen Differenzierung der Gesellschaft. Opladen: 34 - 48.

Luhmann, Niklas (^{2}**1988a**): Soziale Systeme. Grundriß einer allgemeinen Theorie. Frankfurt am Main.

Luhmann, Niklas (^{2}**1988b**): Ökologische Kommunikation. Kann die moderne Gesellschaft sich auf ökologische Gefährdungen einstellen? Opladen.

Luhmann, Niklas (**1990**): Risiko und Gefahr. In: Luhmann, Niklas: Soziologische Aufklärung 5. Konstruktivistische Perspektiven. Opladen: 131 - 169

Luhmann, Niklas (**1991a**): Soziologie des Risikos. Berlin/New York.

Luhmann, Niklas (^{2}**1991b**): Die Unwahrscheinlichkeit der Kommunikation. In: Luhmann, Niklas: Soziologische Aufklärung 3. Soziales System, Gesellschaft, Organisation. Opladen: 25 - 34.

Luhmann, Niklas (^{2}**1991c**): Über die Funktion der Negation in sinnkonstituierenden Systemen. In: Luhmann, Niklas: Soziologische Aufklärung 3. Soziales System, Gesellschaft, Organisation. Opladen: 35 - 49.

Luhmann, Niklas (^{2}**1991d**): Veränderungen im System gesellschaftlicher Kommunikation und die Massenmedien. In: Luhmann, Niklas: Soziologische Aufklärung 3. Soziales System, Gesellschaft, Organisation. Opladen: 309 - 320.

Luhmann, Niklas (^{5}**1991e**): Zweckbegriff und Systemrationalität. Über die Funktion von Zwecken in sozialen Systemen. Frankfurt am Main.

Luhmann, Niklas (**1992a**): Die Wissenschaft der Gesellschaft. Frankfurt am Main.

Luhmann, Niklas (**1992b**): Die Beobachtung der Beobachter im politischen System: Zur Theorie der öffentlichen Meinung. In: Wilke, Jürgen (Hrsg.): Öffentliche Meinung. Theorie, Methoden, Befunde. Freiburg/München: 77 - 86.

Luhmann, Niklas (**1995a**): Bewußtsein und Kommunikation. In: Luhmann, Niklas: Soziologische Aufklärung 6. Die Soziologie und der Mensch. Opladen: 37 - 54.

Luhmann, Niklas (**1995b**): Was ist Kommunikation? In: Luhmann, Niklas: Soziologische Aufklärung 6. Die Soziologie und der Mensch. Opladen: 113 - 124.

Luhmann, Niklas (**1995c**): Die Realität der Massenmedien. Opladen.

Lule, Jack (**1991**): Roots of the space race: Sputnik and the language of U.S. news in 1957. In: Journalism Quarterly 68: 76 - 86.

Lüst, Reimar (**1978**): Verstehen wir noch die Wissenschaft? Doch noch immer ist der Dialog zwischen Forschern und Öffentlichkeit schwer zu führen. In: Die Zeit Nr. 25 (16.06.1978): 52.

M

Maaß, Kurt-Jürgen (**1974**): Wir brauchen eine Europa-Union der Bildungsjournalisten! In: Deutsche Universitäts-Zeitung vereinigt mit Hochschul-Dienst Nr. 5: 186.

Maccoby, Nathan/ **Farquhar**, John W. (**1975**): Communicating for health: Unselling heart disease. In: Journal of Communication 25.3: 114 - 126.

MacDougall, Curtis D. (**1982**): Interpretative reporting. New York/London.

Maciejewski, Michael (**1985**): Arzt und Medizin im Spiegel der Tagespublizistik. Frankfurter Rundschau und Süddeutsche Zeitung – ein Vergleich. Diss., Universität Düsseldorf.

März, J. (**1936**): Vermischte Wissenschaft und ihre Quelle. In: Deutsche Presse 26: 28.

Maier-Leibnitz, Heinz (**1979**): Chance und Risiko der technisch-wissenschaftlichen Information. Festansprache zum 50jährigen Jubiläum der TELI (Technisch-Literarische Gesellschaft) in Berlin. Düsseldorf/Wien.

Maier-Leibnitz, Heinz (^{2}**1987**): Die Sicht des Wissenschaftlers: Forschung popularisieren. In: Ruß-Mohl, Stefan (Hrsg.): Wissenschaftsjournalismus. Ein Handbuch für Ausbildung und Praxis. München: 26 - 34.

Malcolm, Shirley M. (**1992**): The audiences to listen to. In: Lewenstein, Bruce V. (Hrsg.): When science meets the public. Washington D.C.: 147 - 150.

Marchi, Bruna de (**1991**): Effective communication between the scientific community and the media. In: Disasters 15: 237 - 243.

Marcinkowski, Frank (**1993**): Publizistik als autopoietisches System. Politik und Massenmedien. Eine systemtheoretische Analyse. Opladen.

Marder, Murrey (**1985**): Journalism's nuclear burden. In: Nieman Reports 39.2: 5 - 7.

Marhold, Jonny (**1987**): Unser Thema – soziale Prozesse. Überlegungen zur Darstellung wissenschaftlich-technischer Zeitprobleme in Hörfunk-Sendungen. In: OIRT Rundfunk und Fernsehen 37.5: 20 - 22.

Markl, Hubert (**1992**): Das verständliche Mißverständnis. Der Rollenkonflikt zwischen Wissenschaft und Journalismus. In: Frankfurter Allgemeine Zeitung Nr. 302 (30.12.1992): N 4.

Martin, Shannon E. (**1991**): Using expert sources in breaking science stories: A comparison of magazine types. In: Journalism Quarterly 68: 179 - 187.

Maßfeller, Paul (**1941**): Im Anfang war die Tat! Volkstümliche Wissenschaft in der Fachzeitschrift. In: Deutsche Presse 31: 115.

Mathes, Rainer (**1989**): Die Politisierung und Umbewertung von Technik und technischem Fortschritt in der Bundesrepublik Deutschland. In: Bammé, Arno/ Kotzmann, Ernst/ Reschenberg, Hasso (Hrsg.): Unverständliche Wissenschaft: Probleme und Perspektiven der Wissenschaftspublizistik. München: 263 - 296.

Matschke, Margarete/ **Kleschtschow**, Bianka (Bearb.) (**1989**): Auswahlbibliographie: Wissenschaftsjournalismus. Recherchezeitraum 1977 - 1989. In: Theorie und Praxis des sozialistischen Journalismus 17: 420 - 424.

Matzke, Gisela (**1967**): Über Sendebeiträge zur medizinischen Aufklärung in unserem Rundfunkprogramm. In: Rundfunkjournalistik in Theorie und Praxis 3.12: 15 - 20.

Matzker, Reiner (**1993**): Journalistische Wissenschaftsvermittlung. Gedanken zum Journalismus und zu seiner gesellschaftlichen Funktion. In: medium 23.4: 22 - 26.

Mawlawi, Radwan (**1988**): Arab scientific journalism: Achievements and aspirations. In: Impact of science on society 38: 397 - 409.

Mazur, Allan (**1981**): Media coverage and public opinion on scientific controversies. In: Journal of Communication 31.2: 106 - 115.

McCron, Robin/ **Budd**, Judith (**1982**): Die Rolle der Massenmedien in der Gesundheitserziehung. Eine Analyse. In: Meyer, Manfred (Hrsg.): Gesundheitserziehung in Fernsehen und Hörfunk. München: 114 - 133.

McLeod, Jack M./ **Swinehart**, James W. (**1959**): Satellites, science, and the public. A report of a national survey on the public impact of early satellite launchings. Ann Arbor, University of Michigan Survey Research Center.

Meadows, Jack (**1986**): The growth of science popularization: A historical sketch. In: Impact of science on society 36: 341 - 346.

Menninger-Lerchenthal, E. (**1958a**): Selbstmord und Presse. In: Österreichische Ärztezeitung 13: 343.

Menninger-Lerchenthal, E. (**1958b**): Psychiatrie und Presse. In: Österreichische Ärztezeitung 13: 434 - 439.

Merscheim, Horst (**1978**): Medizin in Illustrierten. Berichterstattungs-Analyse von 'Bunte', 'Neue Revue', 'Quick' und 'Stern'. Bochum.

Merscheim, Horst (**1984**): Medizin im Fernsehen. Probleme massenmedial vermittelter Gesundheitsberichterstattung – eine empirisch-analytische Studie. Bochum.

Merten, Klaus (**1973**): Aktualität und Publizität. Zur Kritik der Publizistikwissenschaft. In: Publizistik 18: 216 - 235.

Merten, Klaus (**1974**): Journalismus und Wissenschaft. Ein Projekt des Zentrums für interdisziplinäre Forschung (ZiF) der Universität Bielefeld. In: Publizistik 19: 210.

Merten, Klaus (**1974/1975**): Journalismus und Wissenschaft. Ein Projekt des Zentrums für interdisziplinäre Forschung (ZiF) der Universität Bielefeld 1.4.1974 - 31.7.1974. In: Publizistik 19/20: 627 - 628.

Merten, Klaus (**1976**): Vermittlung wissenschaftlicher Aussagen an die Öffentlichkeit. In: Wissenschaftszentrum Berlin (Hrsg.): Die Vermittlung von sozialwissenschaftlichen Ergebnissen an die Öffentlichkeit. Berlin: 94 - 122.

Merten, Klaus (**1989**): Risiko-Kommunikation – Probleme und Perspektiven. In: Compes, Peter C. (Hrsg.): Risiko – subjektiv und objektiv. Ohne Ort (Wuppertal): 17 - 49.

Merten, Klaus (**1990**): Wissensveränderung durch Medien. Aufriß und Kritik. In: Böhme-Dürr, Karin/ Emig, Jürgen/ Seel, Norbert M. (Hrsg.): Wissensveränderung durch Medien. Theoretische Grundlagen und empirische Analysen. München/London/New York/Paris: 21 - 39.

Merten, Klaus/ **Schmidt**, Siegfried J./ **Weischenberg**, Siegfried (Hrsg.) (**1994**): Die Wirklichkeit der Medien. Eine Einführung in die Kommunikationswissenschaft. Opladen.

Meutsch, Dietrich/ **Freund**, Bärbel (Hrsg.) (**1990**): Fernsehjournalismus und die Wissenschaften. Opladen.

Meyer, F. (**1927**): Verein Niedersächsische Presse (Bericht über Hauptversammlung). In: Deutsche Presse 17: 199 - 200.

Meyer, Manfred (Hrsg.) (**1982**): Gesundheitserziehung im Fernsehen und Hörfunk. Beiträge zu einer internationalen Konferenz mit einer annotierten Auswahlbiographie. München/ New York/London/Paris.

Michael, Donald N. (**1960**): The beginning of the space age and American public opinion. In: Public Opinion Quarterly 24: 573 - 582.

Mikinovic, Stephan (**1978**): Die Transformation sozialwissenschaftlichen Wissens. Zur selektiven Rezeption der Sozialwissenschaften in der Öffentlichkeit. In: Österreichische Zeitschrift für Soziologie 3.1: 19 - 26.

Miller, Jon D. (**1983**): Scientific literacy: A conceptual and empirical review. In: Daedalus 112.2: 29 - 48.

Miller, Jon D. (**1986**): Reaching the attentive and interested publics for science. In: Friedman, Sharon M./ Dunwoody, Sharon/ Rogers, Carol L. (Hrsg.): Scientists and journalists. Reporting science as news. New York: 55 - 69.

Miller, Jon D. (**1987**): Scientific literacy in the United States. In: Evered, David/ O'Connor, Maeve (Hrsg.): Communicating science to the public. Chichester: 19 - 40.

Miller, Jon D. (**1992**): Toward a scientific understanding of the public understanding of science and technology. In: Public Understanding of Science 1: 23 - 26.

Miller, Jon D. (**1993**): Theory and measurement in the public understanding of science: A rejoinder to Bauer and Schoon. In: Public Understanding of Science 2: 235 - 243.

Miller, Jon D./ **Barrington**, Thomas M. (**1981**): The acquisition and retention of scientific information. In: Journal of Communication 31.2: 178 - 189.

Miller, Neal E. (**1986**): The scientist's responsibility for public information: A guide to effective communication with the media. In: Friedman, Sharon M./ Dunwoody, Sharon/ Rogers, Carol L. (Hrsg.): Scientists and journalists. Reporting science as news. New York: 239 - 253.

Miller, Oskar von (**1930**): Das Deutsche Museum und die Presse. In: Deutsche Presse 20: 247.

Mintz, Morton (**1968**): The pill. Press and public at the expert's mercy (I). In: Columbia Journalism Review 7.4: 4 - 10.

Mittelberg, Ekkehart (**1968**): Die Boulevardpresse im Spannungsfeld der Technik. Eine Sprachanalyse anhand der BILD-Zeitung. In: Muttersprache 78: 1 - 21.

Mittelstraß, Jürgen (**1990**): Gestörte Verhältnisse? Zur gesellschaftlichen Wahrnehmung von Wissenschaft. In: Schuster, Hermann Josef (Hrsg.): Handbuch des Wissenschaftstransfers. Berlin u.a.: 43 - 55.

Mohl, Hans (**1979**): Hobbytips und Lebenshilfe. Ratgebersendungen in den Fernsehprogrammen In: Kreuzer, Helmut/ Prümm, Karl (Hrsg.): Fernsehsendungen und ihre Formen. Typologie, Geschichte und Kritik des Programms in der Bundesrepublik Deutschland. Stuttgart: 365 - 376.

Mohl, Hans (**^{2}1984**): Gesundheit für Milionen – Wirkungen und Nebenwirkungen. In: Wagner, Hans/ Starkulla, Heinz (Hrsg.): Medizin & Medien. Krankt die Gesundheit am Journalismus? München: 115 - 127.

Mohl, Hans (**1987**): Wissenschaft und Öffentlichkeit – Was will der Bürger? In: Flöhl, Rainer/ Fricke, Jürgen (Hrsg.): Moral und Verantwortung in der Wissenschaftsvermittlung. Mainz: 19 - 28.

Mohr, Martin (**1921**): Wissenschaft und Presse. In: Deutsche Presse 9.7: 1 - 3.

Molitor, F. (**1993**): Accuracy in science newsreporting by newspapers: The case of aspirin for the prevention of heart attacks. In: Health Communication 5: 209 - 224.

Monn, Hanns (**1936**): Technik und Presse. In: Deutsche Presse 26: 549.

Moore, Barbara/ **Singletary**, Michael (**1985**): Scientific sources' perceptions of network news accuracy. In: Journalism Quarterly 62: 816 - 823.

Morrison, J. A. (**1976**): Bernard Roshco: Newsmaking. Chicago 1976. Rezension. In: Science Forum 9.4: 25 - 26.

Mosley, Michael (**1988**): Is good, popular science television possible? In: Impact of science on society 38: 387 - 395.

Mrkvicka, Helga/ **Elsik**, Monika (**1991**): Wissenschaft und Öffentlichkeit. Erfahrungsbericht zum "Kooperationsmodell Wissenschaft + Medien". Wien (ohne Jahr).

Müller, Rolf S. (**1992**): "Ich bin ein Zeitungsmensch und erzähle Geschichten". Sich nie irgendwelchen Regeln unterwerfen. Zur Mittlerrolle des Wissenschaftsjournalisten aus "Spiegel"-Sicht. In: Gerwin, Robert (Hrsg.): Die Medien zwischen Öffentlichkeit und Wissenschaft. Stuttgart: 67 - 70.

Mulkay, Michael (**1994**): Embryos in the news. In: Public Understanding of Science 3: 33 - 51.

N

Nachtsheim, Hans (**1963**): Die Biologie und die Gesellschaft. In: Die Wissenschaften und die Gesellschaft. Abendvorträge der Freien Universität Berlin im Winter 1962/63. Berlin: 105 - 121.

Nagel, Albrecht (**1980**): Die unterschätzte Öffentlichkeit. Neun Thesen zur Arbeit der Hochschulpressestellen. In: Deutsche Universitäts-Zeitung vereinigt mit Hochschul-Dienst 36: 465 - 466.

Natur und Wissenschaft (**1971**). In: Frankfurter Allgemeine Zeitung (Hrsg.): Information. Frankfurt am Main: 44.

Nauels, Ingeborg (**1981**): Arzt und Medizin in fünf Jahrgängen SPIEGEL (1971 - 1975). Diss., Universität Düsseldorf.

Neitzel, Lucian (**1967**): Wissenschaft auf dem Bildschirm. Einführung. In: Rundfunk und Fernsehen 15: 103 - 104.

Nelkin, Dorothy (**1984**): Background paper. In: Science in the streets. Report of the Twentieth Century Fund Task Force on the Communication of Scientific Risk. New York: 21 - 84.

Nelkin, Dorothy (**1985**): Managing biomedical news. In: Social Research 52: 625 - 646.

Nelkin, Dorothy (**1987a**): Selling science. How the press covers science and technology. New York.

Nelkin, Dorothy (**1987b**): The culture of science journalism. In: Society 24.6: 17 - 25.

Nelkin, Dorothy (**1988**): Retreat of the missionaries. John C. Burnham: How superstition won and science lost: Popularizing science and health in the United States. New Brunswick (New Jersey) 1987. Rezension. In: Journal of Communication 38.4: 177 - 178.

Nelkin, Dorothy (**1991**): Why is science writing so uncritical of science? In: Wilkins, Lee/ Patterson, Philip (Hrsg.): Risky business. Communicating issues of science, risk, and public policy. New York/Westport (Connecticut)/London: ix - xiii.

Nelkin, Dorothy (**1994**): Promotional metaphors and their popular appeal. In: Public Understanding of Science 3: 25 - 31.

Neuhaus, G. A. **u.a.** (Hrsg.) (**1980**): Pluralität in der Medizin – der geistige und methodische Hintergrund. Bericht über ein Symposium der Medizinisch Pharmazeutischen Studiengesellschaft e. V. vom 24. - 26. Mai 1979 in Titisee/Schwarzwald. Frankfurt am Main.

Neven DuMont, Alfred (**1929**): Wissenschaftliche Pionierarbeit der Presse. In: Zeitungs-Verlag 30.22, Beilage: 27 - 28.

Newspaper Advertising Bureau (**1978**): Readership and coverage of science and technology in newspapers. New York (ohne Jahr).

Niemeyer, Karl-Heinz (**1977**): Einige Bemerkungen zu Wissenschaft und Wissenschaftler in den Tageszeitungen der Monopolbourgeoisie. Auszug aus der Diss., Universität Leipzig 1968. In: In: Ausgewählte Probleme der Wissenschaftsentwicklung. Wissenschafts- und bildungspolitischer Journalismus. Lesematerial, Teil II. Leipzig: 249 - 283.

Nöldechen, Arno (**1993**): Wissen weltweit. In: journalist Nr. 1: 32 - 34.

Noelle-Neumann, Elisabeth (**1978**): Wissenschaft bedarf der Dolmetscher. In: bild der wissenschaft 15.6: 32.

Noelle-Neumann, Elisabeth/ **Hansen**, Jochen (**1988**): Medienwirkung und Technikakzeptanz. In: Scharioth, Joachim/ Uhl, Harald (Hrsg.): Medien und Technikakzeptanz: Kolloquium des Bundesministeriums für Forschung und Technologie am 10. Juli 1987 in Bonn. München: 33 - 76.

Noelle-Neumann, Elisabeth/ **Hansen**, Jochen (**1991a**): Technikakzeptanz und Medienwirkung. Das Forschungsprojekt des BMFT als Modell der Zusammenarbeit von Politik und Wissenschaft. In: Jaufmann, Dieter/ Kistler, Ernst (Hrsg.): Einstellungen zum technischen Fortschritt. Frankfurt am Main: 27 - 52.

Noelle-Neumann, Elisabeth/ **Hansen**, Jochen (**1991b**): Technikakzeptanz in drei Jahrzehnten – in der Bevölkerung und in den Medien. Ein Beitrag zur Medienwirkungsforschung. In: Krüger, Jens/ Ruß-Mohl, Stephan (Hrsg.): Risikokommunikation. Technikakzeptanz, Medien und Kommunikationsrisiken. Berlin: 91 - 108.

Noeske, Harald (**1979**): Universität und Gesellschaft. Ergebnisse einer Meinungsumfrage. In: Deutsche Universitäts-Zeitung vereinigt mit Hochschul-Dienst Nr. 19: 613 - 617.

Nord, Ferdinand Ernst (**1961**): Die Unterrichtung über die Belange der Wissenschaft durch die Presse. In: Mitteilungen des Hochschulverbandes 9: 8 - 18.

Nord, Ferdinand Ernst (**1963**): Die Aufgabe der Berichterstattung über Wissenschaft und Forschung. In: Hochschul-Dienst 16.12: 6 - 7.

Nowotny, Helga (**1993**): Socially distributed knowledge: Five spaces for science to meet the public. In: Public Understanding of Science 2: 307 - 319.

Nowotny, Peter (Projektbearbeiter) (**1988**): Bildung – Stiefkind des Fernsehens? Eine vergleichende Untersuchung des Bildungsfernsehens 1980 und 1986. Bad Honnef.

Nunn, Clyde Z. (**1979**): Readership and coverage of science and technology in newspapers. In: Journalism Quarterly 56: 27 - 30.

O

Oates, William R. (**1973**): Social and ethical content in science coverage by newsmagazines. In: Journalism Quarterly 50: 680 - 684.

Oberauer, Claudia (**1989**): Infektion der kollektiven Phantasie. AIDS in journalistischen Texten. In: Medien Journal 13: 124 - 134.

Obermann, Emil (**1988**): Journalismus und Wissenschaft. Anforderungen – Ausbildung – Selbstverständnis. In: Breitling, Rupert/ Gellner, Winand (Hrsg.): Politische Studien zum 65. Geburtstag von Erwin Faul. Teil 3: Öffentlichkeit, Medien und Politik. Gerlingen: 13 - 24.

O'Connell, David J. (**1975**): 'Marcus Welby, MD' as medical communication. In: Day, Stacey B. (Hrsg.): Communication of scientific information. Basel u.a.: 165 - 173.

Oeckl, Albert (**1965**): Wissenschaft und Öffentlichkeitsarbeit. In: Bild der Wissenschaft 2: 294 - 301.

Oeter, F. (**1953**): Pressesensationen, Volksgesundheit und Medizin. In: Ärztliche Mitteilungen 38: 183 - 186.

O'Keefe, Timothy (**1970**): The mass media as sources of medical information for doctors. In: Journalism Quarterly 47: 95 - 100.

Osterland, Martin (**1968**): Wissenschaftler und Wissenschaft im Film. In: atomzeitalter Nr. 1/2: 57 - 64.

Otway, Harry (**1990**): Communicating with the public about major hazards: Challenges for European research. In: In Gow, Harry B. F./ Otway, Harry (Hrsg.): Communicating with the public about major accident hazards. London/New York: 26 - 36.

Otway, Harry/ **Wynne**, Brian (**1993**): Risiko-Kommunikation: Paradigma und Paradox. In: Krohn, Wolfgang/ Krücken, Georg (Hrsg.): Riskante Technologien: Reflexion und Regulation. Einführung in die sozialwissenschaftliche Risikoforschung. Frankfurt am Main: 101 - 112.

P

Pätzold, Ulrich (**1975**): Warum Ausbildung für Journalisten? Ein kommunikationspolitisches Problem der Publizistikwissenschaft. Frankfurt am Main/Bern.

Pätzold, Ulrich (**1983**): Die Wirklichkeit trägt keinen Ressortstempel. In: Robert-Bosch-Stiftung (Hrsg.): Wissenschaftsjournalismus und Journalistenausbildung. Eine Bestandsaufnahme. Stuttgart: 31 - 33.

Pätzold, Ulrich (^{2}**1987**): Wissenschaftsjournalisten-Ausbildung – ein Experiment als Fallbeispiel. In: Ruß-Mohl, Stephan (Hrsg.): Wissenschaftsjournalismus. Ein Handbuch für Ausbildung und Praxis. München: 239 - 250.

Pätzold, Ulrich (**1990**): Weder Transportarbeiter noch Animateur. Der Wissenschaftsjournalist braucht Sachkompetenz, aber keine Spezialethik. In: Ruß-Mohl, Stephan (Hrsg.): Wissenschaftsjournalismus und Öffentlichkeitsarbeit. Stuttgart: 165 - 169.

Pankow, A. V. (**1977**): Wissenschaftsjournalismus – Teil weltanschaulicher Erziehung. In: Neue Deutsche Presse 31, Beilage Theorie und Praxis Nr. 3: 2 - 3.

Patterson, Joye (**1966**): Attitudes about science: A dissection. Ph.D., University of Missouri-Columbia.

Patterson, Joye (**1982**): A Q study of attitudes of young adults about science and science news. In: Journalism Quarterly 59: 406 - 413.

Patterson, Joye (**1985**): Wissenschaftsjournalismus in Amerika – Medien, Märkte, Erfolgsgeheimnisse. In: Robert-Bosch-Stiftung (Hrsg.): Wissenschaftsjournalismus in den USA. Infrastrukturen, Ausbildungsangebote, Erfolgsgeheimnisse. Stuttgart: 25 - 40.

Patterson, Joye/ **Booth**, Laurel/ **Smith**, Russell (**1969**): Who reads about science? In: Journalism Quarterly 46: 599 - 602.

Paye, Mary Paul (**1965**): Newspaper science writing: Its social function and practice by five national science reporters. Ph.D., Syracuse-University.

Perlman, David (**1974**): Science and the mass media. In: Daedulus 103.3: 207 - 222.

Perlman, David (**1976**): Science and the mass media. In: Holton, Gerald/ Blanpied, William A. (Hrsg.): Science and its public: The changing relationship. Dordrecht/Boston: 245 - 260.

Peters, Hans Peter (**1982**): Vergleich physikalischer und soziologischer Wissenschaftsberichterstattung und Darstellung einiger Veränderungen auf den Wissenschaftsseiten von Zeitungen seit 1959. In: Soziologie Nr. 1: 37 - 45.

Peters, Hans Peter (**1983**): Wissenschaftsjournalismus-Forschung als Puzzlespiel. Replik zum Beitrag von Waldner. In: Robert-Bosch-Stiftung (Hrsg.): Wissenschaftsjournalismus und Journalistenausbildung. Eine Bestandsaufnahme. Stuttgart: 115 - 118.

Peters, Hans Peter (**1984**): Entstehung, Verarbeitung und Verbreitung von Wissenschaftsnachrichten am Beispiel von 20 Forschungseinrichtungen. Jülich.

Peters, Hans Peter (**1987**): Journalismus und Sozialwissenschaften – Zwei feindliche Brüder? In: Sozialwissenschaften und Berufspraxis 10: 21 - 36.

Peters, Hans Peter (**1988**): Sozialwissenschaften in den Massenmedien – Empirische Bestandsaufnahmen: Bundesrepublik Deutschland. In: Wiebe, Burckhard (Hrsg.): Zwischen Marktplatz und Elfenbeinturm – Gesellschaft und Sozialwissenschaften. Berlin: 71 - 82.

Peters, Hans Peter (**1990a**): Ein Blick über den Teich. Wissenschaftsjournalismus und Öffentlichkeitsarbeit: Anmerkungen zu Forschung und Praxis in den USA. In: Ruß-Mohl, Stephan (Hrsg.): Wissenschaftsjournalismus und Öffentlichkeitsarbeit. Stuttgart: 55 - 78.

Peters, Hans Peter (**1990b**): Die USA – wieder einmal voraus? Bericht über Ausbildungsangebote in den USA. In: Ruß-Mohl, Stephan (Hrsg.): Wissenschaftsjournalismus und Öffentlichkeitsarbeit. Stuttgart: 111 - 114.

Peters, Hans Peter (**1991**): Durch Risikokommunikation zur Technikakzeptanz? Die Konstruktion von Risiko"wirklichkeiten" durch Experten, Gegenexperten und Öffentlichkeit. In: Krüger, Jens/ Ruß-Mohl, Stephan (Hrsg.): Risikokommunikation. Technikakzeptanz, Medien und Kommunikationsrisiken. Berlin: 11 - 66.

Peters, Hans Peter (**1992**): Risikokommunikation in Massenmedien. Journalismus zwischen Experten- und Rezipientenerwartungen. Erweiterte Fassung eines Vortrags, gehalten bei der Generalversammlung des Schweizer Klubs für Wissenschaftsjournalisten am 6. Mai 1992 in Basel. Jülich.

Peters, Hans Peter (**1993**): In search for opportunities to raise 'environmental risk literacy'. In: Toxicological and Environmental Chemistry 40: 289 - 300.

Peters, Hans Peter (**1994a**): Chemie und Öffentlichkeit – ein schwieriges Verhältnis. Jülich.

Peters, Hans Peter (**1994b**): Risikokommunikation und Akzeptanz. In: Deutsches Atomforum e.V. (Hrsg.): Kernenergie in der Verantwortung. Bonn: 53 - 78.

Peters, Hans Peter (**1994c**): Wissenschaftliche Experten in der öffentlichen Kommunikation über Technik, Umwelt und Risiken. In: Neidhardt, Friedhelm (Hrsg.): Öffentlichkeit, öffentliche Meinung, soziale Bewegungen. Opladen: 162 - 190.

Peters, Hans Peter (**1994d**): Risikokommunikation in den Medien. In: Merten, Klaus/ Schmidt, Siegfried. J./ Weischenberg, Siegfried (Hrsg.): Die Wirklichkeit der Medien. Eine Einführung in die Kommunikationswissenschaft. Opladen: 329 - 351.

Peters, Hans Peter/ **Krüger**, Jens (**1985**): Der Transfer wissenschaftlichen Wissens in die Öffentlichkeit aus der Sicht von Wissenschaftlern. Ergebnisse einer Befragung der wissenschaftlichen Mitarbeiter der Kernforschungsanlage Jülich. Jülich.

Pfeiffer, John (**1958**): Making popular science more popular. Tested techniques of communication can help make the leading ideas of science clear to the layman. In: Science 127: 955 - 957.

Pfund, Nancy/ **Hofstadter**, Laura (**1981**): Biomedical innovation and the press. In: Journal of Communication 31.2: 138 - 154.

Pieper, Richard (**1979**): Wissensformen und Rechtfertigungsstrategien. Ein Beitrag zum Vermittlungsproblem zwischen Wissenschaft, Technik und Alltag. In: Soziale Welt 30: 50 - 69.

Pietzsch, Joachim (**1991**): Lesestoff Krebs. Die Darstellung der "Krankheit des Jahrhunderts" in ausgewählten Printmedien. Bochum.

Pockley, Peter (**1988**): Communicating science to the sceptics. In: Impact of science on society 38: 219 - 229.

Pöttker, Horst (**1990**): Umwelt und Wissenschaftsjournalismus. Einführung. In: medium 20.1: 21 - 22.

Polke, Christine (**1994**): Gen-Manipulation. In: journalist Nr. 8: 10 - 16.

Poppitz, Stefan (**1983**): Informationsvermittlung und Erkenntnisgewinn. Begegnung mit namhaften Wissenschaftlern. V. Kolloquium der Wissenschaftsjournalisten in Leipzig. In: Neue Deutsche Presse 37.11: 1 - 2.

Poser, Hans (**1990**): Wissen und Können. Zur Geschichte und Problematik des Wissenschaftstransfers. In: Schuster, Hermann Josef (Hrsg.): Handbuch des Wissenschaftstransfers. Berlin u.a.: 13 - 27.

Presse- und Informationsamt der Bundesregierung (Hrsg.) (**1973**): Emnid 11/3 (Repräsentativumfrage über "Bildung und Wissenschaft in den Massenmedien"). Manuskript. Bonn.

Presseberichterstattung (**1959**) auf dem Gebiet der medizinischen Wissenschaft – ein schwieriges Kapitel. In: Zeitungs-Verlag und Zeitschriften-Verlag 56: 1008.

Pressereferenten (**1970**) der Deutschen Hochschule in Bonn. Informationstagung mit dem Presse- und Informationsamt der Bundesregierung. In: Deutsche Universitäts-Zeitung vereinigt mit Hochschul-Dienst Nr. 23: 17.

Preuß, Karl-Heinz (**1993**): Medien als Mittler zwischen Wissenschaft und Öffentlichkeit. In: Wissenschaft und Medien in gemeinsamer Verantwortung vor der Öffentlichkeit. Bremen: 31 - 35.

Prewitt, Kenneth (**1982**): The public and science policy. In: Science, Technology, & Human Values 7.39: 5 - 14.

Prewitt, Kenneth (**1983**): Scientific illiteracy and democratic theory. In: Daedalus 112.2: 49 - 64.

Projekt "Recherchefeld Wissenschaft" (**1988a**): Design der Dienstleistungen. Themenfelder – Dienstleistungen – Hintergrund. Berlin (ohne Jahr).

Projekt "Recherchefeld Wissenschaft" (**1988b**): Journalistische Recherche und Wissenschaft. Workshop "Themen – Fakten – Experten" am 1.12/2.12. 1987 in Berlin. Schlußfolgerungen und Dokumentation. Berlin (ohne Jahr).

Proske, Rüdiger (**1982**): Technologiebewertung in den Medien – Instrument einer neuen Kulturrevolution? In: Münch, Erwin/ Renn, Ortwin/ Roser, Thomas (Hrsg.): Technik auf dem Prüfstand. Methoden und Maßstäbe der Technologiebewertung. Essen/Gräfelfing: 136 - 142.

Pross, Helge/ **Hahn**, Manfred (**1969**): Aus der Arbeit der Pressestelle. In: Gießener Universitätsblätter 2.1: 85 - 87.

Public understanding (**1986**) of science: The Royal Society reports. In: Science, Technology, & Human Values 11.3: 53 - 60.

Pulford, D. Lynn (**1976**): Follow-up study of science news accuracy. In: Journalism Quarterly 53: 119 - 121.

R

Rahmelow, Jan M. (**1971**): Universitäts-Pressestellen – gibt's die? In: Deutsche Universitäts-Zeitung vereinigt mit Hochschul-Dienst Nr. 5: 147 - 150.

Ramsey, Shirley (**1994**): Science and technology: When do they become front page news? In: Public Understanding of Science 3: 71 - 82.

Randow, Thomas von (**1965**): Klagen bringt kein Geld ein. Unsere Universitäten vernachlässigen die Öffentlichkeitsarbeit. In: Die Zeit Nr. 41 (08.10.1965): 53.

Randow, Thomas von (**1967**): Die Wissenschaftspublizistik als Mittler zwischen Wissenschaft und Öffentlichkeit aus Sicht des Journalisten. In: Deutscher Verband technisch-wissenschaftlicher Vereine/ Technisch-Literarische Gesellschaft (Hrsg.): Wissenschaft und Technik in der deutschen Publizistik. Düsseldorf: 16 - 19.

Randow, Thomas von (²**1987**): Die Sicht des Journalisten: Wissenschaft verstehen. In: Ruß-Mohl, Stephan (Hrsg.): Wissenschaftsjournalismus. Ein Handbuch für Ausbildung und Praxis. München: 15 - 26.

Randow, Thomas von (**1989**): Tabu und Technik. Einige Beispiele für unser gespaltenes Verhältnis zum technischen Fortschritt. In: Die Zeit Nr. 1 (29.12.1989): 52.

Randow, Thomas von (**1990**): Die Tabuisierung des technischen Fortschritts. In: Zimmerli, Walter Ch./ Sinn, Hansjörg (Hrsg.): Die Glaubwürdigkeit technisch-wissenschaftlicher Informationen. Düsseldorf: 93 - 97.

Randow, Thomas von (**1992**): Albert Einsteins Vision blieb unerfüllt. Was haben wir nur falsch gemacht? Selbstkritische Einführung in eine vielschichtige Thematik. In: Gerwin, Robert (Hrsg.): Die Medien zwischen Öffentlichkeit und Wissenschaft. Stuttgart: 9 - 13.

Reading science writing (**1956**). In: Science 123: 95.

Reim, Martin (**1989**): Über Leben und Tod. Wissenschaftsjournalismus international. In: Weiterbildung und Medien 12.3: 6 - 9.

Reinbacher, Lothar (**1988**): Das "Kollegium der Medizinjournalisten". In: Fischer, Heinz-Dietrich (Hrsg.): Handbuch der Medizinkommunikation. Informationstransfer und Publizistik im Gesundheitswesen. Köln: 32 - 36.

Reinecke, Siegfried (**1979**): Stiefkind Wissenschaft. In: journalist Nr. 4: 28 - 29.

Renn, Ortwin (**1993**): Risikobewertung. In: Schütz, Holger/ Wiedemann, Peter M. (Hrsg.): Technik kontrovers: Aktuelle Schlüsselbegriffe für die öffentliche Diskussion. Ein Handbuch. Frankfurt am Main: 193 - 196.

Reschenberg, Hasso (**1989**): Verständliche Sprache macht Wissenschaft verstehbar. Der Elfenbeinturm ist eine Zuflucht ohne Zukunft. In: Bammé, Arno/ Kotzmann, Ernst/ Reschenberg, Hasso (Hrsg.): Unverständliche Wissenschaft: Probleme und Perspektiven der Wissenschaftspublizistik. München: 31 - 46.

Rich, Jonathon T. (**1981**): A measure of comprehensiveness in newsmagazine science coverage. In: Journalism Quarterly 58: 248 - 253.

Richter, Wolfgang (**1972**): Wissenschaftspublizistik, die unterhaltend informiert, bildet und mobilisiert. In: Neue Deutsche Presse 26.10: 6 - 7.

Riegel, Klaus-Georg (**1974**): Öffentliche Legitimation der Wissenschaft. Stuttgart/Berlin/Köln/ Mainz.

Rieger, Wolfgang (**1976**): Problemstruktur und Methoden der Sozialwissenschaften und ihre Vermittlung aus der Sicht der Journalisten. In: Wissenschaftszentrum Berlin (Hrsg.): Die Vermittlung von sozialwissenschaftlichen Ergebnissen an die Öffentlichkeit. Berlin: 78 - 93.

Rieger, Wolfgang (**1979a**): Möglichkeiten der Wissenschaftsberichterstattung im Hörfunk. In: Wissenschaft und Massenmedien. Symposium an der Ruhr-Universität Bochum, 20. - 21. Februar 1979. Vervielfältigtes Manuskript. Bochum (ohne Jahr): 51 - 56.

Rieger, Wolfgang (**1979b**): Tätigkeitsfelder in der Wissenschaftspublizistik. In: Fischer, Heinz-Dietrich (Hrsg.): Spektrum der Kommunikationsberufe. Köln: 197 - 212.

Rieger, Wolfgang (**1983**): Politischer Wissenschaftsjournalismus. Ein Kursangebot an der Universität Hamburg. In: Robert-Bosch-Stiftung (Hrsg.): Wissenschaftsjournalismus und Journalistenausbildung. Eine Bestandsaufnahme. Stuttgart: 57 - 60.

Ring, Klaus (**1992**): International competition between universities in the united Europe – Effects on the PR work of the universities. In: Zerges, Kristina/ Becker, Werner (Hrsg.): Science and the media – A European comparison. Berlin: 29 - 35.

Rip, Arie (**1986**): Legitimations of science in a changing world. In: Bungarten, Theo (Hrsg.): Wissenschaftssprache und Gesellschaft. Hamburg: 133 - 148.

Robert-Bosch-Stiftung (**1982**): Förderungsprogramm Wissenschaftsjournalismus. In: Ermert, Karl (Hrsg.): Wissenschaft – Sprache – Gesellschaft. Renburg-Loccum: 164 - 165.

Robert-Bosch-Stiftung (Hrsg.) (**1983**): Wissenschaftsjournalismus und Journalistenausbildung. Eine Bestandsaufnahme. Tagungsbericht zum 1. Colloquium Wissenschaftsjournalismus vom 10./11. Dezember 1982 in Stuttgart-Hohenheim. Stuttgart.

Robert-Bosch-Stiftung (Hrsg.) (**1985**): Wissenschaftsjournalismus in den USA. Infrastrukturen, Ausbildungsangebote, Erfolgsgeheimnisse. Tagungsbericht zum 2. Colloquium Wissenschaftsjournalismus vom 10./11. Februar 1984 in Stuttgart-Degerloch. Stuttgart.

Robinson, Edward J. (**1963**): Analyzing the impact of science reporting. In: Journalism Quarterly 40: 306 - 314.

Roegele, Otto B. (**1967**): Die Rolle von Wissenschaft und Technik in der Berichterstattung der Massenmedien. In: Deutscher Verband technisch-wissenschaftlicher Vereine/ Technisch-Literarische Gesellschaft (Hrsg.): Wissenschaft und Technik in der deutschen Publizistik. Düsseldorf: 20 - 23.

Roellecke, Gerd (**1979**): Hochschule – Staat – Öffentlichkeit. In: Universitäts-Zeitung vereinigt mit Hochschul-Dienst Nr. 16: 514 - 516.

Roloff, Eckart Klaus (**1972**): Die Berichterstattung über Herztransplantationen in der westdeutschen Presse. Eine aussagenanalytische Fallstudie zu Phänomenen des Medizinjournalismus. Diss., Universität Salzburg.

Roloff, Eckart Klaus (**1974**): Salzburger Tagung europäischer Wissenschaftsjournalisten 1974. In: Publizistik 19: 211.

Roloff, Eckart Klaus (**1976**): Medizinjournalismus in der Kritik der Mediziner. Symptome gestörter Kommunikation. In: Publizistik 21: 320 - 327.

Roloff, Eckart Klaus (**1978**): Medizin und Massenmedien. XVI. Internationaler Kongreß der Medical Women's Interantional Association in Berlin. In: Publizistik 23: 405 - 406.

Roloff, Eckart Klaus (**1984**): Robert Bosch Stiftung (Hrsg.): Wissenschaftsjournalismus und Journalistenausbildung – eine Bestandsaufnahme. Tagungsbericht zum 1. Colloquium Wissenschaftsjournalismus vom 10./11. Dezember 1982 in Stuttgart-Hohenheim. Stuttgart 1983. Rezension. In: Publizistik 29: 139 - 140.

Roloff, Eckart Klaus (**1985**): Eva-Christiane Rumpf: Die Kontroverse um mammographische Reihenuntersuchungen als Beispiel für die Verarbeitung medizinisch-wissenschaftlicher Informationen auf verschiedenen Ebenen der Öffentlichkeit. Diss., Universität Gießen 1982. Rezension. In: Publizistik 30: 391 - 392.

Roloff, Eckart Klaus (**1987**): Voller Fehler. In: journalist Nr. 10: 39 - 41.

Roloff, Eckart Klaus (**1990**): Annäherung an einen Traumjob. In: medium 20.1: 47 - 50.

Roloff, Eckart Klaus/ **Hömberg**, Walter (**1975**): Wissenschaftsjournalisten. Dolmetscher zwischen Forschung und Öffentlichkeit. In: bild der wissenschaft 12.9: 56 - 60.

Ronge, Volker (**1989**): "Verständliche Wissenschaft" – Probleme eines prima vista plausiblen Postulats. In: Bammé, Arno/ Kotzmann, Ernst/ Reschenberg, Hasso (Hrsg.): Unverständliche Wissenschaft: Probleme und Perspektiven der Wissenschaftspublizistik. München: 235 - 250.

Ronneberger, Franz/ **Rühl**, Manfred (**1992**): Theorie der Public Relations. Ein Entwurf. Opladen.

Ronneburger, Hans (**1989**): Wer sind wir eigentlich? Anmerkungen zu Schaffensfragen des Wissenschaftsjournalismus. In: Bammé, Arno/ Kotzmann, Ernst/ Reschenberg, Hasso

(Hrsg.): Unverständliche Wissenschaft: Probleme und Perspektiven der Wissenschaftspublizistik. München: 85 - 96.

Roth, Roland/ **Rucht**, Dieter (Hrsg.) (**1987**): Neue soziale Bewegungen in der Bundesrepublik Deutschland. Bonn.

Rothman, Stanley (**1992**): Expertenurteil und Medienberichterstattung. In: Wilke, Jürgen (Hrsg.): Öffentliche Meinung. Theorie, Methoden, Befunde. Freiburg/München: 143 - 155.

Rowan, Katherine E. (**1990**): Strategies for explaining complex science news. In: Journalism Educator 45.2: 25 - 31.

Rowan, Katherine E. (**1991**): When simple language fails: Presenting difficult science to the public. In: The Journal of Technical Writing and Communication 21: 369 - 382.

Rowan, Katherine E. (**1992**): Strategies for enhancing comprehension of science. In: Lewenstein, Bruce V. (Hrsg.): When science meets the public. Washington D.C.: 131 - 143.

Rüder, F. B. (**1932**): Arzt und Presse. Ein Presseausschuß der ärztlichen Organisationen in Hamburg. In: Deutsche Presse 22: 103 - 104.

Rühl, Manfred (**1969**): Systemdenken und Kommunikationswissenschaft. In: Publizistik 14: 185 - 206.

Rühl, Manfred (^{2}**1979**): Die Zeitungsredaktion als organisiertes soziales System. Fribourg.

Rühl, Manfred (**1980**): Journalismus und Gesellschaft. Bestandsaufnahme und Theorieentwurf. Mainz.

Rühl, Manfred (**1981**): Journalismus und Wissenschaft – Anmerkungen zu ihrem Wirklichkeitsverständnis. In: Rundfunk und Fernsehen 29: 211 - 222.

Rühl, Manfred (**1990a**): Moral in der Wissensvermittlung. Anmerkungen zur Diskussionslage in der Kommunikationswissenschaft. In: Ruß-Mohl, Stephan (Hrsg.): Wissenschaftsjournalismus und Öffentlichkeitsarbeit. Stuttgart: 153 - 163.

Rühl, Manfred (**1990b**): Zur Dialogfähigkeit von Kommunikationsforschung und journalistischer Praxis. In: Ruß-Mohl, Stephan (Hrsg.): Wissenschaftsjournalismus und Öffentlichkeitsarbeit. Stuttgart: 197 - 201.

Rühl, Manfred (**1993**): Marktpublizistik. Oder: Wie alle – reihum – Presse und Rundfunk bezahlen. In: Publizistik 38: 125 - 152.

Ruhrmann, Georg (**1989**): Rezipient und Nachricht. Struktur und Prozeß der Nachrichtenrekonstruktion. Opladen.

Ruhrmann, Georg (**1994**): Ereignis, Nachricht, Rezipient. In: Merten, Klaus/ Schmidt, Siegfried J./ Weischenberg, Siegfried (Hrsg.): Die Wirklichkeit der Medien. Eine Einführung in die Kommunikationswissenschaft. Opladen: 237 - 256.

Ruhrmann, Georg (**1996**): Risikokommunikation. Theoretische und empirische Analysen. Opladen (in Vorbereitung).

Ruhrmann, Georg/ **Görke**, Alexander/ **Kohring**, Matthias (**1992**): Berichterstattung über Gentechnologie in deutschen Tageszeitungen. Ergebnisse einer systematischen Inhaltsanalyse. Unveröffentlichter Abschlußbericht an die Deutsche Forschungsgemeinschaft (DFG). 255 gezeichnete Seiten. Münster/Osnabrück.

Ruhrmann, Georg/ **Kohring**, Matthias (**1996**): Staatliche Risikokommunikation bei Katastrophen. Informationspolitik und Akzeptanz. Bonn.

Rumpf, Eva-Christiane (**1982**): Die Kontroverse um mammographische Reihenuntersuchungen als Beispiel für die Verarbeitung medizinisch-wissenschaftlicher Informationen auf verschiedenen Ebenen der Öffentlichkeit. Diss., Universität Gießen.

Rumphorst, Reinhild (**1981**): Naturwissenschaftliche Berichterstattung im Fernsehen. Untersuchung zum Selbstverständnis der Programmacher. Journ. Dipl., Universität Dortmund (ohne Jahr).

Rusch, Gebhard (**1992**): Auffassen, Begreifen und Verstehen. Neue Überlegungen zu einer konstruktivistischen Theorie des Verstehens. In: Schmidt, Siegfried J. (Hrsg.): Kognition und Gesellschaft. Der Diskurs des Radikalen Konstruktivismus 2. Frankfurt am Main: 214 - 256.

Rusch, Gebhard (**1994**): Kommunikation und Verstehen. In: Merten, Klaus/ Schmidt, Siegfried J./ Weischenberg, Siegfried (Hrsg.): Die Wirklichkeit der Medien. Eine Einführung in die Kommunikationswissenschaft. Opladen: 60 - 78.

Ruß-Mohl, Stephan (**1982a**): Öffentliche Wissenschaft und professionelle Medienberichterstattung. Wissenschaftsvermittlung als Herausforderung für Wissenschaftler und Wissenschaftsjournalisten. In: Ermert, Karl (Hrsg.): Wissenschaft – Sprache – Gesellschaft. Renburg-Loccum: 156 - 163.

Ruß-Mohl, Stephan (**1982b**): Neuigkeiten vor Wichtigkeiten. In: Deutsche Universitäts-Zeitung 38. 6: 15 - 17.

Ruß-Mohl, Stephan (**1983a**): Sozialwissenschaften in der Medienberichterstattung. Streitbare Thesen zum Verhältnis von Medien- und Wissenschaftsbetrieb. In: Soziologie Nr. 1: 13 - 27.

Ruß-Mohl, Stephan (**1983b**): Neue Professionalisierungsmuster im Wissenschaftsjournalismus. Einleitende Bemerkungen. In: Robert-Bosch-Stiftung (Hrsg.): Wissenschaftsjournalismus und Journalistenausbildung. Eine Bestandsaufnahme. Stuttgart: 11 - 16.

Ruß-Mohl, Stephan (**1984a**): Medienberichterstattung über Wissenschaft und Forschung. Das Beispiel Lokalredaktion. In: Media Perspektiven Nr. 7: 553 - 560.

Ruß-Mohl, Stephan (**1984b**): Nachwuchsförderung im Wissenschaftsjournalismus. In: Publizistik 29: 105 - 107.

Ruß-Mohl, Stephan (**1984c**): Amerika – zwei Schritte voraus. Wissenschaftsjournalismus im gelobten Land. Anmerkungen und Fragen aus der Diaspora. In: Deutsche Universitäts-Zeitung 40.12, Beihefter Transfer Nr. 20: 153 - 156.

Ruß-Mohl, Stephan (**1985a**): Journalistik-"Wissenschaft" und Wissenschafts-Journalistik. Anmerkungen zu Theorie und Praxis des Wissenschaftsjournalismus. In: Publizistik 30: 265 279.

Ruß-Mohl, Stephan (**1985b**): Wissenschaftsjournalismus im gelobten Land – Anmerkungen und Fragen aus der Diaspora. In: Robert-Bosch-Stiftung (Hrsg.): Wissenschaftsjournalismus in den USA. Infrastrukturen, Ausbildungsangebote, Erfolgsgeheimnisse. Stuttgart: 13 - 24.

Ruß-Mohl, Stephan (Hrsg.) (^{2}**1987a**): Wissenschaftsjournalismus. Ein Handbuch für Ausbildung und Praxis. 2., aktualisierte Auflage. München.

Ruß-Mohl, Stephan (^{2}**1987b**): Was ist überhaupt Wissenschaftsjournalismus? In: Ruß-Mohl, Stephan (Hrsg.): Wissenschaftsjournalismus. Ein Handbuch für Ausbildung und Praxis. München: 12 - 15.

Ruß-Mohl, Stephan (^{2}**1987c**): Wissenschaftsberichterstattung – Medien und Märkte. In: Ruß-Mohl, Stephan (Hrsg.): Wissenschaftsjournalismus. Ein Handbuch für Ausbildung und Praxis. München: 35 - 42.

Ruß-Mohl, Stephan (**1987d**): Wissenschaftsvermittlung – eine Notwendigkeit. In: Flöhl, Rainer/ Fricke, Jürgen (Hrsg.): Moral und Verantwortung in der Wissenschaftsvermittlung. Mainz: 9 - 18.

Ruß-Mohl, Stephan (**1988**): Die Vermittlung sozialwissenschaftlicher Forschungsergebnisse – Medienberichterstattung und wissenschaftliche Politikberatung. In: Wiebe, Burckhard (Hrsg.): Zwischen Marktplatz und Elfenbeinturm – Gesellschaft und Sozialwissenschaften. Berlin: 89 - 95.

Ruß-Mohl, Stephan (Hrsg.) (**1990a**): Wissenschaftsjournalismus und Öffentlichkeitsarbeit. Tagungsbericht zum 3. Colloquium Wissenschaftsjournalismus vom 4./5. November 1988 in Berlin. Gerlingen.

Ruß-Mohl, Stephan (**1990b**): Öffentlichkeitsarbeit ante portas. Wissenschaftsjournalismus und Journalistenausbildung vor neuen Herausforderungen. In: Ruß-Mohl, Stephan (Hrsg.): Wissenschaftsjournalismus und Öffentlichkeitsarbeit. Stuttgart: 11 - 22.

Ruß-Mohl, Stephan (**1990c**): Winfried Göpfert an die FU Berlin berufen. In: Publizistik 35: 344 - 345.

Ruß-Mohl, Stephan (**1992**): Am eigenen Schopfe... Qualitätssicherung im Journalismus – Grundfragen, Ansätze, Näherungsversuche. In: Publizistik 37: 83 - 96.

Ryan, Michael (**1975**): A factor analytic study of scientist's responses to errors. In: Journalism Quarterly 52: 333 - 336.

Ryan, Michael (**1979**): Attitudes of scientists and journalists toward media coverage of science news. In: Journalism Quarterly 56: 18 - 26, 53.

Ryan, Michael (**1982**): Impact of personal contact on sources' views of the press. In: Newspaper Research Journal 3.3: 22 - 29.

Ryan, Michael/ **Dunwoody**, Sharon L. (**1975**): Academic and professional training patterns of science writers. In: Journalism Quarterly 52: 239 - 246, 290.

S

S., W. (**1971**): Stiefkind Wissenschafts-Berichterstattung. Presse, Hörfunk, Fernsehen suchen Kontakte. In: Deutsche Universitäts-Zeitung vereinigt mit Hochschul-Dienst Nr. 7: 216.

Sachsman, David B. (**1985**): Linking the scientist and the journalist. In: keiner (Hrsg.): Proceedings of the HazPro 1985 Conference. Ohne Ort (Baltimore): 196 - 202.

Saxer, Ulrich (**1986**): Vorwort. In: Schanne, Michael (Hrsg.): 'Wissenschaft' in den Tageszeitungen der Schweiz. Zürich (ohne Jahr): 1 - 3.

Saxer, Ulrich/ **Gantenbein**, Heinz/ **Gollmer**, Martin/ **Hättenschwiler**, Walter/ **Schanne**, Michael (**1986**): Massenmedien und Kernenergie. Journalistische Berichterstattung über ein komplexes, zur Entscheidung anstehendes, polarisiertes Thema. Bern/Stuttgart.

Schanne, Michael (Hrsg.) (**1986a**): 'Wissenschaft' in den Tageszeitungen der Schweiz. Zürich (ohne Jahr).

Schanne, Michael (**1986b**): Wissenschaftsberichterstattung in den Tageszeitungen der Schweiz. In: Schanne, Michael (Hrsg.): 'Wissenschaft' in den Tageszeitungen der Schweiz. Zürich (ohne Jahr): 20 - 82.

Schanne, Michael (**1986c**): Auswahlbibliographie Wissenschaftsjournalismus. In: Schanne, Michael (Hrsg.): 'Wissenschaft' in den Tageszeitungen der Schweiz. Zürich (ohne Jahr): 245 - 276.

Schanne, Michael (**1986d**): Herz-Kreislaufkrankheiten, die Todesursache Nummer 1: Eine journalistische Routineübung. In: Bungarten, Theo (Hrsg.): Wissenschaftssprache und Gesellschaft. Hamburg: 292 - 303.

Schanne, Michael (^{2}**1987**): "Theorie" für die "Praxis". Eine kommentierte Auswahlbibliographie. In: Ruß-Mohl, Stephan (Hrsg.): Wissenschaftsjournalismus. Ein Handbuch für Ausbildung und Praxis. München: 262 - 275.

Scharioth, Joachim/ **Uhl**, Harald (Hrsg.) (**1988**): Medien und Technikakzeptanz. Kolloquium des Bundesministeriums für Forschung und Technologie am 10. Juli 1987 in Bonn. München.

Scheffold, Horst M. (**1969**): Development, education and mass media. In: German Foundation for Developing Countries/ United Nations Economic Commission for Africa (Hrsg.): Science and mass media. International seminar report. Berlin: 14 - 34.

Schelsky, Helmut (**1957a**): Zukunftsaspekte der industriellen Gesellschaft. Düsseldorf/Köln 1957.

Schelsky, Helmut (**1957b**): Die sozialen Folgen der Automatisierung. Düsseldorf/Köln.

Schelsky, Helmut (**1963**): Der Mensch in der wissenschaftlichen Zivilisation. Köln/Opladen.

Schenk, Michael (**1987**): Medienwirkungsforschung. Tübingen.

Schenk, Michael (**1990**): Kriterien und Problem der Auswahl sachverständiger Quellen aus der Sicht der Kommunikationswissenschaft. In: Zimmerli, Walter Ch./ Sinn, Hansjörg (Hrsg.): Die Glaubwürdigkeit technisch-wissenschaftlicher Informationen. Düsseldorf: 99 - 116.

Schiemann, Heinrich (**1978a**): Der Informationsaustausch zwischen Mensch und Natur. Reporterfragen an die Wissenschaft. In: Hufen, Fritz/ Lörcher, Wolfgang (Hrsg.): Phänomen Fernsehen. Aufgaben, Probleme, Ziele – dargestellt am ZDF. Düsseldorf/Wien: 156 - 167.

Schiemann, Heinrich (**1978b**): Auch darstellen, was nicht telegen ist! Wissenschaft im Fernsehen. In: bild der wissenschaft 15.2: 63 - 64.

Schimank, Uwe (**1990**): Dynamiken wissenschaftlich-technischer Innovation und Risikoproduktion. In: Halfmann, Jost/ Japp, Klaus Peter (Hrsg.): Riskante Entscheidungen und Katastrophenpotentiale. Elemente einer soziologischen Risikoforschung. Opladen: 61 - 88.

Schmauser, Justus (**1926**): Presse und Technik in ihrer Wechselbeziehung und Wechselwirkung. In: Deutsche Presse 16.21: 67 - 69.

Schmelzer, Horst (**1968**): Naturwissenschaft und Technik im Urteil der deutschen Presse. Eine soziologische Analyse der gesellschaftlichen Wertvorstellungen über Naturwissenschaft und Technik. Düsseldorf.

Schmidt, Hendrik (**1979**): Das Elend des Wissenschaftsjournalismus. In: Greiffenhagen, Martin/ Prätorius, Rainer (Hrsg.): Ein mühsamer Dialog. Beiträge zum Verhältnis von Politik und Wissenschaft. Köln/Frankfurt am Main: 123 - 137.

Schmidt, Kurt (**1932**): "Unsichtbare Fesseln" und Kunstdünger. In: Deutsche Presse 22: 256 - 257.

Schmidt, Kurt (**1934**): Naturwissenschaft in der Zeitung. In: Deutsche Presse 24.36: 5 - 8.

Schmidt, Leo (**1989**): Symbiotischer Wissenschaftsjournalismus. Universität und öffentlich-rechtlicher Rundfunk in Kooperation. Bochum.

Schmidt, Siegfried J. (Hrsg.) (^{2}**1988**): Der Diskurs des Radikalen Konstruktivismus. Frankfurt am Main.

Schmidt, Siegfried J. (**1992**): Medien, Kultur: Medienkultur. Ein konstruktivistisches Gesprächsangebot. In: Schmidt, Siegfried J. (Hrsg.): Kognition und Gesellschaft. Der Diskurs des Radikalen Konstruktivismus 2. Frankfurt am Main: 425 - 450.

Schmidt, Siegfried J. (**1994**): Kognitive Autonomie und soziale Ordnung. Konstruktivistische Bemerkungen zum Zusammenhang von Kognition, Kommunikation, Medien und Kultur. Frankfurt am Main.

Schmidt-Schaumburg, Herbert (**1936**): Es ist nicht nur eine Quellenfrage! In: Deutsche Presse 26: 102 - 104.

Schmieder, Arnold (**1981**): Die Verständlichkeit der Wissenschaft hängt nicht allein von der Sprache ab. Notizen zu einem nichtsprachlichen Unverständlichkeits-Verständnis. In: Hansen, Klaus (Hrsg.): Verständliche Wissenschaft. Gummersbach: 69 - 88.

Schnabel, Ulrich (**1992**): Und der Laie steht im Regen. 117. Tagung der Naturforscher und Ärzte: Die schwierige Verständigung zwischen Wissenschaft und Öffentlichkeit. In: Die Zeit Nr. 41 (02.10.1992): 45.

Schnebel, Carl (**1936**): Der Tatzelwurm. In: Deutsche Presse 26: 114 - 115.

Schöne, Hubert (**1982**): Public Relations im wissenschaftlichen System und für die Wissenschaft. In: Ronneberger, Franz/ Rühl, Manfred (Hrsg.): Public Relations der Non-Profit-Organisationen. Düsseldorf: 16 - 33.

Schorr, Hans (**1934**): Die Wissenschaft in der Tageszeitung. In: Deutsche Presse 24.42: 5 - 8.

Schreiber, Georg (**1964**): Medizin und Massenpresse. In: Deutsches Ärzteblatt 61: 2794 - 2799.

Schreiber, Georg (**1966**): Medizin und Presse. Auch das gedruckte Wort kann wirken wie eine Arznei: Heilsam und giftig zugleich. In: Zeitungs-Verlag und Zeitschriften-Verlag 63: 431 - 433.

Schreiber, Georg (Hrsg.) (**1975**): Vorsicht Medizin. Beobachtungen – Konsequenzen. München.

Schütz, Arthur (**1931**): Der Grubenhund. Wien.

Schütz, Dieter (**1990**): Öffentlichkeitsarbeit als informationsvermittelnder Journalismus. PR-Ausbildung in Hannover. In: Ruß-Mohl, Stephan (Hrsg.): Wissenschaftsjournalismus und Öffentlichkeitsarbeit. Stuttgart: 141 - 146.

Schütz, Holger/ **Wiedemann**, Peter M. (Hrsg.) (**1993**): Technik kontrovers: Aktuelle Schlüsselbegriffe für die öffentliche Diskussion. Ein Handbuch. Frankfurt am Main.

Schulz, Kurt (**1931**): Um die Zukunft der technischen Fachpresse. Entwicklung und Gegenwartprobleme der technischen Berichterstattung in Deutschland. Berlin.

Schulz, Winfried (**1980**): Mechanismen des Zugangs zur Öffentlichkeit. In: Neuhaus, G. A. u.a. (Hrsg.): Pluralität in der Medizin – der geistige und method. Hintergrund. Frankfurt am Main: 154 - 158.
Schulz, Winfried (**1985**): Wissenschaft als Bad News. Ein blinder Fleck im Blickfeld der Forschung – Annotationen zum Beitrag von Dunwoody. In: Robert-Bosch-Stiftung (Hrsg.): Wissenschaftsjournalismus in den USA. Infrastrukturen, Ausbildungsangebote, Erfolgsgeheimnisse. Stuttgart: 77 - 79.
Schulz, Winfried (**1988**): Die wissenschaftliche Literatur zur Medienwirkung und Technikakzeptanz. In: Scharioth, Joachim/ Uhl, Harald (Hrsg.): Medien und Technikakzeptanz. Kolloquium des Bundesministeriums für Forschung und Technologie am 10. Juli 1987 in Bonn. München: 21 - 28.
Schuster, Hermann Josef (**1990**): Technologische Zivilisation und Zukunftsverantwortung – Anmerkungen zu Grundfragen des Wissenschaftstransfers. In: Schuster, Hermann Josef (Hrsg.): Handbuch des Wissenschaftstransfers. Berlin u.a.: 1 - 9.
Schwertner, Edwin: Das Wort der Wissenschaftler ist gefragt. In: Neue Deutsche Presse 34.11, Beilage Theorie und Praxis Nr. 6: 16 - 17.
Science in the streets (**1984**). Report of the Twentieth Century Fund Task Force on the Communication of scientific risk. New York.
Science popularization (**1986**): Its history, triumphs and pitfalls. In: Impact of science on society 36: 317 - 398.
Science popularization (**1988**) in a changing world. In: Impact of science on society 38: 301 - 409.
Scott Hixson, Vivian (**1981**): Caveat lector: Reviewing popular social science. In: Journal of Communication 31.2: 168 - 177.
Shannon, Claude E./ **Weaver**, Warren ([2]**1976**): Mathematische Grundlagen der Informationstheorie. München/Wien.
Shapin, Steven (**1992**): Why the public ougth to understand science-in-the-making. In: Public Understanding of Science 1: 27 - 30.
Sharafuddin, A. M. (**1986**): Science popularization: A view from the Third World. In: Impact of science on society 36: 347 - 353.
Shaw, Donald L./ **Nevel**, Paul van (**1967**): The informative value of medical science news. In: Journalism Quarterly 44: 548.
Shen, Benjamin S. P. (**1975**): Science literacy and the public understanding of science. In: Day, Stacey B. (Hrsg.): Communication of scientific information. Basel u.a.: 44 - 52.
Shepherd, R. Gordon (**1979**): Science news of controversy: The case of Marijuana. Lexington (Kentucky).
Shepherd, R. Gordon (**1981**): Selectivity of sources: Reporting the Marijuana controversy. In: Journal of Communication 31.2: 129 - 137.
Sherburne Jr., E. G. (**1963**): Science on television: A challenge to creativity. In: Journalism Quarterly 40: 300 - 305.
S[hils], E[dward] (**1974**): The public understanding of science. In: Minerva 12: 153 - 158.
Shinn, Terry/ **Whitley**, Richard (Hrsg.) (**1985**): Expository science: Forms and functions of popularisation. Dordrecht/Boston (Massachusetts)/Lancaster.
Shortland, Michael (**1988**): Advocating science: Literacy and public understanding. In: Impact of science on society 38: 305 - 316.
Sieler, Gerhard (**1974**): Fernsehen und Wissenschaft. Überlegungen bei der Arbeit an einer neuen populärwissenschaftlichen Sendereihe. In: Film und Fernsehen 2.10: 30 - 32.
Sieler, Gerhard (**1979**): "Bringeschuld" und Vermittlerfunktion. In: Neue Deutsche Presse 33.4: 22 - 23.
Signitzer, Benno (**1989**): Gesundheitskommunikation. Ein neues Lehr- und Forschungsfeld. In: Medien-Journal 13: 114 - 121.
Silverstone, Roger (**1991**): Communicating science to the public. In: Science, Technology, & Human Values 16.1: 106 - 110.

Simen, Rolf H. (**1993**): Zwischen Miezekatze und Verpflichtung. In: Wissenschaft in den Medien 4.10: 10 - 11.

Singer, Eleanor (**1988**): Sozialwissenschaften in den Massenmedien – Empirische Bestandsaufnahmen: U.S.A. In: Wiebe, Burckhard (Hrsg.): Zwischen Marktplatz und Elfenbeinturm – Gesellschaft und Sozialwissenschaften. Berlin: 61 - 69.

Singer, Eleanor (**1990**): A question of accuracy: How journalists and scientists report research on hazards. In: Journal of Communication 40.4: 102 - 116.

Singer, Eleanor/ **Endreny**, Phyllis (**1986**): The reporting of social science research in the mass media. In: Ball-Rokeach, Sandra J./ Cantor, Muriel G. (Hrsg.): Media, audience, and social structure. Newbury Park u.a.: 293 - 312.

Sinner, Georg (**1925**): Technik und Presse. In: Deutsche Presse 15.27: 3 - 4.

Sinner, Georg (**1931**): "Technik" in der Zeitung. Auch ein Jubiläum. In: Deutsche Presse 21: 5 - 7.

Snow, Charles Percy (**1967**): Die zwei Kulturen. Literarische und naturwissenschaftliche Intelligenz. Stuttgart.

Solomon, Joan (**1993**): Reception and rejection of science knowledge: Choice, style and home culture. In: Public Understanding of Science 2: 111 - 121.

Sondergeld, Klaus (**1990**): Wissenschaftsjournalismus. In: Koch, Hans-Albrecht (Hrsg., in Verbindung mit Agnes Krup-Ebert): Welt der Information. Wissen und Wissensvermittlung in Geschichte und Gegenwart. Stuttgart: 197 - 203.

Sontheimer, Kurt (**1977**): Entzauberung der Wissenschaft. Einige Überlegungen zum Problem der Präsentation von Wissenschaft im Fernsehen. In: Zweites Deutsches Fernsehen (Hrsg.): Wissenschaft im ZDF. Mainz: 10 - 12.

Sorenson, Juanita S./ **Sorenson**, Douglas D. (**1973**): A comparison of science content in magazines in 1964-65 and 1969-70. In: Journalism Quarterly 50: 97 - 101.

Soritsch, Alois (**1976a**): Wissenschaftsinformation in Massenmedien. Wien.

Soritsch, Alois (**1976b**): Gesundheit und Information. Untersuchungen, historischer Exkurs, Gesundheitsinformation heute. Wien.

Soritsch, Alois (**1977**): Wissenschaftsinformation und Sprachbarrieren. Dargestellt am Beispiel der Gesundheitsinformation. Wien.

Spangenberg, Peter (**1993**): Stabilität und Entgrenzung von Wirklichkeiten. Systemtheoretische Überlegungen zu Funktion und Leistung der Massenmedien. In: Schmidt, Siegfried J. (Hrsg.): Literaturwissenschaft und Systemtheorie. Positionen, Kontroversen, Perspektiven. Opladen: 66 - 100.

Spickermann, Wolfgang (**1978**): Journalist und Wissenschaftler – eine Partnerschaft und ihre Ansprüche. In: Neue Deutsche Presse 32.3: 6 - 7.

Spickermann, Wolfgang (**1980**): Sektionsarbeit festigt Bündnis von Journalist und Wissenschaftler. Überlegungen und Vorhaben nach der V. Hochschulkonferenz. In: Neue Deutsche Presse 34.10: 2 - 3.

Spinner, Helmut F. (**1985**): Das "wissenschaftliche Ethos" als Sonderethik des Wissens. Über das Zusammenwirken von Wissenschaft und Journalismus im gesellschaftlichen Problemlösungsprozeß. Tübingen.

Spinner, Helmut F. (**1987**): Die alte Ethik der Wissenschaft und die neue Aufgabe des Journalismus. In: Flöhl, Rainer/ Fricke, Jürgen (Hrsg.): Moral und Verantwortung in der Wissenschaftsvermittlung. Mainz: 73 - 89.

Spinner, Helmut F. (**1988**): Wissensorientierter Journalismus: Der Journalist als Agent der Gelegenheitsvernunft. In: Erbring, Lutz u.a. (Hrsg.): Medien ohne Moral. Variationen über Journalismus und Ethik. Berlin: 238 - 266.

Spinner, Helmut F. (**1990**): Findiger Journalismus. Wissensermittlung statt Wissensvermittlung. In: Ruß-Mohl, Stephan (Hrsg.): Wissenschaftsjournalismus und Öffentlichkeitsarbeit. Stuttgart: 179 - 182.

Spreither, Franz (**1936**): Publizistische Pflicht und technische Berichterstattung. In: Deutsche Presse 26: 135 - 138.

Spurgeon, David (**1987**): International science communication: An overview. In: Journal of Information Science 13: 165 - 168.

St., W. (**1921**): Festsitzung des Bezirksverbandes Berlin im Reichstage. In: Deutsche Presse 9.4: 1 - 3.

Stamatiadis-Smidt, Hilke (**1990a**): Journalisten und PR-Leute in einem Boot? Anmerkungen zum Forschungsstand und Forschungsbedarf. In: Ruß-Mohl, Stephan (Hrsg.): Wissenschaftsjournalismus und Öffentlichkeitsarbeit. Stuttgart: 87 - 93.

Stamatiadis-Smidt, Hilke (**1990b**): Mainzer Erfahrungen I: Abbau von Vorurteilen tut not. In: Ruß-Mohl, Stephan (Hrsg.): Wissenschaftsjournalismus und Öffentlichkeitsarbeit. Stuttgart: 115 - 117.

Stanjukowitsch, Kirill (**1977**): Wer soll schreiben? Wissenschaftler oder Journalist? In: Neue Deutsche Presse 31, Beilage Theorie und Praxis Nr. 3: 3 - 7.

Starke (**1927a**): Der technische Teil der Zeitung. Welche Aufgaben sind hier für die deutsche Presse gegeben? In: Zeitungs-Verlag 28: Sp. 455 - 460.

Starke (**1927b**): "Der technische Teil der Zeitung". Erwiderung und Ergänzung. In: Zeitungs-Verlag 28: Sp. 935 - 937.

Starkulla, Heinz (**^{2}1984**): Schlußwort: Lobby für den Journalismus. In: Wagner, Hans/ Starkulla, Heinz (Hrsg.): Medizin & Medien. Krankt die Gesundheit am Journalismus? München: 207 - 208.

Starr, Chauncey (**1969**): Social benefit versus technological risk. What is our society willing to pay for safety? In: Science 165: 1232 - 1238 (dt.: Sozialer Nutzen versus technisches Risiko. In: Bechmann, Gotthard [Hrsg.]: Risiko und Gesellschaft: Grundlagen und Ergebnisse interdisziplinärer Risikoforschung. Opladen: 3 - 24).

Stein, Harry H. (**1990**): American muckraking of technology since 1900. In: Journalism Quarterly 67: 401 - 409.

Stein, Susanne (**1991**): Zum Verhältnis der Berufsgruppen Arzt und Journalist. Dargestellt und untersucht am Beispiel des Gesundheitsforums der Süddeutschen Zeitung. Bochum.

Steinbuch, Karl (**1987**): Fehlentwicklungen in der Kommunikation. In: Studienzentrum Weikersheim (Hrsg.): Die Stellung der Wissenschaft in der modernen Kultur. Mainz: 220 - 222.

Steinbuch, Karl (**1989**): Die desinformierte Gesellschaft. Für eine zweite Aufklärung. Herford.

Steinke, Jocelyn Dawn (**1988**): Attracting and sustaining the interest of prospective readers: The use of creativity in science writing. M.P.S., University of Cornell.

Steinke, Jocelyn Dawn (**1991**): The science writing process and science writers' audience awareness: An exploration of writers working under contextual constraints. Ph.D., University of Wisconsin-Madison.

Stephens, Mitchell/ **Edison**, Nadyne G. (**1982**): News media coverage of issues during the accident at Three-Mile Island. In: Journalism Quarterly 59: 199 - 204, 259.

Stephenson, William (**1977**): Secularization of science news. Unveröffentlichtes Manuskript. 22 nichtgezeichnete Seiten. University of Missouri-Columbia (ohne Jahr).

Stocking, Holly/ **Pease Leonard**, Jennifer (**1990**): The greening of the press. In: Columbia Journalism Review 29.4: 37 - 44.

Stocking, S. Holly/ **Dunwoody**, Sharon L. (**1982**): Social science in the mass media: Images and evidence. In: Sieber, Joan E. (Hrsg.): The ethics of social research: Fieldwork, regulation a. publication. New York/Heidelberg/Berlin: 151 - 169.

Stocking, Susan Holly (**1983**): Mass media visibility of medical school research: The role of public information initiatives, scientists' publishing activity, and institutional prestige. Ph.D., Indiana University-Bloomington.

Stodiek, Oskar (**1992**): Gesundheitsthemen zwischen Talk und Show. Empirisch-analytische Untersuchung der fernsehmedialen Medizinsendung GUT GEHT'S von RTL plus. Bochum.

Stölting, Erhard (**1974**): Wissenschaft als Produktivkraft. München.

Stoklossa, Paul (**1910**): Der Inhalt der Zeitung. Eine statistische Untersuchung. In: Zeitschrift für die gesamte Staatswissenschaft 66: 555 - 565.

Stoltenberg, Gerhard (**1966**): Ansprache des Bundesministers für wissenschaftliche Forschung anläßlich der Verleihung der Wilhelm-Bölsche-Preise 1966. In: Kosmos 62: 221 - 224.

Stolze, Diether (**1985**): Festvortrag auf der Jahreshauptveranstaltung 1985 der Arbeitsgemeinschaft Industrieller Forschungsvereinigungen e.V. zum Thema "Forschung und Publizistik". Ohne Ort (Köln) (ohne Jahr).

Storad, Conrad J. (**1984**): Who are the metropolitan daily newspaper science journalists, and how do they work? In: Newspaper Research Journal 6.1: 39 - 48.

Strauch, Dietmar (**1976**): Wissenschaftliche Kommunikation und Industrialisierung. Einheit und gesellschaftliche Bedeutung der Wissenschaft als Kommunikationsprobleme. München.

Stroman, Carolyn A./ **Seltzer**, Richard (**1989**): Mass media use and knowledge of AIDS. In: Journalism Quarterly 66: 881 - 887.

Strzelewicz, Willy (**1977**): Bemerkungen über Wissenschaft und Fernsehen. In: Zweites Deutsches Fernsehen (Hrsg.): Wissenschaft im ZDF. Mainz: 24 - 27.

Studiengruppe (**1975**) "Journalismus und Wissenschaft". In: Universität Bielefeld (Hrsg.): Forschungsbericht 1974. Bielefeld: 197 - 202.

Stummvoll, Josef (**1935**): Tagespresse und Technik. Die technische Berichterstattung der deutschen Tageszeitung mit besonderer Berücksichtigung der technischen Beilagen. Dresden.

Sutermeister, H. (**1963**): Medizin und Sensationsjournalismus. In: Fortschritte der Medizin 81: 801 - 802.

Suzuki, David T. (**1976**): Science must be demystified. In: Science Forum 9.2: 2.

Swanson, Charles E. (**1955**): What they read in 130 daily newspapers. In: Journalism Quarterly 32: 411 - 421.

Swinehart, James W./ **McLeod**, Jack M. (**1960**): News about science: Channels, audiences, and effects. In: Public Opinion Quarterly 24: 583 - 589.

Sydow, Werner (**1988**): Die Rolle der Massenmedien im Bildungsprozeß der Gesellschaft. In: Theorie und Praxis des sozialistischen Journalismus 16: 297 - 300.

T

Tankard Jr., James W./ **Ryan**, Michael (**1974**): News source perceptions of accuracy of science coverage. In: Journalism Quarterly 51: 219 - 225, 334.

Tankard Jr., James W./ **Ryan**, Michael (**1982**): Untangling the numbers: Journalists can cope with complex research. Commentary. In: Newspaper Research Journal 3.4: 61 - 69.

Tankard Jr., James W./ **Showalter**, Stuart W. (**1977**): Press coverage of the 1972 report on television and social behavior. In: Journalism Quarterly 54: 293 - 298, 306.

Tannenbaum, Percy H. (**1963**): Communication of science information. In: Science 140: 579 - 583.

Tannenbaum, Percy H. (**1976**): Die Verbreitung wissenschaftlicher Informationen. In: Badura, Bernhard (Hrsg.): Seminar: Angewandte Sozialforschung. Studien über Voraussetzungen und Bedingungen der Produktion, Diffusion und Verwertung sozialwissenschaftlichen Wissens. Frankfurt am Main: 428 - 440.

Tarleton, Raymond J. (**1953**): Accuracy and comprehension in science news writing. In: Journalism Quarterly 30: 69 - 71.

TELI-Vorstand (**1973**) wiedergewählt. In: Informationen Bildung Wissenschaft Nr. 6: 83.

Tenbruck, Friedrich H. (**1977**): Warum und wie soll das Fernsehen über Wissenschaft berichten? In: Zweites Deutsches Fernsehen (Hrsg.): Wissenschaft im ZDF. Mainz: 13 - 18.

The President's Science Advisory Committee (**1964**): Wissenschaft, Regierung und Information (engl.: Science, government, and information. The responsibilities of the technical community and the government in the transfer of information). Genehmigte deutsche Übersetzung des Weinberg-Berichtes vom 10.01.1963. Frankfurt am Main.

The public perception of science (**1988**). In: Impact of science on society 38: 205 - 271.

Thielicke, Klaus (**1977a**): Thesen zum Wissenschafts- und bildungspolitischen Journalismus. In: Ausgewählte Probleme der Wissenschaftsentwicklung. Wissenschafts- und bildungspolitischer Journalismus. Lesematerial, Teil I. Leipzig: 161 - 175.

Thielicke, Klaus (**1977b**): Wissenschaft und Journalismus in der Sowjetunion. In: Neue Deutsche Presse 31, Beilage Theorie und Praxis Nr. 3: 1 - 2.

Thielicke, Klaus/ **Lippold**, Günter (**1977**): Nicht Aufklärung, sondern Systemsicherung. Bemerkungen zu den Funktionen des wissenschaftspolitischen Journalismus in den kapitalistischen Ländern. In: Ausgewählte Probleme der Wissenschaftsentwicklung. Wissenschafts- und bildungspolitischer Journalismus. Lesematerial, Teil II. Leipzig: 232 - 248.

Thieme, Werner (**1961**): Das Verhältnis von Wissenschaft und Presse. In: Mitteilungen des Hochschulverbandes 9: 28 - 31.

Thistle, Mell W. (**1958**): Popularizing science. Can it be done? One opinion is that very little of what scientists know ever can reach the public. In: Science 127: 951 - 955.

Thorbrietz, Petra (**1986**): Vernetztes Denken im Journalismus. Journalistische Vermittlungsdefizite am Beispiel Ökologie und Umweltschutz. Tübingen.

Thum, Walter (**1947**): Presse und Wissenschaft. In: Neue Deutsche Presse 1.6: 1 - 3.

Tichenor, Phillip J./ **Donohue**, George A./ **Olien**, Clarice N. (**1970**): Mass media flow and differential growth in knowledge. In: Public Opinion Quarterly 34: 159 - 170.

Tichenor, Phillip J./ **Olien**, Clarice N./ **Harrison**, Annette/ **Donohue**, George (**1970**): Mass communication systems and communication accuracy in science news reporting. In: Journalism Quarterly 47: 673 - 683.

tm (**1989**): Horrormeldungen machen deutsche Wirtschaft kaputt. Nach der Kernenergie haben unsere Medien die Gentechnologie im Visier. In: Trans Media Nr. 12: 12.

Trachtman, Leon E. (**1981**): The public understanding of science effort: A critique. In: Science, Technology, & Human Values 6.36: 10 - 15.

Troan, John (**1960**): Science reporting – today and tomorrow. It's better than you may realize, but improvements are needed – and here's how they're being achieved. In: Science 131: 1193 - 1196.

Türer, Cemal (**1989**): Wissenschaftlich-technische Informationssendungen des Fernsehens. Eine mediendidaktische Untersuchung zur Verständlichkeit der Informationssendung "Alternative Energiequellen" aus der Sendereihe "Bilder aus der Wissenschaft" (ARD). Diss., Universität Heidelberg.

Turner, George (**1979**): Realitäten – Urteile – Konsequenzen. In: Deutsche Universitäts-Zeitung vereinigt mit Hochschul-Dienst Nr. 11: 341 - 344.

U

Ubell, Earl (**1957**): Covering the news of science. In: American Scientist 45: 330 A - 350 A.

Ubell, Earl (**1963**): Science in the press: Newspapers vs. magazines. In: Journalism Quarterly 40: 293 - 299.

Ulbricht, Gustav (**1976**): Geht der Wissenschaftsjournalismus nur Journalisten an? Ein Diskussionsbeitrag zum Thema berufliche Meisterschaft nach dem IX. Parteitag der SED. In: Neue Deutsche Presse 30.14: 6 - 7.

Urban, Martin (**1971**): Das ungenaue Wissenschaftsbild des Fernsehens. Gute Einzelsendungen, aber zuwenig kontinuierliche Berichte über die Forschung. In: Süddeutsche Zeitung Nr. 169 (16.07.1971): 9.

V

Vani, Thomas (**1990**): The birth of the space age and media. M.A., California State University-Northridge.

Vaskovics, Laszlo (**1983**): Bemerkungen zur Berichterstattung in Massenmedien über den 21. Deutschen Soziologentag in Bamberg. In: Soziologie Nr. 1: 3 - 12.

Vester, Frédéric (**1973**): Editorial. In: bild der wissenschaft 10: 194.

Vester, Frédéric (**1977**): Wissenschaft und Öffentlichkeit. In: Reimann, Helga/ Reimann, Horst (Hrsg.): Information. München: 195 - 223.

Vieweg, Manfred (**1979**): Wissenschaft für den Zuschauer. Diskussionsbeitrag zum Rundtischgespräch "Wissenschaft massenwirksam darstellen". In: Neue Deutsche Presse 33.7: 21 - 22.

Vogler, Christoph (**1986**): Können Tageszeitungen Hochschulfunktionen übernehmen? In: Schanne, Michael (Hrsg.): 'Wissenschaft' in den Tageszeitungen der Schweiz. Zürich (ohne Jahr): 105 - 123.

Volpers, Helmut/ **Weiß**, Hans-Jürgen (unter Mitarbeit von Wolfgang Büning und Joachim Trebbe) (**1992**): Kultur- und Bildungsprogramme im bundesdeutschen Fernsehen. Begriffsdiskussion und Programmanalyse. Eine Studie im Auftrag der Bayerischen Landeszentrale für Neue Medien. München.

Vorsätzlich (1959) und fahrlässig... Mißbrauch der Pressefreiheit durch medizinische Sensationsmache. In: Ärztliche Mitteilungen 44: 581 - 582.

Vowe, Gerhard (**1984**): Information und Kommunikation. Brücke zwischen Wissenschaft und Gesellschaft. Opladen.

Vowe, Gerhard (**1989**): "Recherchefeld Wissenschaft" – oder: "Wie bringt man Jugend-Diabetes in den Lokalteil?" Projekt Recherchefeld Wissenschaft, pre-print 5. Berlin.

W

Wade, Serena/ **Schramm**, Wilbur (**1969**): The mass media as sources of public affairs, science, and health knowledge. In: Public Opinion Quarterly 33: 197 - 209.

Wagner, Hans (**1962**): Weshalb kein Ressort "Technik" in der Tagespresse? In: Zeitungs-Verlag und Zeitschriften-Verlag 59: 2038 - 2041.

Wagner, Hans (^{2}**1984**): Wirklichkeits-Präparate? Das Medikamenten-Bild in deutschen Printmedien. In: Wagner, Hans/ Starkulla, Heinz (Hrsg.): Medizin & Medien. Krankt die Gesundheit am Journalismus? München: 10 - 104.

Wagner, Hans/ **Starkulla**, Heinz (Hrsg.) (^{2}**1984**): Medizin & Medien. Krankt die Gesundheit am Journalismus? München.

Waldner, Rosmarie (**1987**): Blind schreiben? Wissenschaftsjournalist(in) und Publikum. In: Ruß-Mohl, Stephan (Hrsg.): Wissenschaftsjournalismus. Ein Handbuch für Ausbildung und Praxis. München: 96 - 100.

Waldner-Stiefelmeier, Rosmarie (**1990**): Redaktioneller Alltag – durchs Fernrohr betrachtet! Über die Praxisdefizite der Kommunikationsforscher. In: Ruß-Mohl, Stephan (Hrsg.): Wissenschaftsjournalismus und Öffentlichkeitsarbeit. Stuttgart: 81 - 85.

Warren, Carl (**1953**): ABC des Reporters. Einführung in den praktischen Journalismus. München.

Watts, Elizabeth (**1992**): The agenda setting effect of reporting cure research on polio and AIDS in newspapers, news magazines and network television news. Ph.D., Ohio University.

Weaver, Warren (**1958**): Communicative accuracy. In: Science 127: 499.

Weber, Hannelore/ **Laux**, Lothar (**1985**): Der Begriff "Streß" in Publikumszeitschriften. Ergebnisse einer Inhaltsanalyse. In: Publizistik 30: 25 - 34.

Weber, Wolfhard (**1988**): Techniktransfer im Zeitalter der Aufklärung. In: Mocek, Reinhard (Hrsg.): Die Wissenschaftskultur der Aufklärung. Halle-Wittenberg: 120 -131.

Weischenberg, Siegfried (**1989**): Der enttarnte Elefant. Journalismus in der Bundesrepublik – und die Forschung, die sich ihm widmet. In: Media Perspektiven Nr. 4: 227 - 239.

Weischenberg, Siegfried (**1990**): Das "Paradigma Journalistik". Zur kommunikationswissenschaftlichen Identifizierung einer hochschulgebundenen Journalistenausbildung. In: Publizistik 35: 45 - 61.

Weischenberg, Siegfried (**1992**): Journalistik. Theorie und Praxis aktueller Medienkommunikation. Band 1: Mediensystem, Medienethik, Medieninstitutionen. Opladen.

Weischenberg, Siegfried (**1994**): Journalismus als soziales System. In: Merten, Klaus/ Schmidt, Siegfried J./ Weischenberg, Siegfried (Hrsg.): Die Wirklichkeit der Medien. Eine Einführung in die Kommunikationswissenschaft. Opladen: 427 - 454.

Weischenberg, Siegfried J./ **Hienzsch**, Ulrich (**1994**): Die Entwicklung der Medientechnik. In: Merten, Klaus/ Schmidt, Siegfried J./ Weischenberg, Siegfried (Hrsg.): Die Wirklichkeit der Medien. Eine Einführung in die Kommunikationswissenschaft. Opladen: 455 - 480.

Weiss, Carol H. (**1985**): Social science in the media. Who reports it and who is reported? In: Nieman Reports 39.3: 15 - 25.

Weiss, Carol H./ **Singer**, Eleanor (**1988**): Reporting of social science in the national media. New York.

Weissbach, Helmut (**1977**): Wissenschaftsjournalismus und populärwissenschaftliche Presse. In: Ausgewählte Probleme der Wissenschaftsentwicklung. Wissenschafts- und bildungspolitischer Journalismus. Lesematerial, Teil II. Leipzig: 205 - 210.

Weisz, Leo (**1966**): Zeitung und Technik. In: Neue Zürcher Zeitung (Fernausgabe) Nr. 357 (29.12.1966): Blatt 11.

Weizsäcker, Carl Friedrich von (**1965**): Die Wissenschaft und das öffentliche Bewußtsein. In: Kosmos 61: 226 - 230.

Wende, Detlev (**1990**): Über die medizinische Berichterstattung von Krebs in Tageszeitungen und deren kritische Bewertung. Dargestellt am Beispiel der "Frankfurter Allgemeinen Zeitung" und der "Bild-Zeitung" in den Jahren 1974, 1976 und 1978. Bochum.

Weßler, Hartmut (**1995**): Die journalistische Verwendung sozialwissenschaftlichen Wissens und ihre Bedeutung für gesellschaftliche Diskurse. In: Publizistik 40: 20 - 38.

Westhoff, Justin (**²1984a**): Gesunde Kritik – giftig durch Überdosis. In: Wagner, Hans/ Starkulla, Heinz (Hrsg.): Medizin & Medien. Krankt die Gesundheit am Journalismus? München: 105 - 114.

Westhoff, Justin (**1984b**): Glänzend uninformiert. In: journalist 35.1: 16 - 18.

Westhoff, Justin (**1993**): Der "AIDS-Skandal" in den Medien? Der "AIDS-Skandal" der Medien! In: Wissenschaft in den Medien 4.11: 1 - 2.

Whelan, Elizabeth M. (**1985**): Toxic terror. Not all the murk is in the air and water; some is in the books, magazines, newspapers and broadcasts. In: The Quill 73.11: 10 - 18.

When doctors (**²1974**) meet reporters. A frank discussion by science writers and physicians of the controversy between the press and the medical profession. Compiled by Hillier Krieghbaum from the record of a series of conferences sponsored by the Josiah Macy, Jr. Foundation. Westport (Connecticut).

Whitley, Richard (**1985**): Knowledge producers and knowledge acquirers: Popularisation as a relation between scientific fields and their publics. In: Shinn, Terry/ Whitley, Richard (Hrsg.): Expository science: Forms and functions of popularisation. Dordrecht/Boston (Massachusetts)/Lancaster: 3 - 28.

Wiebe, Burckhard (Hrsg.) (**1988**): Zwischen Marktplatz und Elfenbeinturm – Gesellschaft und Sozialwissenschaften. Berlin.

Wieder (**1939**) einmal ein "Mißstand". In: Deutsche Presse 29: 327 - 328.

Wiener, Franz (**1930**): Versteckte Industriereklame? In: Zeitungs-Verlag 31: Sp. 263 - 266.

Wilke, Jürgen (**1986**): Probleme wissenschaftlicher Informationsvermittlung durch die Massenmedien. In: Bungarten, Theo (Hrsg.): Wissenschaftssprache und Gesellschaft. Hamburg: 304 - 318.

Wilkins, Lee (**1993**): Between facts and values: Print media coverage of the greenhouse effect, 1987 - 1990. In: Public Understanding of Science 2: 71 - 84.

Wilkins, Lee/ **Patterson**, Philip (Hrsg.) (**1991**): Risky business. Communicating issues of science, risk, and public policy. New York/Westport (Connecticut)/London.

Willems, Jaap/ **Hanssen**, Lucien (**1993**): Science and technology on TV – four European countries compared. In: Communications 18: 215 - 221.

Wilson, Francis Graham (**1962**): A theory of public opinion. Chicago.

Wilson, J. H. (**1956**): Technical journalism: The need for its emphasis. In: Journalism Quarterly 33: 206 - 207.

Wissenschaft massenwirksam (**1979**) darstellen. Rundtischgespräch mit Wissenschaftsjournalisten. In: Neue Deutsche Presse 33.2: 1 - 3.

Wissenschaft und Massenmedien (**1979**). Symposium an der Ruhr-Universität Bochum, 20. - 21. Februar 1979. Vervielfältigtes Manuskript. Bochum (ohne Jahr).

Wissenschaft und Medien (**1993**) in gemeinsamer Verantwortung vor der Öffentlichkeit. Dokumentation des 5. Bremer Universitäts-Gespräches vom 06. November 1992 in Bremen. Bremen.

Wissenschaft und Presse (**1931**). In: Deutsche Presse 21: 355.

Wissenschaftliche Publizistik (**1966**). In: Frankfurter Allgemeine Zeitung Nr. 103 (04.05.1966): 26.

Wissenschaftsberichterstattung (**1976**) in der Tagespresse vernachlässigt. In: Zeitungs-Verlag und Zeitschriften-Verlag 73: 1339.

Wissenschaftszentrum Berlin (Hrsg.) (**1976**): Die Vermittlung von sozialwissenschaftlichen Ergebnissen an die Öffentlichkeit. Konferenz, veranstaltet vom Wissenschaftszentrum Berlin vom 5. - 6. Dezember 1975. Berlin.

Withey, Stephen B. (**1959a**): Public opinion about science and scientists. In: Public Opinion Quarterly 23: 382 - 388.

Withey, Stephen B. (**1959b**): Public opinion about science and scientists. Konferenz der American Association for Public Opinion, Roundtable "The nature and implications of current attitudes toward science and scientists". Abstract. In: Public Opinion Quarterly 23: 413.

Witt, William (**1976**): Effects of quantification in scientific writing. In: Journal of Communication 26.1: 67 - 69.

Wöltge, Herbert (**1982**): Wissenschaftsjournalismus weiter im Gespräch. In: Neue Deutsche Presse 36.9: 7 - 8.

Wolff, Ulrich (**1969**): Wahrheit und Objektivität in der Laienpresse. In: journalist Nr. 12: 4 - 6.

Wright, W. Russell (**1975**): Mass media as sources of medical information. In: Journal of Communication 25.3: 171 - 173.

Wynne, Brian (**1991**): Knowledges in context. In: Science, Technology, & Human Values 16.1: 111 - 121.

Wynne, Brian (**1992a**): Public understanding of science research: New horizons or hall of mirrors? In: Public Understanding of Science 1: 37 - 43.

Wynne, Brian (**1992b**): Misunderstood misunderstanding: Social identities and public uptake of science. In: Public Understanding of Science 1: 281 - 304.

Wynne, Brian (**1993**): Public uptake of science: A case for institutional reflexivity. In: Public Understanding of Science 2: 321 - 337.

Y

Young, Gordon (**1959**): Berichterstattung im Zeitalter der Mondraketen. In: IPI Rundschau 7.1: 1 - 2.

Yu, Frederick T. C. (Hrsg.) (**1968**): Behavioral science and the mass media. New York.

Z

Z., P. (**1931**): "Desinfiziert". In: Deutsche Presse 21: 320.

Zerges, Kristina (**1990**): Wenig erforscht. Daten zum Publikum von Wissenschaftssendungen. In: medium 20.1: 32 - 35.

Zerges, Kristina (**1992**): Science, technology and European public opinion. In: Zerges, Kristina/ Becker, Werner (Hrsg.): Science and the media – A European comparison. Berlin: 117 - 130.

Zerges, Kristina/ **Becker**, Werner (Hrsg.) (**1992**): Science and the media – A European comparison. University Public Relations in a united Europe. Berlin.

Ziethe, H. (**1979**): Wir bekennen uns zur Bringeschuld. Diskussionsbeitrag zum Rundtischgespräch "Wissenschaft massenwirksam darstellen". In: Neue Deutsche Presse 33.8: 10 - 11.

Zilius, Wilhelm (**1975**): Journalismus und Wissenschaft. In: Rundfunk und Fernsehen 23: 102 - 110.

Ziman, John M. (**1975**): Der vielschichtige Schnittbereich von Wissenschaft und Gesellschaft. In: Stehr, Nico/ König, René (Hrsg.): Wissenschaftssoziologie. Studien und Materialien. Opladen: 419 - 428.

Ziman, John M. (**1991**): Public understanding of science. In: Science, Technology, & Human Values 16.1: 99 - 105.

Ziman, John M. (**1992**): Not knowing, needing to know, and wanting to know. In: Lewenstein, Bruce V. (Hrsg.): When science meets the public. Washington D.C.: 13 - 20.

Zimmerli, Walther Ch./ **Sinn**, Hansjörg (Hrsg.) (**1990**): Die Glaubwürdigkeit technisch-wissenschaftlicher Informationen. Düsseldorf.

zm (**1927**): Von der Belehrungstendenz der Presse. Wie wird die Zeitung ihren Aufgaben als Bildungsträgerin gerecht? In: Zeitungs-Verlag 28: Sp. 157 - 160.

Zweites Deutsches Fernsehen (Hrsg.) (**1977**): Wissenschaft im ZDF. Referate aus der Klausurtagung des ZDF-Fernsehrates – Aussschuß für Kultur und Wissenschaft – am 24. und 25. Februar 1977. Mainz.

Zwingli, Marcel (**1986**): Wissenschaft über den journalistischen Leisten geschlagen. In: Schanne, Michael (Hrsg.): 'Wissenschaft' in den Tageszeitungen der Schweiz. Zürich (ohne Jahr): 196 - 236.

Zwink, Eberhard (Hrsg.) (**1987**): Journalismus für die Wissenschaft. René-Marcic-Preis 1987 für Dr. Heide Gottas. Festrede von Universitäts-Professor Dr. Michael Schmolke. Salzburg.

GPSR Compliance

The European Union's (EU) General Product Safety Regulation (GPSR) is a set of rules that requires consumer products to be safe and our obligations to ensure this.

If you have any concerns about our products, you can contact us on ProductSafety@springernature.com

In case Publisher is established outside the EU, the EU authorized representative is:

Springer Nature Customer Service Center GmbH
Europaplatz 3
69115 Heidelberg, Germany

Batch number: 10809472

Printed by Printforce, the Netherlands